포스트
모빌리티

일러두기

1. 환율은 2022년 3월 10일 1달러에 1228.83원, 1유로에 1349.62원, 1위안에 194.36원, 1엔에 10.3806원을 기준해서 괄호 안에 표기했습니다(환율 변환 후 일부는 절사했습니다).
2. 기업이나 제품 이름은 해당 기업의 공식명칭을 사용했습니다. 공식명칭이 없는 경우, 언론에서 부르는 명칭과 국립국어원의 외래어표기법을 참고했습니다.

차두원 · 이슬아 지음

위즈덤하우스

차 례

5장 제2의 혁명을 준비하는 전기차

6장 2025년, 새로운 개념의 자동차를 판매하라

7장 우리나라 모빌리티 산업의 현황과 주안점

이미 시작된 미래, 모빌리티 혁명

2000년대 들어 차량호출 서비스로 전 세계를 흔들었던 우버Uber, 미국에서 제한된 자율주행 서비스를 제공하는 웨이모Waymo, 전기차와 운전자보조 시스템 오토파일럿을 무기로 한 테슬라Tesla. 이들은 생소한 모빌리티라는 단어를 누구나 알 수 있는 일반명사로 만든 기업들입니다.

테슬라는 2022년 1분기에만 23조 원이 넘는 매출을 자랑했지만 앞으로 어느 기업이 승자가 될지 판단하기는 어렵습니다. 마치 지구 생물다양성이 폭발적으로 증가한 캄브리아기와 같이 모빌리티 산업 플레이어들이 늘어나고 있습니다. 기존 완성차 제조사들은 하드웨어기업에서 우버를 잡기 위한 모빌리티 플랫폼 기업으로, 테슬라를 넘기 위한 소프트웨어 기업으로의 전환에 사활을 건 노력을 하고 있습니다.

대표적으로 빅테크업체인 아마존, 가전업체인 LG와 소니, 반도체업체인 퀄컴Qualcomm과 엔비디아Nvidia, 테슬라 후예인 신생 전기차 제조사 리비안Rivian과 루시드Lucid, 피스커Fisker, 중국 전기차 삼총사로 불리는 니오Nio, 샤오펑Xpeng, 리오토Li Auto 등 다양한 업체들이 모빌리티 생태계에 뛰어들어 하루하루 시장 판도가 바뀌고 있습니다.

특히 백지 상태에서 전기차와 운전자보조 시스템을 완성한 테슬라와 달리 완성차 제조사들은 내연기관에서 전기차로의 전환 비용을 무시할 수 없습니다. 이들이 추진하는 전략의 핵심인 전기전자 아키텍처Electrical Electronics Architecture(자동차를 제어하는 데 사용하는 전기와 전자 시스템)와 운영체제의 완성 목표시점은 모두 2025년, 생산공정과 비용을 획기적으로 단축시킨 테슬라 메가프레스를 도입하는 볼보의 목표시점도 2025년, 소니와 혼다의 전기차 양산 시작 목표시점도 2025년입니다. 전기차 배터리팩 가격이 소비자 임곗값을 넘는 예상시점은 2026년입니다. 이러한 현상과 전망을 고려하면 2025년을 전후로 모빌리티 업계의 협력구도와 판도 변화는 정신없이 진행되고, 소비자 구매 옵션과 서비스도 확산될 전망입니다.

그동안 자율주행 기술 발전이 정체되었던 가장 큰 이유는 막대한 연구개발비, 라이다로 대표되는 비싼 부품, 그리고 인간 운전자 수준을 따라잡지 못한 인공지능 기술 때문입니다. 그렇다고 자율주행 기술개발이 멈춘 것도 아닙니다. 본격 상용화를 앞둔 레벨3는 테슬라 잡기와

레벨4 브리지 테크놀로지 2가지 역할을 모두 수행할 수 있을까요?

2021년 4월 웨이모의 CEO 존 크래프칙John Krafcik이 물러났고, 크루즈Cruise를 이끌던 댄 암만Dan Ammann도 2021년 12월 사임해 크루즈 창업자인 카일 보그트Kyle Vogt가 자리를 이어받았습니다. 코로나19로 주요 캐시카우였던 차량호출 시장이 악화되자 우버는 애지중지하던 자율주행사업부 ATGAdvanced Technology Group를 오로라Aurora에, 리프트Lyft 역시 자율주행사업부 레벨5를 토요타에 매각했습니다. 그사이 자율주행 시장 진출을 조용히 준비 중인 아마존은 최고의 스타트업 죽스Zoox를 인수해 앞으로의 행보에 대한 물음표를 던졌습니다.

인공지능 기업, 전기차 제조기업, 완성차 제조사, 자율주행 기업 등 테슬라에게 적합한 정의를 찾기는 쉽지 않습니다. 일론 머스크Elon Musk가 "모델S는 차가 아니라 바퀴 위의 정교한 컴퓨터다"라고 말한 것처럼 테슬라는 차량을 완전히 재정의했고, 자동차 완성차 제조사를 중심으로 수많은 업종의 기업들과 경쟁을 시작했기 때문입니다. 자율주행 수준 관점에선 오토파일럿과 FSDFull Self Driving가 명칭부터 논란이 있지만, 테슬라는 아직 자율주행 기술 끝판왕이라는 평가를 받으며 많은 기업들이 전력을 다해 그 뒤를 따라가고 있습니다. 혼다가 상용화한 레벨3 자율주행을 2022년부터 현대자동차, 볼보, 메르세데스-벤츠, 스텔란티스Stellantis, 중국 샤오펑 등도 본격 상용화할 예정입니다. 레벨3 상용화를 준비하는 기업들은 제품 가격을 테슬라 FSD의 가격 1만 2000달러(약 1475만 원)보다 낮게 책정해 본격 경쟁을 준비하고 있죠. 특히 GM은 2023년 출시 예정인 울트라크루즈가 레벨2라고 공식 언급했지만, 운전시나리오 95%를 대응하고 북미 320만 km 구간 도로에서 라이다 스캐닝으로 제작한 고정밀지도와 라이다를 이용해 운전자가 운전대에서 손을 놓고 주행할 수 있는 핸즈프리 주행이 가능합니다. 향후 550만 km 범위로 확장할 예정으로 미국 전체 포장도로가 466만 km이기 때문에 미국 전역을 커버하는 수준으로 볼 수 있습니다. 볼보, BMW 등도 레벨3 미국 진출을 준비 중으로 자율주행 기술의 새로운 경쟁구도가 예상됩니다.

일론 머스크의 단골 비판 대상이었던 라이다 가격도 많이 떨어졌습니다. 라이다를 선도했던 벨로다인의 초창기 라이다 가격은 7만 5000달러(약 9200만 원)로 웬만한 고급차 가격이었지만, 최근 유사한 성능의 라이다는 500~1000달러(약 60만~120만 원) 수준으로 떨어졌습니다. 울트라크루즈뿐만 아니라 모든 레벨3 자율주행 기능에는 라이다가 장착되어 본격적인 라이다 사용에 대한 장단점이 시장에서 검증될 것으로 판단됩니다.

뿐만 아니라 새로운 개념인 목적기반차량Purpose-Built Vehicle과 딜리버리로봇의 등장은 자율주행 시장을 B2C에서 B2B, B2G로도 확장시키며 새로운 이동의 경험과 서비스를 계획하고 제공할 것으로 보입니다.

어느 업체에서 자율주행 기술의 상용화를 완성할지 아무도 확답할 수 없지만, 레벨3를 기점으로 기업들이 자율주행 기술의 새로운 경쟁에 진입하며 모빌리티 산업과 서비스의 새로운 발전이 펼쳐질 것입니다.

"2027년 자율주행차 레벨4 로보택시를 드디어 사용할 수 있다. 스마트폰 앱으로 호출해 집 앞에 도착하면 알아서 목적지까지 데려다준

다. 물론 전기차다. 이동 중엔 회의도 할 수 있고 업무도 볼 수 있다. 자율주행차보다 먼저 2025년엔 도심항공모빌리티Urban Air Mobility가 상용화되어 김포공항이나 인천공항까지 길이 막히는 시간에 편안히 갈 수 있다. 유명관광지도 마찬가지다. 이동의 품질이 높아지고 새로운 경험을 할 수 있는 시대가 되었다."

여러분은 2027년 로보택시나 소형 수직이착륙기를 탈 용기가 있으신가요?

우리나라 정부 계획을 기반으로 작성한 짧은 시나리오입니다. 국내외에서 경쟁적으로 자율주행차와 도심항공모빌리티 등 상용화 경쟁이 벌어지고 있습니다. 언젠가 실현은 가능합니다. 하지만 먼저 상용화란 의미를 되짚어볼 필요가 있습니다.

국내외 모두 많은 정책, 언론에서 '상용화'란 단어를 너무 쉽게 이야기합니다. 단순히 요금을 받고 운행하는 것을 상용화한다는 뜻으로 사용하는 경우가 대부분이죠.

하지만 소비자 입장에선 다릅니다. 내가 원할 때 원하는 장소에서 불편함 없이 적절한 비용을 지불하고 구매할 수 있거나 서비스를 받을 수 있는 것을 상용화란 의미로 받아들입니다. 자율주행차 레벨4는 운전자가 차량 내에서 원하는 행위를 할 수 있지만 고속도로 등 특정 구간에서만 가능합니다. 현재 미국에서는 시범 구역으로 지정된 지역에서만 자율주행차가 자유롭게 운행할 수 있지만, 우리나라는 임시운행허가를 받은 자율주행차는 전국 모든 도로에서 운행이 가능합니다. 하지만 허가를 받은 자율주행차는 2022년 5월 기준 210대에 불과합니다.[1]

웨이모는 2018년 크라이슬러의 퍼시피카 6만 2000대를 주문했고, 재규어 전기차 아이페이스 2만 대를 자율주행차로 투입하겠다는 계획을 발표했습니다. 계획대로 실현되었다면, 경쟁사들을 자극해 아마도 현재와 달리 전 세계 자율주행차 확산이 빨라졌을지도 모릅니다.[2] 하지만 현재까지 비용, 인공지능 기술의 한계, 법과 제도 미비 등으로 상용화가 늦춰지고 있습니다.

그리고 과연 많은 기업들의 광고처럼 자율주행차에서 회의나 업무가 가능할까요? 불행히도 아직 자율주행의 인공지능 수준은 사람의 운전 수준을 따라잡지 못했고 최소 10년 이상의 시간은 걸릴 것으로 예상됩니다. 하지만 자율주행 기술이 개발되었다는 광고와 영화처럼 CES나 자동차 전시회에 등장하는 콘셉트카와 같은 차들을 사용하기는 어려울 것 같습니다. 저진동 설계와 기능이 있어야 방해받지 않고 원하는 행위에 집중할 수 있고, 멀미방지 기능도 제공되어야 비로소 차량 내에서 편안하게 이동이 가능합니다.

극단적으로 저진동 대형 택시가 등장한다면 굳이 자율주행차가 필요할까요? 택시처럼 기사님이 운전하는 차량이 편할까요, 아니면 자율주행차가 편할까요? 기술개발 목표도 중요하지만 서비스와 비즈니스 모델 관점에서 자율주행 기술개발 기업들이 반드시 비용과 사용자를 생각하면서 풀어야 할 숙제입니다.

2021년 2월 공장이 공개되고 기술력을 의심받으며, 전 세계 자본시장을 흔들었던 도심항공모빌리티 기업은 바로 이항Ehang입니다. 1회 충전 비행거리 34km, 속도 134km/h로 전기수직이착륙기 가운데 소형에 속합니다. 국내에서 데모를 선보였던 볼로콥터Volocopter도 동일한 클래스로 1회 충전거리 35km, 속도 109km/h로 비행이 가능합니다.

현재까지 국내에서 사람이 탑승할 수 있다는 규정이 마련되지 않아 직접 탑승할 수는 없습니다. 게다가 아직은 웬만큼 심장이 강한 분이 아니면 탑승하기는 쉽지 않으실 겁니다. 도심 내 운행을 전제로 설계되었기 때문에 주민들의 수용성이 상용화의 가장 큰 이슈 가운데 하나입니다. 사고의 위험성을 생각한다면 아이들이 놀이터에서 뛰노는 우리 집 위로 뭔가가 날아다니는 건 아무도 원하지 않을 것 같습니다.

더구나 수직이착륙기들 대부분이 이륙에 70% 수준의 에너지를 소비하기 때문에 단거리 이동가능 기체를 사용하면 도시 내에 많은 수직이착륙이 가능한 버티포트vertiport를 만들어야 한다는 경제성 문제가 생깁니다. 릴리엄Lilium은 도심항공모빌리티가 아닌 지역항공모빌리티Regional Air Mobility와 첨단항공모빌리티Advanced Air Mobility로 전략을 전환했습니다. 도심항공모빌리티는 화려한 등장만큼 빠른 속도로 현실적인 대안을 선택한 상태로, 지역항공모빌리티와 첨단항공모빌리티는 전기수직이착륙기를 고집하고 있지 않습니다. 기존 소형 항공기로도 전기나 수소에너지를 사용해 충분히 기능을 대신할 수 있다는 거죠.

특히 전기차와 자율주행 기술을 개발하고 있는 완성차 제조사들은 직간접적으로, 연속적으로 새로운 시장 개척을 위해 도심항공모빌리티, 지역항공모빌리티, 첨단항공모빌리티, 그리고 생산력 확보를 위한 로봇 산업에도 뛰어들었습니다. 자율주행 기술개발에 검색엔진 기반 빅테크 업체 구글, 러시아의 얀덱스Yandex, 중국의 바이두, 한국의 네이버, 칩 업체인 인텔과 퀄컴, 전기차엔 소비자 가전업체인 LG전자와 소니, 라이드헤일링 업체 디디추싱Didi Chuxing이 진출하는 등 육상과 항공 모두 모빌리티 업계는 더 이상 완성차만이 아닌 거의 모든 업종 대표 기업들의 리그가 되었습니다.

우리나라 모빌리티 산업은 쉽지 않은 상황입니다. 적은 연구개발 투자비용으로 글로벌 시장에서는 선전 중이지만, 서비스 시장에선 촘촘한 규제와 사회적 갈등이 진행되고 있는 어려운 현실입니다.

유럽연합이 발표한 자료에 따르면 2020년 전 세계 2500대 연구개발 투자 기업 가운데 우리나라 자동차 및 부품업체 기업수는 7개, 전체 연구개발 투자는 중국의 46.8%, 미국의 31.2% 수준입니다. 국내 대표 자동차그룹인 현대자동차, 기아, 현대모비스 전체 3개 기업 연구개발 투자 규모는 41억 9500만 유로(약 5조 6617억 원)로 부품업계 1위 보쉬Bosch의 69.4%, 2위인 덴소Denso보다 3억 2600만 유로(약 4400억 원) 적은 수준이며, 국내 기업 8개의 연구개발 투자비용 전체를 합쳐도 1위 완성차 제조사 폭스바겐의 33.4%에 불과합니다. 우리나라가 2021년 세계 5위 자동차 생산국이라는 점은 대단합니다. 하지만 새로운 판이 완성되는 시기는 새로운 기회이자 위협의 시기라는 점을 잊어서는 안 됩니다.

이미 토요타모터스는 '토요타'와 첨단 기능을 개발하는 자회사 '우븐시티Woven City', 기아차는 '기아', 다임러그룹은 다임러트럭의 분사를 계기로 전기차와 소프트웨어를 주도하겠다는 목표로 '메르세데스-벤츠 그룹'으로 이름을 변경했습니다. 미래를 위해 모빌리티 중심으로 과감히 정체성을 바꾸는 완성차 제조사들이 등장한 것이죠.

윤석열 정부도 모빌리티에 대한 관심이 높습니다. 임기 중 완전자율주행, 도심항공모빌리티 시대의 개막과 국토교통산업의 미래산업 전략화를 국정과제에 담았습니다. 상용화를 위한 법제도 기반 구축, 관련 제조산업 육성과 민간기업 주도 모빌리티 혁신 기반을 강화하겠다는 전략이 핵심인데, 혁신·도전적인 과제로 하이퍼튜브 연구개발 추진 역시 포함되어 있습니다. 앞으로 우리나라 모빌리티 산업은 과연 공약대로 발전할 수 있을까요? 국내 시장을 넘어 글로벌 시장에서 대한민국의 존재감을 확보할 수 있을까요?

국내에서 국토교통부 임시운행허가를 받은 자율주행차는 2022년 5월 기준 누적 207대, 전체 누적 실증거리는 2022년 3월 기준 72만 km 수준입니다. 2021년 한 해 동안 미국 캘리포니아에서 웨이모가 567대로 시험운행 거리 374만 3000km, 크루즈가 138대로 시험운행 거리 141만 km를 주행한 것과 비교하면 차이가 매우 큽니다. 또 도심항공모빌리티는 서비스를 하고 싶어도 기체를 보유한 기업들이 전무하다는 것이 우리의 현실입니다.

'배터리 스왑 스테이션', '컴플리트스트리트 Complete Street**', '제3의 도로', '하이퍼루프 시스템', '버티포트', '모빌리티허브'란 단어들을 들어보셨나요? 이제 모빌리티 산업은 디바이스 혁신을 넘어 공간 혁명으로 진화하고 있습니다.**

이 단어들은 전기차, 자율주행차, 퍼스널모빌리티, 도심항공모빌리티 등의 등장으로 새롭게 떠오른 이동, 주차, 환승을 위한 새로운 공간들의 명칭입니다.

전기차의 확산으로 주유소가 충전소로 변화하는 것은 당연합니다. 인도와 차도에 이어 퍼스널모빌리티와 배송로봇 등을 위한 제3의 도로, 빠른 속도로 이동하기 위한 하이퍼루프, 자율주행차, 주차장, 전기차 충전소 등 모든 디바이스와 서비스를 하나의 공간에서 이용할 수 있는 모빌리티허브와 버티포트처럼 많은 도시들이 다양한 형태로 공간혁명을 추진하고 있습니다. 모빌리티 서비스를 중심으로 설계되는 스마트시티가 전부가 아닙니다.

그동안 새로운 모빌리티 기술과 서비스들은 사회의 수용성, 규제와 충돌하며 성숙도를 높여 상용화하려는 과정을 겪어왔습니다. 하지만 이젠 이들을 안전하고 효율적으로 사용할 수 있는 공간의 혁명이 서서히 시작되고 있습니다. 20세기 초 차량들이 증가하면서 근대 교통 시스템이 완성되기 시작한 시점과 유사합니다. 또 다른 사회적 합의가 필요하지만 모빌리티 산업의 완성을 위해선 반드시 필요한 과정 가운데 하나입니다. 특히 디바이스 혁신을 민간기업과 스타트업들이 주도했다면, 공간 혁명에는 정부와 지자체가 적극적으로 나서줘야 합니다.

한동안 모빌리티 핵심 키워드는 연결, 자동화, 공유, 전동화를 상징하는 CASEConnected Autonomous Shared Electrification였습니다. 하지만 이제 연결과 전동화는 보편화되기 시작했고, 공유는 구독으로, 자율주행은 레벨3 상용화를 눈앞에 두고 있습니다. 이제는 CASE가 아니라, 포스트CASE를 고민해야 할 시점입니다.

우리나라 경제를 이끄는 핵심 산업 가운데 하나가 모빌리티 산업입니다. 특히 자동차 산업은 새로운 전환기에 있습니다. 코로나19와 함께 러시아의 우크라이나 침공에 따른 반도체와 희토류 등의 부족, 글로벌 공급망 마비, 유가 상승 등 예상하지 못한 힘겨운 시기를 겪고 있고 앞으로도 불확실성이 높은 편입니다. 지역 부품업체들도 전환을 위한 혁신력 부족으로 기업의 지속가능성에 위협을 받고 있습니다.

하지만 가장 중요한 것은 바로 사람입니다. 전동화(전기 동력으로의 변화)로 블루칼라 일자리는 줄고 있지만, 소프트웨어정의차량의 등장으로 소프트웨어 엔지니어 등은 매우 부족한 실정입니다. 하루아침에 해결할 수 있는 문제는 아니지만, 그동안 구축한 관련 산업 생태계를 발전시키기 위해선 반드시 해결해야 할 이슈가 바로 인력의 업스킬링Upskilling과 리스킬링Reskilling입니다. 교육계와 기업들이 연계해 장기적 관점에서 인력문제를 해결하기 위한 대책을 마련해야 합니다.

현재까지 모빌리티 개념 자체가 도심 이동 문제 해결 중심으로 새로운 이동 디바이스의 개발에 관심이 높았다면, 이제는 이들이 상용화됨에 따라 이동공간에 혁명이 일어나고 있습니다 수많은 규제, 사회적 수용성과도 충돌하고 있지만 새로운 이동의 혁명이 일어나고 있는 현 상황에서 모빌리티에 대한 이해는 필수입니다. 이 책에서는 본격적으로 발전하는 모빌리티 기술, 주변 환경의 변화, 탈것들의 미래를 포함해 무엇보다 모빌리티가 우리 삶에 어떤 의미가 될 수 있는지를 보여주려 합니다. 이제 모빌리티는 기술의 영역이 아닌 우리 삶의 영역으로 이미 들어와 있으니까요.

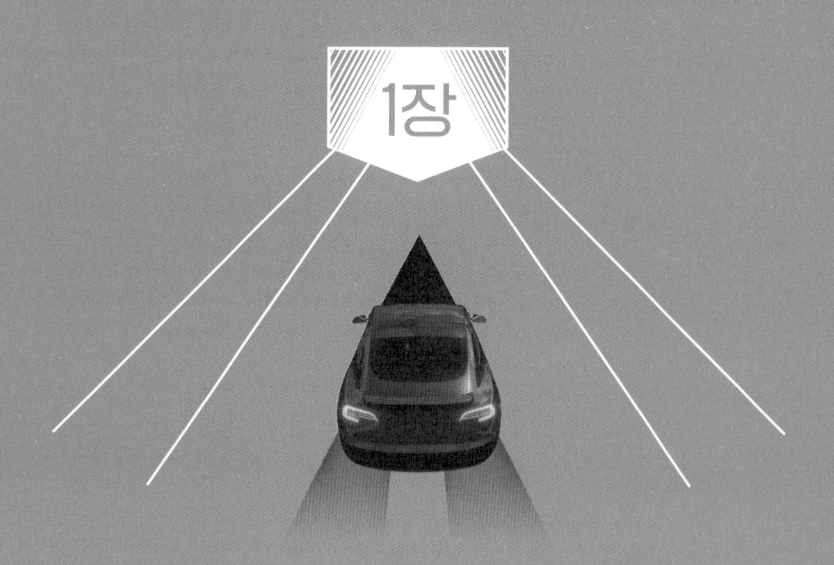

1장

탈것의 혁신에서
공간의 혁명 시대로

자율주행이 가져올 공간 변화

전용 주행공간을 꿈꾸는 자율주행차

중국 정부는 선전경제특구와 상하이 푸둥신구에 이어 수도 베이징의 기능을 분산하기 위해 2035년 완공을 목표로 인텔리전트시티인 슝안신구雄安新区를 건설 중이다.[1] 중국 정부가 약 2조 위안(약 388조 7200억 원)을 투자할 예정인 슝안신구의 예정 면적은 1770km²로, 약 200만 명의 인구를 수용할 수 있다. 슝안의 중심지역인 치부구 내에 조성된 치둥구역은 기업 본사, 의료기관, 과학연구기관, 교육기관 등을 포함한 다양한 기관을 유치해 수도 베이징의 기능을 이전받을 계획이다.[2] 베이징과 슝안을 잇는 고속철도가 2020년에 이미 개통되었고, 징슝

고속도로, 징더고속도로 1기 등의 교통 네트워크 역시 빠른 속도로 준비 중에 있다.

친환경 스마트시티로 설계된 슝안신구는 중국 정부 주도로 인프라 시설과 법제도 및 관련 기술을 전면적으로 기획해, 백지에서부터 새로운 도시 기능 및 모빌리티 기술을 실현하기 위해 만들어졌다. 근처 대도시들과 연결성을 높여주는 고속도로 이외에, 도로나 철도 같은 슝안신구의 대부분의 교통 인프라는 지하터널 형태로 건설될 예정이다.[3] 약 300km의 지하 종합 통로를 계획 중이며 2021년 말에 약 92km가 완공되었다.[4] 또한 15분 생활권 구축을 목표로 주된 교통수단인 대중교통을 포함해 도보 및 자전거 이용을 중심으로 하는 도심 모빌리티 모델을 계획 중이다.

슝안신구는 자율주행차량 도입과 이를 위한 도시 인프라 구축에도 힘쓰고 있다. 슝안신구의 지하터널은 8m 너비, 4m 높이의 약 15km 왕복차선으로, 터널의 표면에는 센서와 통신 장비들을 부착해 자율주행 전용차선으로 사용될 예정이다.[5] 베이징과 슝안신구를 잇는 징슝고속도로는 약 100km 구간 왕복 8차로 가운데 2개 차로를 자율주행차 전용차선으로 지정할 예정이며 자동차 운행 및 도로 정보를 수집하기 위한 지능형교통시스템Intelligent Transport System 설치가 추진되고 있다.[6]

스마트시티 시스템에 자율주행차를 잘 정착시킬 수 있도록, 현재 슝안지구가 위치한 허베이성 정부는 바이두와 협력해 무인운전 기술과 관련 교통 시스템을 연구개발 중이다. 바이두가 주도하는 개발 프로젝트에는 포드, 메르세데스-벤츠, 인텔, 마이크로소프트와 같은 외국 기업이 참여 중이며 중국 정부는 슝안신구 개발과 자율주행이라는

카브뉴 제안 자율주행 전용도로가 도입된 고속도로의 렌더링 이미지
출처: 카브뉴 웹사이트

목표 실행, 다양한 첨단기술 발전을 위해 해외 우수 기업의 참여를 독려하고 있다.

미국의 미시간주는 스타트업 카브뉴Cavenue와 함께 2020년 8월, 약 64km 거리의 앤아버Ann Arbor와 디트로이트를 잇는 자율주행 전용도로 건설 계획을 발표했다.[7] 카브뉴는 대중교통 개선을 위한 장기계획의 일환으로 구글이 도시건설 계획을 보류하자 담당직원들이 설립한 인도인프라파트너Sidewalk Infrastructure Partner 자회사로 구글의 투자를 받은 스타트업이다. 2년 내 실험실 기반 자율주행차에 사람을 태워 실제 도로에서 주행하는 것을 목표로 하며, 주간고속도로Interstate94와 미시간 애비뉴Michigan Avenue 사이 고속버스 차선 형태로 완전한 대중교통서비스를 제공하는 것이 최종 목표다.[8]

해당 계획은 지오펜싱Geofencing 기술을 사용해 자율주행차들이 정해진 구역 내에서 안전하게 운행하는 것이 목적으로, 도로에 통신 인프라, 자율주행 인프라 등이 설치되어 자율주행차와 지능형교통시스템의 연결을 지원할 예정이다.[9] 포드, 토요타, 혼다, BMW, 웨이모 등의 업체들과 협력해 기준을 정하고, 도로 완공 후에는 대중교통과 공유모빌리티 사용자들이 먼저 자율주행 전용차선을 이용하게 한 뒤 상업차량과 개인차량에게는 추후 개방할 것이라 한다.

2020년까지 2년으로 예정된 1단계 계획은 실행 가능성 및 타당성을 검토하고 계획 실행을 위한 최적의 방법 설계가 목표였다. 실제 전용도로 건축과 사용에는 더 많은 시간이 필요하지만, 미시간주 주지사 그레첸 위트머Gretchen Whitmer는 이 계획이 미래 모빌리티의 가장 큰 난관을 해결할 수 있는 차량을 만들고, 인프라와 생태계를 구축하려는 시도로 미시간주가 자동차 산업의 리더임을 재확인하는 기회가 될 것이라고 밝혔다.[10]

미시간주 상원의원 켄 혼Ken Horn은 2021년 10월 자율주행 전용도로의 도입을 위한 법안(SB706)을 발의했다. 해당 법안은 미시간주 미래 모빌리티 위원회가 업체들과 자율주행 전용도로의 발전, 건설, 시행과 관련된 영향을 연구할 수 있도록 허용하고, 자율주행 전용도로의 지정, 건설, 통행차량 요금 징수 등의 근거를 담고 있다.[11]

현재 테슬라와 같이 차량 단독Stand Alone 자율주행 방식과 지능형교통시스템 등 인프라 기반 자율주행 방식 가운데 향후 방향성에 대한 논란이 진행되는 중이다. 중국 신도시 슝안신구, 미국 자동차 산업의 메카로 불리던 미시간주의 전용도로와 인프라 기반 실험은 안전성, 경제성 관점에서 향후 자율주행의 발전 방향에 많은 영향을 미칠 것으로 예상된다.

일론 머스크는 수많은 차들로 발생하는 교통 혼잡 문제 해결을 위해서는 도로가 3차원으로 변화해야 한다고 주장하며 지하터널을 새로운 솔루션이라 믿고 있다. 그래서 그는 테슬라에 이어 도시 인프라 및 터널 건설 업체인 보링컴퍼니The Boring Company를 설립했다. 지하터널 네트워크는 높은 교통 처리량을 경제적으로 해결할 수 있으며, 지상 공간을 차지하지 않아 공간 활용성을 높이고 기존 도로를 도시 거주민들의 생활공간으로 바꿀 수 있다는 것이다.

보링컴퍼니는 지하로 이동하는 루프 시스템의 시발점으로 라스베이거스에 LVCCLas Vegas Convention Center루프를 건설했다. LVCC루프는 2개의 지상 정거장과 1개의 지하 정거장, 총 3개의 정거장을 이어주는 2개의 터널로 구성되어 있으며, 앞으로 총 51개의 정거장으로 구성될 47km의 베이거스루프로의 연장을 계획 중이다.

현재 건설된 LVCC루프는 라스베이거스 컨벤션센터 내 승객의 이동을 위해 설계되었지만, 향후 건설될 베이거스루프는 승객들의 도시 내의 다양한 지점 간 이동을 돕는 대중교통 역할을 할 것으로 기대하고 있다. 보링컴퍼니가 제시한 루프의 예상 요금은 차량당 약 10달러(1만 2280원) 수준으로 루프는 도시 내 이동객들에게 저렴하고 신속한 서비스를 제공할 예정이다. 일론 머스크의 지하터널은 기존에 쓰이지 않던 지하공간을 활용해 교통체증과 같은 도시 내의 다양한 교통문제를 경제적으로 해결하려는 새로운 공간 혁신의 시도로 볼 수 있다. 2022년 4월에는 뷔캐피탈Vy Capital과 세콰이어캐피탈Sequoia Capital이 주도하는 6억 7500만 달러(약 8400억 원)의 시리즈C 투자를 유치해 기업가치 56억 7500만 달러(약 7조 620억 원)로 평가받았다. 투자금은 루프 확장과 연구개발 가속화를 위해 사용될 것으로 알려졌다. 특히 라스베이거스는 전체 도로와 공항으로 시스템 확장을 승인했으며, 현재 캘리포니아, 텍사스, 플로리다 등 다른 지역에서도 새로운 루프 시스템 도입에 대해 논의하고 있다. 보링컴퍼니는 연간 약 1000km 굴착을 목표로 굴착기 프루프록Prufrock-2 생산과 차세대 제품 프루프록-3를 개발하는 등 저비용으로 루프를 확산하기 위한 연구개발에 매진하고 있다. 테슬라 차량을 활용한 무공해 고속지하 대중교통 시스템으로, 향후 자율주행 기능의 진화에 따라 자율주행차 이동공간으로 활용될 것으로 예상된다.[12]

버진그룹의 회장 리처드 브랜슨Richard Branson이 2014년 설립한 버진하이퍼루프Virgin Hyperloop는 2020년을 목표로 1078km/h(670mph) 속도의 진공튜브를 통해 사람을 운송하겠다는 계획을 발표했다. 4억 5000만 달러(약 5530억 원) 투자를 유치하면서 많은 관심을 받았지만, 2022년 2월 직원의 절반인 111명을 해고하고 화물 배송으로 목표를 변경했다.[13] 하이퍼루프는 지하에 매립된 각종 시설물 때문에 도시에서는 직선 공간 확보가 어렵고 대규모 시스템 구축에 적지 않은 비용이 필요하며 안전에 대한 이슈를 고려하면 물류를 위한 용도를 먼저 도입하는 것이 타당하단 의견들이 제시되고 있다.[14]

상용화까지 아직 갈 길이 멀지만 기존 지상에서 최근 하늘의 도심항공모빌리티, 지역항공모빌리티, 첨단항공모빌리티 등의 디바이스가 계속 등장하고 있고, 성공 여부를 판단하기는 이르지만 새로운 모빌리티 공간인 지하를 활용하려는 시도 역시 계속 진행 중이다.

하지만 신도시, 지하 등 기존 이동수단들과 이동공간이 충돌하지 않는 버스 전용차선, 카풀레인Carpool Lane 등의 확장과 같은 해결책을 쓸 수 없는 기존 도로 영역에 자율주행차 전용도로의 도입은 적지 않은 갈등을 유발할 것으로 예상된다.

자율주행차가 주도하는 주차장, 도로, 도시의 변화

소비자들이 가장 기대하는 자율주행차의 기능은 바로 자율주차, 즉 자율발렛주차 시스템이다.

보스턴컨설팅그룹의 연구에 따르면 '목적지에 내려주고 주차공간을 찾아 알아서 이동하는 기능drops me off, finds a parking spot, and parks on its own'이 '운전 중 다른 행위 가능', 안전, 낮은 보험료 등을 제치고 소비자들이 가장 사용하고 싶은 기능으로 뽑혔다. 또한 자동제동장치, 차선이탈경고 시스템, 전방충돌경고 시스템 등 다른 기능들보다 높은 비용의 지불도 가능하다고 밝혔다.[15]

현재 차량 이동에 있어 주차는 필수행위다. 하지만 주차량이 많은 지역에서 주차공간을 찾았어도 옆차의 주차상태에 따라 공간을 사용할 수 없는 경우도 있고, 여기에 방문지와 주차장소가 먼 상황에서의 불편, 복잡한 주차공간에서 사고방지를 위한 이동, 출차 시 차량 탐색의 어려움, 대형 주차장 주변의 혼잡까지 주차와 관련해서는 다양한 이슈가 제기되고 있다. 이러한 이유로 최근 자율주차에 대한 논의가 활발하게 진행 중이다.

영국 RAC파운데이션RAC Foundation의 통행실태 연구에 따르면 차량대수, 운행건수, 평균 운행시간을 활용해 분석했을 때 차량 라이프사이클의 95%는 주차 상태이며, 단순히 운행총량과 평균속도를 기반으로 분석해도 전 세계 차량들의 운행시간은 수명의 10%도 되지 않는다.[16] 이러한 분석 결과는 도시공간 사용에 새로운 시사점을 제공한다. 모빌리티 공유 및 구독 서비스, 자율주행 기술의 발전이 넓은 면적을 차지하는 주차장 때문에 도시공간 활용도가 떨어지는 구조적 문제를 개선할 수 있는 하나의 대안으로 여겨지는 이유다.

또한 캘리포니아 주립대학에서 보스턴, 시카고, LA, 뉴욕, 샌프란시스코, 시애틀, 워싱턴 D.C. 지역 거주자 4000명을 대상으로 실시한 연구결과에 따르면 차량호출 서비스를 이용하는 가장 큰 이유는 음주운전을 하지 않기 위해서, 주차공간을 찾기 어렵고 주차비용이 너무 비싸기 때문이다.[17]

우리나라의 경우 주차장 설치 기준은 1996년 가구당 평균 주차대수 1대 이상, 가구당 전용면적이 60㎡ 이하인 경우 0.7대 이상으로 개정한 이후 바뀌지 않고 있다. 2021년 12월 누적 자동차 등록대수는 총 2491만 대로 인구 2.07명당 자동차 1대를 보유한 상황인데 주차장 부족 문제는 해결의 기미를 보이지 않고 있다.[18]

2020년 토지주택연구원이 발간한 〈자율주행 자동차 시대의 주차장 및 도로 변화에 관한 연구〉에서는 자율주행차가 도시공간 구조에 큰 변화를 가져올 것이라고 언급하며, 특히 주차장과 도로폭 감소가 가져올 변화에 주목했다.[19] 해당 연구에서는 경기도 성남시 분당구에서 주차장 및 도로 면적 감소 효과를 분석하는 시뮬레이션을 실시했다. 저자들은 공유 자율주행차 점유 비율을 100%로 가정했을 때, 분당구 전체 건물 연면적의 16~23%에 해당하는 공간을 주차장이 아닌 다른 용도로 사용할 수 있을 것으로 결론 내렸다. 또한 스스로 빈 주차장을 찾아 이동하고 집으로 돌아가는 방식으로 주차장 수요가 10% 가량 감소하는 등 차량공유 서비스의 확대는 주차장 감소에 큰 역할을 할 것으로 분석했다.

현재 주차공간

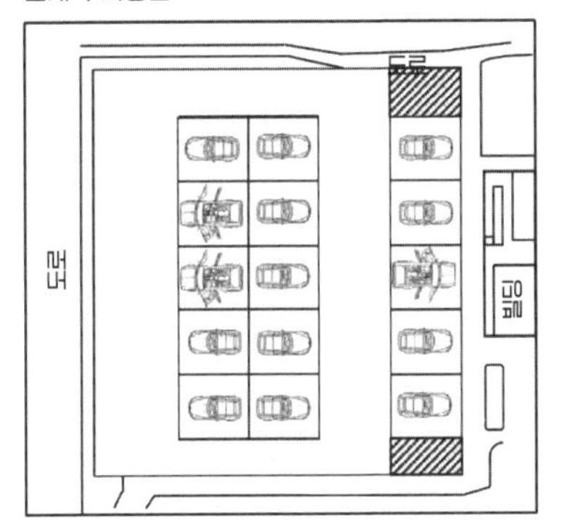

자율주행차 주차공간

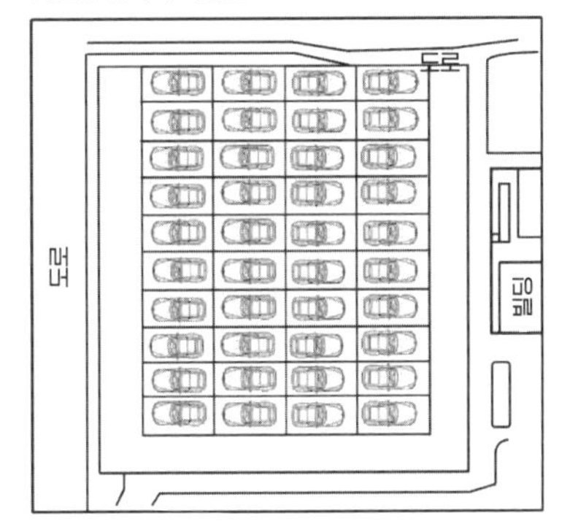

현재 주차공간과 자율주행차 주차공간의 비교

출처: Nourinejad, M., Bahrami, S., & Roorda, M. J., Designing parking facilities for Autonomous Vehicles,Transportation Research Part B: Methodological, 109, pp.110~127, 2018.

글로벌 도시 환경 컨설팅 서비스를 제공하는 기업 에이럽Arup 역시 공유 자율주행차의 중요성을 강조한다. 개인 소유의 자율주행차가 집 혹은 주차장을 점유하고 있는 것보다 그 차를 다른 사용자가 쓰는 것이 더욱 효율적이고 교통체증을 줄이는 데 기여하며, 주차장으로 사용되는 도시공간을 다른 목적의 공간으로 재창조하는 데도 도움이 된다는 것이다.

뿐만 아니라 주차장의 공간 활용도 자율주행 기술을 통해 제고할 수 있을 것으로 예상된다. 기존의 주차장은 차량의 주차공간 외에도 문을 열어 사람들이 편히 승하차할 수 있는 면적 등 더 많은 공간을 필요로 한다. 토론토 대학 연구진은 자율주행차 주차장이 공간을 낭비하지 않고 원활한 차량의 흐름을 만들어낼 수 있도록 다양한 레이아웃을 시뮬레이션해, 기존의 주차장에 비해 자율주행차 주차장은 62%에서 87%가량 더 많은 차를 수용할 수 있다는 결과를 발표했다.[20]

세계경제포럼World Economic Forum과 보스턴컨설팅그룹도 3년간의 협업을 통해 자율주행차가 어떻게 도시 모빌리티를 변화시킬지에 관한 연구를 수행했다.[21] 개인 자율주행차, 로보택시의 등장을 가정해 미국 보스턴의 복잡한 교통모델을 시뮬레이션한 뒤, 개인 소유의 차량이 감소하면서 기존 주차공간의 약 50%만 필요할 것이란 결과를 내놓았다. 또한 노상주차공간의 필요성이 줄면서 해당 공간을 수요 기반형 모빌리티 서비스의 픽업/드롭오프 존으로 설정하거나, 물류의 원활한 상하차 구역, 자전거 도로, 혹은 대중교통 전용차선으로 지정하고 러시아워에는 차량통행을 가능하게 하는 등 새로운 정책의 필요성을 강조했다.

자율주차를 위해선 도로 지도, 주차장 지도, 차량 위치추적, 차량 인식, 환경 모델, 이동계획, 실내 내비게이션, V2XVehicle to Everything 통신 등 자율주행 기술이 필수적이다. 많은 연구에서 자율주행 기술의 발전이 도시 생활과 이동의 가장 큰 걸림돌인 주차문제 해결의 답안으로 제시되고 있어 자율주행 기술이 본격화되면 도시 모습에서도 다양한 변화가 예상된다.

최근 카카오모빌리티, 티맵모빌리티, 쏘카 등 국내 모빌리티 업체들의 스마트 주차장 관련 사업 확장 역시 빠르게 진행 중이다. 이들은 주차장 연결뿐만 아니라 주차장 업체의 인수합병을 통해 자사 내비게이션 시스템과 앱의 통합도 하고 있다. 쏘카의 모두의주차장 인수와 앱 통합, 티맵모빌리티의 티맵과 티맵주차 앱 통합, 나이스파크 연동, 카카오모빌리티의 GS파크24 인수합병이 대표적이다. NHN, SK E&S도 아이파킹에 100억 원을 투자했다. 현재 국내 주차시장의 연간 결제 규모는 15조 원 정도로, 기존 아날로그 형태의 주차장을 디지털화

기업	주차 사업	인수(투자)금액	주차 규모	특징
카카오모빌리티	GS파크	650억 원	2만 2000여 개 주차장	종합 모빌리티 플랫폼
쏘카	모두의주차장	비공개 (300억 원 추정)	1800여 개 주차장, 공유 주차면 1만 8000개	1만 8000여 대 차량 보유
휴맥스모빌리티	하이파킹, AJ파크	2434억 원	500여 개의 주차장	거점형 모빌리티
파킹클라우드	아이파킹	누적투자 2200억 원	4800여 개 주차장	NHN, SK E&S 공동 경영
티맵모빌리티	나이스파크 (제휴)	-	2000여 개 주차장	직접 진출 없이 중개 모델

주요 국내 모빌리티 기업들의 주차장 경쟁

출처: 정원엽, 박민제, 오래된 미래, 주차장의 화려한 변신!, FACTPL, 2022. 3. 15.

하고 내비게이션, 자동결제 기능과 연결시켜 모빌리티 서비스를 강화하려는 포석이다.

특히 늘어나는 전기차 충전 설비, 세차, 경정비, 공유 서비스 거점으로도 활용할 수 있고 향후 모빌리티허브로의 발전 역시 가능하기 때문이다. 그동안 관련 업체들이 이동서비스 시장에 집중했다면, 향후 공간서비스로 확장을 시도하는 것으로 볼 수 있다.

테슬라가 제공하는 FSD 기능 중 하나인 스마트 호출Smart Summon은 주차된 장소의 60m 거리 내에서 스마트폰으로 차량을 호출하면 차량이 스스로 스마트폰의 GPS 위치로 주행해 오는 자동출차 서비스다.[22] 호출 기능은 2016년 초, 테슬라 오토파일럿 버전 7.1 소프트웨어 업데이트에서 처음 공개되었고, 2019년 9월에는 오토파일럿 버전 10.0 업데이트에서 기능 개선과 함께 '스마트 호출'이라고 이름 붙었다.[23]

긍정적인 리뷰도 있지만 실제 사용자들의 부정적 평가도 적지 않다. 차량 속도가 매우 느리고 주변의 차량을 인식하지 못하거나 장애물이 없는데 운행이 멈추는 경우가 빈번하게 발생했기 때문이다. 테슬라는 스마트 호출 기능에 대해 주차장이나 사유지의 진입로 등 익숙하고 예측 가능한 환경에서 사용하도록 설계되었으며 공공도로에서 사용해서는 안 된다고 설명하고, 모든 물체에 반응해 정지하지 않으며 모든 차량에 반응하지 않을 수 있다고 명시하는 등 아직 완벽하지는 않은 상태다.[24]

일론 머스크는 2020년 4월, 한 트위터 사용자와의 메시지를 통해 자율주차 기술 역시 개발하고 있음을 밝혔다. 그는 2020년 연말에 FSD 소프트웨어 업데이트를 통해서 자율주차 기술을 공개하겠다고 밝혔지만, 발표가 계속 늦춰지고 있는 상황이다.[25]

자율주차를 포함한 글로벌 스마트 주차 시스템의 시장 규모는 2019년 31억 달러(약 3조 8000억 원)에서 2024년 83억 달러(약 10조 2000억 원)로 연평균 21.71% 성장이 예상된다. 자율주차의 주요 서비스 대상인 노외주차장(건축물 부설주차장 포함)이 전체 주차장의 70%를 차지하는데, 노외주차장의 성장률이 22.49%로 노상주차장의 19.95%에 비해 다소 높게 나타나고 있다.

지역적으로 2019년 기준 북아메리카 지역이 전체 주차 시장의 40.23%를 차지하고 있어서 가장 점유율이 높고, 유럽이 32%를 차지한다. 아시아태평양 지역은 현재 20%를 조금 상회하지만 성장률은 24.73%로 가장 높다. 관련 기업들의 시장 점유율은 아마노Amano 9.7%, 콘티넨탈Continental 9.1%, 보쉬 8.7%, 스마트파킹Smart Parking Limited 0.3%로 구성되어 있다.[26] 대형 주차운영 기업의 점유율이 높지 않은 반면 전체시장 72% 이상을 소규모 기업들이 차지하고 있어, 자율주행 기술이 상용화되면 주차장, 부동산 등 관련 기업 간 얼라이언스 구축 및 통폐합이 빠르게 진행될 것으로 보인다.

자율주차 전 단계로 주차로봇이 차량을 견인하듯 빈 주차공간으로 옮기는 방식도 관심을 받고 있다. 스탠리로보틱스Stanly Robotics의 스탠Stan은 라이다 스캐너 2개, 카메라 4개 사용해 위치 측정 및 동시 지도 작성Simultaneous Localization And Mapping 작업을 수행해 주차 위치를 실시간으로 검색한다. 부천시와 마로로봇테크는 규제샌드박스 실증특례를 통해 부천시 노외주차장과 인천시 부평구에서 주차 차량 운반기를 시범운영하고 있으며, 주차공간 30~50% 향상을 기대하고 있다.

새롭게 등장한 복합 서비스 공간, 모빌리티허브

모빌리티허브의 개념

최근 많은 도시들이 모빌리티허브라는 개념을 새롭게 도입하고 있다. 일반적으로 모빌리티허브는 대중교통, 활성교통Active Transportation, 승용차 간 이동을 연결하고 공유수단에 대한 관심을 높일 수 있도록 고안된 다양한 교통수단의 중심지 혹은 집결지로 정의된다.[27] 모빌리티허브를 통해 이동의 신뢰성, 편리성과 지속가능성의 증진을 모색할 수 있다.[28] 도시는 모빌리티허브의 도입을 통해 퍼스트-라스트 마일First-Last Mile의 연결성 향상, 교통 불균형 해소와 혼잡도 감소, 대중교통 사용 촉진, 자가용을 사용한 이동 억제, 새로운 이동수단 실험 등

모빌리티허브의 주요 개념과 디자인
출처: San Diego Forward, Mobility Hubs, https://www.sdforward.com/mobility-planning/mobilityhubs

다양한 목적을 이룰 수 있다.

모빌리티허브를 구성하는 핵심요소로는 대중교통, 공유자전거를 비롯한 공유모빌리티, 카셰어링과 자전거를 위한 주차공간 등이 있다. 또 택시나 우버, 리프트를 비롯한 교통네트워크 기업 서비스 사용자의 승하차를 위한 지정구역, 전기차 충전소, 도심항공모빌리티를 위한 승강장까지 모빌리티허브 네트워크의 구성요소로 포함된다. 보행자들과 이용자들의 편의성을 높이기 위한 정보 제공용 키오스크와 와이파이, 음식점과 휴게공간을 만들어 이용자와 주변 거주자들의 생활공간으로 활용할 수도 있다. 또한 전 세계적으로 전자상거래 물류의 흐름이 늘어나고 도심 내 물류의 중요성이 커지면서 물류 관련 공간도 제공되는 등 모빌리티허브는 지역 상황, 이용자의 수요, 주변 환경 등의 다양한 요소에 따라 구성이 변형되는 동적인 개념이다.

1998년 독일 브레멘은 스마트카드 운임체계를 도입하면서 시청 주도로 지역 내 대중교통 시스템과 지역 기반 차량공유 시스템을 통합했다.[29] 이후 브레멘은 '2025 지속가능한 모빌리티 계획'을 수립하고 교통 혼잡과 탄소배출을 줄이기 위해 해당 시스템을 모빌풍트Mobil Punkt라고 부르는 모빌리티허브 프로그램으로 확대 중이다.

브레멘의 모빌리티허브에는 버스와 트램 관련 정보를 안내하는 디지털 디스플레이와 키오스크가 설치되어 있다. 또한 주요 기차역에는 대여, 수리, 보관, 세차 등 자전거와 관련된 모든 서비스를 제공하는 전용 스테이션이 있으며 자전거 주차장, 왕복 자전거 전용도로와도 연결되어 있다. 브레멘은 대중교통 이용권과 함께 카셰어링 멤버십을 통합적으로 구매할 수 있는 시스템을 갖춰 이용자들이 쉽게 사용할 수 있도록 돕는다.

미국 LA 역시 2010년부터 시청 주도로 모빌리티허브 프로그램을 운영 중이다.[30] LA가 발표한 모빌리티허브 사용자 가이드는 모빌리티허브의 도입을 통해 자전거와 차량, 대중교통 서비스의 연결성을 향상시키고, 서비스 편의성을 증진시키고, 안전을 도모하고, 다양한 방법으로 공간을 활용하고자 하는 것이 목적이다. 'LA 모빌리티 계획 2035'의 연장선상으로 기획된 모빌리티허브 프로그램은 지역의 규모와 상황에 따라 네이버후드Neighborhood, 센트럴Central, 리저널Regional 3

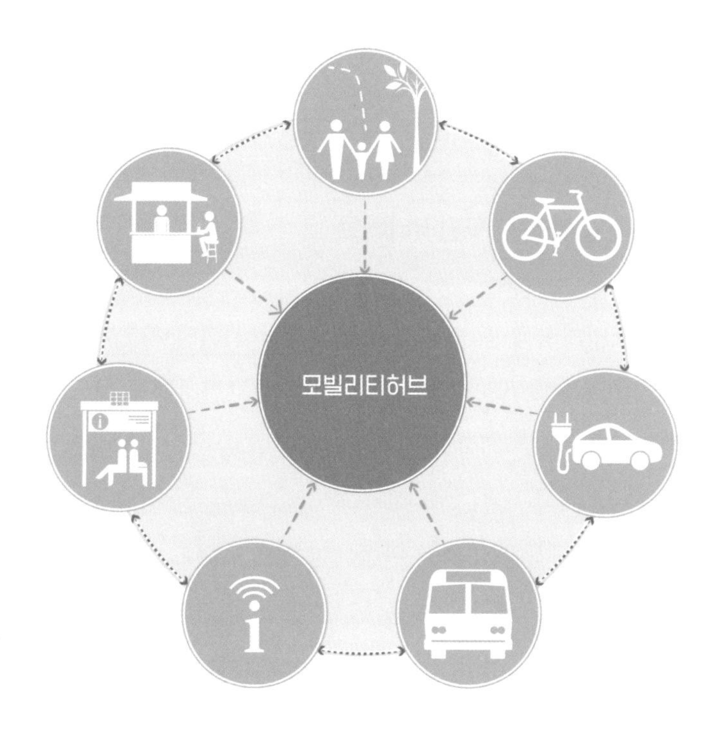

LA 가이드에 따른 모빌리티허브의 다양한 구성요소
출처: LA Mobility Hubs-A Reader's Guide

가지 유형으로 분류된다.[31]

네이버후드 모빌리티허브는 인구밀도가 낮은 지역을 위한 것으로 이동의 기본 기능인 대중교통, 길찾기, 공유 자전거 및 자전거 주차 서비스를 제공한다. 센트럴 모빌리티허브는 인구밀도가 높은 지역에서 운영되며 기본 기능에 카셰어링, 라이드헤일링 하차, 버스 정류소, 전기차 충전소 등의 서비스를 제공한다. 리저널 모빌리티허브는 인구밀도가 아주 높은 지역이나 대중교통 노선 기종점에 설치해 센트럴 모빌리티허브보다 규모가 큰 자전거 관련 시설, 버스 환승, 상업용 공간을 제공한다. 이처럼 LA는 인구밀도 및 교통환경에 따라 차별화된 모빌리티허브를 구축했다.

버티포트를 품에 안는 모빌리티허브

도심항공모빌리티에 대한 관심이 높아지면서 버티포트 기능이 추가된 모빌리티허브도 등장했다. 뉴욕 기반의 무인비행체 시스템 운영 등 컨설팅 서비스를 제공하는 비영리단체인 누에어얼라이언스NUAIR Alliance, Northeast UAS Airspace Integration Research Alliance는 버티포트를 첨단항공모빌리티 이착륙을 위해 만들어진 장소로 정의했다.[32] 로마공항FCO, 베네치아공항VCE 등과 합동 프로젝트를 추진하고 있는 스타트업 어반블루Urban Blue는 버티포트 개발 전문기업이다.[33] 어반블루는 독일의 전기수직이착륙 비행장치eVOLT 기업 볼로콥터와 협력해 2024년까지 로마, 니스, 베네치아 등에서 서비스 론칭을 기획하는 등 2030년에 40억 유로(약 5조 4000억 원) 규모로 성장할 것으로 예상되는 유럽 도심항공모빌리티 산업에 선제적으로 대응하고 있다.[34]

조비에비에이션Joby Aviation은 부동산 인수회사 네이버후드프로퍼티그룹Neighborhood Property Group, 공간 재설계 기업 리프테크놀로지Reef Technology와 협력 중이다.

리프테크놀로지는 기존의 주차장, 창고, 녹지, 골목, 상업용지를 공유주방, 주차공간 등 온디맨드On-Demand 서비스와 결합해 수익을 창출할 수 있는 가치 있는 공간으로 재설계하고, 북미와 유럽에 5000개 이상의 주차장 관련 하드웨어, 소프트웨어, 발렛, 셔틀, 번호판 인식 서비스 제공 등 주차장의 스마트화를 추진하는 부동산 네트워크 솔루

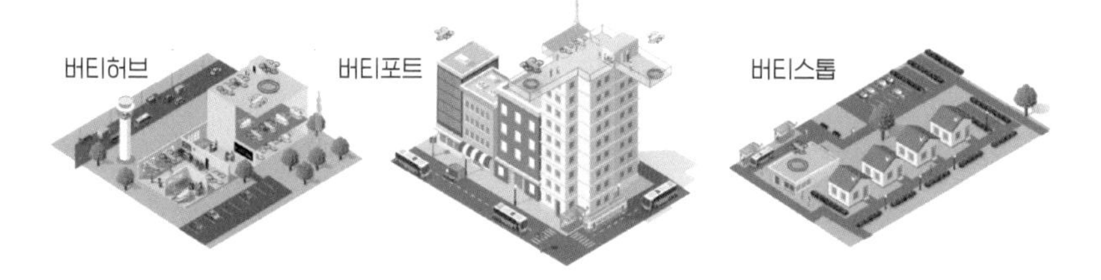

버티허브, 버티포트, 버티스톱의 디자인 콘셉트

출처: Miriam McNabb, What is a Vertiport? NUAIR brings industry players together to develop advanced air mobility strategies, Dronelife, 2021. 3. 28.

션 기업이다. 리프테크놀로지는 남는 공간을 클라우드 키친, 의료 클리닉, 물류 및 라스트마일 배송, 각종 체험 공간으로 개조하는 등 주차장을 네이버후드 허브로 전환하는 방식으로 사업 영역을 확대하고 있다. 2020년 11월 소프트뱅크 등으로부터 7억 달러(약 8500억 원) 투자를 받았으며, 물류업체 DHL, 라스트마일 배송 스타트업 본드Bond, 딜리버루deliveroo, 도어대시Doordash, 그럽허브Grubhub, 우버이츠UberEats, 포스트메이츠Postmates, 전기차 충전 및 유지보수 관리 기업 차지Charge, 수직 농장 개발기업 크레이트투플레이트Crate to Plate 등과 협력하고 있다.[35] 우버엘리베이트Uber Elevate를 인수합병한 조비에비에이션과도 LA, 마이애미, 뉴욕, 샌프란시스코에 버티포트 네트워크 구축을 진행했다.[36] 리프테크놀로지와 조비에비에이션의 협력 목적은 미국 주요 대도시 빌딩 옥상에 수직이착륙기의 이착륙을 위한 버티포트 네트워크의 기반을 구축하는 것으로, 플로리다 남부 지역에서는 수직이착륙기의 첫 버티포트 건설을 위한 구체적인 계획이 진행되어 팜비치 국제공항 주변에 건설을 준비 중이다.[37·38]

우리나라에서도 현재 다양한 형태의 모빌리티허브를 계획 중이다.

국토연구원은 2017년 공유모빌리티를 활용한 광역 대도시권의 접근성 개선방안 연구에서 모빌리티허브의 개념과 목적을 설명하고, 모빌리티허브 시설 도입을 위한 추진전략과 활성화 방안을 제시했다.[39]

모빌리티허브를 '다수의 교통수단 및 서비스가 단절 없이 합류되는 장소'로 정의하고, 단기적으로는 기존 교통수단 간 광역환승의 수요 처리를, 장기적으로는 대중교통을 넘어 공공자전거, 카셰어링, 라이드셰어링 등의 다양한 공유모빌리티 수용을 목적으로 한다. LA 사례와 유사하게 모빌리티허브를 고밀도 광역허브, 저밀도 광역허브, 고밀도 지자체허브, 저밀도 지자체허브 4가지 유형으로 구분한 것이 특징이다.

2021년 9월 서울시는 모빌리티 서울비전 2030을 통해 미래의 교통비전을 발표했다.[40] 모빌리티 서울비전 2030에 따르면, 서울시는 급격한 속도로 성장하는 모빌리티 시장에 대비하기 위해 기존 교통에 퍼스널모빌리티, 자율주행차, 도심항공모빌리티 등 새로운 교통수단 활용을 위한 총 32개소의 모빌리티허브를 구축하겠다고 밝혔다.[41] 미래에 대한 청사진의 연장선으로 2022년 3월, 서울시는 2040 서울도시기본계획(안)을 발표했다.[42] 해당 계획은 모빌리티허브 조성을 통해 자율주행, 도심항공모빌리티 등의 미래교통을 위한 인프라 확충을 계획적으로 지원하는 것을 목표로 한다. 서울시는 모빌리티허브를 미래교통수단과 수도권광역급행철도GTX, 퍼스널모빌리티 등 다양한 교통수단을 연결하는 복합환승센터 관점으로 보고 있다. 공간 위계에 따라서는 각기 다른 규모와 목적을 가진 광역형, 지역형, 근린형 모빌리티허브를 구축해 단순 환승센터의 역할을 하는 것이 아니라 공공서비스, 상업, 업무, 물류 등의 다양한 도시기능을 복합적으로 제공할 수

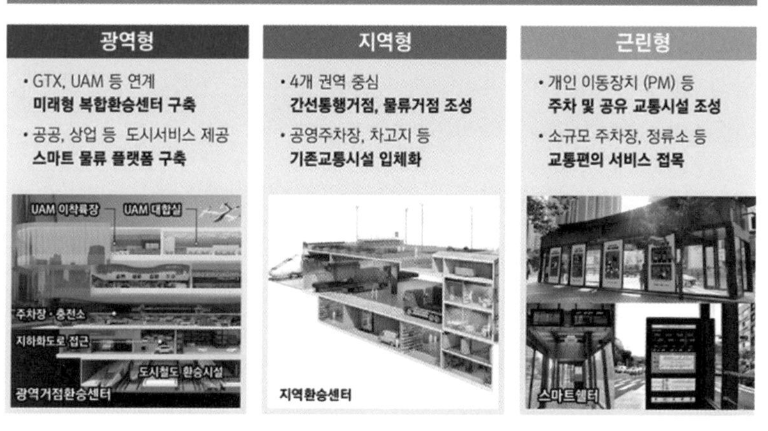

2040 서울도시기본계획 중 모빌리티허브 계획
출처: 2040 서울도시기본계획, 서울시, 2022. 3. 3.

있도록 설계해 입체교통도시를 구축하겠다는 계획이다.

모든 버티포트는 승객을 위한 대합실, 승강장, 상업시설과 비행체를 위한 이착륙시설, 충전시설이 필요하고, 다른 교통수단과의 환승, 물류를 위한 시설과 시민을 위한 커뮤니티 공간이 통합되어야 이동의 중심지인 모빌리티허브의 역할을 할 수 있다. 서울시는 2021년 6월 열린 서울 모빌리티 엑스포에서 모빌리티허브 구축을 위해 사물인터넷에 기반한 주차 통합 플랫폼을 필두로 단계적으로 모빌리티허브를 도입하고 운영할 예정이라고 밝혔다.

정부와 지자체 주도 외에도 기업들도 모빌리티허브 구축을 계획하고 있다. 현대자동차그룹은 CES 2020에서 미래도시를 위한 모빌리티 솔루션으로 도심항공모빌리티, 목적기반차량과 함께 모빌리티허브 콘셉트를 제시했다.[43] 목적기반차량은 지상의 도킹 스테이션과 연결되고, 도심항공모빌리티는 옥상의 이착륙장을 통해 연결된다. 허브는 지상층에 대중교통, 식당, 병원 등 다양한 모습을 갖춘 목적기반차량과 결합해 사람들이 편리하게 이용할 수 있는 다목적 커뮤니티 공간을 구성한다. 허브는 도킹스테이션을 통해 다른 허브와도 연결이 가능해 다목적 목적기반차량의 이용을 확장할 수 있다.

기아 역시 2020년 중장기 미래전략인 플랜 S를 통해서 모빌리티허브의 구축 계획을 밝혔다.[44] 기아가 구상하는 모빌리티허브는 친환경 모빌리티, 전기차 보급 등의 글로벌 트렌드에 맞추어 전기차 충전소, 차량 정비소와 다양한 편의시설을 갖춘 공간이다. 기아의 모빌리티허브는 환경규제로 도심에 진입할 수 없는 기존 내연기관 차량과 전기차의 환승거점으로 활용되고, 전기차 충전소와 편의시설 인프라가 설치된다. 또한 차량을 정비하거나 소규모 물류 서비스 제공 등의 비즈니스 모델을 제시했다. 향후에는 이러한 서비스를 자율주행 로보택시, 수요응답형 자율주행 셔틀 등에도 확장할 계획을 선보였다.

이처럼 현대자동차그룹과 기아가 구상하는 미래도시의 모빌리티는 새로운 기술과 공간을 이용하는 반면, 기존 시설의 변화를 통한 서비스 다각화를 꿈꾸는 기업과 서비스도 존재한다.

주유소를 다목적 모빌리티허브로 이용하고자 하는 계획들도 다수 등장하고 있다. 정유사 GS칼텍스는 CES 2021에서 기존의 주유소를 활용한 에너지플러스 허브를 전시했다.[45] 전기차와 공유모빌리티 시장의 규모가 커지면서 휘발유와 경유의 수요가 감소하자 이에 대응해 새로운 비즈니스 기회를 창출하려는 시도로 보인다. GS칼텍스는 주유소를 물류의 허브로 전환하는 것을 고려하고 있다. 일반차량보

아마존 프라임에어의 새로운 드론
출처: 아마존 웹사이트

다 큰 물류차량 진출입이 용이하고 충분한 적재공간을 보유하고 있다는 이점을 가진 주유소를 고객들이 온라인으로 구매한 물품들을 픽업하거나 반품 및 교환하는 물류의 라스트마일 거점으로 삼겠다는 전략이다.

주유소 공간을 통한 도서지역의 드론 물류 사업 역시 물류 관련 계획의 일환이다. GS칼텍스는 2020년 6월 제주도에서 편의점 상품의 드론 배송 시연에 성공한 경험이 있다. 2021년 12월 26일 GS칼텍스는 여의도의 주유소에서 드론이 등유를 적재하고 약 1km를 비행해 배송하는 시연에 성공하기도 했다.

아마존은 드론 이착륙장 145개, 드론 250대를 동시 운영해 연간 5억 회의 배송 달성을 목표로 하고 있는 것으로 알려졌다. 2022년 9월부터 캘리포니아주 록포드Lockeford와 텍사스주 칼리지스테이션College Station 지역에서 테스트 고객 1300명을 모집해 의약품, 미용, 반려동물 용품 등 무게 5파운드(2.3kg) 미만 제품 약 3000개 품목을 배송할 예정이다.[46] 아직까지 기체 인증이 남았지만, 아마존 프라임에어Prime Air 서비스가 본격적으로 시작되면 국내에서도 많은 기업들이 관심을 가질 것으로 보인다.

드론 배송은 초기에 주로 경제성이 낮거나 배송 환경이 좋지 않은 오지, 사고 시 피해가 적은 곳을 대상으로 운영이 되겠지만, 점차 활성화되면서 국내에서도 전기차 확산, 퍼스널모빌리티의 주차공간 이슈 해소 등과 맞물려 모빌리티허브에 대한 관심을 높일 것으로 예상된다.

모든 디바이스가 안전하게 공존하는 공간으로 진화하는 도로

늘어나는 물류 배송을 위한 도시공간의 변화

도시 모빌리티의 이동 대상은 당연히 사람이 전부가 아니다. 코로나19의 유행 후 전 세계적으로 사회적 거리두기가 확산되면서 전자상거래 시장은 전례 없이 급격히 성장했다. 시장조사기관 이마케터eMarketer에 따르면 2020년 기준 4조 2130억 달러(약 5177조 원) 규모의 전자상거래 시장이 2025년에는 약 7조 3850억 달러(약 9075조 원)로 무려 75%나 성장할 것으로 예상된다.[47]

맥킨지앤드컴퍼니에 따르면 온라인 배송은 1차 팬데믹 기간 동안 이전 10년 배송 건수를 불과 8주 만에 달성하는 등 코로나19의 등장

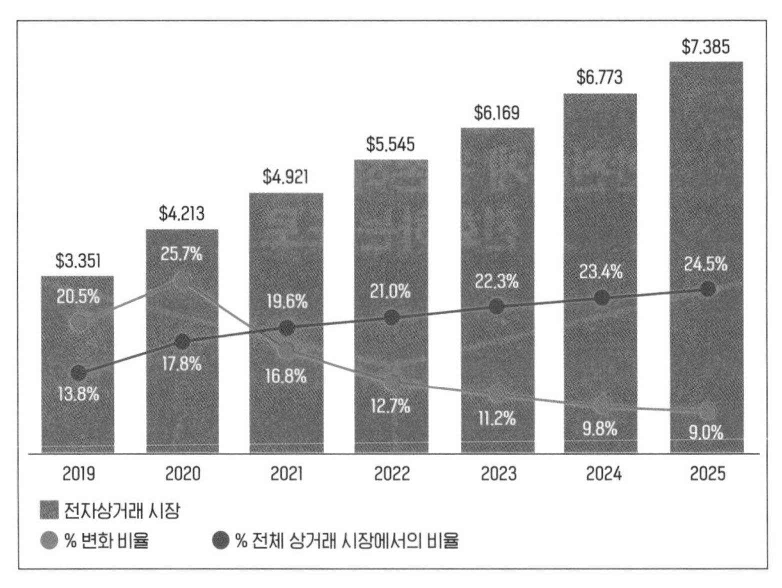

2019~2025 글로벌 전자상거래 규모 추이 (단위: 조 달러)
출처: eMarketer

으로 급격하게 규모가 성장한 산업 가운데 하나다. 물론 이전에도 성장하던 산업이었으나 코로나19를 트리거로 급성장한 것이다. 하지만 코로나19가 종식되거나 특정 지역에서 주기적으로 발생하는 감염병을 의미하는 엔데믹Endemic화되더라도 전자상거래와 배송에 익숙해진 사람들의 소비패턴은 쉽게 변화하지 않을 것으로 예상된다.

전 세계적으로 전자상거래 시장의 성장은 계속되고 있다. 우리나라 역시 택배 물동량은 꾸준히 증가하고 있었으나 코로나19를 기점으로 그 증가세는 더 가팔라졌다. 한국통합물류협회에 따르면 2020년 국내 택배 물동량은 전년도 대비 20.9% 증가한 33억 7000만 개, 2021년은 36억 2000만 개였다. 코로나19의 유행 직후에 비하면 증가율이 둔화되었지만, 택배 물동량은 앞으로도 꾸준히 늘어날 것으로 보인다.

그러나 최근 글로벌 시장에서는 또 다른 움직임이 일어나고 있다. 영국, 독일, 터키 등의 유럽 시장에서 성장하고 있던 라스트마일 배송 업체인 게티어Getir는 2022년 5월, 직원을 14% 감축하고 자본집약적 확장을 멈출 것이라고 발표했다. 국내외의 많은 라스트마일 배송 업체들이 인플레이션, 사회적 거리두기 해제 등의 이유로 수요 감소를 겪고 있는 상황에서 보다 정확한 원인 규명과 전략 마련을 위해서는 장기적 분석이 필요하다.

전자상거래가 급성장하면서 온라인에서 구매한 물품이 구매자들에게 배송되는 물류의 흐름은 도시 내 모빌리티 환경에도 큰 변화를 가져왔다. 또한 다양한 문제점도 발생했는데 물류 차량의 오염물질 배출에 따른 환경오염, 보행자 및 운전자 안전 위협, 교통체증 등이 대표적이다.

많은 도시들은 다양한 정책과 규제를 통해 이러한 문제들을 해결하기 위해 노력하고 있다. 세계에서 가장 바쁜 도시 가운데 하나인 뉴욕은 증가하는 도심 물류로 인해 발생하는 문제에 대응하기 위해 이미 2015년 9월부터 도시물류계획을 세워 실행 중이다.[48] 뉴욕교통국은 1981년부터 트럭루트Truck Route라는, 도심에서 화물차가 이용할 수 있는 도로를 따로 지정해 운영하고 있다. 트럭루트는 화물차가 통과 차량인지 지역 내 이동 차량인지에 따라 이용할 수 있는 도로를 구분하는 등 매우 세부적이다.

뉴욕교통국은 또한 연방고속도로관리부와 협력해 트럭루트를 안내하기 위한 표지판을 제공하는 등 효율성과 관리의 용이성을 제고하기 위한 부차적인 정책도 함께 시행하고 있다. 화물차가 물건을 쉽게 선적하고 내릴 수 있도록 도로 연석 공간에 배송 전용 시간대를 지정하고, 도심 내 특정 구간에 트럭 상하차 구간을 설치하거나 주행차량 계측을 실시하는 등 다양한 전략을 수립해 추진하고 있다.

하지만 물동량이 증가하면서 끊임없이 제기되는 도심 내 환경오염, 안전, 교통 혼잡 문제에 대한 해결책으로 2019년 12월 UPS, DHL, 아마존과 협업해 상업용 전기 화물자전거 파일럿 프로그램을 시작했다. 100대의 자전거로 시작된 이 프로그램은 끊임없이 성장해 2021년 1월을 기준으로 페덱스Fedex, 리프테크놀로지, NPD로지스틱스NPD Logistics가 합류하며 6개 물류회사에서 350대 이상의 화물자전거가 운영될 정도로 커졌다. 그 결과 2020년 5월과 비교해 2021년 1월에는 화물자전거 배달이 약 109% 증가했다.

뉴욕교통국은 화물자전거 프로그램의 운영기간 동안 사고율 제로를 달성했고, 화물자전거 1대당 연간 7t의 이산화탄소 절감 효과가 있다고 밝혔다.[49] 2020년 4월에는 코로나19로 증가하는 배송 물량에 대응하기 위해 음식배송에 사용이 금지되었던 전기자전거(스로틀 방식의 최대속도 32km/h인 클래스2) 사용을 허용했다. 또한 5840만 달러(약 718억 원)를 투입해 전체 2000km의 자전거도로 중 773km에 물리적 장벽을 설치하고, 브루클린과 퀸스에 10곳의 자전거 우선지역을 지정하는 등 안전에도 많은 노력을 기울이고 있다.[50]

2022년 4월, UPS는 런던의 도로에 전기사륜자전거를 도입한다고 발표했다. 탄소배출을 줄이고 교통 혼잡 문제를 해결하기 위해서 소비자에게 물건을 전달하는 라스트마일 배송에 전기사륜자전거를 이용하겠다는 것이다. 펀헤이Fernhay가 개발한 전기사륜자전거는 완충 시 60km를 움직일 수 있고, 너비 84cm, 길이 3m로 기존의 배송차량에 비해 훨씬 작아 비좁은 도로에서 쉽게 이동할 수 있다. 또한 전기

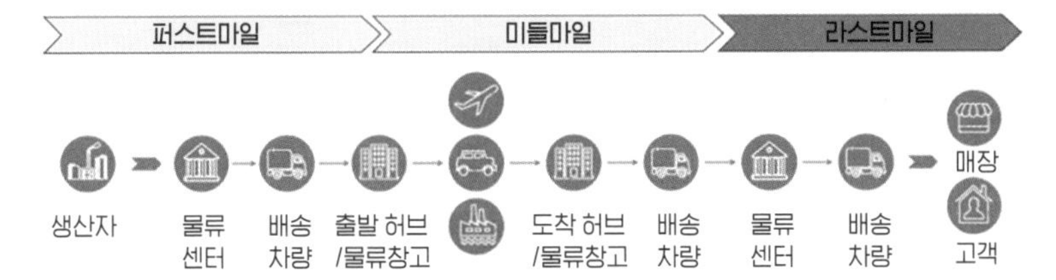

물류의 이동, 퍼스트마일-미들마일-라스트마일의 개념
출처: Cesar Castillo, Amit Jain, Delivering on the 'last mile': A shift from the traditional supply chain, WIPRO, 2021.

사륜자전거는 작은 차체에 비해 약 210kg까지 적재가 가능하다. 때문에 UPS는 전기사륜자전거를 밀도가 높은 도심환경에서 배달이 용이하고 탄소제로 지역들에도 접근할 수 있는 최고의 솔루션이라고 판단한 것이다.

전자상거래 시장의 성장은 라스트마일 물류 과정의 복잡성을 높였다. 최종배송 목적지가 기하급수적으로 늘어나고 목적지 간의 거리가 촘촘해져 운송비용이 증가했고, 효율적인 최적경로 계산이 어려워지면서 배송을 위한 잦은 정차로 교통 혼잡, 보행자 시야 방해 등의 문제가 발생했다. 이에 각 도시뿐만 아니라 전자상거래 기업들 역시 물류 증가로 생기는 문제를 해결하기 위한 다양한 노력을 하고 있다. 아마존의 아마존로커Amazon Locker 시스템이 대표적이다.

2021년 기준 아마존은 미국 전자상거래 시장의 약 40.4%를 차지하고 있는 세계 최고의 전자상거래 기업이다. 아마존은 2011년 뉴욕, 시애틀, 런던에 로커 시스템을 처음 도입했고, 현재는 70개 이상 도시의 약 2800개 지역에서 운영 중이다. 아마존로커는 세븐일레븐, 스테이플스Staples 등에도 설치되어 택배를 픽업하러 오는 사람들이 쉽고 안전하게 접근할 수 있도록 하고, 사람들의 통행량이 많은 대학가와 상가 밀집 지역에 설치해 픽업 지역이 주문자의 경로와 근접하도록 편의성을 높였다.

판매업체는 배송비용과 오배송을 줄이며 효율적으로 배송시간을 배치할 수 있고, 소비자는 물건을 더 빨리 받을 수 있으며 도난의 위험을 줄이고 할인도 받을 수 있어 아마존로커 같은 택배보관함 서비스는 계속 확장될 것으로 기대된다. 이러한 택배보관함 서비스가 실제로 교통 혼잡과 대기오염을 줄이는 데 기여하는지, 도로와 보행자의 안전성을 높이는 데 기여하는지에 관한 아직 연구는 진행 중이다. 하지만 물류 시장의 성장과 물동량 급증에 대비하고 이를 해결하기 위한 도시와 기업체들의 노력은 계속될 것으로 보인다.

국내에서는 이베이코리아가 아마존로커와 비슷한 스마일박스 서비스를 약 1000여 점포에서 제공해왔다. 스마일박스는 이베이코리아가 소비자들의 배송 및 반품, 교환 편의를 위해 GS25, SK에너지, GS리테일과 제휴해 도입한 무인택배함 서비스다. 소비자의 선호에 따라 G마켓, 옥션, G9에서 구입한 상품을 소비자에게 가까운 GS25의 스마일박스로 배송받고, 교환 혹은 반품 역시 스마일박스를 이용하면 됐다. 하지만 코로나19로 인해 사람들의 외출과 이동이 줄면서 수요가 감소해 2021년 10월, 결국 5년 만에 서비스를 종료했다.[51]

2020년 3월, GS25와 GS네트웍스는 신선 택배상품 보관을 위해 기존의 언택트 픽업보관함 서비스에 냉장 기능을 추가한 24시간 비대면 냉장 택배보관함 서비스 '박스25'를 발표했다.[52] GS네트웍스는 GS샵, GS프레시몰, 달리살다, 프레시코드, DHL 등의 업체와 제휴해 신선 상품의 택배 서비스를 원하는 고객이나 비대면 택배수령을 원하는 고객 등에게 GS25 편의점에 설치된 무인택배함으로 배송하는 서비스를 제공한다. GS25는 2020년 11월, 서비스 발표 7개월 만에 박스25 서비스 점포를 1000여 곳으로 확대했다.[53]

제3의 도로와 컴플리트스트리트

최근 10여년간 모빌리티 산업의 가장 큰 변화 가운데 하나는 공유 자전거, 공유 전동스쿠터, 공유 전기자전거 등 우리의 생활을 파고든 퍼스널모빌리티 산업의 성장이다. 기존에도 존재하는 이동수단이었지만 공유 서비스의 등장은 퍼스널모빌리티에 대한 일반 대중의 접근성을 높였다. 우리나라를 비롯한 세계 각국의 도시들에서 이제는 어렵지 않게 공유 퍼스널모빌리티를 찾을 수 있다. 기존의 자동차 중심이던 개인의 이동수단이 퍼스널모빌리티로 분산됨에 따라 새로운 공간, 특히 제3의 도로가 많은 도시에서 논의되고 있다.

차도, 인도에 이어 퍼스널모빌리티를 위한 제3의 도로가 필요한 가장 큰 이유는 퍼스널모빌리티 이용자를 포함한 도로 위 모든 이동수단과 보행자의 안전 때문이다. 보통 사람이 생활용 자전거로 도로 위를 달릴 때의 일반적인 속도는 15~30km/h, 국가기술표준원의 안전기준 고시에 따라 국내에 제조 및 판매되는 전동킥보드와 전기자전거의 최대속도는 25km/h로 보행자의 걷는 속도보다는 빠르지만 이면도로 및 자동차 제한속도인 30~50km/h보다는 늦다.

이러한 이유로 퍼스널모빌리티는 인도에서는 보행자의 안전을 위협하고 차도에서는 운전자를 답답하게 하는 이동수단이라는 평가를 받는다. 뿐만 아니라 상당수의 퍼스널모빌리티 이용자가 보호장구 착용, 규정속도 준수 등의 기본적인 안전 규칙을 지키지 않아 도로안전

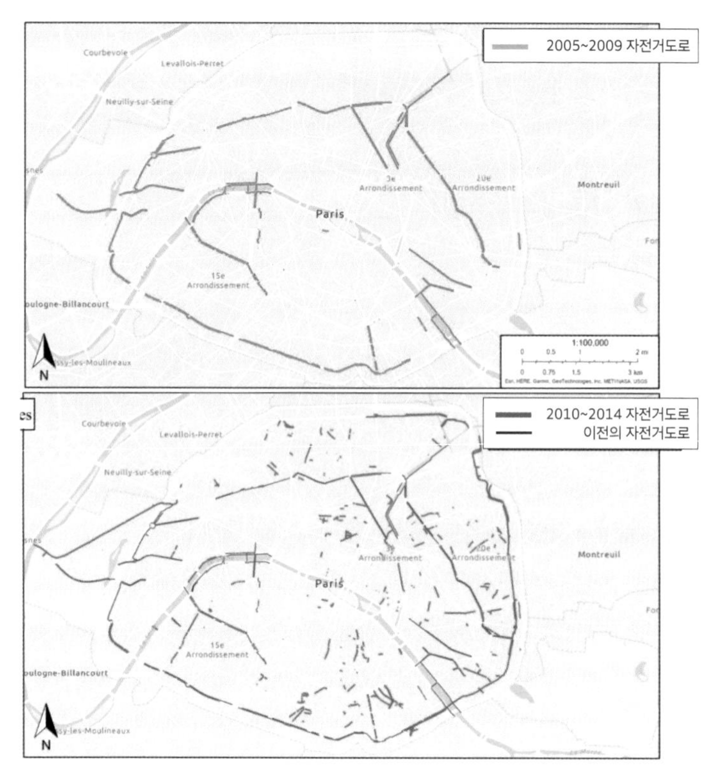

파리의 2005~2020 자전거도로 확충

출처: Moran, Marcel E. 2022. "Treating COVID with Bike Lanes: Design, Spatial, and Network Analysis of 'Pop-Up' Bike Lanes in Paris." Findings, March. https://doi.org/10.32866/001c.33765.Lanes in Paris." Findings, March. https://doi.org/10.32866/001c.33765.

의 위협요인으로 인식되기도 한다.

그런데 자동차 중심이었던 기존의 도로 환경에도 적지 않은 변화가 이뤄지고 있다. 이러한 변화는 이용자의 수요를 반영한 변화이면서 동시에 글로벌 도시, 환경 친화적 도시로 나아가기 위한 변화이기도 하다.

2021년 10월, 파리는 '2021~2026 사이클링 플랜Cycling Plan'을 발표하고 자전거 인프라의 개선 및 확충을 통해 파리를 세계에서 가장 자

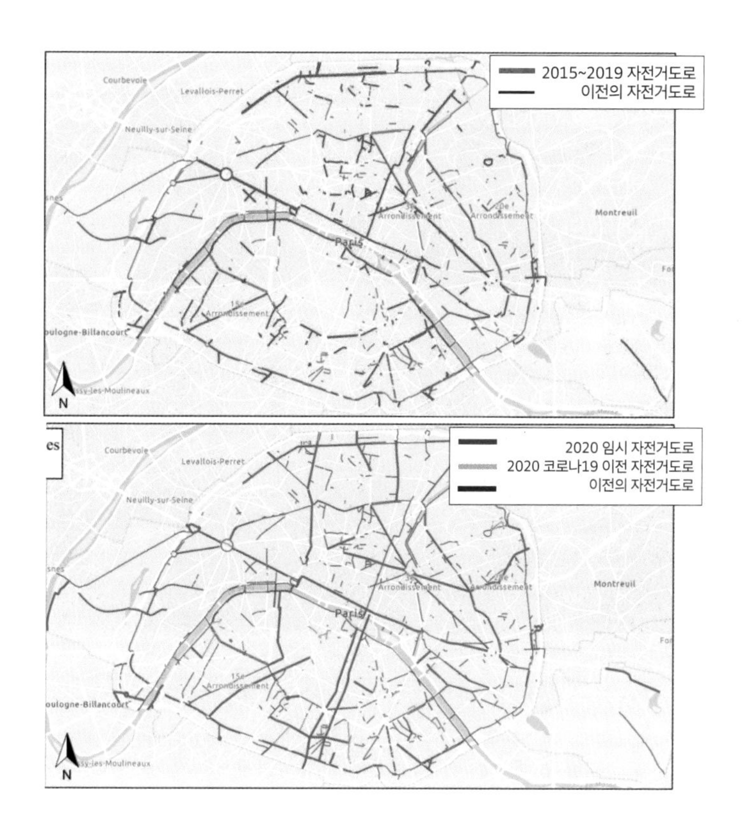

전거 친화적인 도시, 100% 자전거로 이동이 가능한 도시로 만들겠다고 공표했다.[54] 이미 2005년부터 2020년까지 503km의 자전거도로를 확충한 파리는 2026년까지 180km의 영구적인 분리형 자전거 전용도로를 새롭게 설치하고 18만 대의 자전거 주차공간을 마련할 계획이다.[55] 파리의 목표는 자전거를 위한 전용도로를 확대하고 자전거 네트워크들을 통합해 목적지까지 끊김 없이 안전하고 편안하게 이동할 수 있는 공간을 구축하는 것이다. 파리는 2020년에 변두리 지역과 시 중앙을 잇는 장거리 자전거도로를 증설해 자전거 네트워크를 강화하고 자전거도로의 양뿐 아니라 질까지 향상시키고자 하는 노력을

자동차 출입이 통제된 파리 루에 드 리볼리 거리의 자전거도로
출처: Feargus O'Sullivan, Inside the New Plan to Make Paris '100% Cyclable', Bloomberg CityLab, 2021.10.22

보였다.[56]

파리의 자전거 인프라 확충 계획은 단순히 레저용 혹은 통근용 자전거뿐만 아니라 화물용 자전거를 위한 것도 포함하고 있다. 또한 자전거 인프라 개선과 함께 보행자 안전을 위해 경찰 통제를 강화하고 새로운 도로 규칙을 공표할 예정이다. 이에 앞서 파리는 통과 차량이 시내에 들어오지 못하게 하는 통행제한구역을 발표하는 등 환경 친화적, 보행자 친화적, 자전거 친화적 도시를 만들기 위해 지속적으로 노력하고 있다. 파리의 변화는 대중들의 수요를 반영한 온디맨드 정책으로 시에서 지향하는 가치들을 이루기 위한 목적지향적 접근이기도 하다. 파리와 같은 퍼스널모빌리티 이동을 위한 공간은 미국 산호세, 포플랜드, 시애틀, 네덜란드 암스테르담, 벨기에 등에서도 찾아볼 수 있다. 특히 코로나19 확산 이후 대중교통의 수요 분산과 늘어나는 퍼스널모빌리티의 안전 확보를 위해 미국 뉴욕과 LA, 영국 런던, 스페인 바르셀로나, 독일 주요 도시 등에서도 확대되고 있는 추세다.[57]

미국 산호세는 '더 나은 산호세 자전거 계획 2025San Jose Better Bike Plan 2025'의 일환으로 2018년부터 이동성 확대를 위해 시내 주요 도로의 마지막 차로를 자전거, 전동킥보드 등을 위한 퍼스널모빌리티 전용도로로 재정비하고 있다. 2040년까지 최소한 시민 이동거리의 15%를 자전거로 대체하기 위해 시작한 것으로 환경 개선과 시민의 건강을 고려한 계획이다.[58] 산호세에서는 안전한 운행을 위해 퍼스널모빌리티 전용도로에 버퍼 공간과 시선유도봉을 설치했다.

코로나19는 자전거뿐만 아니라 공유 전동킥보드도 확산시키고 있다. 공유 전동킥보드 도입에 가장 반대가 컸던 지역은 미국 뉴욕과 영국이다. 하지만 결국 뉴욕은 대중교통 승객 분산을 위해 공유 전동킥보드를 도입했고, 대신 사용자들의 안전을 위해 자전거 도로에 물리적 장벽을 설치하는 등의 정책을 추진하고 있다.[59] 공유 전동킥보드 도입도 중요하지만, 그만큼 안전을 위한 도시정책도 필요하다는 것을 확인할 수 있다.[60] 런던도 결국 공유 전동킥보드를 새로운 친환경수단으로 도입했는데, 자동차 감소와 대기 질 향상을 위해서라고 한다.

최근 미국의 많은 도시에서는 모든 도로 사용자의 안전한 이용을 위해 설계된 컴플리트스트리트가 등장하고 있다.[61] 컴플리트스트리트는 인도와 같은 보행자 인프라, 도로 다이어트와 회전 교차로 등과 같은 차량속도억제Traffic Calming 장치, 자전거 인프라, 버스 전용차선이나 우선신호등과 같은 대중교통 인프라 등의 요소로 구성된다.

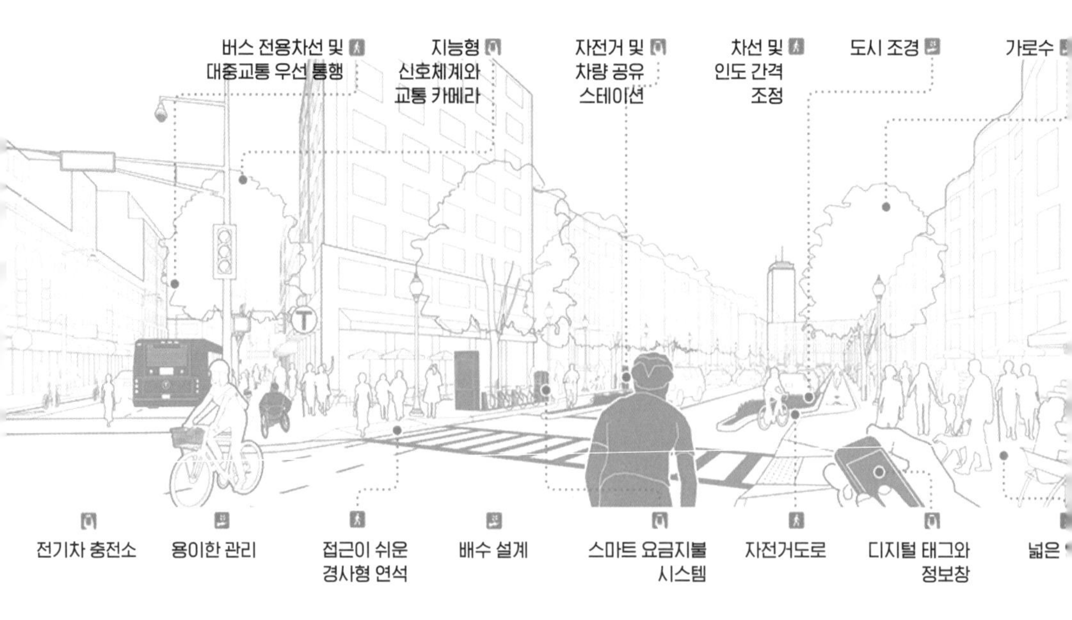

보스턴의 컴플리트스트리트
출처: City of Boston Complete Streets full report, 2013

컴플리트스트리트는 보행자, 자전거 이용자, 자동차, 대중교통, 공유 퍼스널모빌리티 사용자 등 모든 사람이 안전하게 도로환경을 이용할 수 있도록 디자인된 도로다.[62] 또한 어린이, 노인, 장애인과 같은 교통약자들의 편안한 이동과 함께 도로에서 휴식을 취하는 등 수동적 도로 이용자의 수요를 반영한 공간으로 만들려는 시도기도 하다. 컴플리트스트리트를 통해 도시는 시민들의 안전과 건강을 증진시키고, 도시 내 경제활동을 촉진하고 토지가치를 올리는 경제적 효과, 차량 이용 감소를 통한 환경적 효과 등을 기대할 수 있다.

컴플리트스트리트는 도로를 차량만의 이동공간이 아닌 사회적 공간으로 인식하고, 다양한 이용 주체들의 공유공간으로 만들고자 착안한 새로운 개념으로, 네덜란드와 벨기에에서 성공을 거둔 본엘프

컴플리트스트리트의 예
출처: Stewart Mader's Blog, https://www.stewartmader.com

Woonerf와 유사하다.[63] 본엘프는 1960년대 말 네덜란드의 신거주지 설계 때 본엘프 지구 설정과 함께 처음 등장한 개념으로, 도로 공간을 이동의 통로가 아니라 사람들의 생활 장소로 바라본다. 보차공존도로라고도 불리는 본엘프는 차량과 보행자를 분리시키는 기존의 도로의 개념에서 벗어나 시민들의 도로 이용과 도로 활동을 침해하지 않는 범위 내에서 자동차의 이용을 허용한다. 차량 중심의 도로를 사람 중심의 공간으로 받아들인 첫 시도라고 할 수 있다.

미국교통청은 인도, 자전거도로, 버스 전용차선, 대중교통 정류장, 횡단보도, 교통섬, 도로 경관과 조경 등의 다양한 요소를 도시의 맥락에 맞춰 배치하는 것으로 컴플리트스트리트를 정의했다. 획일화된 계획을 짜지 않는 것은 각 도시의 환경에 따라 시민들의 수요와 필요한 구성요소가 모두 다르기 때문이다. 즉 도시 환경과 대중의 수요에 맞춰 구성된 컴플리트스트리트를 통해 차량 사고, 보행자와 자전거

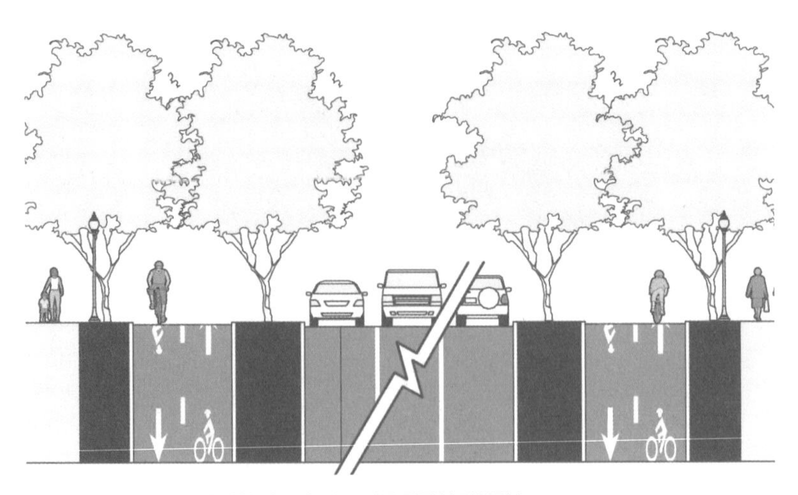

메릴랜드주 몽고메리카운티의 컴플리트스트리트 디자인 가이던스
출처: Complete Streets Design Guide, Montgomery County Department of Transportation, 2021. 2.

이용자의 위험을 줄이고, 도로를 더 안전한 공간으로 만들겠다는 전략이다.

컴플리트스트리트는 단순히 보행자나 자전거 이용자만을 위한 접근은 아니다. 이러한 변화를 통해 운전자나 대중교통 이용자에게도 더욱 원활한 도로의 흐름과 높은 안전성을 제공한다. 분리된 자전거도로 및 자전거 전용도로, 넓은 인도, 교차로 각도 조정, 보행자 안전지대 설치, 차선제거를 의미하는 도로 다이어트, 버스 베이 등의 요소로 구성되는 컴플리트스트리트는 도로생활의 공간으로 만들어나가는 도시 디자인의 일환이다.

메릴랜드주 몽고메리카운티는 이러한 개념을 도입해 카운티 내의 도로를 재구성하기 위한 컴플리트스트리트 디자인 가이던스를 발표했다.[64] 길을 건너거나 상점으로 걸어가거나 자전거로 통학할 때 안전하고 직관적인 도로로 컴플리트스트리트를 정의하고, 기존의 도로를 재구성하기 위해 보행자·자전거 이용자·운전자의 안전 극대화, 생태적 경제적 측면을 고려한 도시 조경의 지속가능성, 보다 활기찬 도시를 만들겠다는 도시 활력, 이 3가지 원칙을 고려한다.

LA도 모든 교통 이용자들의 안전, 접근성, 편의성 증진을 목표로 컴플리트스트리트 디자인 가이던스를 발표했다. LA의 가이던스는 기존 도로의 상황에 따라 다양한 방법을 도입해 각기 다른 도로 솔루션을 자세히 제공한 것이 특징이다.[65]

모빌리티플랜 2035Mobility Plan 2035은 모든 도로 이용자의 수요를 반영하고, 상호 균형을 유지할 수 있는 교통 시스템 구축의 정책적 기반을 제공하기 위한 LA의 교통계획이다.[66] 모빌리티플랜 2035에 따르면, 컴플리트스트리트는 다양한 지역 공동체의 수요를 충족시키는 것을 목표로 한다. 차량 우선인 기존의 도로 설계에서 벗어나 각기 다른 도로 환경에 맞춰 자전거, 대중교통, 차량, 보행자 등 모든 교통 이용자들의 수요를 반영하는 네트워크를 강화, 서로 다른 교통수단들이 상호공존할 수 있는 안전하고 새로운 도로를 디자인하는 것이다.

이러한 컴플리트스트리트의 사례는 중국에서도 찾아볼 수 있다. 완정가도完整街道 혹은 완정적가도完整的街道라고 부르는 중국의 대표적 컴플리트스트리트는 2016년 상하이 도로디자인 가이드라인 발표에서 찾아볼 수 있다.[67·68] 해당 가이드라인은 도로를 단순한 인프라로 보는 관점을 넘어 사람들의 생활이 이어지는 공공장소로 접근한다. 과거의 도로는 더 많은 차량을 수용하고, 차량의 흐름이 막히지 않고 이어질 수 있도록 설계되었다. 하지만 차량 통행량 증가로 생긴 교통 혼잡, 소음공해, 대기오염 등의 문제는 사람들의 거주 적합성, 지속가능성, 삶의 질을 악화시켰고 장기적으로는 인적자본 유치에 부정적

요소로 작용해 상하이의 경제발전을 저하시킬 수 있다는 우려를 낳았다.

상하이는 중국에서 처음으로 컴플리트스트리트를 도입한 도시로, 도로 계획에 접근하는 개념으로서의 가로경관과 기능을 위한 물리적 디자인 요소로서의 가로경관을 받아들이고 적용했다. 또한 단순한 이동공간을 넘어 시민의 건강을 향상시키고, 문화적·사회적 교류의 발생으로 지속가능하고 활기찬 라이프스타일을 영위해가는 공간으로 변화시키려는 계획이다.[69] 상하이뿐 아니라 베이징, 선전 등의 도시들 역시 다양한 형태의 도로 계획 및 디자인을 도입 중으로, 컴플리트스트리트가 안전하고 건강한 이동공간으로 계속 확산됨을 알 수 있다.

15분도시, 활성교통이 변화시키는 도시 모습

최근 프랑스에서는 15분도시15-Minute City라는 개념이 많은 관심을 받고 있다. 2020년 재선에 성공한 파리의 안 이달고Anne Hidalgo 시장이 성공적인 재선을 위해 제안한 정책 가운데 하나다. 합의된 정의는 없지만, 자동차가 확산되기 이전에 건설된 도시들은 대부분 원하는 목적을 위한 이동이 15분 이내에 가능하다는 점에서 착안한 개념이다. 15분도시는 시민의 니즈를 위해 직장, 학교, 의료시설, 상점, 레스토랑, 공원에 도보, 퍼스널모빌리티, 대중교통을 이용해 15분 내에 접근할 수 있도록 만든 도시를 의미한다. 15분도시가 관심을 받는 이유는 코로나19 확산에 따른 이동의 최소화와 대중교통 기피에 따른 퍼스널모빌리티의 확산, 탄소 중립, 삶의 질 향상 욕구 등 때문이다.[70]

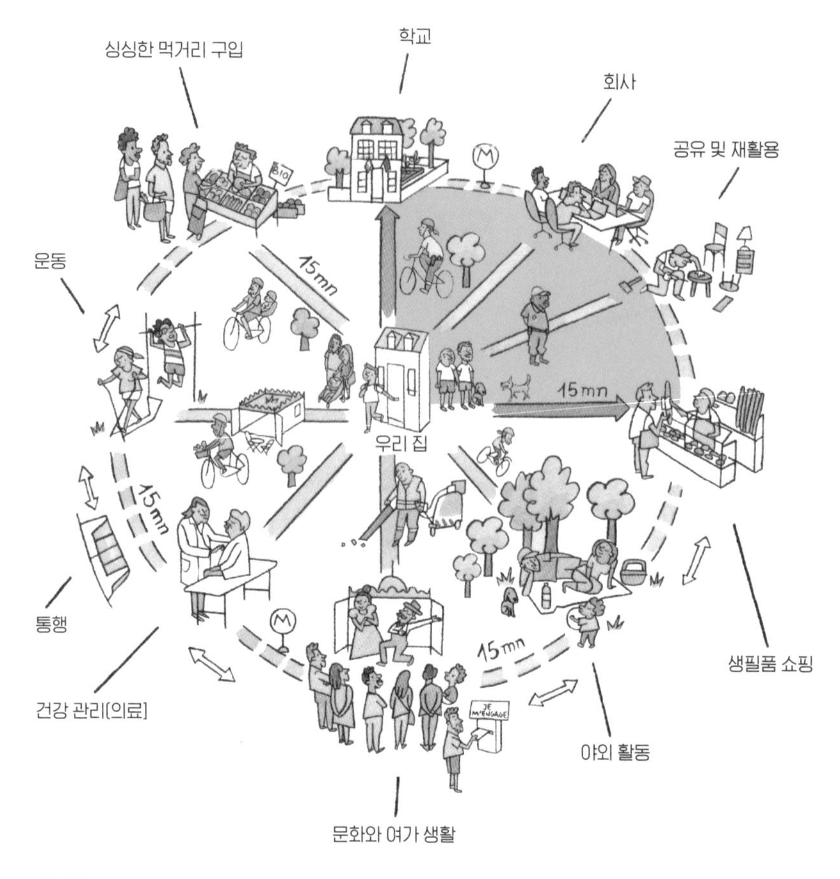

파리의 안 이달고 시장이 제시한 15분도시의 시각화
출처: Anne Hidalgo, Le Paris du quart d'heure, Paris en Commun, 2020. 1. 21.

15분도시를 처음 제안한 카를로스 모레노Carlos Moreno 교수는 근접성, 밀도, 디지털화, 다양성을 15분도시의 4가지 핵심 개념이라 주장한다.[71] 모레노 교수에 따르면 15분도시는 시민들에게 살기 좋은 공간을 제공하고, 도시 내 지속가능성과 회복탄력성을 증진시키며, 사회적 경제적 측면을 부각시킬 수 있도록 도시공간을 변화시키려는 시도다.

15분도시의 중추적인 역할을 하는 또 다른 요소는 바로 '활성교통'

유타주 더포인트의 도시계획 렌더링 이미지
출처: courtesy The Point.

이다. 활성교통은 주로 인력에 의한 이동이나 저속 전기 장치를 통한 이동을 의미하는 용어로 보행, 자전거, 스쿠터, 스케이트보드 등이 활성교통 수단에 포함된다.[72] 퍼스널모빌리티 역시 활성교통 수단의 한 종류라고 할 수 있다.

우리나라에서는 아직 많은 논의가 이루어지지 않았지만, 미국을 비롯한 전 세계 도시들에서는 자동차로 인한 교통 혼잡, 환경 등의 문제 해결책을 활성교통의 촉진으로 보고, 다양한 관련 연구와 정책을 준비 중이다. 미국교통청을 비롯한 많은 지자체는 활성교통을 위한 계획을 준비하고, 도시 내에서 활성교통을 활성화하기 위한 다양한 프로그램을 운영하고 있다.

미국 유타주는 최근 15분도시의 개념에 착안한 계획 도시 '더포인트The Point' 설립에 뛰어들었다.[73] 솔트레이크시티와 프로보 사이의 교외지역에 일자리, 주거, 상업, 음식점 및 여가 지역들을 도보 15분거리 내에 접근가능하게 하는 15분생활권 도시를 구축하겠다는 것이다. 미국의 교외지역은 대부분 차량을 중심으로 계획되는 데 반해 더포인트는 차 없이 보행이나 자전거 등 활성교통을 통해 사람들이 이동할 수 있도록 도시를 계획하고 있다. 이는 차량의 이동을 제한하는 제로드라이빙Zero-Driving 개발 계획까지는 아니지만, 주민들이 일상생활을 영위하는 데 있어 차량 의존도를 줄이는 도시로 재구성하자는 것이다. 더포인트는 5분 내에 이동이 가능한 총 7개의 구역으로 도시를 재구성하고 주거, 혁신 산업, 기관 중심의 업무를 분담한다.[74]

파리의 또 다른 정책인 '초근접Hyper-Proximity' 프로그램은 대기오염과 통근 시간의 손실을 줄이고 시민들의 삶의 질 개선을 통해 2050년까지 탄소 중립을 달성하기 위해 설계되었다. 신도시를 개발할 때 모든 거리와 다리 위 차선에는 자전거 전용도로를, 사무실과 작업장 에는 공유 공간을, 학교 운동장에는 녹지 확보를 위한 작은 공원을 조성해야 한다는 것이 주요 골자다.

이탈리아 밀라노도 코로나19가 끝난 후 의료 등 필수 서비스에 모든 주민이 도보로 접근할 수 있도록 도시를 재설계하고 있으며, 2021년 여름에는 35km의 새로운 자전거도로를, 2021년 9월에는 학교 주변에 인도를 확대했다.

2015년 기후행동계획 2030Climate Action Plan 2030을 수립한 미국 포틀랜드는 2030년까지 거주자의 80%가 모든 비업무 시설에 도보와 자전거로 접근할 수 있도록 설계해야 한다. 중국 상하이 도시마스터플랜(2015~2040)에는 도시 개발의 핵심 목표 가운데 하나로 커뮤니티 라이프서클을 포함해, 주요 도로의 마지막 차선에 일반 차로폭 수준

중국 상하이의 퍼스널모빌리티 전용도로
출처: 차두원

의 퍼스널모빌리티 도로와 안전을 위한 차단막 설치가 명시되어 있다. 미시간주 앤아버에서는 자전거도로 재개발, 유타주 솔트레이크시티에서는 안전한 자전거와 전동킥보드 운행을 위해 교차로를 재설계하기도 했다.[75]

부산시는 2021년 5월 '15분도시 부산 비전 계획'을 발표하고 2022년 3월에는 15분도시 조성에 본격적으로 착수한다고 밝혔다. 부산시는 15분도시를 15분 내 이동으로 일상 활동이 가능하도록 도시의 모든 서비스를 제공해 시민의 행복지수를 제고하는 것이라고 정의한다.[76] 부산시는 62개 생활권을 중심으로 15분거리 내에서 의료, 문화, 생활체육 등 다양한 편의시설에 접근할 수 있도록 15분도시 조성 계획을 세우고, 지리적인 제약조건에 따라 보행 생활권과 대중교통 생활권으로 구분해 추진할 것이라고 밝혔다.[77] 또한 상업, 산업, 주거, 복

'보행 일상권' 개념

일상생활을 보행권 내에서 누릴 수 있는 도시

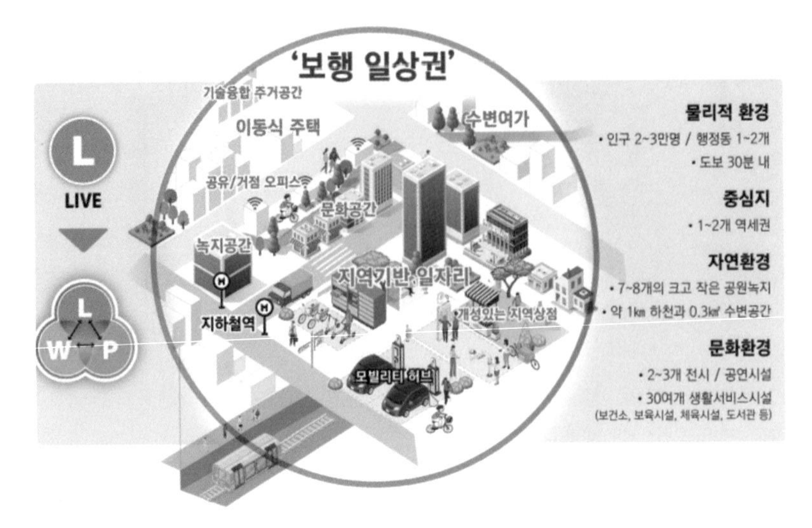

2040서울도시기본계획 보행일상권
출처: 2040 서울도시기본계획, 서울시, 2022. 3. 3.

합, 녹지의 5가지 유형으로 시범 구역을 지정해 모델을 정하고, 이를 확대해갈 예정이다.

대전시도 2021년 9월부터 대전환경운동연합의 주도로 '15분도시를 위한 도시계획 프로젝트'를 진행 중에 있다. 공공서비스, 교통, 환경을 주제로 시민들과의 간담회를 통해 시민 참여적 도시계획을 만들어갈 것으로 기대되는 프로젝트다.[78]

서울시 역시 '2022년 3월 발표한 2040 서울도시기본계획'에서 보행일상권을 도입하고자 하는 비전을 제시했다.[79] 서울시의 보행일상권 도입은 코로나19와 디지털 대전환을 기점으로 변화된 시민들의 라이프스타일을 도시공간 설계에 반영하겠다는 전략이다. 재택근무가 활성화되고 업무, 주거, 일상생활의 시공간적 제약이 모호해진 상황에서 기존 주거 중심으로 구성된 일상생활 공간을 도보 30분 이내 거리에서 일자리, 주거, 상업, 여가 등의 다양한 기능을 갖춘 복합적 일상생활 공간으로 재구성하는 것이 보행일상권의 목적이다. 이러한 보행일상권은 서울시 내 지역들의 불균형을 해소하고 사람들에게 편리한 생활환경을 제공할 수 있을 것으로 기대된다.

이렇듯 최근 진행되고 있는 도시 재설계는 이동시간과 차량 사용을 줄이면서 짧은 시간 안에 이동의 목적을 달성할 수 있는 15분도시로 진화하고 있다. 15분도시는 단순히 편의시설에 대한 접근성을 높이려는 시도가 아니다. 도보, 자전거, 퍼스널모빌리티의 이용을 장려해 교통비 절감, 탄소배출 감소, 교통체증 해소 등의 경제적·환경적·사회적 문제의 해결을 돕고, 시민들의 삶의 질과 연관된 다양한 주요 시설을 분산시켜 지역의 불균형 발전과 격차 문제를 해결할 수 있을 것으로 기대된다.

그러나 현재 우리나라의 도시 환경에서 15분도시의 실현가능성에 대한 우려 역시 존재한다. 15분도시의 구현을 위해서는 도보, 자전거, 퍼스널모빌리티의 원활한 사용이 전제되어야 하지만 우리나라의 지형과 인프라는 이러한 활성교통에 친화적이지 못하기 때문이다. 15분도시는 단순히 시민들에게 단거리 생활권을 제공하고자 하는 계획이 아니다. 차량 중심이던 기존의 교통체계가 활성교통 중심으로 바뀌고, 도시공간이 사람들의 삶을 중심으로 재구성되는 '공간'의 새로운 움직임이다.

스마트시티로 집결하는 모빌리티 서비스

스마트시티는 전체 도시공간의 변화를 아우르는 개념 가운데 하나로, 도시 내에서 생산되는 이동을 포함한 수많은 데이터를 수집·분석해 도시를 효율적으로 운영하고, 시민이 안전하고 쾌적한 삶을 영위하도록 돕는 것을 목표로 한다.

《스마트시티Smart Cities》의 저자이자 영국 에든버러네이피어 대학Edinburgh Napier University 교수인 마크 디킨Mark Deakin은 스마트시티를 정의하는 요소로 4가지를 제시했다.[80] 즉 광범위한 디지털 및 전자 기술의 적용, ICT(정보통신기술)를 활용한 작업 환경과 삶의 변화, 도시 내에 ICT 시스템 적용, 시민들이 ICT를 손쉽게 사용할 수 있는 계획 수립이다. 특히 사물인터넷, 클라우드, 빅데이터, 모바일 기술은 스마트시티 구축을 위한 핵심기술로, 사물인터넷 센서를 통해 수집한 데이터를 클라우드에 저장하고 빅데이터 기술로 분석해 모바일 기기를 통해 시민들에게 서비스한다는 것이다. 스마트시티는 기존의 도시계획과 달리 지역사회와 시민들의 참여가 필수요소로, 삶의 공간 변화를 주도하는 개념이다.

이미 세계 많은 도시들은 스마트시티 개발 경쟁에 나섰다. 도시들의 성과를 측정하기 위해 국제경영개발대학원, 맥킨지앤드컴퍼니, 스페인 바르셀로나 IESE 비즈니스스쿨을 비롯한 다양한 기관에서는 글로벌 주요 도시들의 스마트시티 및 도시 모빌리티 시스템에 관한 정량적인 평가 지표를 정기적으로 발표하고 있다.

국제경영개발대학원의 스마트시티 지표는 시민을 대상으로 한 설문 응답을 토대로 도시 수준을 평가하고, 투씽크나우2thinknow의 혁신 도시Innovation Cities 지표는 문화 자산·인적 인프라·교통 인프라 등 다양한 데이터 기반의 평가를 한다. 또 에덴전략연구소Eden Strategy Institute의 50대 스마트시티 정부Top 50 Smart City Government 지표는 스마트시티 발전을 위한 정부 역할을 데이터, 지자체 정책 방향성, 인터뷰 등을 통해 평가한다. 커니Kearney의 2020 글로벌시티2020 Global Cities 지표는 데이터에 기반한 도시 경쟁력과 미래 잠재력을 평가하고, IESE 비즈니스스쿨의 시티인모션Cities in Motion 지표는 도시 발전 방향과 관련한 9개 영역의 데이터를 분석한 결과를 보여준다.

특히 도시 모빌리티와 관련해 맥킨지앤드컴퍼니의 2018 '24개 글로벌 도시 교통 시스템' 지표는 도시 규모, 경제 발전 수준, 교통 시스템 수준을 중심으로 24개 도시를 선정해 총괄 도시 모빌리티Overall Urban Mobility 순위를 계산한다. 올리버와이만Oliver Wyman의 '도시 모빌리티 준비' 지표는, 미래 모빌리티 트렌드에 대한 세계 50개 도시의 준비도를 정량화해 평가한다. 각 지표별 평가항목과 측정방법이 상이하기 때문에 각 도시별 결과에는 편차가 존재하지만 북미에서는 뉴욕, 보스턴, 샌프란시스코, 유럽에서는 런던, 파리, 취리히, 모스크바, 스톡홀름, 헬싱키, 암스테르담, 아시아에서는 싱가포르, 도쿄, 홍콩 등이 전반적으로 높은 평가를 받고 있다. 하단의 표는 각 대륙의 대표적인 도시들을 선정, 해당 도시와 서울시의 지표를 비교한 것이다.

서울시의 스마트시티 수준은 높게 평가되고 있는 반면 모빌리티 서비스 수준은 스마트시티와 비교해 낮은 평가도 존재한다.[81] 2018년 맥킨지앤드컴퍼니의 서울시 교통 인프라 평가 보고서는 이러한 분석의 원인으로 대중교통 효율성에 비해 개인교통 효율성이 낮다는 점을 꼽았다. 서울시의 대중교통 효율성은 2위인데 반해 개인교통 효율성

기관명	스마트시티 인덱스	서울	싱가포르	런던	파리	보스턴
국제경영개발대학원	2021 스마트시티 지표(평가등급)	13 (BBB)	1 (AAA)	22 (BBB)	61 (B)	57 (B)
투씽크나우	2021 혁신 도시 지표	7	5	11	10	2
에덴전략연구소	Top 50 스마트시티 정부	2	1	3	-	32
커니	2021 글로벌시티 지표	-	9	2	3	-
IESE 비즈니스 스쿨	2020 시티 인모션 지표	19	9	1	3	28
	모빌리티와 교통 부문	34	55	3	2	147
	기술 부문	26	2	6	20	5
맥킨지앤드컴퍼니	2018 총괄 도시 모빌리티	8	1	4	2	-
올리버와이만	도시 모빌리티 준비도 지표	15	1	2	9	13
	인프라	25	5	10	2	9

서울, 싱가포르, 런던, 파리, 보스턴의 스마트시티 인덱스 비교

출처: 각 보고서 취합 분석

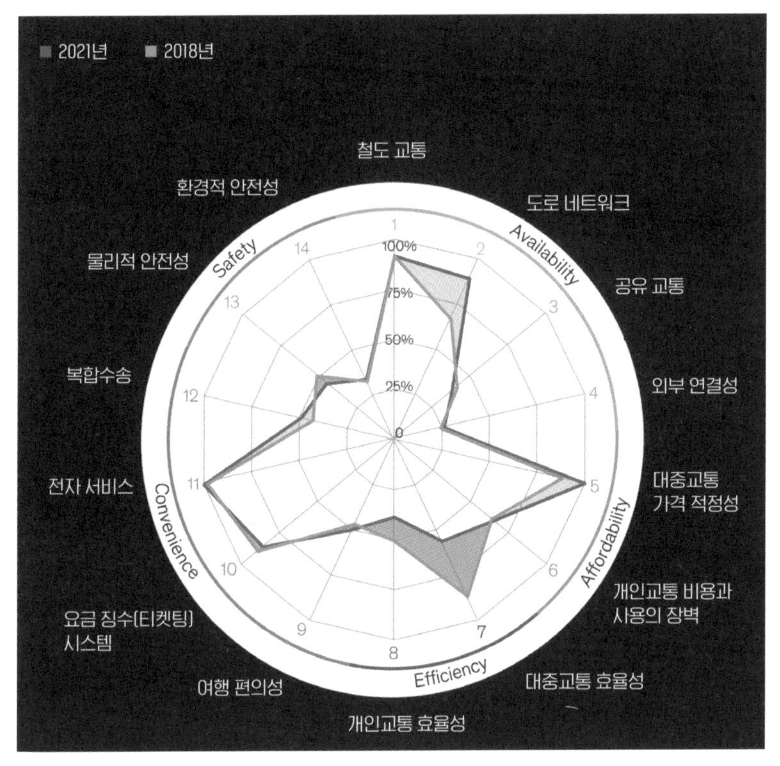

맥킨지앤드컴퍼니의 서울시 교통 인프라 평가 2018년 vs. 2021년 비교

출처: Detlev Mohr, Vadim Pokotilo, Jonathan Woetzel, Urban transportation systems of 25 global cities: Elements of success, McKinsey&Company, 2021. 7.

은 13위로, 특히 대중교통과 자가용 사용에 대한 시민들의 만족도 격차가 크다. 또한 기술 및 혁신 분야에 관해 긍정적인 평가를 받고 있지만 지속가능성, 안정성 등에 관한 평가가 낮다. 2021년 7월 업그레이드된 연구에서도 도로 네트워크, 대중교통 요금 적정성 등의 지표 평가 결과는 향상되었지만, 대중교통의 효율성과 개인교통의 효율성은 모두 2018년에 비해 낮아졌다. 최근 국제사회에서는 지속가능성, 안정성, 인프라, 형평성 등이 중요한 이슈인데, 이에 대한 개선 검토가 필요함을 보여준다.

도시국가인 싱가포르의 CLCCentre for Liveable Cities는 '스마트국가 이니셔티브Smart Nation Initiative'를 통해 스마트시티를 넘어 스마트국가를 위한 정책의지를 밝혔다.[82] 컴퓨터화, 연결, 기술을 중심으로 네트워크, 데이터, ICT를 적극적으로 활용해 국민 삶의 질을 향상시키고, 경제적 기회를 창출하며, 보다 긴밀한 커뮤니티를 구축하겠다는 것이 계획의 핵심이다. ICT를 통해 혁신을 이루고, 국민들이 기술을 통해 삶의 의미와 성취감을 달성하며, 모두를 위한 기회를 제공하는 것이 싱가포르의 스마트국가 비전이다.

영국 런던도 싱가포르와 유사한 방향으로 스마트시티를 계획 중에 있다. 스마트시티 건설을 위한 기술과 서비스 발전에 집중하기보다는 기술과 서비스가 시민의 삶에 어떤 영향을 미치는지 고민하고 시민들의 요구를 반영해 높은 만족도를 제공하는 것을 목표로 한다.

프랑스 파리는 지속가능한 스마트시티 건설을 위해 오픈 시티The Open City, 커넥티드 시티The Connected City, 지속가능한 시티The Sustainable City, 3가지 비전을 제시했다.[83] 시민들의 참여와 협력을 통한 파리의 미래 계획 수립, 발전하는 다양한 디지털 서비스에 시민들이 쉽게 접근할 수 있는 생태계 구축, 경제·사회·환경 등 모든 측면에서 지속가능한 도시를 목표로 스마트시티를 향해 발돋움하겠다는 것이 파리의 핵심 전략이다.

덴마크 코펜하겐은 2014년부터 리빙랩Living Lab(일상생활 실험실)인 코펜하겐 솔루션랩Copenhagen Solution Lab을 중심으로 삶의 질, 지속가능성을 모토로 스마트시티를 구축해가고 있다.[84] 코펜하겐 솔루션랩을 통해 도시 자체를 실험실로 삼아 다양한 실증 테스트를 진행하는 등

도시에서 생성되는 데이터를 활용해 솔루션을 개발하고, 스마트시티를 이러한 기술 적용의 테스트베드로 활용하고 있다. 도심 내 테스트베드인 스트리트랩Street Lab에서는 사물인터넷 센서를 통해 데이터를 수집하고 솔루션을 적용하고 있다. 이지파킹 앱을 활용한 스마트파킹 시스템 도입으로 시내 주차문제 완화, 스마트 가로등을 도입해 전력 소비 절감, 도심 쓰레기통에 센서를 부착한 스마트 쓰레기 수거 시스템을 구축하는 등의 성과를 통해 코펜하겐은 스마트시티 기술개발은 물론 시민들의 일상 문제 해결과 삶의 질을 향상시키고 있다.

스마트시티를 향한 세계의 발걸음에 맞춰 우리나라 정부도 끊임없이 노력 중이다.

문재인 정부의 출범과 함께 U-City 정책을 스마트시티 정책으로 개편한 국토교통부 주도하에, 제3차 스마트도시 종합계획(2019~2023) 중심으로 정책을 추진하고 있다.[85] U-City 법도 스마트도시법으로 2017년 9월 개편했고, 4차 산업혁명위원회 산하에 스마트시티 특별위원회를 설치해 부처 간 협업을 강화했다. U-City 정책은 공공 주도의 단방향성 톱다운 방식으로 국민체감도가 낮고, 지속가능한 비즈니스 모델이 미흡하며, 기존도시에 대한 스마트 서비스 발굴 및 확산 부족, 참여 업체의 영세한 규모로 인한 관련 산업 생태계 확장 한계 등의 문제가 있었다. 이에 정부는 스마트시티 글로벌 트렌드에 대응해 적용대상을 신도시에서 기존도시로 확대한 도시 성장의 단계별 접근을 하고 있다. 시민 체감이 높은 상용기술은 노후도심과 기존도시에 적용하고 혁신 성장 효과가 높은 미래기술은 국가시범도시에 적용하는 맞춤형 기술 접목, 민간투자 및 시민 참여 확대를 강화하는 것이 특징이다.[86] 국가시범도시로는 부산시와 세종시를 선정해 신기술 테스트베드로서 스마트시티 발전 방향을 제시하고 해외진출 기반을 마련할 예정이다.

LG-CNS가 이끄는 오원컨소시엄이 주사업자로 선정된 세종 시범도시는 사업비 3조 1000억 원 규모, 2025년 완공을 목표로 교통(자율주행), 헬스케어, 교육, 에너지, 거버넌스, 문화, 일자리의 7가지 혁신요소를 중심으로 스마트시티를 조성하고 있다. 또 LG-CNS가 수주한 부산 에코델타시티는 주거, 상업, R&D, 문화, 레저, 헬스케어 등 주요 도시 기능에 다양한 스마트 기술을 적용한 미래형 도시로, 2.8km^2 면적에 3380세대가 들어설 예정이다.

국내외 스마트시티의 공통점은 대부분 스마트시티가 스마트모빌리티를 위한 노력을 핵심요소로 포함한다는 것이다. 도시인구가 급증하면서 모빌리티에 관한 다양한 문제가 대두되고, 새로운 이동수단의 등장으로 기술적 제도적 혁신이 요구되기 때문이다.

싱가포르에서는 '스마트국가 이니셔티브'와 함께 '스마트모빌리티 2030-싱가포르 ITS 전략 계획'[87]을 통해 지능형교통시스템의 역할을 강조하고 이를 시스템적으로 활용한 스마트모빌리티 네트워크 구축에 힘쓰고 있다.[88] 스마트모빌리티 2030은 연결성과 쌍방향성을 강조해 데이터를 기반으로 한 믿을 수 있는 유익한 서비스 제공, 친환경 교통 시스템 제공, 교통 인프라와 차량과의 정보 공유를 통한 안정성 제고를 목적으로 한다.

런던은 교통연구소, 런던교통부, 시스코Cisco, DG시티DG Cities 등의 공공-민간 협력을 통해 SMLLSmart Mobility Living Lab을 출범했다.[89] SMLL은 자율주행에 기반을 두고 미래 모빌리티에 관한 다양한 프로젝트를 연구해, 실제 도시 환경 내에서 기술이 어떻게 실현되는지를 테스트하고자 한다. 자율주행뿐만 아니라 퍼스널모빌리티, 커넥티드

모빌리티, 전기차 등과 관련된 다양한 프로젝트들도 진행 중이다.

파리의 경우에는 친환경적, 지속가능한 모빌리티 시스템으로 전환하기 위해 자전거 관련 인프라의 확충 등 지속가능한 이동수단의 이용 장려정책을 펼치고 있다. 또한 도시 내에서 차량의 속도를 제한하고 통행제한구역을 확대하는 등 '전동화된 이동수단Non-Motorized Travel'을 사용하지 않는 정책을 가속화하고 있다.

코펜하겐은 이지파킹 앱 개발로 사용자가 목적지 주변의 주차공간을 쉽게 찾을 수 있게 하고,[90] 빈은 모션 센서를 장착한 스마트 신호등 도입으로 대기 없이 도로를 건널 수 있도록 하는 등 세계 곳곳에서 교통체증을 완화하고 지속적인 교통흐름을 가능하게 만드는 다양한 방식의 스마트모빌리티 관련 서비스가 자리를 잡아가고 있다. 특히 스마트시티로 진화하기 위한 빈의 통합적인 접근은 전 세계적으로 높은 평가를 받기도 했다.[91]

우리나라의 세종 시범도시 역시 스마트교통 시스템을 구축 중에 있다.[92] 버스, 택시, 자전거, 퍼스널모빌리티 등 모든 교통수단을 하나의 플랫폼으로 연결하는 MaaSMobility as a Service(서비스로서의 모빌리티)의 도입, 도시 내 일부 지역에는 소유차량의 진입을 제한하고 퍼스널모빌리티, 자율주행, 카셰어링, 카헤일링 등의 서비스 활성화, 인공지능을 통한 교통흐름 최적화 등 다양한 스마트교통의 요소가 세종 시범도시 계획에 포함된다.

2020년 한국개발연구원이 실시한 '시민참여형 스마트시티 모델 정립을 위한 국민의견 조사'에 따르면 응답자 중 약 27.3%만이 스마트시티에 대해 알고 있다고 대답했고, 절반이 넘는 응답자들은 들어본 적은 있으나 내용은 잘 모른다고 응답하는 등 스마트시티에 대한 우리나라 국민의 인지도는 그리 높지 않다. 반면 70% 이상이 스마트시티가 필요하다고 답했으며, 생활편의 및 복지향상을 스마트시티 도입이 필요한 가장 중점적인 이유로 꼽았다. 85%에 달하는 응답자는 스마트시티를 통해 생활 만족도가 높아질 것으로 기대했다. 34.4%가 스마트시티를 통한 교통 개선을 가장 기대하며 MaaS와 같은 서비스 도입이 가장 필요하다고 답한 설문결과는 모빌리티의 중요성을 다시 한번 인식시켜준다.[93]

이렇듯 스마트시티는 국가와 도시의 경제와 발전 수준, 도시 상황과 여건에 따라 다양하게 정의되고 있으며 전략적 차이도 있다. 이런 상황에서 우리에게 필요한 것은 정부 주도로 펼쳐나가는 도시계획만이 아니라, 다양한 기술과 정책을 도입해 거주민의 삶의 공간을 더욱 편안하고 친환경적으로 바꾸고자 하는 공간혁명 전략이다.

새로운 미래를 준비하는 모빌리티 기업들

도심항공모빌리티에서 첨단항공모빌리티로의 진화

2025년 국내에서 도심항공모빌리티 상용화가 가능할까?

프랑스는 2024년 올림픽에 맞춰 도시항공모빌리티를 운영할 계획으로 볼로콥터와 프랑스 기업들로 구성된 RE인베스트 컨소시엄을 준비 중이며, 일본은 2025년 오사카·간사이 엑스포에서 최초 상용화를 추진하는 등 해외뿐만 아니라 국내에서도 도심항공모빌리티에 대한 관심이 매우 뜨겁다. 국토교통부는 2019년 8월 도심항공교통 전담조직인 미래드론교통 담당관을 신설했으며, 2022년 4월에는 도심항공정책팀을 구성했다.[1] 또 2020년 6월 관계부처와 합동으로 한국형 도심항공교통K-UAM 로드맵을 발표했다.[2] 도심항공모빌리티 선도국가 도

약 및 도시경쟁력 강화, 교통혁신을 통한 시간과 공간의 패러다임 변화, 첨단기술 집약으로 미래형 일자리 창출을 목표로 2025년 상용화, 2035년 인공지능을 활용한 자율비행의 실현을 추진하고 있다. 소음은 대화 수준으로 헬기의 20%인 최대 63dB, 운임은 조종사 운전 시 헬기의 60%, 자율운행 시 헬기의 10%를 제시했다. 인천공항에서 여의도까지 40km 비행 시 상용화 초기에는 헬기의 60% 수준인 130달러(약 16만 원), 자율비행이 실현되었을 때는 헬기의 10%인 25달러(약 3만 원)가 기대 수준이다.

2021년 3월에는 기술로드맵도 발표했다. 안전성과 사회적 수용성이 확보되면 교통수단으로 경제성 확보가 가능할 것으로 분석되었다. 이에 3단계 실행전략을 제시하고 2035년 성숙기에는 배터리용량 증가와 기체 경량화로 서울~대구(300km) 운행이 가능하며, 자율비행, 야간운항, 이착륙장 증설, 노선 증가, 기체 양산체계 구축에 따른 규모의 경제효과를 통한 대중화를 계획하고 있다. 향후 계획으로는 2035년까지 정부의 지원이 필요한 분야의 기술개발을 위한 다부처 공동 신규 R&D 기획(국토부, 과기부, 산업부, 중기부, 기상청), UAM 특별법 제정 추진을 주요 내용으로 하고 있다. 기술 로드맵은 기체 개발과 생산, 운송과 운용, 공역 설계와 통제, 운항 관리와 지원, 사회적 기반 마련 5개 기술 대분류를 바탕으로 중분류 19개, 소분류 63개, 세분류 187개로 나눠 기업과 지자체들의 정책에 반영할 수 있도록 했다.

민관협력을 위해 국토교통부는 2020년 도심항공모빌리티 관련 주요 기관과 기업들이 참여하는 민관협의체 팀코리아를 발족했다. 인천공항공사, 현대자동차, KT, 현대건설, 한국공항공사, 한화시스템 등 선두 기관과 기업들은 국내에서 도심항공모빌리티 서비스를 제공하

구분		초기(2025~)	성장기(2030~)	성숙기(2035~)
기체	속도	150km/h(80kts)	240km/h(130kts)	300km/h(161kts)
	거리	100km(62mile)	200km(124mile)	300km(186mile)
	조종형태	조종사 탑승	원격조종	자율비행
항행/교통	교통관리체계	유인 교통관리	자동화+유인 교통관리	완전자동화 교통관리
	비행회랑	고정식	혼합식	혼합식
버티포트	노선/버터포트	2개 / 4개소	22개 / 24개소	203개 / 52개소
	이착륙장/계류장	4개 / 16개	24개 / 120개	104개 / 624개
기타	기체가격	15억 원	12.5억 원	7.5억 원
	운임(1인, km당)	3,000원	2,000원	1,300원

한국형 도심항공모빌리티 3단계 실행전략
출처: 범부처 한국형 도심항공교통 기술로드맵, 관계부처 합동, 2021. 3

고 정착시키기 위한 연구 및 실증 사업을 진행한다. 또한 도심항공모빌리티 그랜드챌린지 코리아UAM Grand Challenge Korea를 개최해 국내 여건에 맞는 운영개념과 기술기준을 마련할 계획이다.[3] 총 2단계로 추진할 예정으로, 1단계인 2021년부터 2022년까지는 인프라 구축기로 개활지 실증을 위한 이착륙장과 격납고 건축, 시험장비 설계 및 구축, 헬리콥터와 같은 모사항공기를 이용한 인프라 운용시험Dry-Run을 실시한다. 2023년 1단계로 개활지인 고흥에서 사전시험을 통해 기체 및 통신체계 안전성 확인과 통합운용 실증을 수행하고, 2024년 2단계로 2025년 최초 상용화가 예상되는 노선을 대상으로 공항 등 준도심과 도심을 연결하는 회랑에서 통합 실증을 수행할 예정이다. 그랜드챌린지 코리아를 통해 확보된 실증 데이터의 분석, 관련 기술 및 인프라의 민간 제공을 통한 상용화를 본격 지원하겠다는 계획이다.

그랜드챌린지 코리아는 미국의 혁신적 연구 요람인 DARPADefense Advanced Research Project Agency에서 2011년부터 2012년 6월까지 개최했던 드론챌린지Drone Challenge와 유사한 시도다.[4] 당시 153개국 3500명 140개 팀이 출전해 3단계 경쟁을 했던 프로젝트로, 드론의 발전과 상용화에 큰 영향을 미쳤다. 그랜드챌린지 코리아 역시 성공 시 도심항공모빌리티의 발전과 국내외 협력 네트워크의 구축에 긍정적 영향이 기대된다. 실증 사업에는 현대차(KT, 현대건설, 인천공항공사, 이지스자산운용 등), SK텔레콤(한국공항공사, 한화시스템, 한국기상산업기술원, 한국국토정보공사 등), LG유플러스(파블로항공, 카카오모빌리티, 제주항공, GS칼텍스, GS건설, 버티컬 등), 켄코아컨소시엄(대우건설, 켄코아에어로스페이스, 아스트로엑스 등), GS ITM(다보이앤씨, 볼트라인, 안단테, 도심항공모빌리티산업조합등), 롯데렌탈(롯데건설, 롯데정보통신, 민트에어, 모비우스에너지 등) 6개 컨소시엄이 참여의사를 밝혔다. 단일 기업으로는 중국의 이항, 오토플라잇, 플라나, 로비고스 등도 항공기 제작과 도심항공모빌리티 교통관리 등 개별분야, KAIST는 버티포트 분야에 신청서를 냈다. 국토교통부는 현격한 결격사유가 없는 한 실증 사업을 신청한 대부분 기업들에게 1차 실증 사업 참여권을 부여할 것으로 알려졌다. 하지만 국내산 기체가 없고, 경제성 문제로 도심항공모빌리티가 지역항공모빌리티, 첨단항공모빌리티로 전환되고 있는 상황에서 실증 사업과 함께 전반적인 정부 계획 및 기업들의 향후 전략 재검토가 필요할 것으로 보인다.[5]

기체를 확보하라! 발 빠르게 움직이는 정부와 지자체, 국내 기업들

우리나라 정부의 구체적인 계획 발표, 지자체들의 적극적인 대응, 무엇보다 모빌리티 서비스 기업들의 시장 경쟁이 치열해지면서 국내 기업들의 움직임도 빨라졌다.

SK텔레콤은 2021년 1월 한국공항공사, 한화시스템, 한국교통연구원과 도심항공모빌리티 사업화를 위한 업무협약을 체결했다.[6] 서비스, 인프라, 기체, 연구 분야를 대표하는 기업들의 얼라이언스로 한국형 도심항공모빌리티 상용화를 주도하는 것을 목표로 한다. 단순한 기체 개발이나 서비스 제공에만 집중하는 것이 아닌 인프라 구축, 기체 제조, 운항서비스 제공, 플랫폼 개발 등 도심항공모빌리티와 관련된 모든 분야의 연구개발을 위해 협력을 도모할 계획이다.

해당 얼라이언스에서 각 기업의 역할은 매우 뚜렷하다. SK텔레콤은 통신회사의 장점을 살려 항공교통 통신 네트워크 모델의 실증 및 구축과 끊임없는 서비스를 위한 모빌리티 플랫폼 개발로 탑승 예약, 육상 교통수단과의 환승 등 통합 교통 서비스를 제공하는 역할을 맡는다. 한화시스템은 기체 및 항행, 관제, 정보통신 솔루션을 개발하는 역할을 담당한다. 한국공항공사는 도심항공모빌리티 버티포트의 구축과 운영을 맡고 기체들의 운항관리를 책임진다. 한국교통연구원은 서비스 수요를 예측하며 대중 수용성 등 도심항공모빌리티와 관련된 전반적인 연구를 진행한다. 해당 얼라이언스는 각기 다른 분야에서 전문화된 기업들의 역량을 모아 도심항공모빌리티와 기존 교통 시스템을 자연스럽게 융합시키려는 것이다.

2025년 상용화를 목표로 하고 있는 한화시스템은 2019년 오버에어Overair에 2500만 달러(약 300억 원)를 투자해 지분 30%를 인수한 뒤, 2021년 8월에는 전환사채 3000만 달러(약 380억 원)의 투자를 단행했다. 2021년 12월에는 영국 헬리콥터 업체 브리스토우Bristow가 50대 선주문해 첫 주문을 수주하기도 했다. 오버에어와 공동개발하고 있는 버터플라이BUTTERFLY는 5인승으로, 순환속도 320km/h 전기수직이착륙기다. 가격은 헬기보다 저렴한 수준을 목표로 하고 있으며, 민수용 도심항공모빌리티에 특수작전용, 수송용, 공격용 등 군용 플랫폼을 접목할 예정이다. 또한 SK텔레콤, 한국공항공사, 한국교통연구원 얼라이언스는 김포공항에 6층 규모의 버티포트를 건설 중이며, 2025년 상용화를 준비하고 있다.

현대자동차는 CES 2020에서 우버와의 협력을 발표하며 모델 S-A1 콘셉트를 공개했으나, 우버가 코로나19로 수익이 악화되고 관련 사업부를 조비에비에이션에 매각하면서 독자개발로 전략을 선회한 것으로 알려졌다. 2021년 11월 미국에 독립법인 슈퍼널Supernal을 설립해 단순히 제품을 개발하는 데 그치지 않고 기존 교통망에 미래 항공모빌리티가 통합돼 원활한 고객 경험을 쌓고, 지금의 승차 공유 플랫폼과 같은 방식으로 손쉽게 운영될 수 있도록 만들 계획이다. 2028년에는 도심 운영에 최적화된 완전 전동화 도심항공모빌리티 모델을, 2030년대에는 인접한 도시를 연결하는 지역항공모빌리티 기체를 선보일 예정이다.

미국 워싱턴 D.C.에 본사를 둔 슈퍼널은 2022년 캘리포니아주에 연구시설을 개설하는 등 사업 영역을 확대하고 있다. 슈퍼널은 2020년부터 미국 내 미래 항공모빌리티의 공공 참여 로드맵과 정책을 개발하기 위해서 LA와 도심이동 연구소Urban Movement Lab 파트너십을 맺고 활동하고 있으며, 어반에어포트Urban-Air Port와 함께 영국 웨스트미들랜즈주 코번트리 지역에 도심항공모빌리티 전용 공항을 건설하는 데도 참여하고 있다.[7] 추후 2026년에는 하이브리드 파워트레인을 탑재한 화물용 무인 항공 시스템을, 2028년에는 도심 운영에 최적화된 완전 전동화 도심항공모빌리티 모델을, 2030년대에는 인접한 도시를 연결하는 지역항공모빌리티 제품을 출시할 예정이다.

모빌리티 서비스 기업들도 도심항공모빌리티 시장에 뛰어들었다.

카카오모빌리티는 2021년 11월 23일, 볼로콥터와 한국형 도심항공모빌리티 서비스의 모델 고도화 및 상용화 준비를 위한 업무협약을 체결했다.[8] 두 회사는 2021년 7월부터 한국 시장의 환경을 분석하고 국내에서 도심항공모빌리티 서비스를 운영하기 위한 요건들을 규명하는 등 실증연구를 공동으로 진행해왔으며, 서비스 상용화 계획을 본격 추진할 예정이다. 카카오모빌리티는 기존 카카오T 플랫폼에 도심항공모빌리티를 포함시켜 사용자들의 이동경로 연결을 지원하겠다는 의지를 밝혔다. 볼로콥터는 카카오모빌리티와의 협력뿐만 아니라, 우리나라 기업인 WP투자주식회사와 함께 합작법인 볼로콥터코리아(가칭)를 설립해 국내 시장에 진출할 계획이다.

티맵모빌리티 역시 도심항공모빌리티 서비스에 뛰어들어 모회사인 SK텔레콤과 같이 실증에 참여 중이다. 티맵모빌리티는 빠르고 편리한 예약, 안전한 탑승 프로세스, 다른 교통수단과의 연계가 도심항공모빌리티 서비스의 품질을 결정할 것으로 보고, 그동안의 서비스 경험을 살려 도심항공모빌리티 통합 모빌리티 플랫폼을 선보일 계획이다.

2022년 2월 SK텔레콤은 조비에비에이션과의 협력을 발표했다. SK

서울시 도심항공모빌리티 상용화 노선(안)
출처: 2040 서울도시기본계획, 서울시, 2022. 3. 3.

텔레콤은 이동통신, 티맵, 운항, 기체 및 특화 서비스 분야에서 생태계 구성을 위한 상호협력과 한국형 도심항공모빌리티 그랜드챌린지를 목표로 CEO 정기 협의체를 구성했다. 2025년에는 조비에비에이션의 기체 10여 대를 확보해 제주도 관광이나 정부, 지자체의 응급용으로 서비스하는 등 방안을 구체화하겠다는 전략이다.

강원, 부산, 울산, 광주, 전남, 대구, 인천, 경남, 충북 등 다수의 지자체와 광역시들이 도심항공모빌리티 관련 기획과제를 완성하거나 규제자유특구 지정을 추진하고 있으며, 2040 서울도시기본계획에서는 정부의 2025년 상용화 시점에 맞춰 노선을 확보하기 위해 김포공항~용산국제업무지구 시범노선을 운영하고, 용산·삼성·잠실 등 대규모 개발지구에 터미널 설치를 발표하는 등 지자체들의 관심도 매우 높다.

문제는 기체 확보다. 현재 정부에서는 국토교통부, 산업자원통상부 주관으로 '자율비행 개인항공기Optionally Piloted PAV 개발사업(2019~2023)'이 진행 중이다. 안전운항을 위한 인증기술, 자동비행제어 시스템, 분산전기추진 핵심기술의 개발 사업으로 민간영역에서 현대자동차는 전기동력 시스템 분야에, 한화시스템은 비행제어 컴퓨터 분야에 참여하고 있으나 아직 1인승급 시제기로 상용화 수준은 아니다.

민간기업들 가운데 현대자동차는 기체를 자체개발 중인 것으로 알려져 있으나, 로드맵에 따라 기존 기업들과 협력을 병행할 가능성도 높다. 한화시스템도 오버에어와 기체를 공동개발하고 있으며, 도심항공모빌리티와 함께 다양한 첨단항공모빌리티 용도로 개발 중이어서 당장 활용할 수 있는 기체는 국내에 없다. 카카오모빌리티와 협력하는 볼로콥터도 2011년부터 개발을 시작했으나, 프로토타입 개발과 1500회 이상의 시험비행 후 볼로시티VoloCity라고 불리는 실제 사이즈와 동일한 프리 프로덕션 프로토타입Pre-Production Prototype을 2022년 4월에야 공개했다.[9]

대부분의 지자체들이 도심항공모빌리티 기획을 완료한 상태에서 근 시일 내 국산 기체의 사용은 불가능하며, 해외 기업들의 기체를 수입해 활용할 가능성이 높다. 정부가 발표한 상용화 시점인 2025년 계획은 버티포트 4개, 2030년 24개 수준이지만 기체 확보, 인증, 관련 제도 마련까지는 적지 않은 시간이 걸릴 것으로 예상된다. 특히 상용화를 위해서는 볼트와 너트 하나까지 감항성(항공기가 안전성을 확보하기 위해 갖춰야 할 능력) 인증을 받아야 하고, 유럽연합과 미국이 인증의 대부분을 독점하고 있는 산업적 특성을 감안할 때 진입이 쉽지 않은 시장이다.

신재원 슈퍼널 CEO에 따르면 현대자동차가 슈퍼널을 미국에 설립한 이유는, 미국 기업으로 미국에서 인증을 받고 생산하지 않으면 최대 시장으로 예상되는 미국 진출이 어렵기 때문이다. 즉 산업 진입 비용이 높아서가 아니라 시장 진출 제약이 크기 때문에 현대자동차는 미국에 슈퍼널을 설립했다. 반대로 미국에서 생산한 제품을 국내로 수입하면 운항은 할 수 있겠으나 수출규제 기술과 복잡한 지적재산 관리문제로 기술 이전은 매우 까다롭고 어려울 수 있다. 항공산업의 밸류체인을 분석해보면 운항 부문의 매출이 큰 반면 이윤은 극히 적어, 운항만을 위해 도심항공모빌리티 기체를 가지고 들어온다는 것은 국익에 큰 도움이 되지 않는다. 또한 한국 시장은 고속철도와 대중교통이 잘되어 있어 도심항공모빌리티도 이러한 기존의 교통수단과 경쟁해야 한다. 따라서 기업들도 이런 상황을 감안해서 책임감 있게 판단해야 한다.[10]

릴리엄이 도심항공모빌리티를 포기한 이유, 지역항공모빌리티와 첨단항공모빌리티의 등장

볼보가 소개한 자율주행 콘셉트카 360c와 도심항공모빌리티에는 공통점이 있다. 대표적인 용도가 주변 공항까지 빠르고 편한 이동인 새로운 이동수단이라는 것이다. 실제로 기술발전, 규제 개선과 국제 합의의 속도가 더딘 레벨4 자율주행보다 상용화가 먼저 진행될 것이란 예측이 도심항공모빌리티의 투자와 기대심리를 높여온 요인 가운데 하나다. 물론 완전 자율비행에 대한 기대감도 적지 않아 도심항공모빌리티 산업의 시장 전망은, 머지않아 '삶과 이동 패턴, 시장 판도

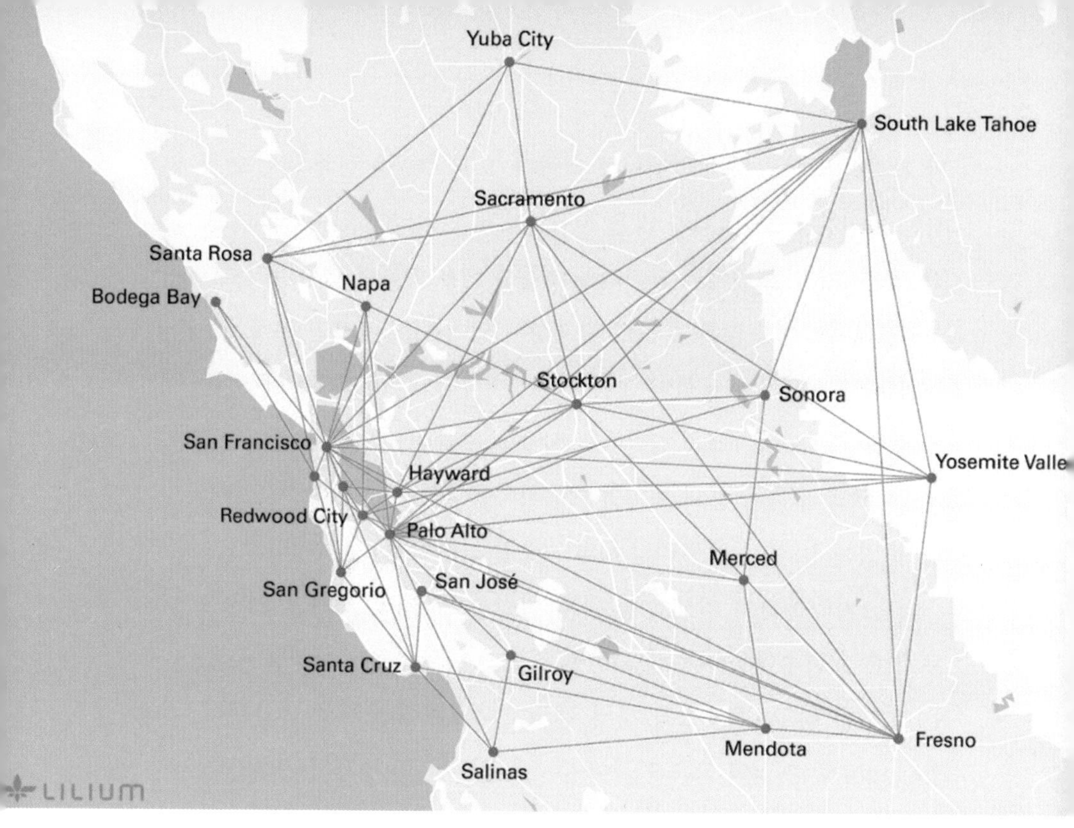

릴리엄의 미국 지역항공모빌리티 네트워크 제안
출처: 릴리엄 웹사이트

가 변화하리라'는 장밋빛 전망으로 가득했던 완전자율주행의 초기시장과 유사한 측면도 있다. 뿐만 아니라 많은 도심항공모빌리티 기업들이 상용화를 계획하는 2023~2025년까지는 시험운행이 가능한 프로토타입 수준으로 자본력, 기술력, 정책의 발전속도가 조화롭게 진행되지 않으면, 2000년 전후로 관심을 끌다가 오랜 시간이 지나고 난 최근에야 다시 주목을 받는 완전자율주행 기술처럼 긴 휴식기를 보낼 수도 있다.

도심항공모빌리티 선두그룹 가운데 하나인 독일의 릴리엄은 2020년 7월 웹사이트를 통해 향후 지역항공모빌리티에 집중하면서 20km 미만 거리의 비행은 하지 않겠다고 밝혔다. 도심 주변을 정체 없이 연결하는 도심항공모빌리티가 많은 사람들에게 인식되어 있는 미래지향적 개념이지만, 도심에서 단거리로 이동할 경우 이착륙장인 버티포트 설치를 위한 적지 않은 투자로 경제성이 떨어지고, 체크인 프로세스 등의 시간 소요로 실용성이 떨어진다는 이유다. 대신 300km를 기준으로 도시와 외곽지역을 연결해 도시 교통부담을 덜어주는 지역항공 네트워크의 구축을 통해 토지의 이용가치를 높이고 생활방식을 개선할 수 있는 지역항공모빌리티 서비스에 집중하겠다는 전략이다.[11]

다른 기업들과의 차별화를 위해 설정한 300km 거리를 기준으로 고속 교통수단을 활용해 다양한 경로의 네트워크를 형성할 수 있는 설계를 하고, 스위스와 북부 캘리포니아를 후보지로 언급했다. 750km 미만 거리의 고속 연결이 수백조 원 수준의 경제적 기회를 창출할 수 있다는 주장을 근거로 모듈식 버티포트를 통해 비즈니스를 전개하겠단 전략이다.[12]

6인승이지만 물류용으로도 개조가 가능한 릴리엄젯Lilium Jet의 개발을 위해 릴리엄은 글로벌 항공기 제조기업 아치투리Aciturri, 항공기용 전자·엔진 및 기계 시스템 기업 하니웰Honeywell, 독일의 맞춤형 리튬이온 배터리 제조기업 커스톰셀스Customcells와 협력하고 있으며, 서비스 실행을 위해 세계 최고의 비즈니스 항공기와 헬리콥터 서비스 제공기업인 럭스에비에이션그룹Luxaviation Group과 유럽 파트너십을 구축했다. 릴리엄젯은 30분 만에 배터리를 완충하고 15분 만에 최대 80%를 충전할 수 있어 하루 20~25회 비행이 가능한 것이 특징이다.[13]

NASA(미국항공우주국)도 릴리엄이 추진하고 있는 지역항공모빌리티에 대한 연구를 진행 중이다. 미국에는 공공용도로 활용할 수 있는 공항 5050여 개가 운영되고 있지만, 이 가운데 0.6%인 약 30개가 국내선의 70%를 담당하고 있다. 대부분의 공항은 대형 항공기에 더 많은 승객을 태우려는 항공운송 서비스로, 평상시의 활용도가 매우 낮기 때문이다.[14]

기술발전으로 소형 항공기가 더욱 친환경적이 되고 비용도 저렴해지면, 80km에서 800km 거리의 차량이동을 해야 하는 지역공항을 지역항공모빌리티의 거점으로 흡수하겠다는 전략이다. 소음이 적은 전기항공기 도입으로 지역사회의 수용성을 높여 지역공항을 재생시키고, 태양열을 사용한 전력공급으로 인프라 비용과 탄소배출 감소 등에 도움이 되는 재생에너지 허브로 전환시키는 것이 가능하다는 판단이다. 예를 들어 전기항공기를 지역항공모빌리티에 도입하면 에너지와 유지보수 비용을 절감해 항공기 운영비용을 50% 이상 낮출 수 있고, 미래 원격제어와 자율운행을 도입하면 추가적인 비용절감도 가능하다.

소비자 입장에선 지역공항이 여행허브는 아니지만 대형공항을 통한 이동보다 주차, 보안, 승하차 절차가 편리하고 시간도 절약된다. 즉 지역항공모빌리티 생태계 구축을 통해 새로운 이동방식 도입과 에너지 공급원 변화, 지역경제 활성화까지 도모하겠다는 전략이다. 도심항공모빌리티가 제공하지 않는 경로를 목표로 설계하고, 상호효율적인 결합을 통해 촘촘한 연결 네트워크를 제공하고, 비용을 줄이면 현재 대형 항공기가 장악하고 있는 노선과 경쟁할 수도 있다는 결론이다.

앞으로 NASA는 시스템 분석, 항공기 기술, 지역항공모빌리티 임무에 적합한 새로운 항공기 연구, 자율 비행 및 안전 확보 등 관련 연구개발을 지원할 예정이다. 또한 효과적인 재생에너지 생산 관련 연구를 위해 미국연방항공청과 에너지부 같은 연방 기관과도 협력할 예정이다. NASA는 지역항공모빌리티 활성화를 위해 기존 항공기의 개조와 전기 단거리 이착륙기의 도입도 필수적인 연구과제로 제시했다.

NASA는 첨단항공모빌리티 프로젝트도 추진 중이다.[15] 첨단항공모빌리티는 도심항공모빌리티를 포함하는 개념으로, 새롭게 등장한 혁신적 항공기술을 이용해 사람과 물류의 안전한 이동을 위한 이머징 마켓을 형성하는 것이 목적이다. 첨단항공모빌리티의 주요 핵심 과제 3가지는 바로 자율비행 및 비상대응 관리, 이착륙을 위한 인프라 버티포트 관련 기술개발 및 테스트를 위한 고밀도 버티플렉스High Density Vertiplex 연구, 안전에 대한 일반인들의 신뢰도를 높이고 지역사회 수용성 확보를 위한 전국 캠페인 프로젝트다.

이와 함께 허리케인, 홍수, 화재, 지진 같은 자연재해와 긴급상황 대응 및 인명구조, 생필품 보급 등 '비상대응 작업을 위한 확장 가능한 교통관리' 프로젝트와 연계해 다양한 지역사회 기여 방법에 대한 연구도 진행하는 등 첨단항공모빌리티는 도심항공모빌리티, 드론의 용도를 넘어 보다 다양한 범위로 진화하고 있다.[16]

2021년 7월 NASA는 현대자동차를 첨단항공모빌리티 핵심 협력사로 선정했으며, 현대자동차와 슈퍼널은 공식적으로 지역항공모빌리티와 첨단항공모빌리티 개발을 추진하는 등 국내 시장뿐만 아니라 미국 시장 진출을 위해서도 적극적 행보를 보이고 있다.

현재까지 도심항공모빌리티 분야의 기체 연구 성과로 조비에비에이션 등 선두주자들이 2023~2025년을 기점으로 상용화 초기시장에 진출하겠지만, 많은 사람들의 기대처럼 초기시장이 빠르게 확장되고 이윤이 창출될지는 아직 알 수 없다.[17] 단 분명한 것은 그들이 B2B, B2C 중심의 기존 프라이빗 항공과 비즈니스 항공 서비스 시장을 먼저 대체하고, 공공수요를 위한 B2G 시장에도 초기에 도전할 예정이라는 점이다. 하지만 운용개념서Concept of Operation의 첫 버전이 미국은 NASA 주관으로 2020년 12월, 우리나라는 국토교통부와 도심항공모빌리티 팀코리아 주관으로 2021년 9월 발표된 상황에서 법적, 사회적, 기술적 한계를 뛰어넘기에는 다소 시간이 걸릴 것으로 예상된다.[18]

주요 플레이어들의 현재와 미래

본격적으로 도심항공모빌리티가 관심을 받기 시작한 것은 최근이다. 프로스트앤드설리번Frost & Sullivan은 2040년 전 세계에 약 43만 대의 도심항공모빌리티가 운행될 것으로 분석했고, 마켓리서치퓨처에 따르면 같은 해 시장 규모는 약 1850조 원 규모, 모건스탠리도 유사한 규모인 약 1300조 원으로 글로벌 완성차 시장과 맞먹을 정도라고 예측했다.[19]

미국연방항공청은 도심항공모빌리티를 도심이나 주변 지역에서 물건과 사람을 저고도로 수송할 수 있는, 자율주행이 가능한 안전하고 효과적인 항공교통 시스템으로 정의했고[20] 우리나라 국토교통부는 300~600m 수준의 낮은 고도에서 움직이는 대중교통, 철도, 택시, 퍼스널모빌리티 등과 혼합된 MaaS 영역에 포함된 하나의 디바이스로 보고 있다.[21]

최근 관심을 받고 있는 주요 기업들의 사양을 분석해보면 1회 충전

	모델명	주행거리	상용화 목표	속도	파워	탑승인원
조비에비에이션	S-4	241km (150mile)	2024년	322km/h (200mph)	6개 전기모터	승객 4명 조종사 1명
존트 에어모빌리티	Journey	129km (80mile)	2026년	281km/h (175mph)	배터리 구동	승객 4명 조종사 1명
아처에비에이션	-	97km (60mile)	2024년	241km/h (150mph)	배터리 틸트로더	승객 4명 조종사 1명
볼로콥터	VoloCity	35km (22mile)	2024~2025년	110km/h (68mph)	9개 리튬이온 배터리 팩, 브러시리스 모터, 19개 로터, 회전날개	2인승
릴리엄	Lilium Jet	300km (186mile)	2025년	299km/h (175mph)	1MW 리튬이온 배터리, 36개 전기모터, 10~15개 좌석으로 확장 가능	승객 4명 조종사 1명
위스크	Cora	40km (25mile)	미정	161km/h (100mph)	12개 전기 배터리 구동 리프트, 프로펠러	2인승
에어버스	CityAirbus Demonstrato	97km (60mile)	미정	121km/h (75mph)	8개 100kW 전기모터, 8개 고정 피치 프로펠러	승객 4명 조종사 1명
이항	EH216	34km (21mile)	미정	134km/h (83mph)	배터리 구동	2인승
버티컬 에어로스페이스	VA-1X	161km (100mile)	2024년	241km/h (150mph)	8개 배터리 구동 추진기	승객 4명 조종사 1명
어반 에어로노틱스	CityHawk	150km (93mile)	2024~2026년	233km/h (145mph)	8개 모터, 8개수소연료 전지 스택	승객 5명 조종사 1명

주요 도심항공모빌리티 사양
출처: 해당 기업 웹사이트 및 보도자료 등 취합

주행거리를 기준으로 30~40km, 100~150km, 300km 수준으로 구분할 수 있다. 최대속도도 100km/h에서 300km/h로 다양하고, 장거리 항공기의 국제 항공노선을 대체하는 것이 아닌 장거리 차량 이동, 헬리콥터 혹은 단거리 개인제트기 시장을 대체하거나 도심에서는 정체 구간과 시간대에 빠른 이동 서비스를 제공할 것으로 예상된다.

대부분은 현재의 배터리 성능과 기술적 한계에 맞춘 잠재시장을 타깃으로 하고 있다. 또한 개발기업 및 도입을 계획한 도시들은, 대부분 전기수직이착륙기로 소음이 적고 기존 항공기 이착륙을 위한 활주로 같은 공간이 필요 없어 저고도로 도심에서 운영하기 적합한 친환경 수단이며, 대중적으로 활성화될 수준에 이르면 도시의 교통문제 해결에 기여할 수 있다는 점도 장점으로 강조하고 있다.

현재 약 250개 기업이 경쟁하는 도심항공모빌리티 산업의 주요 플레이어들은 항공 업체, 완성차 제조사, 스타트업, 관련 기술기업으로 구분할 수 있다.

대표적 항공 업체는 보잉과 에어버스다.[22] 보잉은 물류용 카고 에어비히클Cargo Air Vehicle과 사람의 이동을 위한 퍼스널 에어비히클Personal Air Vehicle을 개발했다. 카고 에어비히클은 6개의 듀얼 로터 시스템과 12개의 프로펠러를 장착했으며, 길이는 5.33m, 너비는 6.1m, 높이는 1.52m이며 무게는 약 500kg으로 최대 226.8kg의 운송이 가능하다. 자율주행 가능한 2인승 퍼스널 에어비히클 코라Cora는 2019년 1월 시험운행에 성공했다. 2017년 인수한 오로라플라이트사이언스Aurora Flight Sciences와 협력해 개발한 8개의 로터를 활용해 180km/h 속도, 최대 비행거리는 80km인 온디맨드 서비스용 모델이다.

보잉은 2018년 차세대 모빌리티 생태계의 기반 구축을 위해 100명 규모의 보잉넥스트Boeing NeXt라는 민첩성을 강조한 전담 조직을 만들었지만, 보잉737 맥스 추락사고, 코로나19에 따른 수익감소 등 수익악화로 2020년 9월 해체했다. 하지만 2022년 1월 구글 공동창립자인 래리 페이지Larry Page와 서배스천 스런Sebastian Thrun이 공동 창업한 스타트업 키티호크KittyHawk와 위스크에어로WiskAero에 4억 5000만 달러(약

5500억 원)를 투자해 모빌리티 산업에 재진입했다.

에어버스는 4인승 전기수직이착륙기로 고정익 멀티콥터인 시티에어버스 넥스트젠CityAirbus NextGen을 2025년 형식 인증 완료를 목표로 개발하고 있다. 1회 충전으로 120km/h 속도로 80km 비행이 가능하다.

항공기 제작 혹은 서비스 업체는 탄소저감과 새로운 승객 운송수단 개발이 필요한 시점으로, 도심항공모빌리티를 통해 수요 확장뿐만 아니라 공항과 인접 도심과의 연결을 위한 MaaS 서비스로의 확대까지 기대하고 있다.

현대자동차, GM은 직접 도심항공모빌리티 개발에 뛰어들었고, 볼보를 소유하고 있는 중국 지리자동차는 테라퓨지아Terrafugia를 인수합병했다. 토요타는 스카이드라이브SkyDrive와 조비에비에이션에, 메르세데스-벤츠는 볼로콥터에 투자하는 등 간접적으로 진출했고, 아우디는 에어버스와 함께 팝업넥스트Pop-Up Next 프로젝트를 추진하는 등 많은 완성차 제조사들이 도심항공모빌리티 시장에 도전하고 있다.

완성차 제조사들의 참여는 전기자동차, 자율주행차, 커넥티드 서비스의 보편화에 따라 개발한 기술을 도심항공모빌리티에 적용해 새로운 미래 수익모델의 창출과 함께 혁신성을 과시하기 위한 측면이 있다. 물론 자율주행 자동차 등을 중심으로 확대하고 있는 MaaS의 영역을 도로에서 하늘로 넓히고자 하는 의미로도 해석할 수 있다. 하지만 애초 2020~2021년 상용화를 목표로 개발을 진행한 완전자율주행차의 상용화가 지연되자, 완성차 업체들이 미래의 새로운 먹거리 창출과 모빌리티 시장의 주도권 장악을 위해 하늘로 눈을 돌린 것은 아니냐는 분석도 가능하다.[23]

가장 치열한 경쟁을 벌이고 있는 스타트업들 가운데 10여 개업체가 선두권 그룹을 형성하고 있다. 스타트업만의 빠른 개발속도와 의사결정력으로 민첩함과 기술력을 활용해 시장에 대응하고, 새로운 기술을 개발한 뒤 엑시트하는 등의 전략에 관심이 높다.

가장 빠르게 기체 개발과 상용화를 추진하고 있는 기업은 SK텔레콤과 협력을 발표한 조비에비에이션이다. 2020년 미국연방항공청으로부터 전기수직이착륙기 상업비행용 허가로 기체의 기술적 조건을 명시한 G-1 인증을 최초로 받고, 2022년 2월 기체 공기구조를 포함한 복합재료 강도 확인을 위한 첫 적합성 테스트를 완료했으며, 2022년 3월에는 최초로 미국연방항공청에 지역별 인증 계획을 제출해 2024년 상용화 목표에 발 빠르게 접근하고 있다. 2022년 5월 26일 미국연방항공청으로부터 파트135Part 135 항공사 인증을 받았으며, 5인승 수직이착륙기가 형식 인증을 받을 때까지 기존 고정익 항공기로 에어택시 운영 테스트를 할 수 있다. 조비에비에이션은 2024년 전기수직이착륙기 출시 전까지 기존 항공기를 이용해 공유 서비스 절차 등을 확인할 예정으로, 2023년 형식 인증을 목표로 하고 있다.[24] 파트135는 주문형·비정기 항공서비스를 운영할 수 있는 권한을 부여받는 인증서로, 소규모 단일 항공기 운영사부터 대형 항공운송업체까지 다양한 기업들이 인증을 받을 수 있으며, 미국연방항공청 위험물 안전국과 긴밀히 협력해 승인된 위험물 프로그램을 개발·유지·구현해야 한다.[25] 조비에비에이션은 2022년 말까지 파트135 인증을 취득하고 2024년 상업 비행을 시작할 예정이다.

독일의 릴리엄도 2022년 4월 공식적으로 유럽항공안전청에 기체 인증을 위한 승인수단을 제출해 본격적인 인증 프로세스에 돌입했다. 인증완료 예상 일정은 2025년으로 유럽연합과 미국 간 상호 항공안

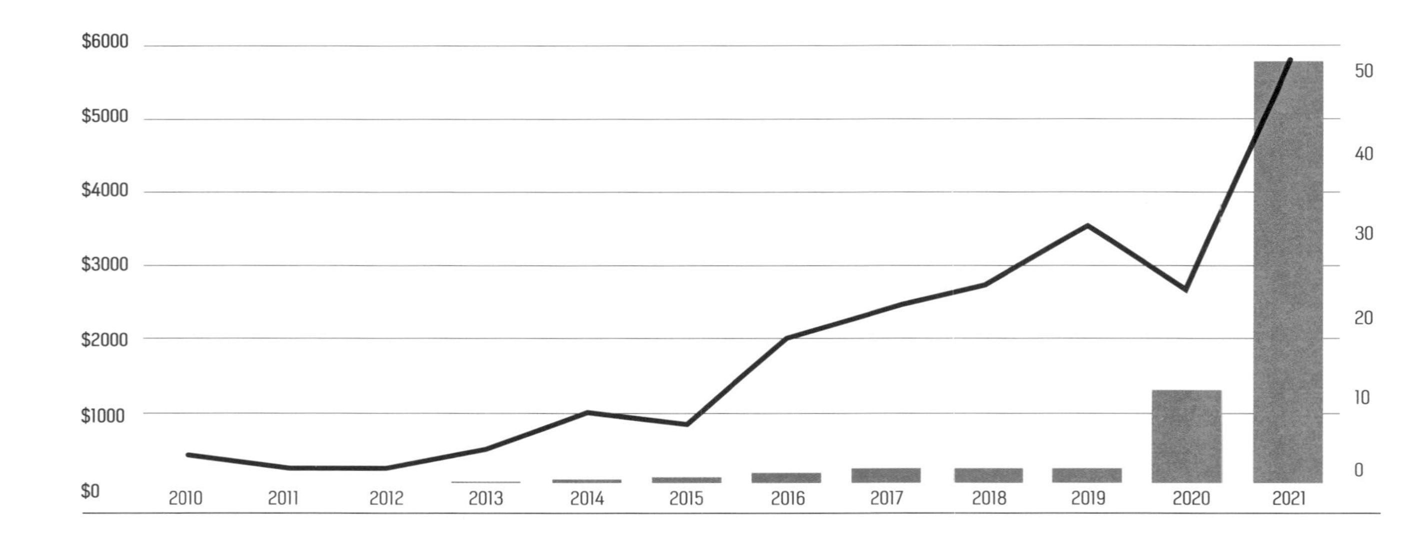

도심항공모빌리티 투자 규모 추이 (2021년 12월 기준, 단위 100만 달러)

출처: The Advanced Air Mobility Investment Dashboard, TNMT, 2021. 12. 3.

전 협정 조건에 따라 동시에 인증을 달성할 예정이다.[26] 2020년 브라질 항공사 아줄Azul에 릴리엄젯 220대를 10억 달러(약 1조 3000억 원)에 인도하는 계약을 했으며, 현재 스페인에서 릴리엄젯보다 작은 5세대 기술 시연기 피닉스2Pheonix 2로 시험비행을 실시하고 있다.[27]

도심항공모빌리티 시장은 2015년을 기점으로 투자 빈도가 늘어나고, 2017년부터 투자가 본격화되면서 2020년 12억 5000만 달러(약 1조 5400억 원)에서 2021년 58억 600만 달러(약 7조 2000억 원) 규모로 급성장했다. 2013년 이후 2021년까지 전체 투자는 78억 6700만 달러(약 9조 6000억 원)로 78개 스타트업을 대상으로 진행되었으며, 코로나19 확산 후 급격히 증가한 것이 특징이다.

기존 사업자들의 기술확산은 초기 연구개발비, 엔지니어링 전문성, 규제기관이 담당하는 인증절차 등의 진입장벽을 높이는 중이라는 의미로 받아들일 수 있다. 또 전기수직이착륙기는 복잡한 하드웨어와 자율주행 같은 최고 수준의 소프트웨어, 많은 시간이 소요되는 최고의 안전 표준과 인증 프로세스를 필요로 하기 때문에 도전이 쉽지 않은 영역으로 전환되어 시장 정리 단계에 들어왔다는 조심스러운 예측도 가능하다.

스타트업 경쟁전망은 기술강도뿐만 아니라 특허품질, 투자 규모, 경쟁 관계 등을 고려해야 하는데 가장 유망한 기업은 조비에비에이션과 릴리엄이다. 스타트업이 성공적으로 도심항공모빌리티 시장에 진출하기 위해서는 7~10억 달러(약 8600억~1조 2300억 원)의 최소 자본이 필요하다.[28] 2021년 12월 기준 해당 투자 규모를 충족한 기업은 조비에비에이션 16억 2800만 달러(약 2조 원), 릴리엄은 12억 2200만 달러(약 1조 5000억 원), 아처에비에이션 9억 1900만 달러(약 1조 1300억 원)

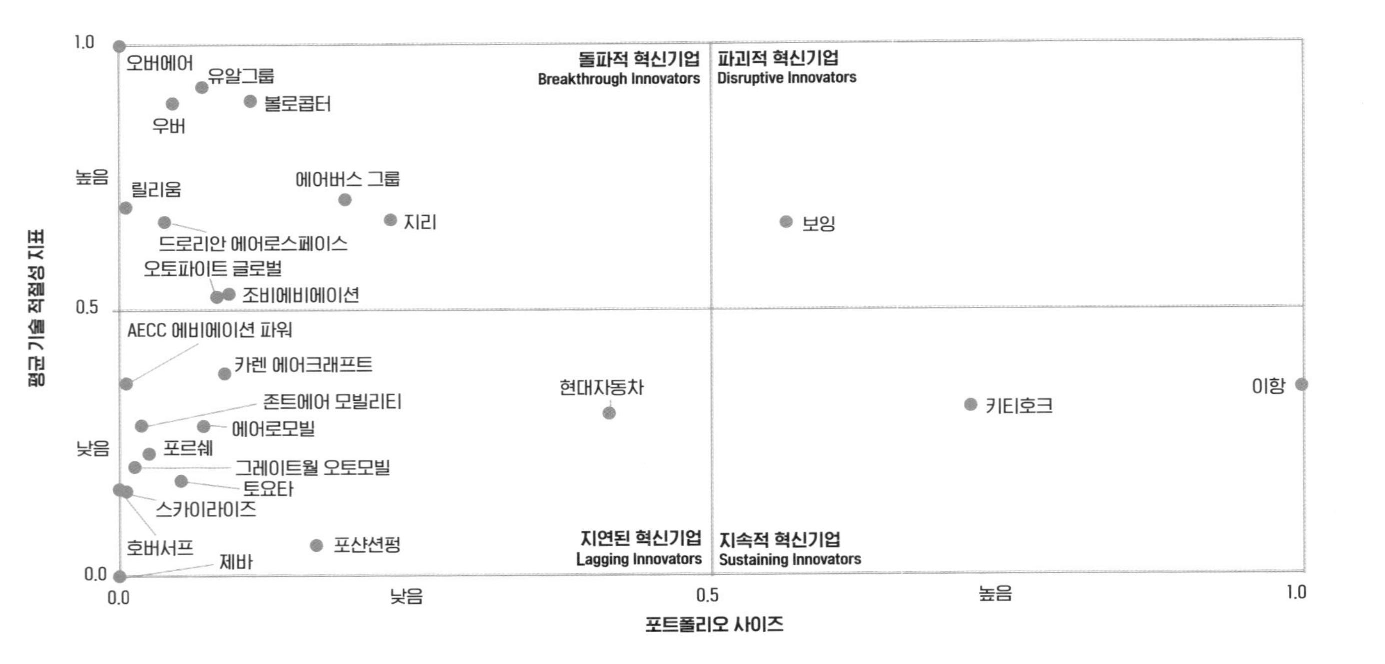

도심항공모빌리티 리더보드

출처: Are AIR TAXIS ready for prime time? A data driven report on the state of air taxis in 2021,

등 3개뿐이다. 이어 베타테크놀로지Betatechnology 4억 5000만 달러(약 5530억 원), 버티컬에어로스페이스Vertical Aerospace 3억 8000만 달러(약 4670억 원), 볼로콥터 3억 7660만 달러(약 4630억 원), 이항 1억 3200만 달러(약 1620억 원)의 누적 투자 규모를 달성했다.[29]

이 가운데 조비에비에이션이 유일하게 다국적 투자처에서 대규모 투자를 유치했으며 중국, 독일, 일본, 미국 등의 특허를 보유해 릴리엄, 이항, 볼로콥터 등의 모방으로부터 기술 포트폴리오를 보호하고 있다. 릴리엄은 투자 규모가 2위지만, 대부분의 특허가 독일 특허로 기술 보호 실적이 미흡한 게 단점이다. 특히 조비에비에이션은 토요타에서 3억 9400만 달러(약 4840억 원)의 투자와 생산기술, 전동화 기술을 전수받아 원활한 기체 양산에 힘쓰고 있다.

기존 항공업체 및 완성차 업체들까지 포함해서 살펴보면, 양은 많지 않지만 기술실현성이 높은 특허를 보유한 기업들은 투자와 기술적 성과가 뛰어난 특징이 있다. 대표적인 기업은 한화가 투자한 오버에어를 비롯해 유알그룹URGroup, 볼로콥터 등이 있으며, 자금력과 기술력을 고려했을 때 현재 최고의 리더 기업은 보잉이다. 이항과 키티호크는 양적으로 가장 많은 특허 폴트폴리오를 갖췄지만, 단기실현 가능성이 낮고 장기실행이 가능한 특허가 많은 것이 특징이다.[30]

중국 정부의 전폭적 지원을 받고 있는 이항은 2022년 2월 9일 중국 민용항공국으로부터 자율비행체 AAVAutonomous Aerial Vehicle로 불리는 EH216-S 모델의 '형식 인증 특별조건'을 공식적으로 받았다. 자율비행체이기 때문에 조종사와 항공기 제어장치가 설치되어 있지 않고 지상관제소에서 원격 조정이 가능하다. 최대탑재 중량 220kg 2인승으로, 16세트의 모터, 2개의 걸윙Gull Wing 도어, 최대속도는 130km/h로 최대 3000m 고도에서 비행할 수 있다. 이항에 따르면 1회 충전으로 약 35km를 주행할 수 있고 배터리는 2시간 내 완충이 가능하다.[31]

테슬라의 도심항공모빌리티 진출 가능성

일론 머스크의 전기수직이착륙기 개발 및 시장 진입에 대한 관심은 매우 높다.[32] 현재 리더 기업인 보잉, 미국과 유럽을 대표하는 스타트업 조비에비에이션과 릴리엄으로 대표되는 도심항공모빌리티 개발 경쟁에 테슬라도 뛰어들 수 있다고 모건스탠리는 분석했다.[33]

전기차 업계 최고의 영구자석과 AC 유도모터의 고효율 설계로 유명한 테슬라는 연 100만 대 넘게 전기모터를 생산하는 세계 최대 전기자동차 기업이다. 여기에 셀 아키텍처와 설계, 재료, 화학, 공급망, 소프트웨어, 열관리, 배터리관리 시스템 기술을 보유하고 운영체제, 소프트웨어 무선업데이트, 인공지능, 소프트웨어 통합 기술, 내비게이션, 자율주행, 보험 및 충전 서비스, 인포테인먼트 사용자 경험 등 서비스 네트워크와 인프라, 위성통신 기술을 갖고 있다. 이 기술들은 대부분 전기수직이착륙기에 필요한 것들이다.

특히 에너지 효율성과 비용이 매우 중요한 전기수직이착륙기의 핵심 전기모터, 2030년까지 500GWh에서 1TWh 사이로 늘어날 것으로 추정되는 배터리 기술은 전기수직이착륙기 생산에 유리하다. 이러한 모든 기술과 서비스를 수직적으로 통합하고, 관련 개발 인력의 내재화, 양산 능력과 경험, 배터리와 차량 글로벌 생산 네트워크를 활용한다면 도심항공모빌리티 시장에서 유리한 고지를 점령할 수 있다는 게 모건스탠리의 분석이다.[34]

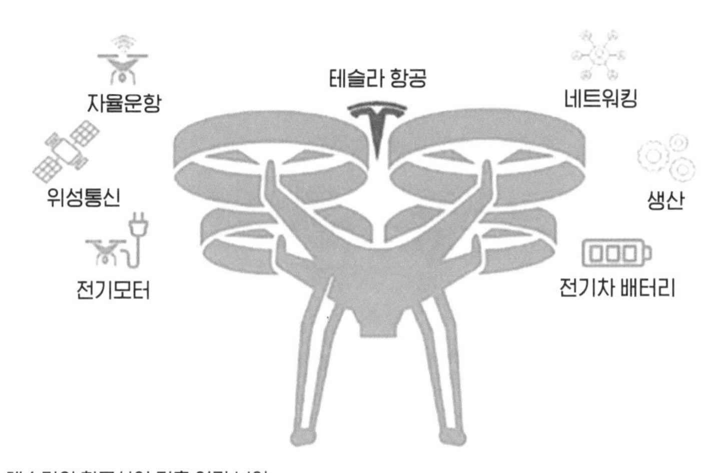

테슬라의 항공산업 진출 연관 분야
출처: Adam Jonas, et al, Tesla aviation: Not 'If' but 'When'?, Morgan Stanley Research, 2021. 7. 15.

게다가 일론 머스크가 대주주인 스페이스X의 메가캐스팅을 위한 소재기술 개발 경험, 높은 신뢰성과 안전이 중요한 우주산업 경험은 테슬라의 항공산업 진출에 중요한 잠재자원이며, 도심항공모빌리티와 달리 수직이착륙기를 고집하지 않는 지역항공모빌리티와 첨단항공모빌리티 시장 진입에 보다 더 유리할 것으로 보인다. 스페이스X 개발 및 활용 과정에서 구축된 미국연방항공청, NASA와의 관계와 경험도 각종 시험, 인증 과정에서 유리하게 작용할 수 있다는 점 또한 간과할 수는 없다.

현대자동차, 혼다, 토요타, GM 등 많은 완성차 제조사들이 직간접적으로 도심항공모빌리티 시장에 진출하고 있으며, 위와 같은 테슬라의 강점과 경험은 도심항공모빌리티 시장에 진출할 것인지 궁금하게 만들 만하다. 하지만 고려할 점이 있다. 바로 자율주행 레벨4 기술이 도심항공모빌리티와 비즈니스 모델에서 충돌할 가능성이 있다는 것이다. 특히 자율주행차가 지하 혹은 지상의 전용도로로 주행이 가능해질 경우, 전기차와 자율주행 기술에 전력투구하고 있는 테슬라에게는 경쟁 시스템을 함께 개발하는 것은 독이 될 수 있다.

게다가 일론 머스크는 2022년 5월 미국 〈파이낸셜 타임스〉가 개최한 '퓨처 오브 더 카 서밋Future of the Car Summit'에서도 지속가능한 미래를 위한 수소의 역할에 대해 "내가 상상할 수 있는 가장 멍청한 에너지 저장장치"라고 말하는 등 수소에너지에 대한 반감이 높다. 최근 30~50km를 20~30분 이동하는 단거리 도심항공모빌리티는 배터리, 200~300km를 이동하는 장거리 도심항공모빌리티는 수소에너지를 사용하는 방향으로 많은 기업들이 선회하고 있다. 하지만 경제성을 중요시하는 일론 머스크에게 경제성에 대한 이슈가 제기되는 단거리는 매력적인 시장이 아니며, 장거리를 위한 수소에너지는 현재 관심 대상이 아니다. 비즈니스 모델은 시장 상황과 기업 전략에 따라 수시로 변할 수 있지만, 현재까지 테슬라의 도심항공모빌리티 시장 진출 가능성은 높지 않은 것으로 보인다.

자율주행차 초기개발 시기처럼 아직 도심항공모빌리티 관련 시장의 승자는 판단할 수 없는 단계다. 많은 국가, 도시, 기업들이 관심을 가지고 기술개발, 투자, 규제, 정책 등을 추진하고 있다. 그러나 많은 노력을 했어도 시장 형성이 계획대로 진행되지 않을 수 있으며, 시장 진입을 빨리 했다고 승자가 된다고 확신할 수 없다는 게 기술집약 산업의 특징이다. 따라서 앞으로도 더 많은 얼라이언스 형성과 파괴, 잠재적 진출자들과의 경쟁이 예상된다.

이미 미국과 유럽의 기업들은 도심항공모빌리티보다 실현가능성과 경제성이 높은 지역항공모빌리티, 첨단항공모빌리티로 전략을 전환하고 있어 국내 기업들과 정부도 관련 정책에 대한 재검토가 필요한 시점이다. 특히 국내 시장을 놓고 경쟁하고 있는 모빌리티 서비스 기업들은 MaaS 생태계 완성을 위한 디바이스 포트폴리오 가운데 하나로 도심항공모빌리티를 검토하고 있는데, 지금은 보다 현실적인 접근 방법에 대한 고민이 필요한 때다.

모빌리티 기업들이 로봇 산업을 넘보는 이유

로봇 에브리웨어 시대, 급성장하는 로봇과 모빌리티 산업

'로봇 에브리웨어Robot Everywhere' 시대를 맞아 로보틱스 산업은 눈에 띄게 성장하고 있다. 현대자동차그룹에 따르면 2017년 245억 달러(약 30조 1000억 원) 수준이었던 글로벌 로봇 시장은 2020년 연평균성장률CAGR 22%, 444억 달러(약 54조 5600억 원) 수준으로 커졌다. 2025년에는 코로나19 영향에 따른 경제·사회 패러다임의 변화로 연평균성장률 32%를 기록하며 1772억 달러(약 217조 7500억 원) 규모까지 커질 것으로 예측했다. 서비스로봇, 물류로봇, 제조로봇을 포함한 이 시장은 리서치앤드마켓Research and Market의 분석에 따르면 2030년 자율주행차시장 600억 달러(약 73조 7300억 원)의 약 3배에 이른다.[35] 또한 자율주행차 서비스는 로보택시, 자율주행 배송 서비스는 로보마트라고 불릴 정도로 모빌리티와 로봇의 경계 역시 무너지고 있다. 여기에 모빌리티 업체들의 로봇 시장 진출도 확산 중이다.

2021년 8월 테슬라는 AI데이 행사에서 휴머노이드로봇인 테슬라봇Tesla Bot을 발표했다. 2022년 프로토타입을 선보일 예정으로 여기에는 오토파일럿 소프트웨어와 하드웨어에 적용하는 인공지능 기술을 탑재했다. 옵티머스라는 이름의 이 로봇은 키 170cm, 무게 57kg으로 사람의 체형과 유사하며 팔, 다리, 목 등 주요 관절 부위에 전기 구동기가 장착돼 약 20kg을 운반할 수 있다. 2023년 적당한 수준의 생산을 목표로 인간들이 꺼리는 위험하고 반복적이며 지루한 작업을 대신하는 워커드로이드Worker-Droid로 개발 중이다. 일론 머스크는 2022년 1월 전 분기 실적 발표에서는 "올해 개발하고 있는 제품 중 가장 중요한 것으로, 시간이 지날수록 자동차 산업보다 더욱 중요한 경쟁력을 갖게 될 것"이라고 말하며 옵티머스에 대한 기대감을 드러내기도 했다.[36] 일론 머스크의 꿈은 인간의 뇌를 다운로드해 기억과 성격을 보존하고 '일상생활에서 사용할 수 있는 로봇General Focused Humanoid'으로의 진화다.[37] 그는 개발에 몇 년이 더 걸릴 수도 있고 결실을 맺지 못할 수도 있지만 로봇이 인간의 작업을 대신 하게 된다면 경제에 혁명을 일으킬 것이라 말하기도 했다. 일론 머스크는 2022년 6월 트위터를 통해, 2022년 9월 30일 옵티머스의 프로토타입을 선보일 것이라고 발표해 많은 관심을 받았다.[38]

토요타는 2019년 도쿄모터쇼에서 자율주행차 e-팔레트e-Palette를 선보이면서 자동차와 고객 사이를 오가며 물품을 수령하거나 전달하는 6륜 구동 로봇 마이크로팔렛Micro Palette을 함께 공개했다. 포드 역시 CES 2020에서 로봇 전문 업체 어질리티로보틱스Agility Robotic가 개발한 로봇 디지트Digit를 자율주행차와 연동한 라스트마일 배송수단으로 공개해 많은 관심을 모았다.

현대자동차그룹이 인수·합병한 보스턴다이내믹스의 사족로봇 스팟SPOT과 CES 2022에서 선보인 네 바퀴 로봇 플랫폼 모베드MobED도 눈여겨봐야 한다. 특히 모베드는 독립적으로 구동이 가능한 4개의 바퀴가 제각각 서로 다른 높이와 각도로 움직이면서 경사로와 둔덕을 흔들림 없이 넘을 수 있고, PnDPlug&Drive 모듈을 이용해 다목적으로 사용 가능하다는 장점이 있다.

스팟은 2020년 하반기 6개월 동안 약 400대가 팔렸고 최소 3000만 달러(약 367억 원) 규모의 수익을 올렸다. 가격은 1대에 7만 4500달러(약 9200만 원)로 보스턴다이내믹스가 상업용 로봇 시장에 진출하는 데 큰 도움을 준 일등 공신이다.[39] 라이다, 360도 카메라, 사물인터넷 센서 등을 탑재하고 이동성도 높아 원격 감시 및 모니터링, 데이터 수집이 필요한 분야에 사용 가능하다. 또 드론이나 바퀴가 달린 형태의 장비들보다 소음이 적고 안전하며 장애물 회피도 잘한다. 적재용량은 최대 13.6kg으로 직접 혹은 원격 제어를 할 수 있다. 자동화 구현이 어려운 환경, 인간 작업자에게 위협적인 환경에도 투입이 가능해 다양한 서비스 모델로 개발할 수 있다. 기아 광명공장에는 현대자동차그룹 로보틱스랩의 인공지능 기반 소프트웨어가 탑재된 '인공지능 프로세싱 서비스 유닛AI Processing Service Unit'을 접목해 투입했으며, 포드의 미시간주 변속기 공장에서는 생산 파일럿 프로그램의 일환으로 공장 라인을 스캔하고 엔지니어가 라인 설계파일을 업데이트하는 데 사용

된다.[40]

다양한 사물인터넷 센서를 장착하고, 사족로봇이어서 바퀴를 장착한 시스템보다 험한 지형도 이동할 수 있어 인간이 접근하기 힘든 극한 혹은 위험한 환경에서 활용이 가능하다. 최근에는 1986년 폭발사고로 폐쇄된 우크라이나의 체르노빌 원전에 투입되었다. 방사선량 측정과 전자기파 3D지도를 생성해 인간에게 유해한 환경에서 인간의 역할을 대신할 수 있음을 증명했다. NASA는 화성 탐사용으로 스팟을 개조한 'Au-스팟'을 공개했다. 화성의 지하동굴 탐사와 가상지도 생성을 위한 용도다. 평지만 이동할 수 있었던 로보Rover의 한계를 극복했고, 무게도 12분의 1에 불과하다. 속도는 현재 화성을 탐사하고 있는 로보 큐리오시티가 0.14km/h인 반면 스팟은 5km/h로 효과적 탐사와 운영이 가능하다.

혼다와 전기차 조인트벤처 설립을 선언한 소니도 2021년 10월 독자개발한 사족로봇 타키온Tachyon을 공개했다. 소니의 유명한 엔터테인먼트 로봇 아이보Aibo와 큐리오Qrio를 산업용으로 전환한 것으로 알려졌으며, 타키온 역시 이족로봇이나 바퀴 달린 로봇보다 거친 지면, 단차가 있는 계단 등에서 안정적으로 이동이 가능하다.

타키온은 사족로봇 최초로 '직렬 병렬 탄성 액추에이터Series Parallel Elastic Actuator'를 적용해 충격흡수가 뛰어나고 자세를 유지하거나 움직임을 위한 전력소비를 줄여 가동 시간 연장이 가능하다고 소니는 발표했다. 제어용 컴퓨터뿐만 아니라, 환경인식용 컴퓨터 2대를 탑재하고 있으며 다양한 애플리케이션을 활용할 예정이다. 소니는 양산에 대한 정확한 계획은 밝히지 않았지만, 가와사키 중공업과 로봇용 원격 조정 플랫폼 개발 합작회사를 설립하는 등 실용적인 로봇 기술을

소니의 사족로봇 타키온
출처: Yasuhisa Kamikawa, Tachyon: High Payload, Robust, and Dynamic Quadruped Robot with Series-Parallel Elastic Actuators, Conference on Robot Learning (CoRL), 2021. 11.

본격적으로 개발 중이다.[41]

수익 창출로 증명해야 하는 로봇 산업 투자

현대자동차그룹이 인수한 보스턴다이내믹스 지분의 80%는 현대자동차 30%, 현대모비스 20%, 현대글로비스 10%, 정의선 회장이 20%를 보유하는 구조다. 이미 전동화, 자율주행, 모빌리티 서비스, 도심항공모빌리티 등을 키워드로 자동차 산업이 모빌리티 산업으로 진화하며 전환되고 있는 시점에서 보스턴다이내믹스의 인수로 현대자동차그룹은 급성장하고 있는 로보틱스 산업의 진입 발판을 마련했다. 특히 저출산 고령화로 인한 노동력 부족과 코로나19 확산 등 신변종 바이러스의 증가에 따른 비대면 사회로의 전환은, 디지털 트랜스포메이션의 가속화와 함께 헬스케어, 배송, 재난 구호, 개인 비서 등의 서비스 분야와 생산 현장에서 로봇 수요를 크게 증가시키고 있다. 현대자동차그룹의 장점인 세계 최고 수준의 양산 능력, 글로벌 비즈니스 네트워크가 보스턴다이내믹스의 기술력과 결합하면 로봇 시장에 효과적으로 진입할 수 있을 것으로 예상된다. 특히 그룹 차원에서는 현대모비스, 현대글로비스와 함께 로봇 시장과 스마트 물류 솔루션 사업으로 비즈니스 영역의 확대가 가능하다.

또 현대자동차그룹에서 진행하고 있는 사업들에 직접 활용해 시너지를 얻을 수도 있다. 새로운 성장동력원인 친환경 자동차, 자율주행 자동차, 도심항공모빌리티 등 새로운 이동수단들은 서비스뿐만 아니라 제조, 생산, 연구개발, 물류 차원에서 새로운 설계와 접근이 필요하다. 예를 들면 현대자동차가 추진 중인 2040년 전 라인업 전동화와 함께 글로벌 전기차 시장의 점유율 8~10% 달성을 위해서는 제조 플랫폼 혁신을 통한 원가경쟁력 확보가 필수다. 현대자동차는 인공지능과 로봇 기술을 기반으로 미래 모빌리티 적용을 위한 스마트팩토리 '이포레스트e-Forest'를 론칭하기도 했다.

새롭게 관심을 받는 보스턴다이내믹스 제품은 상용화가 시작된 픽Pick과 2022년 상용화 예정인 핸들Handle이다. 픽은 딥러닝 기술을 사용해 혼합 SKUStock Keeping Unit 팰릿의 박스들을 컨베이어벨트 위로 이송하는 디팔레타이징 작업용 비전 프로세싱 솔루션이다. 2D, 3D 감지 기능을 통합해 상자를 정확하게 식별하고 디팔레타이징 경로를 생성한다. 그래픽이 인쇄된 박스, 색상이 입혀진 박스, 반사테이프나 끈으로 묶인 박스, 비대칭형 날개를 가진 박스, 사각형이 아닌 박스, 구멍이 뚫린 박스 등 거의 모든 박스들을 구분할 수 있으며, 열악한 조명 조건에서도 작동이 가능하다. 대부분의 산업용 로봇 암arm들과 호환되고, 1시간에 최대 720박스까지 처리가 가능하다.

핸들은 픽의 바퀴 달린 모바일 버전으로 타조 모양을 닮아 타조로봇이라고도 불린다. 트럭과 컨테이너 하역 등 일반로봇이 수행하기 힘든 작업에 활용할 수 있다. 여러 장소에 있는 상자들을 판별해 하나의 혼합 SKU 팰릿으로 구성해 오더 빌딩을 하거나, 컨베이어벨트 위의 박스를 다양한 생산라인으로 이송하는 팰릿타이징 작업이 가능하다. 3m의 리치를 보유하고 2개의 바퀴로 이동하며, 15kg의 박스를 초당 4m 속도로 옮길 수 있어 시간당 360개 이상 이송이 가능하다. 픽과 핸들 같은 로봇들은 생산과 물류 현장에 투입할 수 있으며, 현대자동차가 개발한 웨어러블 로봇기술과 결합하면 새로운 이동수단의 생산현장에서 생산성을 높일 것으로 기대된다.

2022년 1월 인수합병 후 처음으로 세계 최대 컨테이너 운송사 DHL에 1500만 달러(약 184억 원) 규모 물류로봇 스트레치Stretch의 공급 계약을 체결했다. 스트레치는 적재된 트레일러와 컨테이너를 내리는 다목적 모바일 로봇으로, 창고의 좁은 공간과 트럭 주변을 이동하며 최대 50파운드 무게를 처리할 수 있는 자율주행 솔루션이다. 스트레치는 DHL뿐만 아니라 갭Gap, 에이치앤엠H&M, 운송사 머스크Maersk가 2021년 인수합병한 창고운영 및 유통기업 퍼포먼스팀Performance Team의 구매로 2022년 생산량은 이미 같은 해 3월에 매진, 지금은 2023년, 2024년 예약을 받고 있다.[42]

휴머노이드 아틀라스의 개발은 아직 연구개발 플랫폼 수준으로 양산까지는 다소 시간이 필요하다. 하지만 팔과 손을 사용해 환자 간호, 재난 현장 구조, 극한 환경 임무 수행 등이 가능해 미래 모빌리티와 로봇 산업의 혁신을 견인할 잠재력이 충분하다.

현재 보스턴다이내믹스 지분 20%는 소프트뱅크그룹의 몫으로 남아 있다. 소프트뱅크는 우버의 최대주주로 많은 글로벌 모빌리티 서비스 업체들을 거느리고 있고, 2020년 6월에도 디디추싱의 자율주행 자회사 디디워야Didi Woya에 5억 달러(약 6144억 원) 규모 투자를 리드하기도 했다. 현재 소프트뱅크의 비전펀드 포트폴리오에는 로봇 업체 브레인Brain과 클라우드마인즈CloudMinds, 모빌리티 서비스 업체 티어Tier와 그랩Grab, 겟어라운드Getaround, 올라Ola, 자율주행 기술개발 기업 크루즈와 뉴로Nuro 등 다양한 업체가 속해 있어 향후 현대자동차그룹과의 시너지도 기대할 수 있다.

"2018년부터 보스턴다이내믹스는 상업적 조직으로 전환했다." 현대자동차그룹의 보스턴다이내믹스 인수 발표 직후 비즈니스 개발 담당 부사장 마이클 페리Michael Perry가 〈IEEE스펙트럼IEEE Spectrum〉과의 인터뷰에서 던진 첫마디다.[43]

1902년 창간된 혁신적 기술 소개 매거진 〈포퓰러메카닉스Popular Mechanics〉는 2017년 아틀라스의 백플립을 체조선수와 비교해 '10점 만점에 10점'이라는 찬사를 보내기도 했다. 보스턴다이내믹스는 2013년 구글, 2017년 소프트뱅크그룹에 인수되어 다양하고 혁신적인 로봇 개발로 세간의 주목을 받았지만, 상용화와는 거리가 먼 유튜브 스타라는 비판을 받기도 했다. 하지만 2018년부터 본격적 상업화 전략을 추진하면서, 사족보행로봇 스팟, 비전 프로세싱 솔루션 픽, 2022년 양산 예정인 핸들을 앞세워 소프트웨어와 하드웨어 모두 세계 최고의 기술을 보유한 로보틱스 산업의 최강자로 인정받고 있다.[44]

아틀라스, 테슬라봇 이전에 혼다도 휴머노이드 개발에 적지 않은 투자를 했다. 혼다의 아시모ASIMO는 가장 유명한 휴머노이드 가운데 하나로, 이름은 'Advanced Step in Innovative MObility(새로운 시대로 진화한 혁신적인 이동성)'의 약자다. 1980년대 개발이 시작된 아시모는 무려 14년의 연구 끝에 2000년 처음으로 공개되었다. 물체 거리와 방향, 음성명령과 사람의 몸짓을 해석할 수 있고, 오바마 대통령과의 축구는 전 세계적으로 관심을 받기도 했으나 현재 일본 미래과학관에서만 볼 수 있다. 혼다가 2018년 아시모 개발과 생산을 중단한 이유는 보다 실용적인 기술에 집중하기 위해서다.[45] 혼다는 CES 2018에서 아시모 대신 도우미 로봇, 오프로드 자율주행로봇, 주행보조로봇인 워킹어시스트Walking Assist를 선보였다. 2021년 11월에는 최대 360kg의 운반이 가능한 자율주행로봇을 선보이기도 했다. GPS, 전방 카메라, 라이다, 레이다를 장착해, 4m^2 면적의 멕시코 태양광 설비 건설 현장에서 자재와 생수 등을 운반하고 있다.[46]

모빌리티 서비스와 자율주행, 로봇에 관심이 많은 소프트뱅크가 선보인 휴머노이드로봇 페퍼는 2021년 6월, 공식 생산 중단을 발표했다. 2015년 일본에서 판매를 시작했지만 수요가 적었던 게 주요 원인이다.[47]

이렇듯 완성차 제조사와 모빌리티 기업들을 중심으로 로봇 산업 진입과 철수가 반복되었다.

새로운 기술에 대한 투자 시점과 규모도 중요하지만 상용화와 시장 예측은 더욱 중요하다. 최근 로봇 응용 분야는 라스트마일을 포함한 물류를 넘어 스마트시티 등으로 확장이 가능하다. 특히 향후 몇 년간 경쟁이 심화될 전기차와 자율주행 분야에서 새로운 기술로의 전환비용 마련, 차량 가격경쟁력 향상을 위한 인건비와 제조원가 절감 때문에라도 로봇 도입은 필수적이다.

이제 자동차는 더 이상 이동만을 목적으로 하는 수단이 아니다. 기술이 인간을 대신하면서 휴식과 레저, 업무 수행 등을 할 수 있는 '이동하는 공간'으로 점차 진화하고 있다. 자동차 설계에서도 '이동하는 공간'에서 자동차와 사람이 어떻게 상호작용하며 어떤 가치 있는 경험을 전달할지가 중요한 연구 주제로, 자동차를 새로운 형태의 로봇으로 보기도 한다. 차량기술을 로봇에 이식시키는 것이 아니라, 로봇기술을 차량에 활용할 수 있는 시너지도 기대된다.

물론 현재 완성차 제조사와 모빌리티 기업들이 제작해 운용하고 있는 로봇의 비용이 대량생산과 상용화 수준에는 미치지 못하지만, 도심항공모빌리티와 같이 미래 성장동력, 비즈니스 영역 확대를 위한 전략품목 가운데 하나로 활용 중이다. 모빌리티 산업의 진입 경계가 무너져 다양한 기업들이 진출해 경쟁하는 미래에 대한 불안감도 로봇 개발에 투자하는 이유가 되고 있다.

자동차 산업의 대전환기, 모빌리티 산업의 정착기에 로봇 산업은 앞으로도 많은 업체들의 새로운 얼라이언스 구축 등을 통한 해당 분야의 진출입이 빠르게 진행되고, 기술이 발전함에 따라 점차 생산과 생활공간과의 결합 포인트를 찾아갈 것으로 보인다. 그 과정에서 기업들이 적합한 비용으로 얼마나 유용한 서비스를 제공할 수 있을지가 성공의 핵심이 될 것이다.

미래 에너지 산업을 넘보는 완성차 제조사들

대체 연료 자동차 시장을 준비하던 완성차 업체들은 단순히 차량을 구동시키는 에너지원의 변화를 넘어서 에너지 혁신을 위한 방향으로 나아가고 있다. 전기차 시장을 선도하고 있는 테슬라는 창업 이래로 '지속가능한 교통으로의 전환 가속화'라는 미션과 비전을 유지했지만, 2016년 일론 머스크는 솔라시티SolarCity 인수 후 '지속가능한 에너지로의 전환 가속화'로 미션과 비전을 변경했다.[48]

과거 전기차에 집중했던 테슬라가 가정용 태양광 패널 사업인 솔라루프와 솔라패널을 빠른 속도로 확대하고 차량과 연결한다는 점에서 이러한 미션이 실제로 비즈니스 모델에 반영되는 것을 확인할 수 있다. 또한 2030년까지 전기차 2000만 대를 생산하겠다는 목표와

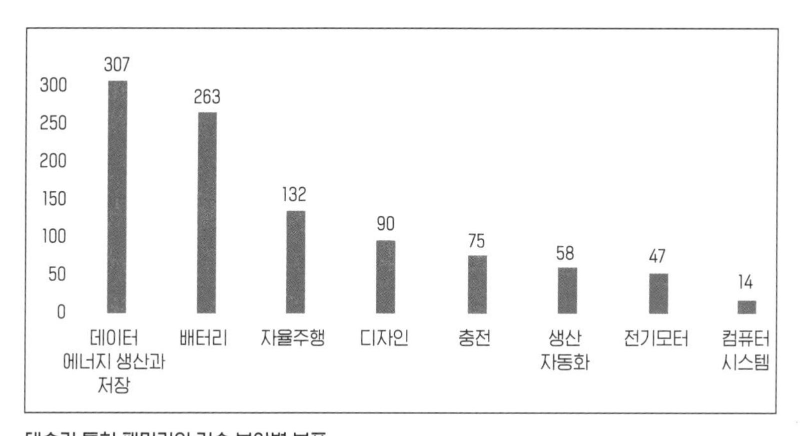

테슬라 특허 패밀리의 기술 분야별 분포

출처: Tesla Motors-Patent Portfolio Overview, Insights by Greyb, 2022. 4.

함께 친환경에너지 시장 개척을 동반 성장전략으로 추진할 것으로 예상된다.

테슬라의 특허를 살펴보면 좀 더 명확해진다. 테슬라의 특허는 에너지 생산과 저장, 배터리 기술이 가장 많고 다음으로 자율주행, 디자인, 충전, 생산 자동화, 전기모터, 컴퓨터 시스템 순으로 에너지 분야에 대한 일론 머스크의 전략을 확인할 수 있다. 2019년 3분기 실적 발표에서 일론 머스크는 태양열, 에너지 저장장치가 전기차보다 빠르게 성장하고 있으며, 모델3가 안정적으로 생산되어 에너지 사업에 보다 집중할 것이라고 언급해 에너지 기업으로의 전환은 이미 시작되었음을 확인할 수 있다.

또 2022년 5월에는 테슬라의 라이벌은 폭스바겐이나 GM, 포드가 아닌 당시 시가총액 세계 1위인 사우디아람코Saudi Aramco라고 말하기도 했다. 세계 최대 석유회사인 사우디아람코는 2022년 5월 기준 시가총액이 2조 4310억 달러(3117조 4500억 원)로 테슬라와 비교할 수 없지만, 일론 머스크는 지속가능한 에너지 제품을 만드는 테슬라의 시가총액이 화석연료를 생산하는 사우디아람코를 넘어서면 지구의 미래가 바뀔 것이라며 자신감을 내비치기도 했다.[49]

현대자동차그룹은 2021년 9월 주최한 하이드로젠 웨이브 글로벌 행사에서 2040년을 목표로 수소에너지의 대중화로 나아가는 '수소비전 2040'을 발표했다.[50] 2028년을 목표로 모든 상용차에 수소연료전지를 적용하며, 향후 출시될 모든 상용차의 신모델을 수소전기차와 전기차로만 출시하겠다는 계획을 밝혔다. 또한 상용차 부문에 자율주행과 로보틱스 기술을 결합하고, 수소연료전지 목적기반차량의 개발과 함께 트램, 기차, UAM 등의 모빌리티 분야를 일상과 산업에 적용해 미래 비즈니스 영역을 확장하겠다는 전략이다.

수소연료전지를 향한 비전은 현대자동차가 친환경 기술, 뉴모빌리티에 대한 커지는 수요에 어떻게 대응할 것인지 방향성을 제시하고, 단순한 완성차 업체를 넘어서 에너지혁신을 통한 사업 영역의 확장 의지를 보여준다. 2021년 11월 19일, 현대자동차는 연료전지사업부를 수소연료전지개발센터와 수소연료전지사업부로 분리했다. 연구개발 조직과 사업화 및 거래 조직을 분리해 각 부서의 업무 집중도를 높이고 현대자동차가 계획하는 수소비전을 실현해나가기 위한 준비 작업으로 보인다.

수소연료전지 조직을 개편한 지 얼마 지나지 않은 2021년 말, 현대자동차가 제네시스 수소차 연구를 중단한다는 뉴스가 전해지면서 수소차를 포기했다는 소문과 함께 수소 관련 기업의 주가가 떨어지는 상황이 벌어졌다. 현대자동차는 해당 소문이 사실이 아니라고 발표하며, 오히려 수소연료전지 관련 조직을 개편하면서 조직을 확대하고

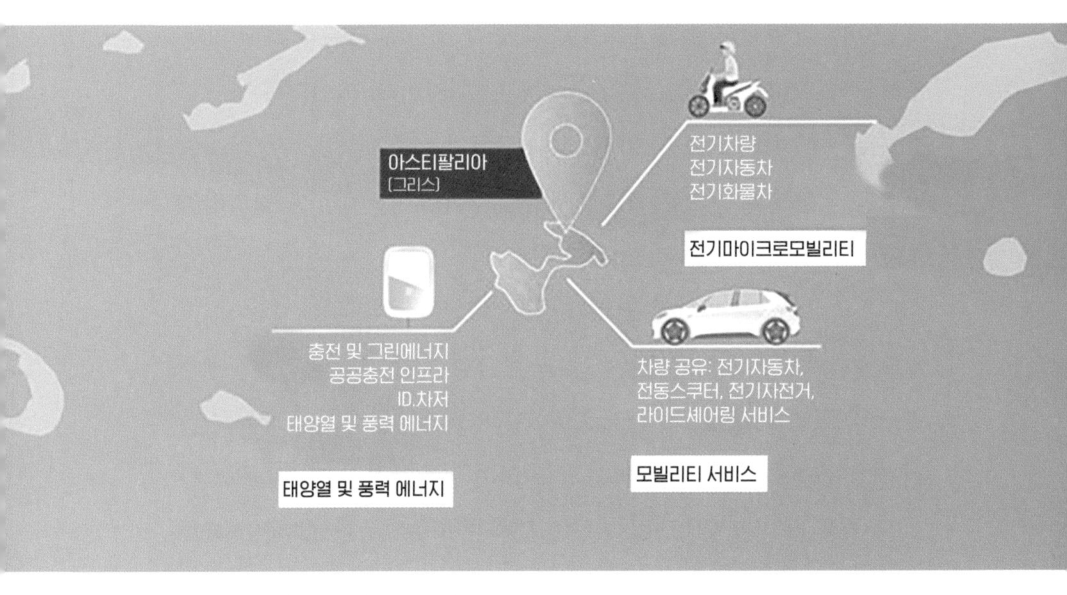

아스티팔리아: 지속가능한 스마트 섬

출처: Volkswagen Group News, Volkswagen Group and Greece to create model island for climate-neutral mobility, 2020. 11. 4.

전문화했다고 밝혔다. 수소차 연구의 중단이 아닌, 기술적 문제로 인한 연구개발 일정과 방향성의 재정립을 시도 중이라는 것이다. 수소차는 기존의 전기차와는 달리 수소의 생산, 저장, 운송과 관련된 인프라가 새로 구축되어야 하기 때문에 현대자동차의 수소 로드맵 역시 글로벌 인프라 구축 속도에 발맞추어 재편성하겠다는 것으로 풀이된다. 하지만 2022년 3월 개최된 CEO 인베스터데이CEO Investor Day에서 수소에 대한 계획이 포함되지 않아 현대차 전략에 변화가 있음을 조심스럽게 전망해본다.

변화하는 기업들의 비전은 도시계획 및 건설로도 이어진다. 폭스바겐그룹은 2020년 11월 그리스와의 협력을 통한 획기적인 프로젝트를 발표했다. 지중해에 위치한 그리스의 아스티팔리아섬에서 e-모빌리티, 스마트모빌리티 솔루션과 친환경 전력 생산을 목표로 하는 라이트하우스 프로젝트Lighthouse project를 론칭한 것이다. 라이트하우스 프로젝트는 현재의 교통 시스템을 전기자동차로 전환하고 재생가능한 전력을 생산하는 등 장기적으로 기후중립적Climate Neutral 모빌리티의 모델이 되도록 섬을 변모시키고자 한다.

아스티팔리아섬 내에는 전기자동차, 상업용 전기차량, 전기 마이크로모빌리티가 운행되고 있는데, 이러한 공유모빌리티 및 라이드셰어링 서비스 역시 라이트하우스 프로젝트의 일부분이다. 또한 친환경에너지인 태양광과 풍력 에너지를 생산하며 공공충전 인프라를 구축하고 폭스바겐의 ID차저ID.Charger를 도입하여 지속가능한 스마트섬으로 나아가고자 하는 것이다. 폭스바겐그룹은 이러한 계획을 실현하기 위해 지역 내 파트너들과 협력을 도모 중에 있다. 기존의 차량 렌트 서비스를 공유차량 서비스로 변화시키고 전기차 보급뿐 아니라 전동스쿠터와 전기자전거 역시 폭스바겐이 담당한다. 총 1000대의 전기차가 1500대의 기존 내연기관 차량을 대체하고, 상업용 차량뿐 아니라 경찰차, 응급차, 공공기관 차량도 역시 전기화될 예정이다. 라이트하우스 프로젝트는 폭스바겐그룹의 독립적 지속가능성 협의회가 가지고 있는 탈탄소의 청사진을 뒷받침한다.

폭스바겐그룹은 2022년 7월 발표한 2030년 목표 뉴오토New Auto 전략에서 앞으로 고객들에게 전기차 충전, 에너지 관리 서비스까지 원스톱 솔루션 제공을 약속했다. 이를 통해 에너지 관련 비즈니스를 핵심역량으로 키우겠다는 것이다. 테슬라와의 전기차 경쟁을 넘어 에너지 기업으로서의 경쟁까지 예상되는 대목이다.

새로운 형태의 도시를 건설하고자 하는 목표를 가지고 움직이는

우븐플래닛이 개발한 포터블 수소 카트리지 프로토 타입
출처: 토요타 웹사이트. https://global.toyota/jp/newsroom/corporate/37405940.html

완성차 제조사도 있다. 토요타 아키오 사장은 CES 2020에서 토요타의 미래도시 비전을 담은 '우븐시티' 건설을 발표했다. 아키오 사장은 토요타가 모빌리티 산업의 핵심 키워드인 연결성, 자율주행, 공유모빌리티, 전동화와 더불어 인공지능, 휴먼모빌리티, 로봇공학, 재료과학, 지속가능한 에너지와 관련된 연구들을 실제로 도시에 접목한 테스트베드를 구축할 계획이라고 밝혔다. 2021년 2월 후지산 기슭의 과거 토요타 방직 공장 부지에 착공한 우븐시티는 수소연료전지, 태양광 인프라 등을 활용한 도시 기반을 다지고 다양한 모빌리티 수단과 기술로 엮인 커뮤니티를 표방한다. 또한 우븐시티에서는 기존의 무질서한 도로를 속도가 빠른 차량을 위한 도로, 보행자와 속도가 느린 퍼스널모빌리티를 위한 도로, 보행자 전용도로, 이 3가지를 격자 모양으로 배치해 사람들에게 조용한 주거 환경을 제공하고 도시 내 인간, 동물, 로봇, 차량 등의 모든 이용 주체들의 효율적인 이동망을 제공한다.

토요타는 이러한 우븐시티 건설을 통해 단순한 모빌리티 업체를 넘어 도시에 에너지와 모빌리티 솔루션을 제공하는 업체로의 변화를 시도하고 있다.

2022년 6월 토요타와 우븐플래닛은 포터블 수소 카트리지 프로토타입을 공개했다. 길이 40cm, 직경 18cm, 무게 5kg의 실린더 형태로 손잡이를 사용해 탈착할 수 있다. 전기차, 오토바이, 드론 등과 스왑할 수 있으며, 가정용으로도 사용 가능해 에너지 기업으로 거듭나려는 토요타의 의지를 엿볼 수 있다.

확신할 수 없는 수소모빌리티의 미래

배터리전기차 vs. 수소연료전지차 논쟁과 역할 분담

지구온난화로 친환경차에 대한 관심이 높아지면서 배터리전기차와 함께 눈길을 끌기 시작한 것이 바로 수소연료전지차다. 수소연료전지차는 배터리 용량이 주행거리를 결정하는 전기차와 달리 수소탱크 크기를 키워 주행거리를 늘릴 수 있기 때문에 중량과 원가에 보다 유리하다. 그레이수소가 배터리보다 더 친환경적인가에 대한 논쟁은 존재하지만, 100% 청정 에너지를 통해 생산된 그린수소를 사용한다면 네트제로Net Zero에 가장 가까운 친환경 차량이라고 볼 수 있다.[51]

2022년 2월, 시장조사기관 더인사이트파트너스The Insight Partners는

2021년 5억 7000만 달러(약 7004억 원) 규모인 수소연료전지차 시장이 2021년부터 2028년까지 연평균 40% 성장해 2028년에는 약 60억 5000만 달러(약 7조 4340억 원)까지 커질 것으로 예상했다.[52] 골드만삭스도 현재 1250억 달러(약 15조 6040억 원) 규모의 수소 생산 시장이 2050년에는 연 1조 달러(약 1230조 원) 규모로 성장할 가능성이 있다고 분석하는 등 수소는 아직 장밋빛 전망이 가득한 분야다.[53]

시장조사기관 SNE리서치SNE Research에 따르면, 2021년 1~11월 동안 글로벌 수소연료전지차 판매량은 전년 대비 95% 증가해 약 2배 성장했다. 판매 성장률은 괄목할 만하지만 전체 판매량은 약 1만 6200대 규모로 2021년 전기차 판매량 660만 대와 비교할 수 없는 수준이다. 2배가 증가한 수소연료전지차 판매량도 소비자 인식과 선호도 변화가 아닌 판매업체 할인과 정부 보조금 중심의 경제적 인센티브 때문이라는 분석도 존재한다.[54]

수소에너지로의 전환, 특히 수소연료전지차 확산을 위해서는 전기차와 마찬가지로 인프라 설치와 판매 증가를 위한 정부의 노력이 매우 중요하다. 정부 주도의 움직임이 필수적인 것이다. 일본은 2014년 수소전기차와 충전소를 보급하기 위한 정책적 로드맵을, 중국은 2021년 수소굴기 로드맵을, 독일은 2020년 국가 수소 전략을 발표하며 수소경제를 준비하고, 미국 역시 유사한 움직임을 보이며 민관 협력으로 투자를 확대하고 있다.[55]

우리나라 정부는 2019년 수소경제 활성화 로드맵과 수소R&D 로드맵을 수립했고, 2020년 한국판 그린뉴딜 정책을 통해 국가 핵심전략산업의 일환으로 수소산업을 적극적으로 육성하겠다는 계획을 밝혔다. 2020년 7월에는 충전소 450곳 확충, 20만 대 보급 등 수소연료

순위	제조사명	2020.1~11	2021.1~11	성장률	2020 점유율	2021 점유율
1	현대자동차	6.1	8.9	46.1%	73.3%	55.0%
2	토요타	1.1	5.7	413.8%	13.3%	35.0%
3	혼다	0.2	0.3	16.4%	2.7%	1.6%
기타		0.9	1.4	53.9%	10.6%	8.4%
합계		8.3	16.2	95.1%	100.0%	100.0%
* 판매량이 집계되지 않은 일부 국가가 있으며, 2020년 자료는 집계되지 않은 국가의 자료를 제외함.						

2021년 1~11월 수소연료전지차 판매대수 (단위: 1000대)

출처: Global FCEV Monthly Tracker Data, SNE Research, 2021. 12.

전지차 시장 확장을 위한 정부의 구체적인 목표를 제시하고, 같은 해 10월 발표한 미래자동차 확산 및 시장선점 전략에서는 수소연료전지차를 포함한 미래자동차를 위한 다양한 전략과 정책과제를 공개했다. 연이어 2021년 11월에는 제1차 수소경제 이행 기본계획을 발표했다. 이는 2011년 2월 수소법 시행 후 정부가 확정한 첫 번째 법정 계획으로, 2050년까지 연간 2790만 t의 수소를 모두 그린수소와 블루수소로만 공급한다는 목표다. 또 2030년까지 수소연료전지차 성능을 내연기관차와 동등한 수준으로 끌어올려 2050년까지 수소연료전지차 생산을 연간 526만 대로 키우고, 선박·드론·트램 등 다양한 운송수단으로 수소 적용을 확대하는 등 수소경제 선도국가로 도약하겠다는 내용이다.

2021년 수소경제 활성화 로드맵(단계별 이행안)을 설정하고 탄소감축 효과가 큰 사업용 차량의 친환경차 전환 계획을 발표했다. 2030년까지 수소화물차 1만 대를 보급하기 위해 다양한 지원 대책을 마련한다는 것이 국토부 측 계획이다. 관계부처 협력을 통해 2030년까지 총

660기의 충전소를 설치하면 '수소차가 전국 어디서나 20분 내 충전소에 도달한다'는 정부의 구상도 힘을 받을 것으로 보인다. 국토교통부의 계획은 향후 주요 물류거점에 화물차용 대용량 충전소를 매년 2곳씩 구축한다는 것이다. 현재 시범사업으로 운행되고 있는 수소화물차는 CJ대한통운 2대, 현대글로비스 2대, 쿠팡 1대다. 2022년 6월 정부는 화물차 휴게소를 건설할 때 일반 주유소도 의무적으로 건설해야 했던 규정을 바꿔 수소충전소를 단독으로 건설할 수 있도록 화물자동차 운수사업법 시행규칙을 개정할 예정이라 밝히며 수소화물차 도입을 위한 노력을 계속하고 있다.

전 세계가 환경 문제에 관심을 가지고 탈탄소화로 나아가기 위해 다양한 대체 에너지원에 관한 관심을 가지고 있는 것은 사실이지만, 수소연료전지차가 시장에 정착할 수 있을지에 대한 의문 역시 지속적으로 제기되고 있다.

주요 완성차 제조사들은 높은 생산 비용과 인프라 부족 등의 문제로 수소 승용차 사업에 부정적이다.[56] 폭스바겐 CEO 허버트 디스Herbert Diess는 "물리학적인 이슈로 10년 후에도 수소연료전지차는 볼 수 없을 것이다",[57] 일론 머스크는 "수소는 자동차 에너지 가운데 가장 멍청한 형태다"라고 공식적으로 말하기도 했다.[58] 혼다 CEO 미베 도시히로도 "10년 전 혼다도 수소연료전지 기술의 잠재력에 대해 연구했지만 토요타와 달리 혼다는 자동차에서 주류가 되지 않을 것으로 판단했다"라고 〈오토모티브뉴스Automotive News〉와의 인터뷰에서 밝히기도 했다.[59] 스텔란티스그룹 회장 카를로스 타바르스Carlos Tavares는 "수소연료전지차를 개발하는 기업들은 전기차 시장 진입에 늦은 기업들이다"라고 말했다. 하지만 2021년 3월, 스텔란티스는 수소연료전지 전략을 발표하며 경량 상용차Light Commercial Vehicle 소비자를 주 타깃으로 한 수소연료전지 솔루션을 공개하며 수소연료전지차 개발을 포기하지 않았다는 것을 보여주었다.

캐나다 수소연료전지협회에 따르면 수소연료전지차가 1km당 생성하는 이산화탄소는 2.7g으로 배터리전기차 20.9g보다 훨씬 낮다는 장점이 있지만 수소생산 비용, 운송 비용, 연료전지 촉매 비용, 충전소 건설 비용이 높다는 것은 상용화 장벽의 존재를 의미한다.[60]

반대로 수소연료전지차에 대한 기대도 있다. 시장조사기관 아이디테크엑스IDTechEx는 수소의 대량생산이 빠르게 성장하는 수전해(물을 전기분해해 고순도의 수소를 생산하는 기술) 시장과 함께할 것으로 보며, 이러한 대량생산이 수소연료전지차 시장의 성장 동력이 될 것으로 예상하기도 한다. 수소는 배터리처럼 전기를 저장하지 않기 때문에 휘발유차와 같이 5분 이내 충전이 가능하다. 주행 가능 거리도 배터리 전기차보다 수소가 길다. KPMG가 2018년 전 세계 자동차 업계의 의사결정자 1000명과 소비자 2100명을 대상으로 조사한 결과, 78%가 충전시간과 인프라 때문에 수소전기차가 전기모빌리티의 대안이라고 답했다.[61] 또한 수소연료전지차 상용화를 위해 필요한 정부 주도적 움직임이 독일, 프랑스 등의 유럽 국가들에서 보이면서, 수소에너지 시스템과 함께 수소연료전지차가 시장에 자리 잡을 수 있을 것으로 전망한다.[62]

특히 중국이 수소연료전지차에 매우 적극적이다.

시진핑 국가주석이 2020년 9월 제75차 유엔총회 화상 연설에서 탄소중립을 선언한 후, 세계에서 석탄 소비와 탄소배출량이 가장 많은 중국이 2060년까지 탄소중립을 실현할 수 있을지에 대한 많은 우려가 제기되었다. 이에 2022년 3월 중국 정부가 발표한 수소에너지 중장기발전계획은 탄소제로를 실현하겠다는 시진핑 국가주석의 선언을 구체화한 전략이다.[63] 2016년 공개한 수소연료전지차 기술 로드맵과 2021년 중국 정부의 수소굴기 선언을 구체화한 장기 발전계획으로도 볼 수 있다. 수소연료전지차 기술 로드맵은 2025년까지 수소충전소 300개소 설치와 수소연료전지차 5만 대 보급, 2030년까지 수소충전소 1000개소 설치 및 수소연료전지차 100만 대 보급과 그린수소 생산량 50% 달성을 통하여 수소 밸류체인을 갖추고 그린수소 위주의 수소산업 체계를 완성하겠다는 목표를 제시했다. 이러한 기반을 통해 2035년에는 교통, 에너지 저장, 산업용 수소 등 모든 산업 영역에 수소를 적용할 수 있도록 계획 중이다.[64]

또한 2021년 9월, 중국의 재정부, 공업정보화부, 국가발전개혁위원회, 과학기술부, 국가에너지국 등 5개 부처에서 발표한 '수소연료전지차 시범응용업무 개시에 관한 통지'를 통해 1차 시범지역으로 베이징, 상하이, 광둥성 권역을 발표했다.[65] 1차 시범지역에서는 4년의 시범기간 동안 수소연료전지차 1000대 이상 보급, 1대당 누적 주행거리 3만 km 이상, 수소충전소 15개 이상의 최종 목표 달성이 요구된다.

수소굴기 선언 후, 중국 국영에너지 기업들은 정부 정책에 발맞춰 수소에너지 개발에 착수했고, 지방정부들도 수소 인프라 구축을 시작했다.[66] 2030년 수소차 100만 시대를 열겠다는 수소굴기 핵심정책에 대응하기 위해 완성차 업체들 역시 수소연료전지차 출시 준비를 시작했다.

결과적으로 중국은 정부 주도 인프라 구축을 통해 수소를 국가에너지 시스템에 본격 편입시켰을 뿐만 아니라, 해외 기업들과도 적극적 협력 도모하고 있다. 현재 중국에서는 현대자동차와 토요타가 생산시설 건설 및 핵심 시스템 합작 투자와 같은 수소연료전지차 관련 사업을 진행 중이다.

현재 현대자동차그룹의 수소연료전지 시스템 브랜드 HTWO는 중국 광둥성 광저우시에 수소연료전지 시스템 생산 공장을 건설하고 있다. 현대자동차는 2022년 말 완공 예정인 해당 공장이 연간 수소연료전지 시스템 6500기를 생산할 수 있고, 중국 정부의 수소 계획과 시장 상황에 맞춰 생산량을 늘려갈 계획이라 밝혔다.[67] 독자적인 수소연료전지 생산 시스템을 구축하고자 하는 현대자동차와는 달리 토요타는 2020년 9월 중국 5개사와 수소연료전지 개발을 위한 합작회사 유나이티드 퓨얼셀시스템 R&D United Fuel Cell System R&D를 설립하고 2021년 3월에는 연료전지차 기간 시스템의 중국 생산을 발표했다.[68·6] 또한 토요타는 중국 수소전지 생산회사 이화퉁亿华通과 함께 약 80억 위안(약 1조 5550억 원)을 투자해 수소연료전지차의 주요 시스템을 생산하기 위한 합작회사 설립을 밝혔다. 이렇듯 중국의 수소굴기 정책에 발맞추어 현대자동차와 토요타는 전략은 다르지만 적극적인 시장 진출을 모색하고 있다.

전략국제연구센터CSIS에 따르면 중국은 세계 최대의 수소 생산국으로, 중국에서 생산되는 수소는 전 세계 수소 생산량의 약 25%를 차지한다.[70] 현재 중국이 생산하는 대부분의 수소는 그레이수소지만, 이번 중장기전략계획을 통해 수소연료전지차 보급뿐 아니라 궁극적으로는 그린수소로 수소에너지의 활용도를 높여 수소산업을 성장시키겠다는 전략으로 풀이할 수 있다.

독일은 2020년 10월, 90억 유로(약 12조 1470억 원)를 수소 인프라에 투자하겠다고 밝혔다.[71] BMW의 수소연료전지차 개발을 총괄하는 유겐 고드너Jürgen Gouldner 부사장은 2022년까지 약 100대의 iX5 수소연료전지차를 전 세계에 투입할 예정이라 밝히며, 수소연료전지차 개발이 정치적 이유든 소비자 수요에 의한 것이든 상관없이 10년 내에 해결책을 찾을 수 있을 것이라고 말했다.[72]

미국 바이든 정부는 2022년 3월, 러시아와 우크라이나의 전쟁으로 발생한 천연가스 사태를 해결하기 위해 수소를 돌파구로 삼겠다고 밝혔고,[73] 미국과 유럽연합은 이에 맞춰 에너지 태스크포스를 구성해 관련 공동성명을 발표했다. 공동성명은 러시아산 천연가스에 대한 의존도를 낮추기 위해 양측이 함께 '깨끗하고 재생가능한 수소 인프라'를 구축하겠다는 내용으로 수소에너지 활성화를 위한 하나의 원동력으로 작동할 것으로 보인다.[74]

토요타는 2022년 3월 주행거리 643km인 인도 최초의 그린수소 기반 수소연료전지차 미라이를 공개했다.[75] 이와 함께 니틴 가드카리Nitin Gadkari 인도 교통부 장관은 토요타가 국제자동차 기술센터와 협력해 인도에서 수소연료전지차 실현 가능성을 연구분석하는 새로운 프로젝트를 진행할 계획이라 밝혔다. 최근 토요타는 수소연료전지차뿐만 아니라 수소연소기관의 개발을 위해 야마하와도 협력하고 있다.[76]

GM은 연료전지 발전기를 이용해 이동형 전기차 충전기의 개발에 나선다고 발표했다.[77] GM은 수소에너지에 중점을 둔 재생에너지 기업 리뉴어블이노베이션Renewable Innovation과 협력해 수소 연료전지 기술을 발전기에 적용할 계획이다. GM이 구상하는 이동형 전력생산기와 급속충전기는 100대 이상의 전기차에 전기를 공급할 수 있을 것으로 기대된다. 미국의 수소인프라가 아직 초기 발전단계에 있는 것을 감안할 때, GM이 개발하는 시스템은 비용 면에서 효율적이지는 못하다는 평가도 있다. 스텔란티스도 2024년 수소연료전지 기술을 대형밴에 적용해 2025년 미국에 진출, 2025년에는 수소연료전지 기술을 대형 트럭까지 확대할 계획이다.

현대자동차는 2021년 9월 하이드로젠웨이브 온라인 행사에서 미래 수소사회를 꿈꾸며 2040년을 목표로 '누구나, 모든 것에, 어디에나Everyone, Everything, Everywhere 수소에너지를 사용하는 수소사회를 달성하겠다'라는 비전을 공개했다.[78] 하이드로젠웨이브 행사에서 향후 모든 상용차 라인업에 수소연료전지를 적용하고, 상용차 신모델은 모두 전기차와 수소전지차로 출시하며, 소형 상용차 시장 공략을 위한 수소연료전지 목적기반차량 개발 계획도 밝혀 수소에너지의 대중화에 앞장설 예정이다. 화석연료 기반의 에너지 사용으로 인한 환경오염, 이상기후 현상 등의 문제 극복을 위해 수소에너지로의 패러다임 전환을 꿈꾸고 있다. 상용차 부분의 전면적 친환경 전환 계획 발표는 전 세계 완성차 업체들 중 최초다.

1998년부터 전담 연구팀을 신설해 수소연료전지차 개발에 나섰던 현대자동차는 2018년 '넥쏘'를 상용화했다.[79] 2018년 12월에는 '수소차 비전 2030'을 발표하며 수소경제를 이끄는 퍼스트무버가 되겠다고 선언했다.[80] 수소산업의 트렌드를 이끌어가기 위해 자동차뿐만이 아닌 운송, 전력 생산 및 저장, 발전 등 다양한 분야에 수소연료전지 시스템을 공급해 새로운 산업 생태계를 구축하고 성장 기반을 만들어가겠다는 것이다. 또한 현대자동차는 2019년에는 두산과 협력해 세계 최초로 듀얼 발전용 연료전지를 개발할 계획이라 밝혔다.[81]

2020년에는 세계 최초로 양산한 대형 수소전기트럭 '엑시언트'를 스위스에 수출하고[82] 2021년에는 캘리포니아 항만 친환경 트럭 도입 프로젝트 'NorCAL ZERO'의 최종 공급사로 선정되며 북미 시장에 진출하는 등 다양한 전략을 펼치고 있다.[83] 그러나 수소경제에 적극적으로 대응했던 현대자동차가 2022년 3월 대선을 앞두고 개최한 CEO 인베스터데이에서는 수소연료전지차에 대해 전혀 언급하지 않아 앞으로의 방향성에 대한 의문은 아직 남아 있다.

한동안 수소연료전지차는 대중화를 위한 것이 아닌 일부 제한된 지역 내에서 특수용도로 활용될 것으로 예상된다. 독일 슈퍼마켓 체인 리들Lidl은 2022년 4월, 유럽 최초로 물류 허브에서 사용되는 납축전지 전기차량을 그린수소를 이용한 연료전지차로 전면 교체하겠다고 발표했다.[84] 이미 리들은 프랑스 서부 카르크푸Carquefou 물류허브에서 지게차 100대와 차량 80대를 그린수소로 운용하고 있다. 75km 떨어진 풍력발전소에서 매일 생산한 그린수소 75kg을 공급기업 리페Lhyfe에서 공급받아 사용한다. 리들은 2020년 말까지 모든 지게차와 차량을 그린수소로 운용할 예정이다.

리들이 이렇게 결정한 이유는 충전시간 때문이다. 기존의 납축전지는 충전에 오랜 시간이 걸려 차량 사용가능률이 50%인 반면, 수소연료전지차를 충전하는 데는 2~3분이면 충분하기 때문에 충전시간을 상당히 감소시켜 차량 사용가능률을 97%까지 끌어올릴 수 있다. 운송업계에서는 충전시간을 단축하는 것이 무엇보다 중요하기 때문이다.

리들의 지게차에 들어가는 연료전지를 개발하는 업체는 플러그파워PlugPower다. 미국 글로벌 수소 기업 플러그파워는 그린수소 생산을 위한 수전해 설비 생산 등 그린수소 밸류체인 전반에서 두각을 나타내고 있다. SK와 SK E&S는 2021년 플러그파워에 약 1조 8500억 원의 지분 투자를 통해 아시아 합작법인을 설립, 인천 청라지역에 수전해 설비 생산을 위한 기가팩토리를 구축하여 국내 공급과 아시아 시장 진출 계획을 밝혔다.

현대모비스는 현대자동차, 현대건설기계와 함께 수소연료전지를 탑재해 완충 후 5시간 연속운행이 가능한 5t 지게차를 개발했으며, 현대자동차그룹이 세계 최초로 양산한 수소연료전지 시스템을 기반으로 수소연료전지 파워팩을 개발해 건설기계, 선박 등 수소모빌리티 전 제품군에 탑재할 예정이다.[85]

전기차 시장이 급성장하며 대중화 확대를 위한 초경쟁시대에 접어들자 완성차 제조사들은 고급차량에서 보급형 차량으로 판매를 확대하려는 전략을 추진하고 있다. 특히 전기차 가격의 40%가 넘는 배터리는 차량 가격을 낮출 수 있는 최적의 구성품으로, 많은 기업이 인프라 확충과 효율성 높은 저가 배터리 개발에 투자를 하고 있어 수소연료전지차는 원가와 인프라 구축 등을 이유로 전기 승용차 시장에서 자리 잡지 못했다. 물론 수소연료전지의 배터리 원가와 성능이 급속하게 개선될 경우, 트럭 등 장거리 이동수단에 집중되고 있는 상황의 반전도 기대할 수 있다. 현재 전기차 선두를 달리고 있는 테슬라, 디젤게이트 불신을 넘어 전기차 시장에서 패권을 잡으려는 폭스바겐, 스텔란티스와 같이 막대한 규모를 전기차에 투자한 기업들은 수소연료전지차에 부정적인 반면 중국이라는 거대시장을 기대하는 현대자동차와 토요타처럼 지속적으로 수소연료전지차 연구개발을 추진해왔던 기업들은 정부와 협력 등을 통해 연구개발의 명맥을 유지할 가능성이 높다.

그린수소 에코 시스템을 준비하고 있는 항공산업

2050년 전 세계 탄소 중립을 위해 많은 국가들은 내연기관 차량의 판매와 신규 등록 중단을 계획하고 있지만 항공산업도 자유롭지는 않다. 제트연료에 의해 구동되는 항공기가 배출하는 이산화탄소는 전 세계 배출량의 2.5% 수준이나, 스웨덴에서는 민간 차원에서 플뤼그스캄flygskam이란 이름의 '비행기 여행의 부끄러움'이란 운동이 벌어질 정도로 비행기의 탄소감축이 내연기관 자동차 이상의 관심을 받고 있다. 2021년 4월 10일 프랑스 하원인 국민의회는 코로나19로 항공 업계가 어려움에도 불구하고, 탄소배출을 줄이기 위해 열차로 2시간 30분 이내에 도착할 수 있는 노선에 대한 단거리 국내 항공 노선을 금지하기로 결정해 상원에 전달하기도 했다.

얼라이드마켓리서치Allied Market Reseaerch는 2030년 수소항공 시장 규모가 270억 달러(약 33조 1780억 원)에서 연 20.2%씩 성장해 2040년에는 1740억 달러(약 213조 8160억 원)까지 확대될 것으로 분석하는 등 수소항공 시장은 수소연료전지차 시장과 함께 장밋빛 전망을 가진 산업 가운데 하나다.

수소항공기에 가장 적극적인 기업은 에어버스다. 에어버스는 2020년 10월 제로eZero e 계획을 발표했다. 2035년까지 세계 최초의 무공해 상용항공기를 개발하겠다는 프로젝트로, 그린수소를 미래 항공 에너지원으로 사용할 예정이다.

에어버스는 수소항공기에 자동차와 우주산업에서 개발된 기술을

에어버스의 블렌디드윙 항공기 콘셉트
출처: 에어버스 웹사이트

적용하고, 특히 무게와 비용을 줄이는 등 상용항공기 운영과 호환되는 기술개발을 추진하고 있다. 수소를 압축가스로 저장하는 것은 항공기 중량 및 부피 요구사항에 부적합하기 때문에 액체수소 사용을 고려하고 있다. 하지만 액체수소 1kg은 제트연료 공간의 3배를 차지하기 때문에 수소연료 비행기는 일부 기내 공간을 포기하거나, 설계할 때부터 내부 공간을 더 많이 확보해야 한다.[86] 이러한 문제의 해결을 위해 에어버스에서 제시한 콘셉트 중의 하나가 바로 블랜디드윙Blended Wing 항공기다. 연료 저장공간이 현재 널리 쓰이는 튜브윙Tube Wing 항공기보다 여유롭고 연료 효율도 20% 더 높다.

에어버스는 파리공항공단Groupe ADP, 에어프랑스-KLMAir France-KLM과 함께 대기업, 중소기업, 대학 등의 유치를 위한 컨소시엄을 구성했

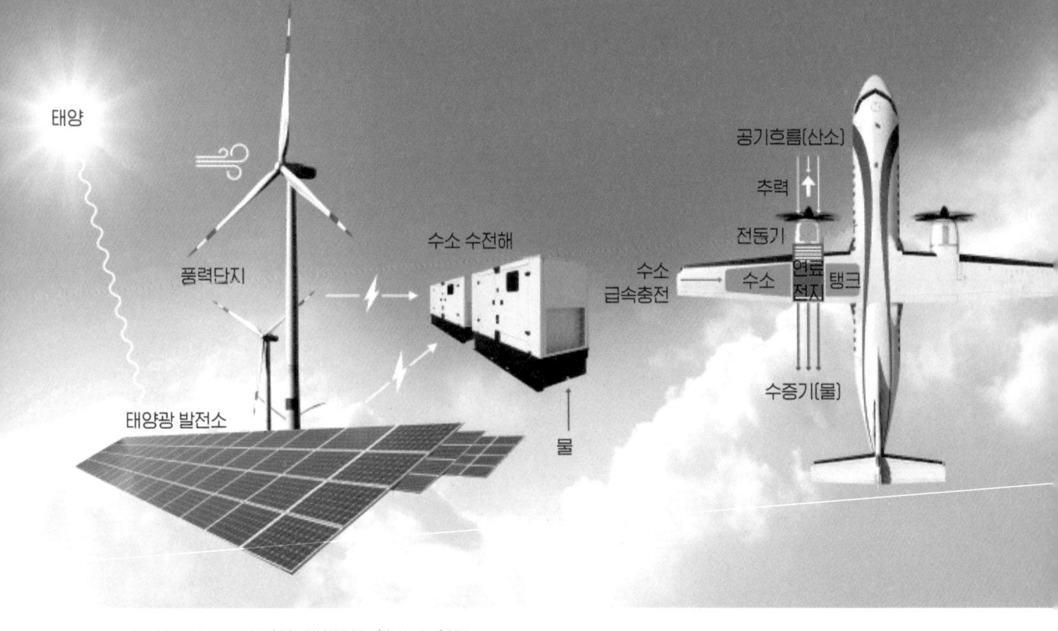

제로에이비아의 비전: 재생가능한 수소 항공
출처: ZeroAvia completes first hydrogen-electric passenger plane flight, Green Car Congress, 2020. 9. 29.

다. 화물트럭, 여객버스, 항공기 예인차 등 모든 공항 관련 지상 운송 수단을 향후 10년 동안 단계적으로 탈탄소화시키는 연구로, 파리공항을 수소허브로 만들어 수소연료전지 항공산업의 선두가 되겠다는 전략이다.

미국의 하이포인트Hypoint와 제로에이비아ZeroAvia도 많은 관심을 받고 있다.

하이포인트는 2020년 12월 지구문제 해결, 달과 화성 탐사에 도전하기 위한 잠재력 있는 기술 발굴을 목표로 NASA가 실시한 아이테크이니셔티브iTech Initiative에서 우승한 기업이다. 하이포인트가 개발한 파워트레인은 기존 수소연료전지 시스템 중량 대비 출력 비율이 3배 이상인 kg당 2000W의 전력과 에너지 밀도 최대 2000Wh/kg을 달성했으며, 2024년을 목표로 3000W까지 늘릴 계획이다.[87]

또 저온 멤브레인LTPEM 대신 차세대 고온 멤브레인HTPEM 연료전지를 사용해 냉각 시스템 효율성을 최소 300% 증가시켰다. 기존 시스템의 혁신을 위해 경량 양극판과 전도성이 높고 내식성이 강한 코팅 기술 등을 활용해 항공기 적용 비용의 50%를 절감할 수 있다.[88] 미국 헬리콥터 개발업체 피아세키에어크래프트Piasecki Aircraft와 5개의 650kW 수소연료전지 시스템을 개발하고 있으며, 2024년 중반에 출시될 피아세키의 전기수직이착륙기에 탑재할 예정이다.[89]

제로에이비아는 미국 캘리포니아 기반 스타트업으로 영국 항공우주기술연구소ATI 프로그램의 지원을 받았고, 빌 게이츠의 혁신에너지벤처스Breakthrough Energy Ventures와 함께 아마존과 쉘 등으로부터 3770만 달러(약 463억 원)를 투자받았다. 하이플라이어HyFlyer 프로젝트의 지원으로 유럽해양에너지센터EMEC, 인텔리전트에너지Intelligent Energy와 협력, 프로펠러 항공기의 기존 엔진을 대체해 탄소를 절감하는 파워트레인 기술을 개발하고 있다. 인텔리전트에너지는 고출력 연료전지 기술을 항공 분야에 최적화하고, 재생에너지로 그린수소를 생산하는 유럽해양에너지센터는 비행 테스트에 필요한 수소를 공급하며 비행기와 호환되는 모바일 급유 플랫폼을 개발할 예정이다.

제로에어비아는 하이포인트와의 협력을 위해 2020년 9월 세계 최초로 6인승 파이퍼말리부 M350Piper Malibu M350 소형 버전에 제로에어비아 수소연료전지 파워트레인을 탑재, 비행에 성공했다. 그리고 2023년까지 10~20인승 항공기로 최대 800km 상업용 비행 성공, 2024년까지 인증 완료된 600kW 모델 상용화, 궁극적으로 2030년까지는 800km 이동 가능한 100인승 항공기 개발이 목표다. 또한 유럽해양에너지센터와 함께 영국 크랜필드 공항에 수소공항급유생태계를 개발했으며, 2022년 4월 미국 캘리포니아 공항의 친환경 수소충전 인프라 개발을 위해 수소연료전지 업체 ZEV스테이션ZEV Station과의 협력을 발표해 향후 미국 지역항공모빌리티와의 결합도 예상된다.[90]

제로에이비아는 2022년 5월 보도자료를 통해 목표를 수정했다. 하이브리드 항공기 제작을 위해 19인승 도니에 228Dornier 228 기종에 자체 개발한 수소전기 파워트레인과 기존 엔진을 통합한 하이브리드 엔진을 장착한다고 밝혔다. 제로에이비아는 자신들이 개발하는 시스템을 무공해 시스템이라고 말해왔기 때문에 기존 엔진을 사용하는 것은 개발정책에 큰 변화지만 구체적인 변경 이유는 밝히지 않았다. 현재 수소로 구동되는 항공기를 보유하고 있지 않은 대신 지속적으로 상업적 파트너십을 구축하는 등 노력은 하고 있으나 개발 과정이 용이하지 않은 것으로 보인다.[91]

그런데 수소연료전지차, 수소항공기 모두 수소생산 유형에서 자유롭지 않다. 매년 7000만 t 이상의 수소가 생산되지만 96%는 화석 연료인 천연가스를 개질해 얻는 그레이수소로, 수소 생산과정에서 약 8억 3000만 t의 탄소가 배출되기 때문에 탄소제로와는 거리가 있다는 우려가 지속적으로 제기되고 있다.[92] 미래의 궁극적 청정 에너지원으로 판단되는 그린수소는 신재생에너지를 통해 얻은 전기에너지로 물을 전기분해해 수소를 생산하는 탄소제로 에너지원이지만 생산비용이 높다는 것이 큰 단점이다. 아직 그린수소로의 전환을 위한 정책적,제도적, 기술적 준비는 미흡한 실정이다.

현재 전 세계 수소생산량의 0.1% 미만이 그린수소다. 그런데 2014년과 2019년 사이에 전 세계 풍력발전 생산량은 2배, 태양광발전 생산량은 4배가 증가했다. 국제에너지기구IEA, International Energy Agency는 향후 10년 동안 재생 가능 에너지, 특히 태양열과 풍력의 급속한 시장 성장이 재생 가능 전기의 가용성을 기하급수적으로 증가시켜 비용을 낮출 것이라고 전망했다. 국제에너지기구는 그린수소를 생산할 수 있는 수전해에 대한 수요가 빠르게 늘어나고 있기 때문에 그린수소의 가용성이 증가하면 생산비용을 2030년까지 30%, 2050년까지 50% 수준으로 낮출 수 있다며, 에어버스의 2035년 무공해 상용항공기 운영 가능성을 지지하고 있다.

수소의 단위 질량당 에너지밀도가 기존 제트연료보다 3배 더 높다는 사실에도 불구하고, 저장과 비용, 인프라 안전에 대한 부정적 인식은 상용화를 위해 반드시 풀어야 할 숙제다. 40년 넘게 산업 화학 물질 및 우주탐사 연료로 사용되었으며, 매년 수백만 m^3 규모를 운송하고 처리하는 수소에 대한 인식은 상반된다. 세계경제포럼 설문조사에 참여한 응답자의 49.5%만 수소가 '일반적으로 안전하다'라고 답했지만, '수소동력 운송수단을 사용할 의사가 있다'라고 답한 사람들이 73.2%에 달해 수용성은 점차 높아지는 것으로 보인다.[93]

파이프라인을 포함해 기존 인프라를 재활용하는 것이 비용 대비 효율성이 높은 솔루션이다. 또 일부 공항은 지원 인프라 설치도 가능하다. 수소연료전지차보다 지역항공모빌리티, 첨단항공모빌리티, 장거리항공운송 분야의 수소 도입이 오히려 빠르게 전개될 수도 있다. 굳이 수직이착륙기가 아니더라도 장거리 비행이 가능하다는 장점을 활용할 수 있기 때문이다.

자율주행 레벨3에 도전하는 완성차 제조사들

새롭게 개정된 자율주행 레벨 구분

전통적으로 자동차를 타고 이동할 때 안전은 '부가작업Secondary Task이 주작업Primary Task에 얼마나 영향을 주는지'로 평가한다. 주작업은 안전한 주행과 이동을 위한 운전자의 차량 조작, 부가작업은 차량 주행과 이동에 직접 관련이 없이 차에서 수행하는 행동들을 의미한다. 주로 운전자가 바라보는 시각과 시야, 특정 지점에 머무르는 시간을 분석하는 시각분산Visual Distraction, 갑작스러운 조작에 대응해야 할 때 조작까지 걸리는 반응시간Reaction Time, 운전자의 스트레스Mental Workload 등 다양한 평가 변수가 사용된다.

최근에는 핸즈프리, 음성인식 등 운전자와 차량의 안전한 상호작용을 위한 인터페이스가 일반화되고, 운전자보조 시스템도 보편화되면서 운전자가 부가작업을 안전하게 할 수 있도록 보완해주는 기술이 발전하고 있다. 자율주행 기술도 운전 중 운전자가 원하는 부가작업 혹은 운전 이외의 행위들을 보다 안전하게 하기 위해 운전자 주작업을 시스템이 대체해주는 기술로 정의할 수 있다.

문제는 자율주행의 수준을 레벨0~레벨5로 구분하는 기준이다. 오랫동안 미국 자동차공학회SAE 표준 J3016을 기준으로 구분해왔고, 2021년 8월 국제표준화기구ISO가 관련 표준ISO/SAE PAS 22736으로 제정해 우리나라도 국가기술표준원에서 KS표준으로 제정할 예정이다.

자율주행 레벨은 주작업인 운전자동화 시스템 수준을 기준으로 총 6단계로 구분한다. ISO/SAE와 우리나라 표준 자동차안전기준에서 레벨0~레벨2는 운전자보조 시스템으로 정의했고, 레벨3 이상을 실제 자율주행 시스템으로 정의하고 있다.

미국고속도로교통안전국은 레벨을 운전과 주변환경 모니터링 주체로 구분해 레벨0~레벨2는 운전자 차량 조작, 주행 환경 모니터링, 레벨3 조건부 자율주행은 시스템 차량 조작, 요청 시 운전자 조작, 레벨4와 레벨5는 시스템 작동 시 시스템이 차량 조작, 사람은 탑승 개념으로 정의하기도 했다.

그러나 특정 메이커의 특정 차량에 따라 정확한 구분이 불가능한 상황이다. 레벨2는 일반적으로 지능형 크루즈 컨트롤Intelligent Cruise Control, 스마트 크루즈 컨트롤Smart Cruise Control, 지능형 차선제어Smart Cruise Control, 차선유지 보조 시스템Lane-Keeping Assist System, 어댑티브 크루즈 컨트롤Adaptive Cruise Control 등의 옵션으로 판매되는 기능들이다. 그런데 위의 구분에 따르면 테슬라 오토파일럿과 FSD는 레벨2 시스템이지만 많은 사람들이 명칭 때문에 완전자율주행 시스템으로 혼동

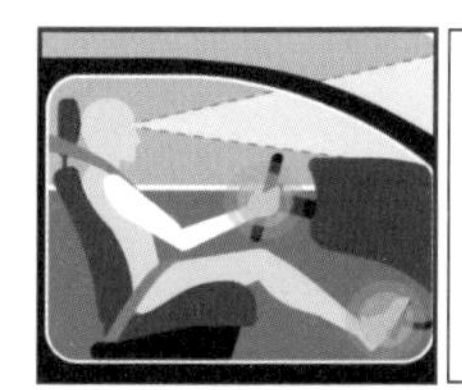

레벨0
간헐적 운전자보조Momentary Driver Assistance 시스템

사용자 운전, 사용자 모니터
시스템이 간헐적인 운전자보조 서비스를 제공하지만 운전자가 차량의 운행을 책임진다. 알람과 경고, 비상 안전 개입 등에 시스템을 활용한다.

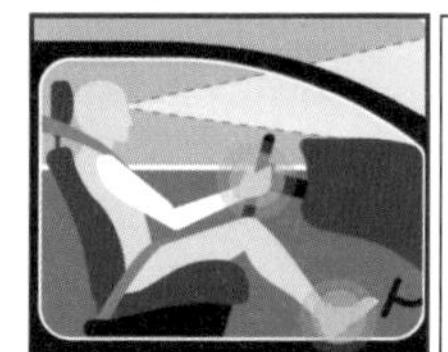

레벨1
운전자보조Driver Assistance 시스템

사용자 운전, 사용자 모니터
시스템이 차량의 가속/감속 혹은 조종에 지속적인 운전자보조 서비스를 제공하지만 운전자가 차량의 운행을 책임진다.

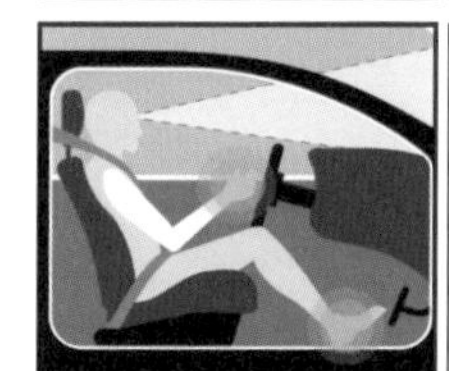

레벨2
추가적 운전자보조Additional Assistance 시스템

사용자 운전, 사용자 모니터
시스템이 차량의 가속/감속/조종 을 동시에 운전자보조 서비스로 제공하지만 운전자가 차량의 운행을 책임진다.

레벨3
조건부 자율주행Conditional Automation

시스템 운전, 사용자 전환 항시 대기
시스템이 모든 운전과 관련 조작을 담당하지만 시스템이 작동하지 않을 경우를 대비해 운전자가 항시 대기해야 한다.

레벨4
고등자율주행High Automation

시스템 운전, 사용자 탑승
시스템 작동 시, 시스템이 서비스 지역 내에서 운전을 담당한다. 인간 운전자의 개입이 필요 없다.

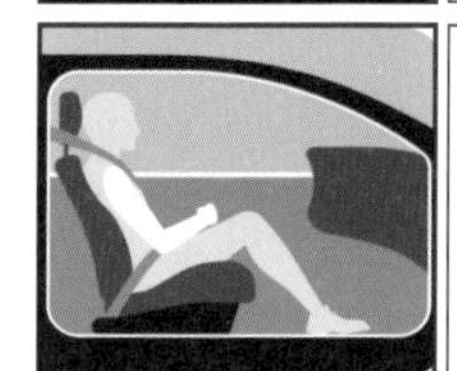

레벨5
완전자율주행Full Automation

시스템 운전, 사용자 탑승
시스템 작동 시, 모든 도로와 상황에서 시스템이 직접 차량을 운전한다. 인간 운전자의 개입이 필요 없다.

미국고속도로교통안전국의 자율주행 레벨 구분
출처: Levels of Automation, NHTSA 웹사이트, 2022. 2. 28.

하고 있다.

표준에서 언급하는 레벨3부터 자율주행으로 정의되나 운전자가 운전에 참여해야 한다. 현재 고속도로에서 60km/h 이하 속도로만 사용이 제한되어 있는 기능으로 정확히는 교통 혼잡 상황 주행Traffic Jam Chauffeur 기능이다. 핸즈프리가 가능한 레벨로 통용되지만 운전자가 어디까지 운전대에서 손을 떼고 스마트폰을 사용하거나 다른 행위를 할지에 대한 정의는 명확하지 않다.

스마트폰 조작도 음성인식, 번호입력, 번호검색, 통화, 정보검색을 하느냐에 따라 시각분산, 반응시간, 스트레스 등 안전에 미치는 영향이 다르다. 통화의 예를 들면 단순한 대화, 보험이나 금융 상담원과의 이야기, 업무와 비즈니스 거래, 언쟁 같은 복잡한 대화 등 상황에 따라 위의 평가결과는 다르게 나올 수밖에 없기 때문에 정확한 레벨 구분은 어렵다.[1]

레벨3의 경우 운전자 모니터링 시스템이 필수적으로 장착되어 운전자가 안전을 위한 범위 밖으로 시선과 머리를 이동하면 경고를 전달한다. 혼다는 운전자가 운전 권한을 제때 이양받지 않으면 비상등을 켜거나 차량을 갓길로 이동시키는 조치까지 취하고 있다.

레벨4도 레벨3와 같이 일부 제한된 기능이다. 로보택시로 불리는 레벨4 시험운행에 캘리포니아에서만 600대 이상 규모로 가장 많은 자율주행차를 투입하고 있는 웨이모는 눈이나 비가 오는 것 같이 기후가 좋지 않거나 차선이 명확히 구분되지 않은 경우 운행을 제한한다. 현재 일반인을 대상으로 한 로보택시 서비스 지역으로 애리조나주 피닉스를 선택한 이유도 항상 날씨가 맑고 눈이 내리지 않아 시험운행의 안전을 확보할 수 있기 때문이다. 반면 캘리포니아에서 상업

운행을 허가받은 웨이모와 크루즈의 주행 가능 시간은 오후 10시에서 오전 6시로 비와 옅은 안개가 깔린 상황에서도 주행이 가능하지만 500만 달러(약 61억 원) 상당의 보험에 가입해야 한다. 크루즈는 운전자 없이 최대 48km/h(30mph)로 주행할 수 있고, 웨이모는 운전석 뒤에 안전 운전자가 탑승하며 105km/h(65mph) 속도 제한으로 운행이 가능하다. 2022년 6월 중 시험운행을 시작할 예정이다.

하지만 이러한 레벨 구분에서 가장 중요한 것은 바로 사용자다. 자율주행 기술개발, 판매, 구독, 렌트 등 다양한 관련 주체들은 사용자나 탑승자들이 자율주행 레벨별 기능과 한계, 규제를 명확히 인식해야 안전하고 정확히 사용할 수 있다는 점을 분명히 알고 대안을 마련해야 한다.

레벨4와의 브리지 테크놀로지, 레벨3의 본격 상용화

도로제한속도까지 주행 가능한 레벨3 자율주행

레벨3는 자율주행 시스템의 특별한 요청이 있을 때만 운전자 개입이 필요한 시스템으로 완전자율주행의 시작점이다. 이미 레벨2 운전자 지원 시스템이 많은 차량에 장착되어 판매되고 있다. 하지만 차량이 조향, 가속과 감속을 동시에 제어하고 사각지대 모니터링과 차선변경도 가능하지만 운전자는 반드시 운전을 위한 준비상태를 취하고 있어야 하기 때문에 운전자 자율성이 떨어진다. 레벨2와 비교해 레벨3는 운전자가 운전대에서 손을 놓고 주행하는 핸즈프리 주행이 가능해 장거리 운전 피로를 줄이는 데 효과적이다. 개발 기업과 국가별 규제로 차이가 있으나 주행 중 시각 분산을 유발해 사고 위험을 높이는 디스플레이나 스마트폰 영상 시청, 전화 걸기, 이메일 확인, 웹서핑, 온라인 쇼핑, 간단한 게임 등을 레벨3가 작동하는 동안 사용할 수 있다는 사전 홍보가 대다수다. 그러나 운전자가 운전석에서 시스템 요구에 바로 응답할 수 없는 일을 하거나 다른 좌석으로 옮기는 것은 할 수 없다.

테슬라 차종에는 주행 중 동승자가 게임을 할 수 있는 '패신저 플레이어'가 탑재되어 있었다. 하지만 운전자가 주행 중 활성화해 게임을 하게 되면서 위험할 수 있다는 신고가 접수돼 미국고속도로교통안전국이 조사에 착수했다.[2] 그 후 테슬라는 바로 잠금장치 기능을 설정하고 주행 중 작동할 수 없도록 소프트웨어를 업데이트했다. 레벨2와 레벨3의 차이를 명확히 설명해주는 사례다.

최초로 레벨3 기술을 선보인 업체는 아우디다. 2017년 당시 신차 A8에 레벨3 트래픽잼 파일럿Traffic Jam Pilot 기능을 선보인 아우디는 2020년 공식적으로 양산 계획 포기를 선언했다. 당시 국제규범과 국가별 규범이 정리되거나 통일되지 않았고, 특히 사고 시 책임소재 문제가 해결되지 않았기 때문이다.[3]

자동차 관련 국제규범 논의는 국제연합유럽경제이사회UNECE 산하 자동차국제기준조화기구에서 담당하고 있다. 기존에 자율주행 기술을 담당하던 브레이크 및 구동장치 워킹그룹Working Party on Brakes and Running Gear이 자율주행 기술의 확산을 앞두고 2018년 6월 자율주행 및 커넥티드카 워킹그룹 GRVAWorking Party on Automated/Autonomous and Connected Vehicles로 변경되었다.[4]

워킹그룹 GRVA는 자율주행 기능안전 그룹, 자율주행차 검증평가 그룹, 사이버 보안 소프트웨어 업데이트 그룹, 자율주행 데이터 저장장치·사고 기록장치 그룹의 총 4개 그룹과 첨단 운전자지원 장치 테스크포스, 자동 차선유지 시스템 테스크포스로 구성되어 있으며, 2021년 1월부터 시행된 레벨3 관련 규정 UN-R157은 2020년 6월 합의했다.[5] UN-R157은 자동차 전용도로(고속도로)에서 60km/h를 최대 속도로 허용한다는 것이 주요 내용인데, 완성차 제조사가 레벨3 자율주행 기능을 개발할 수 있는 최초의 지침으로 현재 유럽연합, 영국, 일본, 한국, 호주가 국제조화하고 있다.

또한 2021년 11월에는 승용차와 승합차에 제한된 레벨3를 트럭, 버스 등으로 확대하는 수정안을 채택했다. 2022년 1월 130km/h까지 제한 속도를 높이는 내용이 워킹그룹 GRVA에서 통과되었고, 2022년 6월 예정된 WP29 총회에서 채택되면 최종 확정된다.[6] 커다란 이변이 없으면 채택될 것으로 알려져 있으나, 국내 주행 최고속도는 이미 도로제한속도까지 허용되어 있다.

완전자율주행인 레벨4, 레벨5를 연결하는 브리지 기술로 여겨지는 레벨3는 거의 모든 완성차 제조사들이 상용화 경쟁에 뛰어든 상황이다. 레벨2 사용 운전자는 주변 환경을 계속 모니터링하고 제어할 의무가 있어 사고 시 운전자에게 책임이 있으며,[7] 레벨3는 사고 시 일차적으로 제조사가 법적 책임을 지는 방향으로 논의가 진행되고 있다.[8]

세계 최초로 상용화한 혼다 레벨3 트래픽잼 파일럿

처음으로 레벨3 기술을 상용화한 기업은 일본의 혼다다. 2021년 3월 5일부터 세계 최초로 일본 국토교통성에서 자율주행 레벨3로 인증

받은 트래픽잼 파일럿을 장착한 운전자보조 시스템 혼다 센싱엘리트Sensing Elite를 탑재한 레전드 하이브리드 EX 100대를 리스 형태로 판매했다.[9]

카메라 2개, 레이다 5개, 라이다 5개와 3차원 정밀지도, 글로벌 내비게이션 위성 시스템GNSS을 사용해 차량 주변을 360도 인식할 수 있다. 50km/h보다 낮은 속도로 혼잡한 고속도로인 제한된 상황에서 사용할 수 있으며, 운전자가 직접 차량을 조작하지 않아도 핸즈오프Hands-Off 기능이 있어 차량이 스스로 앞차의 속도에 맞춰 주행하는 동안 운전자는 주행 중 금지되었던 영상 시청, 내비게이션 목적지 주소 입력 등을 자유롭게 할 수 있다. 또한 핸즈오프 상태에서 스스로 주변 상황을 판단해 차선을 변경하거나, 운전자가 주변을 확인하고 방향지시등을 켜면 차선 변경을 하는 기능을 제공한다.

1000만 회의 시뮬레이션 수행과 130만 km의 시험운행을 거쳤으며, 안전성과 신뢰성 확보를 위해 시스템 오작동 시 안전성과 신뢰성을 고려해 중복설계Redundancy Design를 강화했다.[10]

대당 리스 가격은 1100만 엔(약 1억 1700만 원) 수준이다.[11] 혼다 센싱 엘리트가 탑재되었으나 레벨3 트래픽잼 파일럿이 장착되지 않은 혼다 레전드 하이브리드 EX의 판매 가격이 소비세 포함 890만 엔(약 9400만 원)으로, 대량생산품이 아닌 점을 감안하면 최소 210만 엔(약 2200만 원) 수준으로 시스템 가격을 유추할 수 있다.

2022년 5월 본격 출시한 메르세데스-벤츠의 레벨3

2021년 1월 22일 발효된 레벨3 국제기술승인규정을 세계 최초로 인증받은 기업은 메르세데스-벤츠다. 2021년 12월 해당 규정을 기반으로 설계한 독일연방자동차운송국의 기술승인규정을 통해 독일 정부로부터 승인받아 레벨3 드라이브 파일럿Drive Pilot을 2022년 5월 S-클래스, EQS에 장착해 출시했다.[12] 시판가격은 S-클래스 5000유로(약 614만 원), EQS 7430유로(약 912만 원)로 현재 테슬라 FSD의 평생 사용가격 1만 2000달러(약 1475만 원), 월구독 199달러(약25만 원)보다 낮아 가격 경쟁력을 확보했다.[13]

메르세데스-벤츠에 따르면 운행 중 운전자의 독서, 영화 시청, 이메일 답장, 테트리스 게임 등이 가능하다. 현재는 60km/h 이하로 독일 아우토반 네트워크에서만 사용이 승인되었으며 차선변경은 허용되지 않고, 소프트웨어가 터널에서는 작동되지 않는다는 한계가 있다. 안전을 위해 운전자와 에어백 사이에 태블릿이나 노트북을 두는 것은 권장하지 않는다.[14]

260대의 시험차로 1300만 km 이상의 시험운행을 마쳤으며, 전체 아우토반 구석구석을 최소 2회 이상 주행했고 미국 LA와 중국에서도 시험운행을 진행하는 등 해외 진출 속도도 높이고 있다. 하지만 너무 어둡거나 습하거나 춥거나 눈이 많은 환경에서는 시스템이 작동하지 않는 등 사용에 제약은 있다.

카메라 2개, 레이다 5개, 라이다 1개를 장착하고 2015년 자율주행지도 개발을 위해 10억 달러(약 1조 2288억 원)에 인수한 히어HERE의 HD 라이브맵Live Map 정밀지도를 활용해 1인치(2.54cm) 미만 오차로 주행할 수 있다.[15·16]

2021년 12월에 프랑스 기업 발레오Valeo가 레벨3 S-클래스에 초당 25회의 차량 전방 스캔, 200m 이상의 감지 범위와 시야를 확보하고

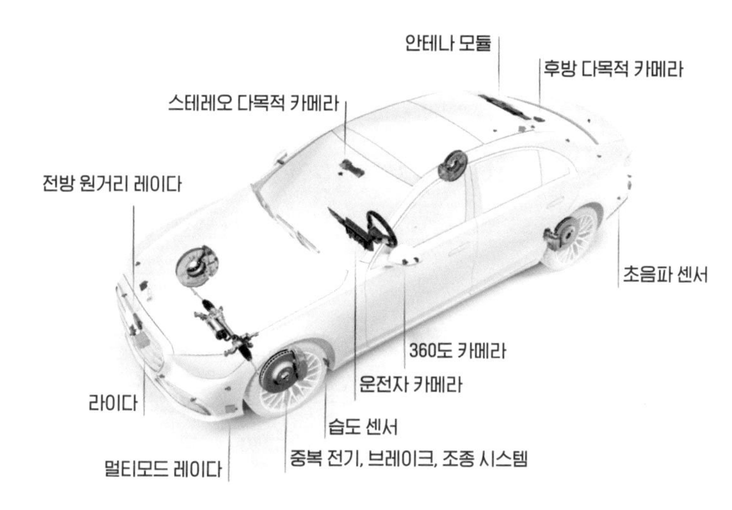

메르세데스-벤츠 S-클래스에 장착된 레벨3 드라이브 파일럿 시스템 구성
출처: 메르세데스-벤츠 그룹 미디어

제빙기능과 자체 청소 기능을 갖춘 2세대 라이다를 장착한다고 발표했다.[17] 2022년 1월에는 루미나Luminar에 2020만 달러(약 250억 원)를 투자해 지분인수와 함께 레벨3 양산을 위한 라이다 파트너십을 맺고 발레오와는 전략적 협력을 추진해 초기 버전은 루미나와 발레오 라이다를 병행 사용할 것으로 예상된다.[18] 현재 가장 적극적으로 레벨3 시장 개척에 노력하고 있는 메르세데스-벤츠의 적극적 전략 추진은 다른 레벨3 개발 기업들에게 자극을 주어, 해당 시장에서 테슬라와의 경쟁이 더욱 심화될 것으로 보인다.

무시했던 레벨3 상용화에 나선 BMW와 볼보

이미 업체들의 신경전도 시작되었다. 메르세데스-벤츠가 레벨3 인증을 받기 한 달 전 BMW CTO 프랭크 베버Frank Weber는 〈포브스〉와의 인터뷰에서 "앞으로 몇 년 동안 내 차에 레벨3 기능을 갖췄다고 이야기하는 사람을 볼 수 없을 것이다"라고 말했다. 그는 시스템이 인간보다 더 안전하게 운전한다고 말하려면 7억 km의 시뮬레이션이 필요하며, 최소 1년 이상은 지나야 안정적인 레벨3를 볼 수 있다고 주장했다.[19]

하지만 BMW는 북미에서 레벨3 자율주행 기능을 갖춘 차량을 판매하는 최초 기업이 되는 것을 목표로 2023년 출시 예정인 7시리즈 차세대 모델에 최초 적용 후 5시리즈, X5, X7 SUV에도 적용할 계획으로 선회했다.[20] 전기차 경쟁과 함께 다른 완성차 제조사들이 자율주행 레벨3 경쟁에 뛰어들자 취해진 조치로 보인다.

2022년 출시된 iX 전기 SUV는 레벨3로 업그레이드가 가능하며, 기존 운전자지원 시스템보다 20배 빠르게 데이터를 처리하는 하드웨어와 소프트웨어 조합인 스택Stack은 모빌아이Mobileye와 함께 협력해 개발했다.[21] 2018년부터 레벨3 이상 자율주행 개발을 위해 협력하고 있는 이노비즈Innoviz 라이다를 적용했다.[22]

2022년 3월 BMW는 퀄컴, 어라이버소프트웨어Arriver Software와 운전자보조 시스템, 레벨3 자율주행 기술개발 협력을 발표하는 등 자율주행 기술개발을 위한 얼라이언스를 강화하고 있다. BMW 차세대 자율주행 시스템이 퀄컴의 스냅드래곤 카투클라우드 서비스Car-to-Cloud Service에서 관리하는 어라이버컴퓨터 비전을 포함한 퀄컴의 스냅드래곤 라이드 플랫폼Snapdragon Ride Platform인 시스템온칩SoC 컨트롤러에 이식될 예정이다.[23] 최근 자율주행 기술 포트폴리오를 강화하고 있는 퀄컴은 마그나와 인수합병 계약을 체결했던 스웨덴 자율주행부품 기업 비오니어Veoneer를 위약금까지 물면서 인수합병했다. 하지만 퀄컴이 실제로 노리는 것은 비오니어가 보유한 어라이버의 지분으로 알려졌다.[24]

과거 볼보는 레벨3 상용화에 부정적이었다. 2017년 볼보의 CEO 하칸 사무엘슨Hakan Samuelsson은 운전자가 몇 초 내에 문제를 해결해야 하는 긴급상황이 발생할 경우 레벨3는 안전이 불안해 바로 레벨4를 상용화하겠다는 의지를 밝혔다.[25]

하지만 2022년 1월 볼보는 자체 개발한 레벨3 자율주행 기술 라이드 파일럿Ride Pilot을 발표했다. 2022년 말 공개 예정인 XC90 후속 전기 SUV로, 루프 라이다 형태 디자인의 콘셉트리차지Concept Recharge에 처음 장착해 출시할 것으로 보인다. 기상 조건과 도로 상황이 좋은 캘리포니아 지역에서 구독 서비스로 판매할 계획이다. 현재까지 주행허가 승인 신청은 하지 않았으나, 레벨4 자율주행 로보택시나 배송 서비스를 제공하는 다른 기업들보다 안정적인 레벨3 자율주행 시스템 구독 서비스로 승인을 추진할 예정이다.[26]

이미 2018년 루미나에 전략적 투자를 하고 라이다를 장착한 자율주행차 개발을 본격적으로 준비했던 볼보는 자체 개발팀과 자회사인 젠시엑트Zenseact가 공동개발한 자율주행 소프트웨어와, 젠시엑트와 루미나가 협력한 양산차량용 풀스택 자율주행 소프트웨어의 개발을 완료했다. 공식 상용화 일정은 2023년 이후로 예상되며, 다른 완성차 업체들과 마찬가지로 레벨3, 특정 고속도로 구간 등 고도로 통제된 환경에서 적용될 것으로 전망된다. 레이다 5개, 카메라 8개, 16개 초음파 센서와 루미나 라이다가 사용된다.[27]

특히 하칸 사무엘슨이 사직한 직후 CEO를 승계한 다이슨 출신 짐

로언Jim Rowan의 취임 시점인 CES 2022에서 레벨3 계획을 발표해 향후 안전을 핵심 전략 비즈니스로 내세울 가능성이 높다.

스텔란티스 레벨3 파일럿, 현대자동차 하이웨이 드라이빙 파일럿, 닛산 프로파일럿 2.0

2020년 1월 피아트크라이슬러Fiat Chrysler와 PSA그룹이 합병한 스텔란티스는 2017년 피아트크라이슬러, 모빌아이, 인텔, BMW 파트너십의 연장선상으로 BMW와도 레벨3, 레벨4 솔루션을 공동으로 개발하고 있다. 명칭은 STLA 오토드라이브STLA AutoDrive로 이미 100만 km의 레벨3 테스트를 마쳤고,[28] 유럽연합 주도로 2021년부터 2025년까지 4년 동안 추진 중인 레벨3 실증 프로젝트 L3 파일럿L3 Pilot에 주도적으로 참여해 다양한 운영 시나리오 테스트를 실시했다. 유럽 7개국 14개 시범사이트에서 70대 차량, 750명의 레벨3 경험 운전자가 참여해 고속주행 및 차선변경, 혼잡상황에서 레벨3 주행, 원격주차 등 총 40만 km를 시험 주행했다. 레벨3는 플랫폼 STLA 브레인STLA Brain의 무선업데이트 기능으로 2024년 출시할 예정이다.[29] 최초의 웨이모 자율주행 시험운행차로 크라이슬러 퍼시피카를 제공한 이후 스텔란티스는 레벨4, 레벨5 기술개발에 웨이모와 꾸준히 협력할 것으로 알려졌다.[30]

현대자동차그룹의 레벨3 명칭은 하이웨이 드라이빙 파일럿Highway Driving Pilot이다. 기존의 운전자보조 시스템 HDA2Highway Driving Assistant 2보다 높은 수준으로 2022년 하반기 양산이 목표다. 타사 시스템들처럼 고속도로에서 사용할 수 있다. 현대자동차가 2023년 양산 적용을 목표로 개발 중인 자율주행 통합제어기는 고성능 프로세서를 활용해 레벨3 자율주행과 함께 자율주차 기능까지 발휘할 수 있도록 딥러닝 기반 영상인식 등 고도화된 신호처리와 소프트웨어 무선업데이트 기능도 제공한다.[31] 장기적으로 고성능 프로세서 교체를 통해 레벨4, 레벨5 자율주행도 대응 가능토록 설계가 진행 중으로, 제네시스의 새 플래그십 초대형 세단 G90에 최초 적용할 예정이다. 단 60km/h을 상한속도로 정한 것으로 알려졌다.

닛산의 레벨3 명칭은 프로파일럿 2.0ProPilot 2.0이다. 기존의 주행보조 시스템 프로파일럿 1.0을 레벨3로 업그레이드한 버전이다. 다른 시스템들과 마찬가지로 고속도로 등 제한된 상황에서 사용 가능하며 아리야Ariya의 전기차 크로스 오버 SUV 등에 장착해 2023년까지 150만 대의 장착 차량을 판매할 계획이다.[32]

	명칭	적용 차종	출시	주행 가능 구간	고정밀지도 사용 여부 (협력 기업)	라이다 사용 여부 (개발기업)	가격
혼다	트래픽 잼 파일럿	레전드(100대 리스)	2021년 3월 (2021년 10월 기준 80대 리스)	일본 고속도로 90% 구간	사용 (Dynamic Map Platform)	5개 (발레오)	300만 엔 (약 3174만 원)
벤츠	드라이브 파일럿	S-클래스, EQS 등	2022년 5월 (독일, 미국)	독일 고속도로 1만 3000km 구간 미국 진출 예정	사용 (HERE HD Live Map)	사용 (발레오)	S-클래스 5000유로(약 671만 원), EQS 7430유로(약 997만 원)
BMW	미정	시리즈, X6, X7, iX	2023년 북미 우선 출시	북미 고속도로 (상세구간 미정)	사용 (HERE HD Live Map)	사용 (이노비즈)	미정
볼보	라이드 파일럿	XC90 후속 SUV	최초 미국 캘리포니아 출시 예정 (2022년 파일럿테스트 시작 예정)	북미 우선출시 (캘리포니아)	-	사용 (루미나)	미정 (구독 서비스 제공 예정)
스텔란티스	STLA 오토드라이브	-	2024년	-	-	사용 (발레오)	-
현대자동차	하이웨이 드라이빙 파일럿	G90	2022년 하반기	국내 고속도로, 자동차 전용도로	사용 (현대오토에버)	사용 (발레오)	-
닛산	프로파일럿 2.0	아리야	2023년	-	-	-	-

주요 완성차 제조사 자율주행 레벨3 비교

출처: 관련 보도자료 및 언론자료 취합

미국에만 존재하는 레벨3 수준의 레벨2

소송전까지 벌였던 GM과 포드의 명칭 싸움

2020년 컨슈머리포트Consumer Reports가 17개 운전자보조 시스템을 평가한 결과, 종합점수 1위는 69점을 획득한 GM의 슈퍼크루즈, 2위는 57점을 획득한 테슬라였다.[33] 운전자보조 시스템은 시스템이 차량 가감속을 자동으로 수행해 교통상황에 따라 앞차와 일정간격을 유지하는 어댑티브 크루즈 컨트롤과 차선유지 시스템이 동시에 작동되는 것이다. 참고로 테슬라는 캘리포니아 교통당국DMV이 2020년 자율주행 테스터 프로그램의 일환으로 자율주행 운행 주행 중 운전자 개입 결과 제출 요구에, 오토파일럿과 FSD는 미국자동차공학회 기준 레벨2

운전자보조 시스템이므로 관련 결과를 제출하지 않겠다는 공식 이메일 답변을 보내고 트위터에 올린 적이 있다.

GM의 슈퍼크루즈는 안전을 위해 운전자를 모니터링하는 적외선 카메라 및 다양한 경고 시스템의 활용이 운전 몰입감을 높여 점수를 올리는 데 큰 역할을 했다. 차선유지 기능과 관련해서는 테슬라 오토파일럿이 9점으로 가장 높은 점수를, 아우디와 캐딜락, 링컨 시스템이 8점으로 유사한 평가를 받았다. 앞차와의 속도제어는 아우디, 메르세데스-벤츠, 포르쉐가 가감속 제어 옵션으로 여유 있는 추종거리를 제공하고 자연스러운 주행동작으로 가장 높은 점수를 받았다.[34]

슈퍼크루즈는 고속도로 등 안전한 특정 구간에서만 시스템 사용을 지원하지만 아우디, 테슬라, BMW, 볼보는 중앙선만 있는 편도 1차로 주거지역에서도 작동하는 등 특정한 제약이 없었다. BMW와 볼보가 레벨3 시스템을 속도와 구간 제약이 있는 유럽보다 현재까지 레벨3 관련 규제가 없는 미국에서 먼저 출시해 테슬라와 경쟁하려는 전략으로 볼 수 있다.

GM은 레벨2로 정의하고 2018년 상용 서비스를 시작한 슈퍼크루즈와 함께 2021년 10월, 명칭 그대로 더욱 뛰어난 울트라크루즈Ultra Cruise도 2023년부터 새롭게 적용하겠다고 밝혔다.[35]

2017년 캐딜락에 최초로 장착한 슈퍼크루즈는 2021년 7월 기준 미국과 캐나다 전역에서 1600만 km 주행을 마쳤다. 2023년까지 캐딜락의 최초 전기차 리릭LYRIQ, GMC 허머Hummer 등 전략차종을 포함한 22개 모델에 적용할 예정으로 슈퍼크루즈는 저가 차종, 울트라크루즈는 프리미엄 차종에 조합해 가격대와 세그먼트 전체에 운전자지원 기술을 제공할 계획이다.[36]

슈퍼크루즈와 울트라크루즈를 사용할 수 있는 도로구간은 다른 완성차 제조사들의 레벨3와 마찬가지로 제한되어 있다. 사용 가능 구간에 진입한 뒤 차선표시가 명확하고 GPS를 쓸 수 있으며 시스템 오류가 없다는 것이 확인되면 계기판의 슈퍼크루즈 아이콘이 하얀색으로 전환된다. 사용하고 싶을 때 슈퍼크루즈 버튼을 눌러 작동시키면 아이콘과 운전대의 라이트 바가 녹색으로 전환되면서 핸즈프리 주행이 가능하고, 해제하려면 슈퍼크루즈 버튼을 다시 누르거나 브레이크 페달을 밟으면 된다. 시스템 사용 중 차선을 변경하기 위해 방향지시등을 작동시키면 시스템은 안전을 확인한 뒤 스스로 차선을 바꾼다. 단 운전자가 원하는 차선으로 합류할 수 없는 경우 수동으로 조작해야 한다고 운전자에게 메시지를 전달한다. 반대 차선과 중앙선이 없는 경우, 차선 표시가 불량하거나 가시성이 낮은 경우, 터널이나 공사장, 비, 진눈깨비, 안개, 얼음, 눈이 있는 미끄러운 도로, 갓길, 견인 중, 고속도로 출구에서는 사용할 수 없는 등 안전 확보가 확실한 상황에서만 쓸 수 있다. 카메라나 레이다 센서가 이물질로 덮여 있고, 눈부심이나 악천후로 차선파악이 명확하게 되지 않을 경우에도 사용이 제한된다.[37]

슈퍼크루즈는 고속도로에서만 핸즈프리 상태를 유지할 수 있지만, 울트라크루즈는 도심에서 운전 시나리오 최대 95%를 핸즈프리로 주행할 수 있다. 주행 가능한 공간도 슈퍼크루즈는 2020년 2월 미국과 캐나다 고속도로 32만 km인 반면, 울트라크루즈는 출시 시점에 이미 10배가 넘는 미국과 캐나다 320만 km 이상의 도로에서 사용할 수 있으며, 향후 울트라크루즈는 550만 km의 주행 가능 거리를 확보해 고속도로와 도심, 교외 지역을 포함한 북미 거의 모든 도로에서 핸즈프리 주행을 쓸 수 있게 할 예정이다.[38] 2019년 기준 미국 포장도로는 466만 km, 비포장까지 포함하면 660만 km 수준으로 울트라크루즈의 목표인 550만 km에는 미국 포장도로가 모두 포함된다.[39]

울트라크루즈는 전후방 레이다, 프론트 카메라, 서라운드 비전 카메라를 사용하는 슈퍼크루즈에 이스라엘 기업의 셉톤Cepton 라이다를 추가해 차량 주변의 360도 3차원 스캔이 가능하며, 어댑티브 크루즈 컨트롤, 자동 혹은 온디맨드 차선변경 기능의 제공 등은 타사의 레벨3 시스템 기능과 유사하다. GM 소프트웨어 플랫폼 얼티파이Ultifi와 차량 인텔리전스 플랫폼을 활용할 예정으로, 소프트웨어 무선업데이트를 통해 기능과 서비스가 업그레이드된다.[40]

GM은 라이다 스캔 기술을 이용하는 매핑회사 어셔Ushr와 협력해 고정밀지도를 개발했다. 어셔의 HD 지도 소프트웨어 개발은 3년이 걸렸다. 지도 데이터는 소프트웨어 무선업데이트를 통해 3개월마다 업데이트되고 자동차는 6시간마다 긴급 업데이트를 확인한다.[41]

GM은 자체적으로 울트라크루즈 기술을 개발하고, 슈퍼크루즈에서 사용된 지도 기반에 다양한 데이터를 추가했다. 또한 업데이트가 필요한 주행 시나리오를 식별해 서비스가 장착된 차량에서 데이터 기록을 작동시키는 학습 시스템을 개발한 것으로 알려졌다.

운전자 시야 내에 표시되는 울트라크루즈 다이내믹 디스플레이를 기본으로 장착해 운전자 안전을 확보할 계획이다. 새로운 동적 디스플레이를 통해 시스템과 사용자 경험을 기반으로 사용자에게 주행 정보 제공, 고정형 교통 안전시설 대응, 내비게이션 경로 운행, 자동 및 온디맨드 경로 변경, 좌우회전 지원, 근접 장애물 회피, 주거용 진입로 주차 등을 지원하는데 다른 기업의 레벨3와 큰 차이가 없어 테슬라

오토파일럿과 FSD 대응을 위한 GM의 완전자율주행 베타서비스 개발 과정으로 볼 수 있다.[42]

캐딜락 CT5 슈퍼크루즈의 옵션 가격은 2500달러(약 310만 원), 구독 모델 가격은 월 25달러(3만 원)로 슈퍼크루즈 사용을 위해서는 GM 텔레매틱스 시스템인 온스타를 월 15달러(1만 8000원)에 따로 구독해야 한다.

단 GM은 슈퍼크루즈와 울트라크루즈를 레벨2로 간주하기 때문에 최대 95% 운전 시나리오에 핸즈프리 운전이 가능하다고 해도 지속적으로 차량과 주변을 모니터링해야 하며 언제든지 운전자가 차량을 제어할 수 있도록 준비해야 한다. 슈퍼크루즈 웹사이트에는 '슈퍼크루즈 사용 운전 중에는 항상 주의를 기울이고, 휴대용 디바이스를 사용하지 말라'라는 경고가 게시되어 있다.[43]

현재는 GM 차량에만 장착할 예정이지만, 자율주행을 전담하는 크루즈에 투자하고 레벨4 목적기반차량 오리진Origin을 공동 개발한 혼다와 공유할 계획도 알려져 있다.

포드의 운전자보조 기능 명칭은 블루크루즈Blue Cruise로 80만 km 개발 테스트를 거쳤는데, 사전 검증 후 핸즈프리 블루존Hands-Free Blue Zone으로 명명한 미국 37개 주, 캐나다 5개 주 20만 km 도로에서만 사용이 가능하다.[44] 이에 GM은 포드 블루크루즈가 자사의 슈퍼크루즈, 울트라크루즈와 명칭이 유사해 고유상표권을 침해했다며 포드를 상대로 상표권 사용 금지를 요청했을 정도로 상호 견제와 경쟁이 심한 상황이다.

블루크루즈는 4개의 카메라와 5개의 레이다 센서를 사용해 전방차량과의 일정간격을 유지하는 스톱앤드고우Stop and Go, 차선유지 기능,

속도표지판인식을 포함한 지능형 어댑티브 크루즈 컨트롤 기능을 기반으로 개발되었으며, 주차지원 시스템과 함께 포드의 운전자지원 시스템 코파일럿 360Co-Pilot 360도 일부 제공된다.[45]

2021년 블루크루즈가 장착된 머스탱 마하-EMustang Mach-E, F-150에 10만 대 장착 판매를 목표로 2021년 3분기 자체 소프트웨어 무선업데이트 기능인 포드 파워업 소프트웨어 업데이트를 통해 기능 및 보안 업데이트, 시스템 수정을 진행할 예정이다.[46] 하지만 해당 기능 개발이 아직은 미흡해 2022년 하반기 이후 서비스가 가능할 것으로 예상된다.[47]

F-150의 경우 리미티드Limited 모델에는 기본장착, 라리어트Lariat와 킹랜치King Ranch, 플래티넘Platinum 모델에는 옵션으로 소프트웨어 600달러(약 75만 원), 하드웨어 코파일럿 360 액티브 2.0 패키지 995달러(약 125만 원)로 총 1595달러(약 200만 원) 가격에 제공된다. 향후 브롱코Bronco와 엣지Edge 차종에도 적용할 계획이다.[48]

일본과 유럽 완성차 제조사들이 레벨3를 내세우는 이유

일본, 유럽 업체들과 우리나라 현대자동차가 레벨3를 전면에 내세우는 반면, GM과 포드가 레벨2로 호칭하는 이유는 해당 국가의 법률 차이 때문이다.

일본은 2020년 4월 1일 자율주행 레벨3 운행을 허가하는 도로교통법과 도로운송차량법의 법령과 고시가 개정 시행되었다. 단 아직은 안전 운행 의무가 차량이 아닌 운전자에게 있어 사고 발생 시 대인배상 책임이 발생한다. 자율주행 기능에 대해서는 자동차손해책임보험에서 최대 3000만 엔(약 3억 1700만 원)까지 보상을 받을 수 있다. 한편 가해차량의 운전자 과실이 없다고 증명하지 못하면 면책되지 않는다. 보험회사는 자율주행 시스템에 시스템적 결함이 인정되면 제조물 책임 관점에서 차량 제조사에 구상청구가 가능하다. 물적 손해에 대해서는 싣고 있던 짐이 파손되는 경우 가해차량의 운전자 과실을 증명하지 못하면 보상받을 수 없다.[49]

독일은 자율주행차 상용화를 위한 도로교통법 및 자동차의무보험법 개정안을 2021년 5월 28일 연방 상원에서 승인받았다.[50] 2017년 레벨3, 레벨4 자율주행차 상용화를 위한 법제도를 마련했으나, 운전자가 탑승하지 않은 상태로 운행하는 무인자율주행차는 허용되지 않았는데 이번 개정으로 무인자율주행차를 상용화할 수 있게 되었다. 세계 최초의 사례로 무인자율주행차 운행 허가 요건, 관련 당사자들의 의무 및 데이터 저장에 관한 도로교통법 개정 사항, 무인자율주행차 보유자의 보험가입 의무에 관한 자동차의무보험법 개정 사항 등으로 구성되어 있다. 법이 시행되면 셔틀버스, 노선버스, 물류 허브 연결 차량, 비혼잡 시간대 온디맨드 이동 서비스, 퍼스트마일-라스트마일의 여객 및 물류 운송, 자율주차 등의 분야에서 무인자율주행차의 상용화가 가능하다. 단 실제 운행은 자동차 제작사 및 모빌리티 회사 등 기업을 중심으로 이루어질 전망이며, 개인이 소유하며 운행하기 위해서는 향후 상당 기간이 더 필요할 것으로 예상된다.

개정안에 따르면 자율주행차는 지정 구역 내에서 인간의 개입 없이 운행 가능해야 하고, 인간 생명 보호를 최우선으로 하는 사고방지 시스템 및 유사시 위험을 최소화할 수 있는 기술적 조건을 갖춰야 한다. 자율주행차 관련 당사자 중 보유자는 시스템 관리, 법규 준수, 사고 시

1차적 배상책임 및 보험가입 의무를 부담하고,기술감독관은 유사시 운전에 개입해 탑승자 및 다른 교통참여자들의 안전을 확보할 의무를 부담하며, 제작사는 시스템 안전성 및 보안에 관한 의무가 있음을 규정했다.

기존의 책임법제 및 보험제도를 동일하게 적용하기로 한 점도 주목할 만하다. 이번 개정을 통해 레벨3는 물론 레벨4, 레벨5의 자율주행차 사고에 대해서도 일반 자동차와 동일하게 보유자에게 도로교통법상 엄격책임 및 자동차의무보험법상 보험가입 의무가 적용된다는 점이 명확해졌다. 무인자율주행차의 보유자, 소유자, 운전자 외에 기술감독관도 피보험자로 보험에 가입해야 한다고 정했다.

우리나라도 2019년 12월 레벨3 안전기준을 도입해 부분자율주행 시스템의 안전기준을 마련, 2020년 6월부터 출시와 판매가 가능해졌다. 주요 내용으로 레벨3 시스템은 운전자 착석 여부 및 운전 가능 여부 확인 후 작동, 자율주행 시 안전 확보를 위한 최대속도 및 앞차와의 최소 안전거리 제시, 운전 권한 전환 15초 이전 경고 및 갑작스러운 발생 시 즉시경고 등 상황별 운전 전환 요구, 충돌 임박 등 운전자 대응이 불가능한 긴급한 상황에선 시스템이 기준에 따라 최대 감속 및 비상조향 대응, 운전전환 요구에도 불구하고 10초 내 운전자 대응이 없으면 안전을 위한 감속 비상경고신호 작동 등 위험 최소화운행 시행, 시스템 고장 대비 이중화 설계와 같은 국제연합 산하의 자동차안전기준국제조화포럼 내용을 반영했다. 해외 주요 시스템 설계 내용과 유사하지만, 60km/h 속도 제한 없이 도로제한속도까지 자율주행이 허용된다는 차이가 있다.

2020년 4월에는 자동차손해배상법 개정안이 국무회의를 통과, 10

월 개정되어 레벨3 상용화 기반이 마련되었다. 레벨3 자율주행차에 대해서도 기존의 운행자 책임 및 자동차 의무보험 체계를 동일하게 적용하고, 자율주행 시스템 하자가 사고 원인인 경우에는 피해자에게 보상을 실시한 자동차보험사나 보유자가 제작사에게 제조물책임법에 따라 구상을 청구할 수 있도록 조치했다. 자율주행차 결함에 따른 사고가 발생한 경우 원인 규명을 위해 자율주행 정보 기록장치의 장착을 의무화하고 국토교통부 산하에 자율주행 기록장치 조사 등을 위한 '자율주행자동차 사고조사위원회'를 신설했다. 자율주행차 사고 발생 시, 관련 사고를 접수한 보험회사가 사고조사위원회에 사고 발생 사실을 통보하면, 사고조사위원회는 사고 관련 자율주행차에 부착된 자율주행 기록장치 등에 기록된 내용을 확보해 조사를 시작한다. 이에 따라 12개 손해보험사는 업무용 자율주행차 전용 특약 판매를 시작했고, 개인용 자율주행차 보험은 2022년 안에 출시될 것으로 예상된다. 현재 자율주행차 요율 산출을 위한 통계가 없기 때문에 보험개발원은 기존 시험용 운행담보특약요율을 준용하고, 앞으로 관련 통계가 누적되면 요율을 조정할 예정이다.[51]

2022년 현대자동차의 레벨3 상용화를 앞두고 2022년 내 소프트웨어 무선업데이트 허용을 위한 자동차관리법 시행규칙 개정, 2025년 내 사람 대신 시스템이 주행하는 상황에 따른 운전자 개념 재정립 및 운전자 의무사항 완화 등 체계 개선과 관련된 도로교통법 개정의 숙제는 아직 남아 있다.

일본은 독일이나 우리나라와는 달리 운전자에게 안전의무가 있다. 일본 보험회사 동경해상일동에서는 이러한 점을 고려해 레벨3 보험료를 사고가 줄어든다는 점을 감안해 평균 0.5% 인하하고, 요율 개정에

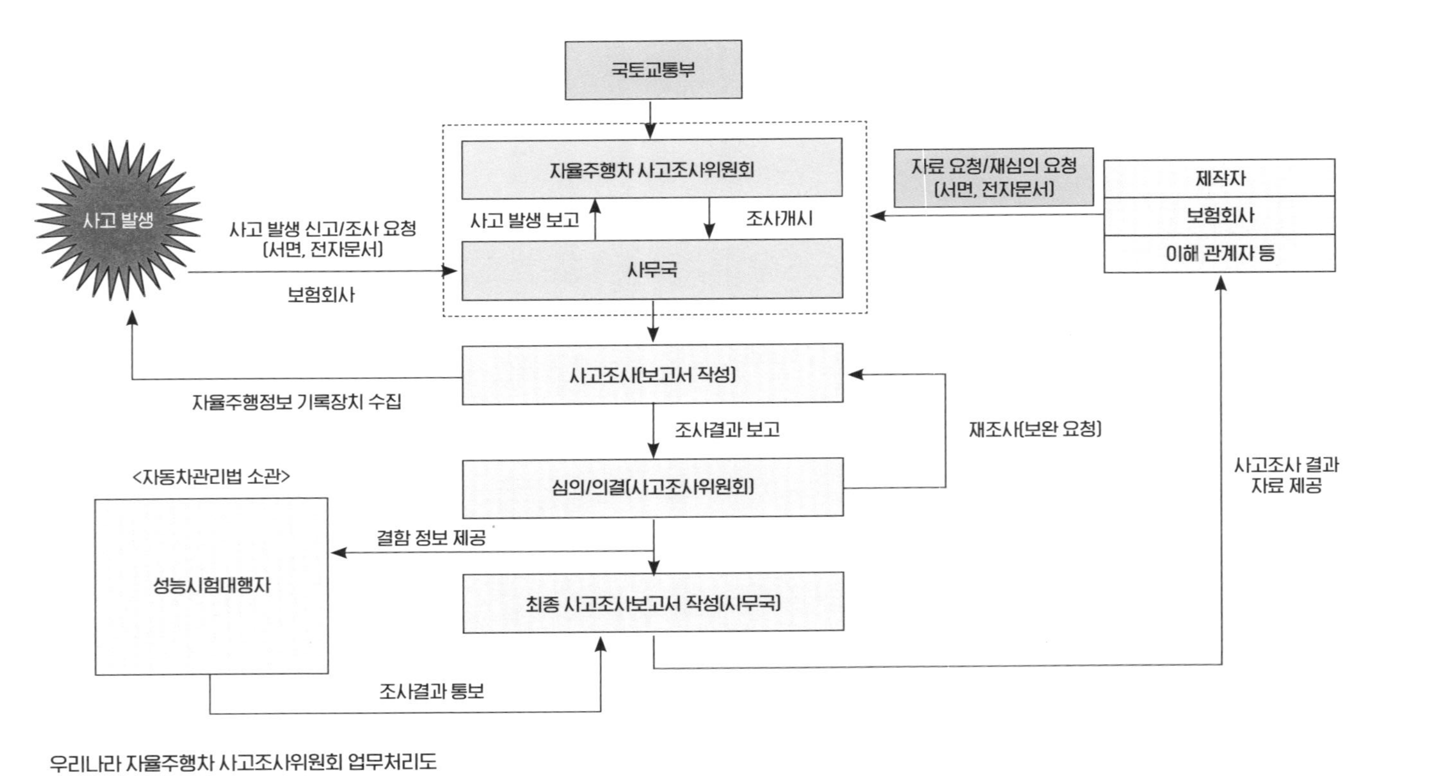

우리나라 자율주행차 사고조사위원회 업무처리도

출처: 자율주행 자동차 사고조사위원회 출범, 국토교통부 보도자료, 2020. 9. 2.

맞춰 레벨3 차량사고는 보험요율 인상 없이 보상을 규정하는 등 사고 시 운전자 부담을 줄여 자율주행 확산에 기여할 것으로 예상된다.

2022년 3월 메르세데스-벤츠는 세계 최초로 레벨3 자율주행 기술 관련 사고의 법적 책임을 지겠다고 한 것으로 알려졌다.[52] 운전자가 주의를 기울이고 있었는지 여부와 상관없이 레벨3 자율주행 기능을 사용하는 상태로 운행하던 차량이 사고와 연관되면 운전자가 아닌 회사가 법적인 책임을 부담하겠다는 것이다. 현재 해당 정책은 독일에 한정되어 있지만, 책임소재 명확화의 공식 발표는 현재 관련 법이 없는 미국과 같은 수출 대상 국가에서 메르세데스-벤츠 레벨3의 기술 승인과 소비자의 관심을 받는 데 도움이 될 것으로 예상된다.

현재 미국에는 레벨3에 관한 규정 및 법률이 없다. 유럽연합과 일본, 우리나라가 UN-R157을 채택한 것과 달리 현재 미국은 채택하지 않아 GM과 포드에게 레벨2 혹은 레벨3 구분은 큰 의미가 없지만, 충돌 혹은 사고 시 책임 논란, 안전을 중시하는 미국의 전통적 규제 시스템에 보다 적합한 것으로 보인다.

메르세데스-벤츠, BMW가 본격적으로 미국에 진출하는 이유는 시장 규모가 크기 때문이다. 미국은 자율주행차에 대한 연방규정이 없어 시장 진입장벽이 낮긴 하지만 모든 주별 규정을 만족시켜야 하고 제조물 책임Product Liability이 강한 국가이기 때문에 정착이 쉽지는 않을 것으로 판단된다. 레벨3의 최대속도 60km/h 제한이 없어지면 테슬라, GM, 포드 등 미국의 규제와 시스템에 상대적으로 익숙한 완성차 제조사들과의 레벨3 시장경쟁이 본격적으로 진행될 것으로 예상된다.

레벨3 자율주행 기술의 핵심, 휴먼-머신 인터페이스와 운전자 모니터링 시스템

많은 기업들이 자율주행 기술 레벨4, 레벨5 개발에 뛰어들었으나, 2021년을 기점으로 대부분의 완성차 제조사들이 레벨3 경쟁을 시작했다. 안전을 이유로 레벨3를 뛰어넘으려던 볼보, BMW도 레벨3 경쟁 대열에 합류했다. 완전자율주행 기술의 개발 완료 시점이 불명확해진 상황에서 그동안의 투자를 만회하고, 완전자율주행 시장의 진입로를 마련하기 위해서다.

현재 상용화된 시스템은 혼다 레전드 하이브리드로 일본에서만 사용이 가능하다. 현지의 시험운행 후기를 살펴보면 교통흐름과 속도가 자주 바뀌는 고속도로에서 제어권이 운전자에게 자주 이양되거나 급커브 구간에서 작동되지 않는 등 레벨3 활용을 위한 운전 시나리오에 대한 준비가 미흡해, 실제로 운전자 피로를 줄여주는지에 대한 논란은 있다. 혼다에서도 운전자의 영상 시청이 가능하다고 언급하지만 운전자가 음식을 먹거나 선글라스 착용은 하지 말라는 경고를 하고 있어 운전자는 항상 긴장과 경계를 하며 주행해야 한다.[53] 특히 운전자가 제어권을 이양받는 시간을 10초로 제한하고, 운전자가 그 시간 안에 이양받지 않으면 경고등, 경고음, 안전벨트 압박 등으로 경고한다. 따라서 제어권 전환이 빈번한 상황에선 운전자의 짜증을 유발할 수도 있어 2022년 이후 출시되는 시스템의 경우에는 보다 효과적인 경고 및 휴먼-머신 인터페이스 설계가 필요하다.

국제적 규제 합의 및 관련 국가들의 법률 개정 이후 도로 위로 등장하기 시작한 레벨3는 결국 오토파일럿과 FSD로 자율주행 초기 시장을 형성하고 이끄는 전기차 판매 1위 테슬라를 누르기 위한 전략이다. 특히 안전을 최고의 가치로 여기고 있는 기존 완성차 업체들은 테슬라보다 낮은 옵션 가격과 안전 측면에서 차별 포인트를 강조하고 있다.

테슬라는 오토파일럿과 FSD를 고속도로에서만 사용할 것을 권장하지만 실제로 테슬라 오너들은 대부분의 도로에서 사용하며, 테슬라는 시스템적으로 아무런 제재를 가하지 않는다. 반면 기존 완성차 업체들의 레벨2, 레벨3 시스템은 사전 검증한 도로의 특정구간에서 기상 및 도로 조건 제한, 레벨3의 경우 60km/h 이하로 정밀지도와 라이다를 사용해 국제규범을 준수하고 안전을 높이려는 시도를 하고 있다.

테슬라와 가장 큰 차이는 오토파일럿과 FSD는 내비게이션에 목적지를 입력하면 목적지까지 시스템이 주행하는 내비게이트 온 오토파일럿Navigate on Autopilot 기능을 제공하지만, 다른 레벨3 시스템들은 제한된 구간에서 사용되며 운전자의 주행 집중도를 높이려는 시도를 한다는 점이다. 테슬라를 제외한 레벨3 시스템의 핵심은 운전자 모니터링 시스템과 라이다 사용에 있다.

혼다의 트래픽잼 파일럿은 운전자가 직접 운전해야 하는 상황이라고 시스템이 판단하면 시각, 청각, 촉각 등으로 다양한 경고를 전달하고, 조작 권한 이양을 받지 않으면 운전자 모니터링 후 차량은 비상등을 켜고 경적을 울려 주변차량에 경고하면서 갓길에 비상정지를 시키는 등 안전조치를 스스로 수행한다.[54]

슈퍼크루즈도 카메라를 사용해 운전자 시선 및 머리 위치 등을 추적하는 모니터링 시스템으로 운전자가 전방주시를 하지 않는다고 판단하면 '운전대 라이트 바가 녹색으로 깜빡이며 도로에 주의를 기울이라는 메시지를 전달 → 라이트 바는 빨간색으로 깜빡이고 경고음과 시트가 진동해 경고를 강화 → 음성 안내 → 주행차선에서 속도를 늦추고 정지 → 온스타 어드바이저가 차량에 전화를 걸어 운전자 확인' 순으로 주의를 유지하고 안전을 확보한다.

그러나 이러한 조치들을 운전자는 과도하다고 생각할 수 있고, 혼다와 같이 비상등 강제 점등이나 갓길 비상정지는 운전자뿐만 아니라 주변의 일반차량 운전자들에게도 운전 피로를 높이는 새로운 원인이 될 수도 있다.

2021년 5월 테슬라도 주행 중 취침하거나 오토파일럿과 FSD에 심하게 의존하는 일부 운전자들이 이슈가 되자, 실내에 설치된 캐빈 카메라를 통해 운전자 부주의를 감시하고 청각 경고를 제공해 오토파일럿 작동 시 운전자의 도로 주시를 강화하겠다고 밝혔다. 뉴럴 네트워크를 이용해 운전 중 스마트폰을 확인하거나 전방주시가 미흡한 행동 등을 하는 것을 포착해 안전도를 높인다는 전략이다. 오토파일럿은 토크센서를 통해 운전자가 운전대에 손을 올려놓으면 기능이 작동했으나, 그동안의 비판을 수용해 운전자 모니터링 전략을 추가한 것이다.[55] 운전자의 핸즈오프 감지를 위한 토크센서 사용은 많은 업체들이 비용 측면에서 선호하는 방식이지만, 일부 테슬라 오너들이 물병 같은 다른 물체로 시스템을 속여 주행하자 개선해야 한다는 지적을 받았다.

하지만 컨슈머리포트가 모델S와 모델Y를 대상으로 한 테스트 결과에 따르면, 운전자가 도로에서 시선을 떼고 스마트폰을 사용하거나 캐빈 카메라를 차단한 상황에서도 오토파일럿과 FSD 사용이 가능해 긴급상황에서 제어권을 되찾아야 하는 경우 위험할 수 있다. 2~3초만 도로를 주시하지 않으면 경고를 보내고 차량을 감속하는 등 안전조치를 취하는 기존 완성차 업체들보다 안전성이 떨어진다는 것이다.[56]

일반적으로 운전자가 자율주행에서 수동운전으로 권한을 이양받는 경우 운전을 다시 시작하기 위해 정신적, 육체적 회복에 최대 15초가 소요된다. 하지만 메르세데스-벤츠가 18세에서 85세 사이 운전자를 대상으로 실시한 테스트에 따르면 S-클래스 드라이브 파일럿 사용 시 테트리스 게임을 하다 권한 이양을 받으라는 경고가 발생하면 대부분은 4~6초 안에 완전한 제어를 다시 시작할 수 있었다.[57] 레벨3를 출시하는 업체들은 보다 세심한 휴먼-머신 인터페이스에도 신경을 쓰고 있다. 비상차 사이렌소리를 감지하기 위한 마이크로폰, 바퀴 격납고Wheel Well 습기 감지와 고정밀지도를 연동한 도로 노면 상태 감지도 가능하다.

GM과 포드 모두 고정밀지도를 사용하지만 GM 지도는 최대 2mile(약 3.2km) 전방을 확인할 수 있는 슈퍼크루즈 장거리 센서를 장착, 전방 커브로의 진입 속도가 빠르다고 판단되면 커브 구간에서 속도를 줄이고 구간 종료 후 이전 속도로 복귀하는 기능을 제공한다. 블루크루즈의 고급 운전자지원 시스템이 가파른 커브 구간에서 실패한 경우가 있어 GM이 포드보다 우수한 기능을 가졌다고 볼 수 있다. 반면 포드는 적색과 녹색 신호를 주로 사용하는 GM 슈퍼크루즈와 달리 블루크루즈 계기판에 문자와 파란색 신호를 사용해 색맹에게도 효과적이라고 주장한다.[58]

미국고속도로교통안전국은 2021년 6월 운전자보조 시스템과 레벨3 이상 모든 자율주행 기능이 장착된 차량의 제조사와 운영자는 충돌 등의 사고 발생 시 보고를 의무화했다. 이를 통해 자율주행 기능 안전에 대한 중요 데이터를 획득하고 안전을 면밀히 감독해 사회적 신뢰성을 확보할 수 있기 때문이다. 이렇듯 많은 국가에서 자율주행 수용을 위한 안전 확보 정책을 본격적으로 펼치고 있어 완성차 제조사와 관련 기업들의 꾸준한 모니터링이 요구된다.[59]

테슬라의 오토파일럿 명칭 논란은 끝이 없다. 오토파일럿은 실제로 비행기에서 파일럿의 개입 없이 항공기가 운행하는 자율모드를 의미한다. 테슬라가 자신들의 시스템에 이 오토파일럿이란 이름을 붙인 후, 논란은 계속 이어지고 있다. 2020년 7월 독일 뮌헨 고등법원에서 테슬라 오토파일럿이 완전자율주행으로 소비자가 오인할 소지가 있는 허위광고라고 선고한 1심 결과가 2022년 1월 번복되기도 했다. 완전자율주행의 약자인 FSD도 마찬가지다. 미국 샌프란시스코카운티 교통국에서도 소비자의 혼란을 이유로 이슈를 제기하기도 했다. 하지만 오토파일럿을 둘러싼 분쟁이 장기화되면서, 소비자의 안전을 위한 분쟁 실효성 문제는 오히려 희석될 수도 있다.

2022년 6월 WP29 총회에서 130km/h까지 레벨3가 허용되고, 합의된 안전을 강조한 완성차 제조사들의 레벨3가 테슬라의 오토파일럿, FSD와 본격적으로 비교되면 안전에 대한 논란과 이슈는 사회적, 기술적인 합의 과정을 거쳐 마무리될 것으로 예상된다.

자율주행차의 안전을 확보하기 위해서는 기능안전은 기본이고, 성능안전에 대한 대책은 필수적이다. 그러나 기능안전의 시험 방법은 아직 확정된 것은 없고, ISO26262와 SOTIF Safety of the Intended Functionality 같은 국제표준을 바탕으로 관련 연구가 진행 중이다. ISO26262는 자동차 전자제어장치의 결함으로 차량의 오작동이 발생하여 사고를 유발하거나 생명을 위협하는 것을 방지하기 위한 개발 절차와 기술 수준을 명시한 국제표준이며, SOTIF는 고장이나 결함에 관련된 것이 아니라 의도된 자율주행 시스템 설계 자체가 안전을 확보하기에 부적절한 경우를 다루는 국제표준이다. 현재 자동차 산업에서 ISO26262는 법이나 제도적으로 명문화되어 있지 않아 정부 차원 관리가 안 되고, 자율주행 시스템 문제로 사고가 발생했을 때는 제조물 책임법을 적용받는다. 향후 자율주행 확산을 고려할 때 이러한 표준이 기술과 함께 적정 속도로 발전되어야 하는 이유다.[60]

진화하는 자율주행 관련 기술과 서비스

패신저 이코노미, 커넥티드카와 자율주행차에서 즐길 수 있는 서비스

2030년 98% 커넥티드카 시장의 잠재력

최근 자동차와 모빌리티 산업은 테슬라를 꿈꾸는 후발 전기차 업체, 테크자이언트, 전자업체 등의 진출이 예상되면서 경쟁상대가 늘어나는 중이다. 디지털화를 통한 새로운 시장 형성에 대한 기대만큼 기존 플레이어들에게는 시장을 지켜야 한다는 부담감이 커지고 있다. 이러한 시점에 소프트웨어는 그 어느 때보다 중요해지고 미래 경쟁력과 지속가능성 확보를 위한 키포인트가 되었다.

컨설팅업체 퓨처브리지FutureBridge는 2030년까지 전 세계 판매 차량의 98%가 커넥티드화될 것이라고 분석했다. 완성차에서 하드웨어와 소프트웨어 중요도가 현재 90:10 수준이라면, 2030년에는 50:50으로 동일한 수준이 될 것이라는 예측이다. 또한 자동차에서 파생되는 가치의 80~90%가 하드웨어에서 나온다면 2030년에는 30~40%로 줄고, 소프트웨어가 40~50%, 콘텐츠가 18~22%로 대폭 증가할 것으로 분석했다.[1]

단순히 기능적 중요성뿐만 아니라, 차량에서 돈을 만드는 가치사슬도 부품 교체 중심의 하드웨어에서 소프트웨어나 콘텐츠로 이동해 새로운 가치를 창출할 것이라는 의미다. 실제로 폭스바겐그룹이 2021년 7월 발표한 2025년 목표 전략 뉴오토에는 수익구조를 자동차 판매 85%, 다양한 서비스 생태계 소프트웨어 15%로 계획하고 있다.

핵심은 자동차 디지털화의 영향력은 그만큼 파괴적이며 소프트웨어의 가치가 급격히 증가한다는 점이다. 뿐만 아니라 자율주행기능이 확산되어 시스템이 인간 운전자의 역할을 대신하면서 차량은 인포테인먼트를 활용한 스트리밍, 카페이Car Pay와 카커머스Car Commerce, 가상현실과 게임 등 다양한 활동이 가능한 새로운 시공간으로 전환되고 있다. 홍채인식, 제스처인식, 안면인식 등 보다 안전하고 편리한 휴먼-머신 인터페이스 기술개발 역시 빠르게 진행 중이다. 이 역시 소프트웨어와 전자기술이 뒷받침되어야 하며, 이 둘이 자동차 경쟁력의 핵심인 사용자 경험을 결정짓는다.

연결의 확장은 차량 공유 서비스의 등장으로 판매가 감소한 완성차 제조사들이 과거처럼 차량 판매만으로 수익을 얻기 힘들다는 것을 깨달은 데서 비롯됐다. 또한 본격적으로 시장이 형성되고 있는 전기차나 커넥티드카, 자율주행 시대를 대비해 새롭게 도전하는 수익모델 가운데 하나이기도 하다.

소비자가 차량 내에서 하고 싶은 것들

캠핑카나 오피스로 사용 가능한 자율주행차 혹은 목적기반차량이 등장한다면 호텔산업과 에어비앤비로 대표되는 공간 공유 비즈니스 산업이 영향을 받을까?

볼보가 2018년 공개한 자율주행 콘셉트카 360c는 운전석 자체가 없는 레벨5 완전자율주행차다. 360c에서 내연기관과 핸들이 없어지면서 내부의 디자인 자유도가 향상되어 기존에 2열, 3열로 정형화되어 있던 좌석배치가 유연해졌다. 360c는 차내 공간을 수면, 오피스,

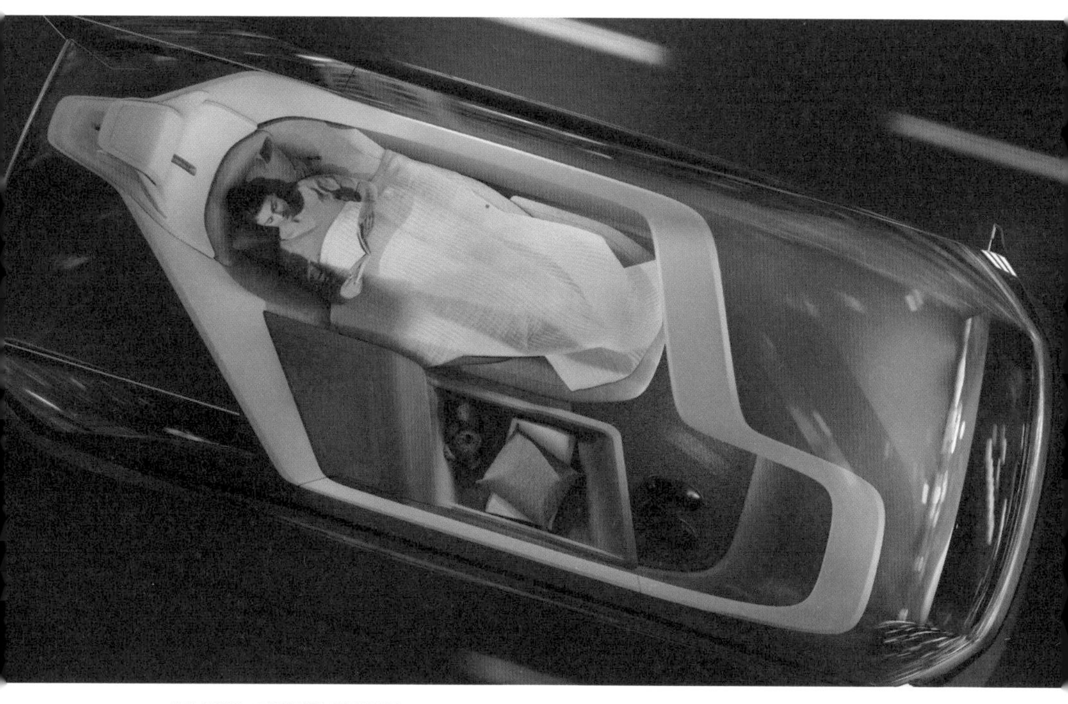

볼보 360c 콘셉트카 인테리어
출처: 볼보 웹사이트

LG옴니팟 인테리어와 익스테리어
출처: LiVE LG 웹사이트

거실, 엔터테인먼트, 4가지 용도로 변화시킬 수도 있다.

출발지에서 공항 도착, 차량 주차, 탑승수속, 비행기 탑승, 수화물을 찾고 다시 목적지로 움직이는 300km에서 500km 단거리항공 이동을, 자율주행차를 이용해 도어투도어Door to Door로 번거로운 과정 없이 한 번에 원하는 공간으로 세팅할 수 있다.[2] 구현되는 모습은 조금씩 다를 수 있지만, 완성차 업체가 그리는 자율주행차는 단순한 이동의 수단에서 이동, 비즈니스, 휴식 등의 서비스를 한꺼번에 제공하는 복합적인 생활공간으로 나아가고 있다.

LG도 2022년 1월 CES 2022와 카카오모빌리티가 주최하는 테크콘퍼런스에서 LG옴니팟LG Omnipot을 공개했다. 차량을 집의 새로운 확장공간으로 해석해 만든 미래 자율주행차의 콘셉트 모델이다. 사용자 니즈에 따라 업무를 위한 오피스 공간이 될 수도, 영화감상이나 운동, 캠핑 등 다양한 엔터테인먼트를 즐길 수 있는 개인 공간으로 활용할 수도 있다. 또 차량 내에서 실제 쇼핑을 즐길 수 있는 메타버스Metaverse 콘셉트도 적용, 새로운 모빌리티 경험을 제공한다. LG전자의 강점인 가전, 디스플레이, 전장 기술을 융합, 홈공간으로 확장한 스마트 캐빈의 콘셉트다.[3]

자율주행 기술이 발전되고 자동차가 새로운 이동공간, 새로운 생활

	전체	남녀 선호 우위 항목*	연령[10세]**			
			20대	30대	40대	50대 이상
차량 내 활동	(4591)		(164)	(963)	(1687)	(1777)
주변 경치 감상	47	여성(▲ 5)	**38** ▼	**41** ▼	44	**55** ▲
동승자와의 대화	41	-	38	40	39	43
수면	37	남성(▲ 7)	37	**41** ▲	**41** ▲	**30** ▼
동영상 시청	32	남성(▲ 6)	**24** ▼	**39** ▲	34	**28** ▼
간단한 취식	29	여성(▲ 11)	32	28	29	30
인터넷 검색	22	남성(▲ 9)	**18** ▼	19	22	24
문자/채팅/메신저	15	여성(▲ 4)	**25** ▲	15	13	15
음성 통화	9	여성(▲ 4)	8	8	8	10
자기계발	8	-	9	9	9	8
업무/학업	8	남성(▲ 4)	10	7	10	8
게임	8	남성(▲ 4)	**12** ▲	**16** ▲	9	**3** ▼
독서	8	-	**3** ▼	6	9	8
인터넷쇼핑	3	-	3	5	3	3
식사	3	-	3	5	3	2
신문 읽기	3	-	1	1	3	5
스킨십 등 애정 표현	2	-	**9** ▲	3	3	2
화장(메이크업)	2	여성(▲ 8)	**11** ▲	3	2	1
기타	2	-	3	2	2	2

고속도로 자율주행이 가능할 경우 차량 안에서 하고 싶은 활동

출처: 박경희, 자율주행차, 운전 안 하면 뭐 하지?, 컨슈머인사이트, 2020. 4. 24.

공간으로 변화하면서, 차량 내 경험In-Car Experience 역시 많은 관심을 끌고 있다. 2019년 컨슈머인사이트는 제19차 연례 자동차 기획조사를 통해 고속도로 자율주행이 가능해질 경우 차량 내에서 어떤 활동을 하고 싶은지 확인했다. 성별과 연령대에 따라 차이는 있지만 주변 경치 감상(47%)이 가장 많은 선택을 받았고, 동승자와의 대화(41%), 수면(37%), 동영상 시청(32%), 간단한 취식(29%) 등이 뒤를 이었다. 아직 실현되지 않은 미래지만 자율주행 시대가 다가오면 사람들은 차량을 자기계발이나 식사, 휴식 등의 개인적인 용무를 보고, 타인과 소통하며, 업무를 해결하는 다양한 활동 공간으로 사용하게 될 것으로 보인다. 독특한 점이 있다면 자율주행 기술의 등장 초기 많은 기업들이 업무를 하거나 회의를 하는 콘셉트를 많이 제시했지만 실제로 사용자는 원하지 않는다는 것이다. 따라서 자율주행차량 혹은 목적기반차량 설계 시 철저한 사용자 의견 반영이 필요하다.

또한 완성차 업체들은 차별화된 차량 내 경험을 통해 소비자들에게 어필하고, 소비자 만족도를 높일 수 있기 때문에 미래 모빌리티 공간 설계에서 매우 중요한 요소다. 하지만 차량 내 경험이 전부는 아니다.

토요타는 2019년 발표한 콘셉트카 LQ에서 인공지능 서비스 유이Yui를 공개했다.[4] 유이는 운전자의 표정과 소셜네트워크서비스 사용 내역을 파악해 운전의 감정과 신체 상태를 파악하고, 적합한 음악이나 시트 위치, 온도, 향기 등을 조절한다. 유이는 기존의 차량이 제공하던 인공지능 비서 서비스를 고도화한 개인화 서비스로, 탑승자의 차량 내 경험 품질을 높이려는 전략이다.[5] 이러한 개인화 전략은 이미 많은 완성차 제조사들이 시도하고 있으며, 2019년 도쿄모터쇼 토요타 부스에서는 차량을 탑승자가 선호하는 시트 위치, 온도, 음악, 구매

인공지능 비서 유이가 탑재된 토요타의 콘셉트카 LQ
출처: 토요타 웹사이트, https://global.toyota/en/newsroom/corporate/30063126.html

패턴, 이동정보 등 거의 모든 개인정보를 알고 있는 파트너 개념으로 표현하기도 했다.

일론 머스크는 트위터를 통해 세계 최대 게임 플랫폼 스팀Steam 지원을 추가하는 기능을 포함한, 테슬라 인포테인먼트 시스템의 게임 기능 확장을 개발 중이라 밝혔다. 5만여 개의 게임라이브러리가 있는 스팀에 대해 일론 머스크는 '장기적으로 있어야 할 곳'이라 표현하기도 했다. 17인치 디스플레이를 사용하는 테슬라는 최대 10테라플롭의 컴퓨팅 성능을 제공하는데, 이는 소니 PS5가 자랑하는 10.28테라플롭과 비슷한 수준이다. 휴대용 게임기 스트림데크Stream Deck를 어디든 가지고 다닐 수 있지만, 차량 내 이식은 여전히 안전에 대한 의문을 남긴다.[6]

지역적 특성도 고려할 필요가 있다. 2021년 10월 중국에 수출된 BMW 차량에 노래방 마이크 연결 기능을 넣어 화제가 된 적이 있다. 중국 전기차 제조사 샤오펑, 비야디BYD 차량은 노래방 마이크 연결, 차량 결제, 소셜미디어 연결이 원활하지만 수입 브랜드는 해당 기능들을 제공하지 않았기 때문이다. 반면 테슬라는 온라인을 통해 중국에서만 사용할 수 있는 무선 테슬라마이크TeslaMic를 2022년 춘절에 맞춰 188달러(약 23만 원)에 판매했는데 출시 1시간도 안 되어 매진될 정도로 인기가 높았다. 테슬라마이크는 인포테인먼트에 내장된 노래방 프로그램 카풀노래방Carpool Karaoke 앱을 사용하며 소프트웨어 무선 업데이트를 지원한다.[7]

대형 디스플레이를 넘어 가상현실과 메타버스로 진화하는 차내 서비스와 멀미 극복

테슬라를 필두로 많은 신차들의 인포테인먼트 디스플레이 사이즈가 점차 커지면서 다양한 정보 제공이 가능해졌다. 운전자의 시각 분산, 주변상황 감지와 대응 역할 기능을 시스템이 도와주면서 일어나는 현상이다. 메르세데스-벤츠는 MBUX 하이퍼스크린과 같이 대시보드 전체를 디스플레이로 구성했으며, 2022년 출시된 BMW 7시리즈는 5G로 연결되는 31.3인치 8K해상도 스크린 옵션 등 고화질 디스플레이를 제공한다. BMW의 디스플레이에는 아마존 파이어 TV가 내장되어 있고, 넷플릭스나 유튜브 시청, 게임과 음악 등 스트리밍 서비스, 화상통화도 가능하다.[8]

요즘 콘셉트카에는 차량 윈도와 도어 안쪽을 사용한 디스플레이가 다수 등장하고 있으며, 최근에 가장 많이 보이는 서비스는 게임, 가상현실과 메타버스다. 가상현실은 운전자보조 시스템과 자율주행을 위한 서비스로 시연되었으며, 아우디와 애플, 닛산 등이 대표적인 콘셉트와 플랫폼을 선보였다.

여기서 핵심은 멀미의 수준과 제거 메커니즘이다.

사람은 전정기관과 눈을 통해 획득하는 정보를 결합해 몸의 균형을 유지한다. 멀미는 정전기관과 시각정보의 차이, 즉 인지부조화 때문에 발생한다. 가상현실에서도 발생하는 멀미는 눈으로 보는 시각정보와 신체의 균형정보가 일치되지 않아 자신의 몸을 어떻게 제어해야 할지 모를 때 발생한다. 자율주행차는 인간 운전자가 운전할 때처럼 주변환경을 파악하고 감속, 가속, 회전 등 차량의 움직임을 결정하지만, 탑승자가 주변 환경정보를 인지하고 차량조작을 미리 판단해 실행하는 과정이 없다. 탑승자가 익숙하지 않은 목적지나 경로로 이동하거나, 차량에서 정지, 회전, 가속과 감속 등에 대한 적절한 정보를 제공하지 않으면 멀미가 발생할 수 있다. 멀미는 정적인 환경의 가상현실에서도 발생하는데, 움직이는 자동차에서 가상현실 헤드셋 혹은 HMDHead Mounted Display를 사용한다는 것은 치명적인 부정적 사용자 경험을 제공할 수도 있다.[9]

아우디는 CES 2019에서 e-트론에 차량이 우회전하면 우주탐사 게임 콘텐츠 속 우주선도 동일하게 우회전을 하는 방식으로 차량 움직임과 데이터, 가상현실 콘텐츠가 실시간으로 결합하는 기술을 공개했다. 아우디는 자회사 아우디일렉트로닉스벤처Audi Electronics Venture를 통해 홀로라이드holoride라는 스타트업 회사를 공동 설립했으며, 홀로라이드의 엔터테인먼트 기술은 향후 오픈 플랫폼을 통해 모든 자동차

회사와 콘텐츠 개발자들에게 공개될 예정이라고 한다.[10]

해저 모험, 인간 혈액 탐험 등 다양한 콘텐츠 개발이 가능하며, 시각적 경험과 사용자의 실제 시각이 동기화되기 때문에 차량에서 사용하는 가상현실의 멀미를 낮춘다는 실험결과도 제시해 홀로라이드의 상용화 가능성을 높였다. 44명을 대상으로 실시한 실험 결과에 따르면 홀로라이드를 사용했을 때 53%가 멀미증상(메스꺼움)이 없었으며, 경험 후 오히려 멀미가 줄어들었다. 하지만 발표 이후 홀로라이드의 실제 판매로 이어지지 못했고, 더 이상 정보가 없는 것을 보면 차량에서 액션이 동반된 게임을 하기에는 결국 한계가 있었던 것으로 판단된다.

애플은 자율주행차를 위한 가상현실과 관련해 다양한 특허 포트폴리오를 갖추고 있다. 가장 눈에 띄는 특허는 2016년 출원한, 자율주행차에 적용될 것으로 예상되는 가상현실로 멀미를 줄이는 기술이다. 애플의 멀미방지 특허는 탑승자의 땀, 맥박, 발한, 가려움과 침 삼킴 등의 신체 반응을 센서로 감지해 멀미가 발생하면 가상현실을 통해 완화시키는 기술이다. 자율주행 소프트웨어가 차량을 제어하면서 발생하는 움직임을 차량에 내장된 HMD나 가상현실 헤드셋에서 제공되는 외부영상, 모션센서를 통한 시트 진동과 일치시켜 인지부조화를 감소시키는 방법이다.[11]

또 애플의 다른 가상현실 특허는 자율주행을 위한 완전몰입형 가상현실이다. 자동차 실내를 VR돔처럼 가상현실 기술을 활용해 탑승자들에게 이동을 위한 공간이 아닌 행글라이딩, 래프팅, 자동차경주, 콘서트 현장 등 새로운 가상현실 플랫폼으로 전환시킨다. 예를 들어 서울에서 이동 중에 런던을 경험하고 싶다면 런던 환경을 선택하면 된다. 가상현실을 통한 경험은 실제 차량 크기보다 큰 공간감을 느끼게 해 승객들에게 더욱 쾌적한 공간 경험을 제공할 수 있다.[12]

애플의 전기차와 자율주행차 시장 진출에 대한 소문만 무성하게 돌고 있어 현재까지 그 실체를 볼 수는 없지만, 애플의 강점인 사용자 경험을 차량에도 확산시키려는 노력을 이미 하고 있었음을 확인할 수 있다.

완성차에 최초로 메타버스 콘텐츠 서비스를 공개한 기업은 닛산이다. 닛산은 CES 2019에서 가상현실, 클라우드, 디지털 트윈 기술이 핵심인 I2VInvisible to Visible란 서비스를 선보였다. 현실세계와 가상세계를 통합, 3D 증강 현실 인터페이스를 메타버스와 연결해 운전을 편리하고 흥미롭게 만드는 서비스다.[13]

MRMixed Reality 기술을 활용해 가족, 친구 등 지인들을 차량 내 3D 아바타로 등장시켜 공간과 차량 움직임을 실시간으로 공유할 수 있다. 운전자와 승객을 메타버스에 연결, 멀리 떨어져 있는 가족과 친구가 차량 내부에 3D ARAugmented Reality 아바타로 등장해 차량 조작 지원, 현지 가이드, 비즈니스나 어학 스터디를 위한 가이드, 가상 개인비서 등 다양한 역할을 수행할 수 있다.

아우디, 애플, 닛산 이외에도 차량 내에서 게임, 가상현실 등을 활용해 수익을 창출하려는 패신저 이코노미Passenger Economy의 시도는 꾸준히 진행됐다. 하지만 현재까지 프로토타입 제시 단계에 머무르고 있는 실정으로, 향후 레벨4 자율주행 기술이 상용화되어야 본격적인 서비스 성패와 가치창출의 가능 여부가 드러날 것으로 보인다.

모바일페이 혹은 스마트폰과 경쟁하는 카페이먼트 시스템

GM은 2022년 2월 이동 중 차량에서 주유, 커피 주문, 상품과 서비스 주문과 결제를 할 수 있는 마켓플레이스앱 지원을 종료했다. 2017년 완성차 제조사 중 최초로 카페이먼트 시스템을 출시해 뷰익, 캐딜락, 쉐보레, GMC 차량 등에서 사용이 가능했다. 하지만 차량 운전자와 탑승자들의 사용률이 낮아 한계에 부딪혔고, 경영진이 예상했던 만큼 서비스 대상이 다양하지 못했던 것이 서비스 종료의 주요 원인이다.[14]

카페이먼트 시스템에는 GM 이외에도 혼다의 드림드라이브Dream Drive, 메르세데스-벤츠 유저 익스피어리언스Mercedes Benz User Experience 주차결제 시스템, 재규어와 쉘이 연동한 주유결제 서비스, 주유와 주차결제가 가능한 현대차, 기아, 제네시스의 카페이 등이 있다.

CES 2019에서 선보인 드림드라이브는 혼다 디벨로퍼스튜디오Developer Studio와 커넥티드트레블ConnectedTravel이 협력해 업계 최초로 운전자 프로그램과 탑승자 프로그램을 통합한 시스템으로, 양산기간 5년을 고려해 2017년 개발을 시작했다.[15] 비자, 마스터카드, 페이팔과 협력한 비용 지불(영화티켓, 주차장, 주유소 등), 음식 주문(레스토랑 예약, 픽업, 배달 등), 친구 및 가족들의 위치 공유와 픽업, 오디오 사용에 최적화되어 있다.

탑승자 프로그램은 아이패드와 아이폰을 사용해 오디오, 공조 조작, 내비게이션 경로상 관심지역POI 정보제공, 게임과 엔터테인먼트 서비스를 하고 있다.[16] 2025년 혼다와 새로운 전기차 회사를 설립할 예정인 소니는 차량 인포테인먼트와 플레이스테이션 연결을 제공할 것으로 알려져 드림드라이브와 플레이스테이션의 결합도 예상 가능하다.

미국의 디지털 결제 플랫폼 기업 P97이 미국인 5000명을 대상으로 조사한 결과, 설문 전 일주일 동안 출퇴근하면서 차량에서 주유소 검색, 드라이브 픽업을 위한 음식 주문, 커피 주문, 음식점 예약 및 음식 주문, 물품 주문 등을 했다고 한다. 지난 1년간 활용 대상도 드라이브스루 커피 주문, 주차공간 검색, 커피전문점 커피 주문, 음식점 예약 및 음식 주문, 물품 픽업 등으로 주로 음식, 커피, 주유, 물품 구매 주문이 다수를 차지했다. P97은 평균 출퇴근 시간으로 51분을 소비하는 '운전 중 커머스 시장'을 2300억 달러(약 283조 원) 규모로 분석하기도 했다.[17] 카페이먼트는 커넥티드카 확산에 따라 완성차 업체들이 많은 기대를 하고 있는 비즈니스 가운데 하나다. 코로나19 대확산에 따른 비대면 결제수단으로도 관심이 높아졌지만, 앞으로 커넥티드와 자율주행 기능이 발전하면서 함께 성장 가능한 차내 서비스 시장이기 때문이다.

또한 최근 전기차 충전소가 확대되고, 테슬라가 할리우드의 식당과 드라이브인 극장에 대형 충전소 개발을 추진하는 등 충전소가 하나의 문화 혹은 상업공간으로 개발되고 있다. 이런 모빌리티허브의 등장은 앞으로 차량결제 시스템 산업의 성장에서 새로운 모멘텀으로 작동할 것으로 예상된다.

하지만 이미 스마트폰, 비접촉식 카드 등 비접촉 결제기술이 폭넓게 활용되고 있고, 관련 서비스들을 제공하는 플랫폼 서비스들이 활성화되어 있다는 점이 카페이먼트 성장의 위협 요소다. 커넥티드카, 자율주행차 기술개발과 생태계에 공들이며 많은 투자를 하고 있는 완성차 제조사 입장에선 차량 오너의 소비패턴 데이터 확보를 통해 마케팅 혹은 또 다른 서비스 영역으로의 비즈니스 확장을 해야 하기에 카페이먼트 시장을 놓칠 수 없다.

아마존과 같이 기존 이커머스 시장을 카커머스Car Commerce로 전환해 주도권을 잡으려는 기업들도 있다. 하지만 문제는 경쟁자들이다. 이미 마스터카드 등 글로벌 카드사들이 완성차 제조사들과 적극적인 얼라이언스와 네트워크 확대를 통해 시장 선점을 위한 기술개발과 투자에 적극적으로 뛰어들었다. 미국에서는 거의 모든 차량이 사용하는 위성 라디오 기업 시리우스엑스엠Sirius XM도 진출하는 등 다양한 업계에서 카페이먼트 시장에 도전하고 있다.

하지만 아직까진 시장 형성 초기 단계로 대부분 주유, 음식 및 커피 주문, 물품 픽업 등 유사한 서비스를 제공하고 있어 특별한 차이점을 찾을 수 없다. 향후 카페이먼트 시장에서 경쟁과 차별화를 위한 포인트는 사용자 경험과 안전, 리워드, 생태계다.

먼저 사용자 경험과 안전은 차량을 운전하면서 터치스크린을 넘어 음성인식, 홍채인식, 제스처인식, 안면인식처럼 다양한 생체인식으로 간편한 휴먼-머신 인터페이스를 활용해 상품 및 서비스 구매, 예약, 결제 과정을 단순화시켜 안전하면서도 편리한 경험을 하게 만드는 것이다. 또 기존의 스마트폰과 비접촉식 결제수단 사용자들을 카페이로 전환시키기 위한 강력한 리워드 정책, 소비와 위치 패턴의 빅데이터 획득을 통해 인공지능을 활용한 개인 맞춤형 전략 및 수집된 데이터의 사업화와 마케팅 전략도 요구된다.

커넥티드카 사용자의 관점에서는 카-스마트홈, 카-스마트폰과 끊임없는 연결도 중요하기 때문에 관련 기업들간의 연결 시스템 및 얼라이언스 구축을 확대해야 하며, 완성차 제조사 입장에선 인포테인먼

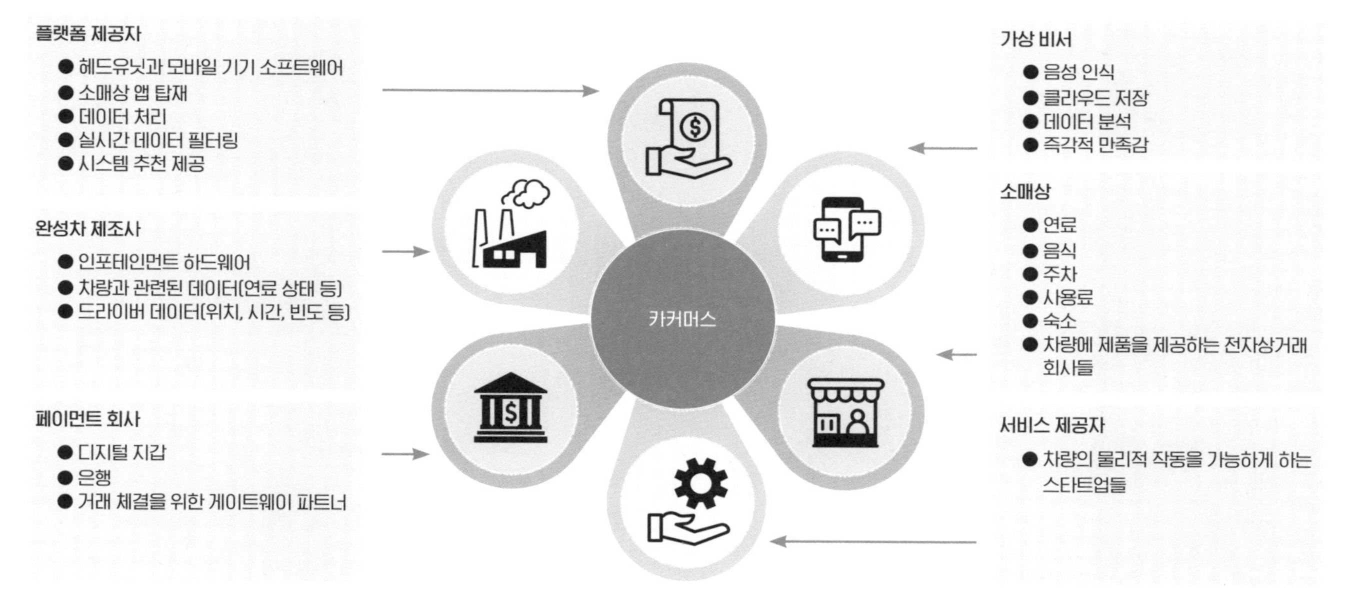

카페이먼트 시스템 생태계

출처: Krishna Jayaraman, Car-as-a-Marketplace: A transaction center on wheels, Bright TALK webinar material, 2020. 1. 22.

트 시스템을 활용해 차량과 시장에 적합한 상품 및 서비스 발굴, 생태계 구축도 필요하다.

새롭게 관심받는 자율주행 관련 기술과 서비스

개념이 아직 합의되지 않은 목적기반차량

완전자율주행차의 등장이 늦어지고 탄소감축 정책들이 본격적으로 추진됨에 따라 스케이트보드 혹은 슬라이드라고 불리는 전기차 플랫폼에 배터리와 구동모터를 모듈화해, 상단에 어퍼모듈Upper Module로 부르는 캐빈을 용도에 따라 조립해 사용하는 목적기반차량이 관심을 받고 있다. 하나의 플랫폼으로 물류차, 청소차, 도로정비차, 쓰레기 수거차 등 다양한 용도로 사용할 수 있어 도심 내 차량 운행대수를 감축시키고, 전기차 특성인 적은 소음으로 야간운행이 용이하며, 작업자의 안전 역시 도모할 수 있기 때문이다. 일반인들도 적절한 캐빈 교환

GM 크루즈 오리진
출처: GM Cruise 웹사이트

서비스만 제공된다면 자신의 차를 평소엔 출퇴근용, 주말엔 캠핑용으로 교환해 사용할 수 있어 미래 자율주행수단으로도 관심이 높다.

대표적인 모델은 GM과 혼다가 개발한 오리진, 토요타의 e-팔레트로, 두 모델 모두 사람과 물류 운송을 위한 캐빈으로 교환 가능한 모듈식 차체가 특징이다.

2020년 GM과 자율주행전담 회사인 크루즈, 혼다가 공동개발해 공개한 오리진은 레벨4 자율주행 기술을 적용한 제품으로 모듈식 차체로 용이한 부품교체와 업그레이드가 가능하며 운전대, 브레이크, 가속페달, 리어 뷰 미러 등 인간 운전자에게 필요한 조작기가 없다. 미국에서는 현재까지 일반도로의 주행허가를 받지 못했지만, 2021년 4월 두바이 도로교통국과는 2023년부터 2030년까지 4000대 활용을 위한 계약을 체결했다. 두바이는 2030년까지 교통수단 25%를 자율주

행으로 전환하는 것을 목표로 하고 있다.[18]

크루즈 차량호출 앱으로 차량을 부른 뒤 외부 키패드에 코드를 입력해 승차하고 차내 주행 시작 버튼을 조작하면 이동이 시작된다. 자전거, 오토바이 등과의 충돌 방지를 위한 슬라이딩 도어, 각 좌석에는 USB 등 충전이 가능한 포트뱅크Port Bank가 있고, 캐빈 상단에 설치된 2개의 디스플레이는 차량상태와 승하차 정보 등을 제공한다. GM은 오리진이 우버, 리프트 등 교통 네트워크 기업의 대항마 역할을 할 수 있으며, 샌프란시스코에서 개인이 온디맨드 형태로 사용하면 연 5000달러(약 615만 원)가 절약된다고 주장한다.[19]

토요타가 야심차게 준비한 e-팔레트는 우버, 디디추싱, 마쓰다, 아마존, 피자헛 등이 참여한 'e-팔레트 얼라이언스'를 구축,[20] 모빌리티 서비스 제공을 목표로 개발하고 있다. 2022년 동승한 조작자의 인지 에러로 도쿄 페럴림픽에서 사고가 발생하기도 했지만, 토요타는 MaaS 시스템의 일환으로 적용을 계속 고민하고 있다. 현재 토요타가 건설 중인 우븐시티에서 본격적으로 운행할 것으로 예상된다.

2019년 도쿄모터쇼, CES 2022 등에서는 토요타의 상용차 담당 자회사인 히노HINO가 이스라엘 슬라이드 업체 리Ree와 함께 휴식공간, 물류차량, 미용실, 편의점, 자판기, 의료용 차량, 도로보수 차량 등 다양한 용도로 활용가능한 목적기반차량의 콘셉트를 전시해 많은 관심을 받기도 했다.

어퍼모듈 교환이 가능한 목적기반차량은 대량생산용도가 아니기 때문에 일반 전기차 플랫폼과 비교해 원가는 높지만, 마이크로팩토리나 스마트팩토리에서 조립할 수 있어 고정비 감소가 가능하다. 현대자동차그룹도 2020년 1월 영국의 전기차 전문기업 어라이벌Arrival

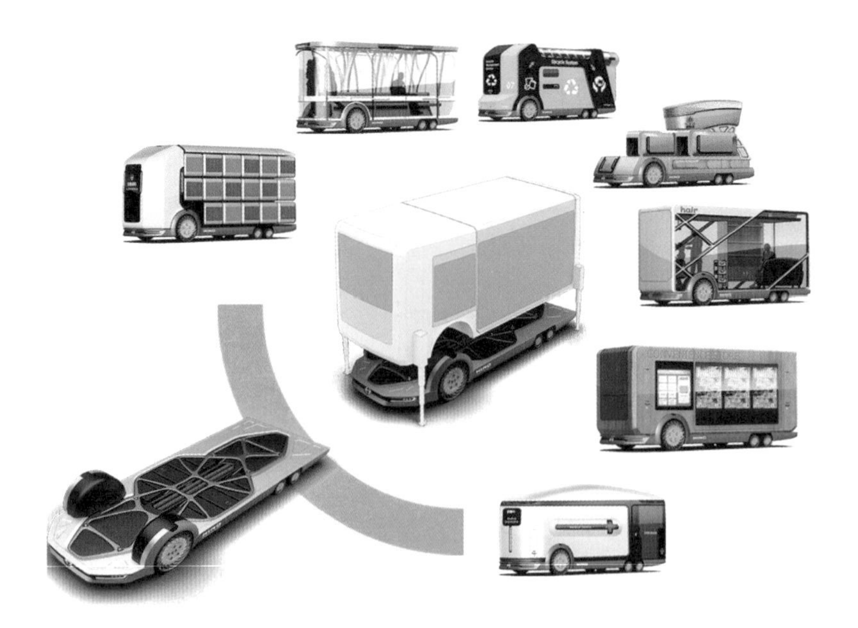

일본의 히노와 이스라엘의 리가 함께 개발한 목적기반차량의 콘셉트
출처: 리 웹사이트

에 1억 유로(약 1350억 원)를 투자했고, 싱가포르에 목적기반차량 생산을 위한 스마트팩토리 이포레스트를 건설하고 있다.[21] 새로운 제품을 생산하기 위한 빠른 프로세스 확보가 가능하지만 궁극적으로 양산 단계에 돌입하면 조립, 도장 등 기존 완성차 공장과 같은 수준의 공정이 필요하다.

전기 승용차와 전기 SUV는 내연기관 자동차보다 가격이 비싸기 때문에 완성차 업체는 프리미엄 모델이 아니면 수익 발생이 어려운 상황으로, 물량은 적지만 시장 요구에 민첩하게 대응할 수 있다. 스케이트보드와 캐빈을 각각 모듈화해 레고와 같이 조립할 수 있어 조립효율이 높고, 인테리어 공간이 넓어 다양한 용도로 활용이 가능하다는 장점도 있다. 스케이트보드를 활용한 차량 개발은 완성차 직전 단계의 모듈을 납품하는 1차 협력업체와의 관계도 변화시킬 수 있어 향후 자동차 생산 및 납품 체계에도 영향을 미칠 것으로 예상된다.

이렇듯 많은 기업이 관심을 가지고 있지만 캐빈 교환 및 결합 구조와 보관, 소음·진동·잡음 저감, 무엇보다 충돌 안전 인증에 대한 절차와 법규가 명확하게 규정되지 않아 실제 상용화를 위해 넘어야 할 장벽은 높다.[22]

사람이 탑승하지 않는 용도로 어퍼모듈을 다양하게 사용할 수 있는 목적기반차량도 있다. 2015년 12월 중국 베이징에서 유엔유안Yu Enyuan이 창업한 네오릭스Neolix라는 스타트업에서 만든 것이다. 네오릭스는 MaaS 기업으로 IoVInternet of Vehicles 운영 플랫폼, 자율주행 리테일 플랫폼, 원격제어 드라이빙 플랫폼 기술을 보유하고 있다. 중국 내 대학 캠퍼스, 공원 등 제한된 지오펜스 영역에서 테스트를 진행하다, 코로나19 유행 이후 전염병 확산 지역에 의료용품, 장비, 음식 배송과 거리소독 용도로 투입되었다. 일반자동차에 필수적으로 설치돼야 하는 윙미러, 운전대, 브레이크와 액셀러레이터 등 조작기가 없는 레벨4 자율주행 제품으로 차폭 1m, 유틸리티 공간 2.4㎥, 최대속도 50km/h로 경사도 20%(약 11.3°) 언덕을 오를 수 있다. 바이두의 자율주행 플랫폼 아폴로Apollo를 기반으로 개발했으며, 유럽의 경량 쿼드리사이클(저속주행 소형 사륜차로 초소형 전기차) 형식 인증도 받았다. 배터리는 클립 장착형으로 1회 교환 시 100km 주행이 가능하다. 대당 가격은 일반 승용차 수준인 3만 달러(약 3700만 원)로 네오릭스는 5년 내 10만 대 판매를 목표로 하고 있다.[23]

네오릭스는 이미 글로벌 시장에서 뉴로, 스타십 등과 함께 관심을 받는 기업이다. 창업 후 1억 위안(약 194억 원) 규모의 투자를 받았고, 2019년 5월 4일에는 창저우에 13만 6000㎡ 면적의 연간 1만 대 생산이 가능한 지능형 생산라인을 구축했다. 2021년 8월 기준 세계 9개국 30개 이상의 도시에 1000대 넘게 납품했으며, 누적 주행거리는 130만 km가 넘는다. 2021년 3월 11일에는 2900만 달러(약 356억 원) 규모의 시리즈A+ 투자, 2021년 8월에는 소프트뱅크 주도로 구체적 규모는 밝히지 않았지만 한화로 수백억 원에 달하는 투자를 받았다.[24] 알리바바Alibaba, 메이투안Meituan, JD닷컴JD.com과 협력하는 등 중국의 라스트마일 배송 시장에서 신흥 강자로 떠오르고 있다.[25]

그동안 자율주행 업계에서 많은 관심을 받았던 차종 가운데 하나가 셔틀이다. 주로 일정한 구간을 저속으로 운행하는 차량으로 국내에서도 개발했거나 제품을 수입해 운행하고 있다. 2019년 자율주행셔틀 개발에서 레벨3, 레벨4 개발로 피벗한 프랑스 기업 나브야Navya,[26] 2021년 현대자동차가 인수합병할 것으로 알려진 스위스 기업 베스트마일Bestmile 파산,[27] 2022년 1월 올리Olli를 개발한 미국 로컬모터스Local Motors 폐업,[28] MIT에서 분사한 옵티머스라이드Optimus Ride의 마그나 인수합병[29] 등 그동안 글로벌 자율주행 업계에서 자주 언급되던 셔틀 기업들이 폐업, 피벗, 인수합병 등으로 사라졌다. 캠퍼스, 병원, 군사기지, 대학, 공원 등 한정된 구간에서 저속운행하는 한계로 시장형성과 수익창출 위기에 직면했다. 거기에 그간의 사고, 레벨3와 레벨4 기술개발 확산, 명확하지 않던 규제와 제도도 위기의 주요 원인이다. 앞으로 목적기반차량, 일반 자율주행차량이 자율주행셔틀 기능을 대체할 수 있을지도 중요하게 봐야 할 포인트다.

우버와 어라이벌은 호출 전용 전기차 개발을 위한 공동개발 파트너십을 맺었다. 우버는 2025년 북미와 유럽 전역에서 어라이벌과 개발한 전기차와 기존 내연기관차량을 교체할 예정이다. 우버 운전자들에

게 공급하기 위한 적절한 가격, 승객의 편안함, 효율적인 주행거리를 목표로 개발하고 있다.[30]

2020년 중국의 우버로 불리는 디디추싱도 비야디와 설립한 조인트벤처 메이하오추싱Meihao Chuxing에서 호출 전용 전기차를 개발했다. 시판용이 아닌 공유 전용 차량이라는 점이 특징이다. 디디추싱은 5억 5000만 명 규모의 가입자, 3100만 명의 운전자, 매년 100억 회 이상의 서비스로 획득한 빅데이터를 이용해 설계했다고 밝혔다. 안전을 위한 차선이탈, 자동 제동, 보행자 충돌 경고 시스템을 포함한 운전자 지원 시스템을 장착했으며, 승객과 자동차와의 충돌 방지를 위한 슬라이딩 도어, 승객 편의를 위한 여유 공간과 2개의 후방 디스플레이를 설치했다. 뿐만 아니라 주행 안전을 위해 운전자가 운전대를 제대로 잡고 있는지 모니터링하는 시스템을 갖춘 것이 특징이다. 최대속도 130km/h로 코발트를 사용하지 않는 저렴한 리튬인산철LFP 배터리를 설치했으며, 1회 충전 시 약 418km 주행이 가능하다. 5년 내 100만 대 생산이 목표다.[31]

일반적으로 택시 등 운행시간이 긴 차량은 일반 승용차량보다 15% 내구성이 강한 것으로 알려져 있다. 우버와 어라이벌, 디디추싱이 개발한 차량은 탄소감축을 위한 전기차로 공유에 최적화된 모델이지만 목적기반차량이라고도 불린다. 이는 목적기반차량의 정의가 슬라이드와 어퍼모듈로 구성된 차량만이 아닌 용도에 따라 특화설계된 모든 차량을 포함하는 방향으로 진화하고 있음을 보여준다.

아마존이 2020년 6월 12억 달러(약 1조 4746억 원)에 인수합병한 스타트업 죽스는 같은 해 12월 박스형 4인승 차량을 공개했다. 최대 120km/h까지 주행이 가능하며, 차량 양쪽에 모터가 장착되어 양방향으로 주행할 수 있는 자율주행차다. 2개의 배터리팩으로 한 번 충전에 16시간 주행이 가능하며, 샌프란시스코와 라스베이거스에서 앱 기반 호출서비스를 시작해 호출 용도로 사용할 예정인데, 죽스는 목적기반차량으로 분류하고 있다.[32]

완성차 제조사와 모빌리티 스타트업 가운데 모든 유형의 목적기반차량에 가장 적극적인 기업은 기아다.

2030년 목적기반차량 세계 1위를 목표로 하고 있는 기아는 오토랜드 화성 안에 목적기반차량 전용 공장을 빠르면 2023년 착공해 2024년 완공할 것으로 알려졌다. 송호성 사장은 고객의 사업에 최적화된 상품과 서비스, 솔루션을 제공하기 위한 고객 커뮤니케이션 채널 구축, 파생 목적기반차량과 전용 목적기반차량의 라인업 확대, 고객 참여형 목적기반차량 개발 프로세스의 운영, 전용공장 신축 및 외부 생태계 적극 활용을 통한 유연 생산체계 마련, 편리한 서비스 구현을 위한 통합 데이터 플랫폼 구축을 실행방안으로 제시했다.

기아는 2022년 기존 양산차 레이를 기반으로 한 파생 목적기반차량 레이 1인승 밴, 택시와 모빌리티 서비스 전용 목적기반차량 니로 플러스를 출시하고, 2025년에는 스케이트보드 플랫폼을 적용한 전용 목적기반차량 모델을 출시할 계획이다. 목적기반차량 시장이 본격적으로 확대되면 소화물이나 식품 배달 등에 최적화된 마이크로 목적기반차량부터 대중교통수단을 대체하거나 이동식 오피스로도 활용할 수 있는 대형 목적기반차량까지, 차급을 점차 확대할 계획으로 알려졌다.[33]

2022년 4월 기아는 쿠팡과 물류·유통 배송 시장에 최적화된 목적기반차량 개발과 연계솔루션, 서비스 제공을 위한 업무협약을 맺었

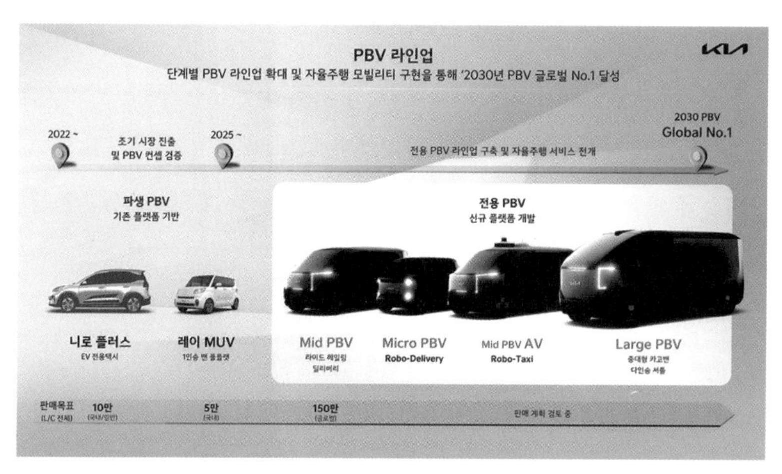

기아의 목적기반차량 라인업
출처: 기아

다. 물류·유통 시장에서 필요로 하는 최적의 솔루션과 서비스를 제공하기 위한 다양한 목적기반차량의 실증 사업을 수행하고, 2025년 스케이트보드 플랫폼을 적용한 쿠팡 전용 목적기반차량을 공동 개발하는 것이 핵심 내용이다. 구체적으로는 안전사고 감축 및 배송 환경 개선을 위한 안전 컨설팅 제공, 전기차 운용 효율화 및 비용절감을 위한 충전 인프라 솔루션 제안, 배송단계 효율성 증대를 위한 차량 결합 전동 디바이스 개발, 인력 운영 및 배송 시간 효율성 증대를 위한 자율주행차량 시범운영 등을 단계적으로 수행하게 된다. 양사는 이러한 협업의 과정을 거쳐 쿠팡의 비즈니스 모델에 특화된 미드Mid급과 라지Large급 쿠팡 전용 목적기반차량을 공동 개발하고, 이와 연계한 솔루션 및 서비스 제공을 통해 배송 환경 혁신을 이루려 한다. 더 나아가 양사는 개발 과정에서 습득한 역량과 노하우를 바탕으로 생태계를 구축하고 2030년 글로벌 세계 1위 브랜드로 자리 잡기 위한 발판을

마련할 수 있을 것으로 기대 중이다.[34]

코로나19의 대확산 후 물류 산업 시장이 급성장하면서, 탄소감축을 위한 물류 및 배송업체들의 전기차 전환이 빠르게 진행되고 있다. GM은 전기차와 전동팰릿 EP1 패키지인 브라이트드롭Bright Drop을 전기트럭 물류 통합솔루션으로 개발해 페덱스, 월마트와 파트너십을 체결했다. 아마존도 메르세데스-벤츠 e-스프린터e-SprinteR 1200대, e-비토e-Vito 600대를 투입 예정이며, 국내 업체들도 물류차량을 전기차량으로 전환하고 있어 향후 해당 시장의 급격한 성장이 예상된다.

기존 양산차를 기반으로 한 목적기반차량은 모빌리티 디바이스의 개인화 추세에 따라 시장 타진이 가능하지만, 스케이트보드 플랫폼을 적용한 목적기반차량은 현재까지 상용화 사례가 없고 안전성과 실현 가능성에 대한 논란이 있어 시장 형성을 위해서는 적지 않은 노력이 필요하다.

현재 목적기반차량을 개발하는 스타트업들의 경우 양산을 위한 대량생산보다는 개념증명Proof of Concept 수준의 양산 설비와 프로세스만 갖췄다. 그렇기에 앞으로 본격적인 양산을 위해선 생산속도, 양산품질 등의 능력 확보가 매우 중요하다. 특히 목적기반차량의 사용자 경험뿐만 아니라, 비용과 효과성 측면에서 명확한 검증이 필요하다.

자동차와 로봇 구분이 모호한 자율주행 배송 디바이스

사람을 운송하는 자율주행차를 로보택시라고 부른다면, 물류용 자율주행차는 로보마트라고 부른다. 코로나19 장기화로 배송 시장이 폭발적으로 성장하면서 딜리버리 산업도 자율주행 기술의 새로운 시장으로 떠올랐다.

대표적인 로보마트, 즉 자율주행 배송로봇은 미국의 2세대 뉴로 R2로, 40km/h 저속주행을 하고 필요 시 원격 모니터링과 조종이 가능하다. 전장 2.74m, 전폭 1.10m, 전고 1.86m로 1인용 전기자동차 트위지보다 전고가 40cm 정도 높다. 최대적재중량은 190kg으로 생필품, 식료품, 뜨거운 음식을 배송할 수 있으며, 온도제어 시스템을 도입해 음식의 신선도를 유지할 수 있고, 배터리 크기를 2배로 늘려 하루 종일 작동이 가능하다. 2019년 소프트뱅크 비전펀드에서 9억 4000만 달러(약 1조 1550억 원), 2021년 11월에는 타이거글로벌매니지먼트Tiger Global Management가 주도하는 시리즈D 펀딩에서 소프트뱅크 비전펀드, 구글로부터 6억 달러(약 7373억 원)를 투자받아 누적투자 22억 달러(약 2조 7034억 원), 기업가치는 86억 달러(약 10조 5679억 원)로 성장했다. 구글의 투자로 구글 클라우드와 5년간 전략적 제휴를 통해 머신러닝을 위한 데이터의 획득 및 저장, 관리, 시뮬레이션 작업 등의 문제를 해결하겠다는 전략이다. 또한 도미노, 페덱스, CVS, 크로거, 월마트, 치폴레 등의 업체들과 협력해 다양한 시장에서 자율주행 배송로봇을 테스트하고 있다.[35]

2022년 1월 발표한 3세대 뉴로는 R2보다 2배 큰 적재공간, 필요에 따라 음식 온도를 유지할 수 있는 모듈식 인서트와 새로운 온도 조절 장치를 추가했고, 최대속도를 72km/h로 높인 대신 보행자를 위한 외부 에어백을 설치했다. 미국에서 대형 트럭과 SUV의 증가로 지난 10년 동안 보행자 사망사고가 50% 늘어나자 바이든 행정부가 보행자 충격 등급을 포함하는 신차평가 프로그램 개선을 요구한 것에 대한 대응 조치다.[36]

2세대 뉴로 R2와 3세대 뉴로
출처: nuro 웹사이트

2020년 2월 6일 미국고속도로교통안전국은 2세대 뉴로 R2의 공공도로 주행 허가를 발표했다. 실시간 안전 보고서를 제출해야 하며, 관계 당국과의 정기적인 회의, 운행 커뮤니티 사전 통보 의무 등 연방정부의 관리체계가 철저하게 설계되었다. 하지만 2020년, 2021년 매년 2500대씩 미국 전역에서 주행허가를 받은 것과 달리 제대로 된 시험운행을 하지 못했고, 본격적인 운행을 위해 3세대 뉴로를 발표한 것으로 풀이할 수 있다. 현재 시험운행에서는 1회 배송 비용으로 5.95달러(약 6900원)를 청구하고 있다.[37]

뉴로는 구글 자율주행차 프로젝트 담당자였던 데이브 퍼거슨Dave Ferguson과 지아준 주Jiajun Zhu가 2016년 설립한 회사다.[38] 2022년 완공을 목표로 네바다에 건설 중인 공장에 3세대 제품의 생산라인을 구축하고 있으며, 전기모터와 배터리를 포함한 파워트레인은 중국 비야디가 미국에서 생산할 예정이다.

중국의 자율주행 배송로봇은 알리바바를 중심으로 빠르게 확산되고 있다. 2021년 10월 R2 형태의 배송로봇인 샤오만뤼Xiaomanlv가 중국 22개 성 52개 도시에서 20만 명 이상의 소비자에게 택배를 배송했다. 대당 50개 패키지를 운반할 수 있으며, 1회 충전으로 100km를 이동할 수 있어 하루에 약 500개 패키지 배송이 가능하다. 알리바바는 향후 3년 동안 1만 대 규모로 확장해 하루 평균 100만 개 패키지 처리를 목표로 하고 있다. 주로 도심과 대학 캠퍼스에 투입되고 있으며, 샤오만뤼 생산과 운영 비용은 업계 평균의 3분의 1 수준으로 높은 경쟁력의 원천이다. 알리바바의 특허인 다중센서 융합솔루션과 머신러닝 플랫폼 오토드라이브를 적용했으며, 클라우드 컴퓨팅 기반의 테스트 플랫폼에서 알고리즘을 훈련시켜 1만 개 이상의 시나리오를 시뮬레이션하며 사람의 개입 없이 99.9% 정확한 경로를 탐색할 수 있다. 현재 알리바바는 물류자회사인 차이냐오네트워크Cainiao Network와 함께 같은 기술 프레임워크를 사용한 자율주행 배송로봇도 설계하고 있다.[39]

보행자와 인도를 공유하는 소형 배송로봇

이미 성장하고 있던 산업 가운데 코로나19 확산으로 급물살을 탄 대표적인 것이 바로 라스트마일 배송로봇 산업으로 인도 배송로봇Sidewalk Delivery Robot이라고도 불린다. 전자상거래와 물류 기업들은 낮은 비용과 만족도 높은 고객서비스를 제공해 수익을 높일 수 있는 배송 디바이스를 끊임없이 찾고 있으며, 현재까지 가장 적합하다고 판단되는 시스템이 자율주행 배송로봇이라고 믿는다.

자율주행 배송로봇이 관심을 받는 첫 번째 이유는 코로나19 확산으로 배송업체들의 경쟁 심화에 따른 라이더 부족, 인건비 부담의 증가다. 하니웰에 따르면 물류 비용은 평균적으로 수집이 4%, 분류작업이 6%, 터미널 간 수송이 37%, 라스트마일 배송이 53%를 차지한다.[40] 라스트마일 배송비용도 인간 노동자는 1.60달러(약 1960원), 로봇은 0.06달러(약 74원)로 무려 27배나 차이가 나기 때문에 라스트마일에 로봇이 절대적으로 필요하다는 것이다.[41]

오배송에 따른 손실도 낮출 수가 있다. 미국소매협회에 따르면 2017년 홀리데이 시즌에만 오배송으로 발생하는 비용은 3억 3300만 달러(약 4050억 원)였고, 배송문제로 소비자가 구매를 포기한 결과 판매자 매출에는 15억 달러(약 1조 8432억 원)의 손실이 발생했다. 오배송 문제만 해결해도 수익을 높일 수 있는 상황이다.[42]

맥킨지앤드컴퍼니는 2025년까지 자율주행차량이 라스트마일 배송의 85%를 차지하고, 시장조사기관 리서치앤드마켓은 자율주행을 활용한 라스트마일 배송 시장의 연평균성장률이 23.7% 규모로, 2021년 111억 달러(약 13조 6400억 원)에서 2030년 756억 달러(약 92조 9000억 원)까지 성장할 것으로 예측했다.[43]

해외뿐만 아니라 국내에서도 최근 라스트마일 배송로봇 상용화에 있어 가장 이슈가 되는 것은 바로 규제다. 특히 서비스 지역에 한계가 있다. 국내외 모두 대학 캠퍼스 등 제한된 공간이나 허용된 특정 지역에서만 주행이 가능하다.

2017년 이후 미국 27개 주에서 관련 법안 32건이 상정되었고 콜로라도, 메릴랜드, 미주리, 뉴햄프셔, 로드아이랜드, 오리건, 미네소타, 캔자스, 매사추세츠, 미시간은 법안을 폐기했다. 가장 큰 폐기 이유는 안전표준 미비, 화재, 배송 일자리 감소 등이다. 특히 주행공간이 인도이므로 전동킥보드와 같이 노인, 시각장애인들과의 충돌 이슈를 빼놓을 순 없다. 또한 카메라 센서를 활용하기 때문에 주변 보행자들의 정보보호 문제도 제기되고 있다.[44]

국내에서도 실외 자율주행 배송로봇은 도로교통법상 자동차에 해당되기에 보도나 횡단보도 등의 통행이 제한되고, 카메라를 사용하기 때문에 개인정보보호법상 식별 가능한 개인정보 수집과 이용에 제약이 있어 규제샌드박스를 통해 서비스되고 있다. 보행자 안전을 위해 현장요원이 상시동행해야 하고, 위험지역에서는 관제모드로 통제, 최고 주행속도 제한 등의 안전조치 계획도 포함되어 있다.

2021년 8월 국내에서도 기획재정부에서 운영하는 규제혁신 기구인 한걸음모델에 '미래형 운송수단 활용 생활물류 상생조정기구'를 설치해 이해관계를 조율하고 생활물류서비스법 적용대상 운송수단의 범위에 드론과 로봇을 포함한 '2022년 생활물류서비스산업 발전 기본계획과 생활물류서비스법 개정안'을 추진하기로 했다. 또 2021년 12월 발표한 자율주행차 규제혁신로드맵 2.0에도 목적기반차량과 함께 자동차 관리법상 새로운 차종분류 체계를 마련하기로 했다.[45] 단 규제샌드박스는 제한된 시간과 공간에서만 서비스가 가능하기 때문에 해당 법안이 국회를 통과하지 못하면 시범 서비스로 끝날 수도 있다.

규제샌드박스를 통해 제한된 지역에서 서비스가 허용된 국내에서는 자율주행 배송로봇을 사람이 주변에서 감시해야 한다는 특례조건에 대한 이슈가 자주 제기되고 있다. 사람이 걷는 속도로 이동하지만 로봇 단독주행이 허용되진 않아 추가 인건비가 소요되기 때문에 개발 및 서비스 업체들의 불만을 사고 있다. 해당 기업들과 언론이 최근 대표적인 신산업 규제로 언급하는 사항이다. 하지만 국내뿐만 아니라 해외에서도 만약의 사고에 대비해 앰배서더Ambassador라고 불리는 감시자가 로봇과 동행하기도 한다. LA 국제공항, 미니애폴리스 세인트폴 국제공항 등에서 음식배송을 하는 로봇 놈놈NomNom, 테네시에서 스카우트Scout를 운영한 아마존 역시 안전을 위해 앰배서더를 동행하고 있다.[46] 따라서 서비스 제공 국가나 도시 특성에 적합한 것은 무엇인지 시민들과의 합의가 필요한 실정이다.

신산업과 스타트업 육성에 관심이 높아진 일본은 2021년 12월 경찰청에서 전향적인 내용이 담긴 '다양한 교통주체의 교통 규칙 등에 대한 전문가 검토회의 최종보고서'를 발간했다.[47] 최근 증가하고 있는 퍼스널모빌리티 디바이스들에 대해 관련 부처 담당자와 전문가, 시민들의 의견수렴, 무엇보다 안전 관련 실험 내용을 담고 있다. 해당 보고서에 따르면 자율주행 배송로봇을 '자동보도 통행차'로 분류해 속도는 6~10km/h 이하, 크기는 길이 120cm, 폭 70cm, 높이 70cm 이하로 규정하고 보행자와 동일하게 취급해 보도와 도로 가장자리를 주행할 수 있다는 의견을 제시했다. 단 보행자와 동일한 취급을 받기 때문에 보행자의 교통규칙을 준수해야 하며, 다른 보행자와 자전거, 긴급자동차 통행 우선 원칙을 제시하고 있다. 이 보고서는 최종법안에 반영하기 위한 것으로 보고서와 동일한 항목으로 법안이 발의될 가능성이 높으며, 이를 통해 최근 일본의 신산업과 스타트업 육성 정책의 단면을 볼 수 있다.

하드웨어 가격도 걸림돌이다. 아직까지 구체적인 원가와 가격을 밝힌 업체는 없지만 주야간 및 악천후 운행 가능여부, 저장용량과 온도조절장치, 배터리용량, 자율주행차와 같이 라이다 장착 여부 등에

스타십의 배송로봇
출처: Kirsten Korosec, Starship Technologies is sending its autonomous robots to more cities as demand for contactless delivery rises, Tech Crunch, 2022. 5. 22.

따라 차이가 크다. 기업들은 대학 캠퍼스 등 제한된 공간 혹은 모든 공간에서 가능한지에 따라 최적화된 하드웨어 스펙을 맞추는 경향이 있다.

대표적인 라스트마일 배송로봇 기업은 2014년 설립한 에스토니아 업체 스타십테크놀로지Starship Technologies다. 2018년부터 레벨4 자율주행으로 100% 배송하고 있다. 2022년 3월 1억 달러(약 1229억 원)를 투자받는 등 총 2억 2200만 누적 달러(약 2728억 원)를 달성했다. 2022년 3월까지 500만 km 거리의 300만 회 이상 유료 배송 완료, 매일 10만 번 이상 도로 횡단, 1700대 이상 로봇 운영 등 세계 최고 배송 횟수 기록과 최대 로봇대수, 운행 데이터를 보유하고 있다. 미국 캘리포니아

베이에어리어, 플레전턴Pleasanton, 녹스빌Knoxville, 테네시 대학, 아이다호 대학, 노스캐롤라이나 A&T, 사우스다코타 주립대학 등에서 운행 혹은 예정 중이며, 영국에서는 5개의 새로운 도시에서 서비스를 시작할 예정이다.[48]

6개 바퀴, 9개 카메라(전방 3개, 측면 4개, 후방 2개), 초음파 장애물 감지센서, 레이다, GPS를 장착했으며 배터리 수명 2시간, 적재하중 10kg으로 라이다를 사용하지 않는 비교적 낮은 스펙을 갖춘 하드웨어의 가격은 2018년 기준 5500달러(약 676만 원)인데 절반인 2250달러(약 276만 원) 수준으로 낮출 계획이다. 배송료를 1달러(약 1228원)로 가정했을 때 1대가 최소 2250번, 1년 동안 매일 6회 서비스에 투입돼야 하드웨어 비용을 맞출 수 있다.[49] 개발비, 유지보수비, 각종 경비 등을 포함하면 개발 및 서비스 기업은 유닛 이코노미Unit Economy(1대당 규모의 경제) 실현에 적지 않은 설계 아이디어와 운영 노하우가 필요하다.

자율주행 배송로봇은 자율주행차, 도심항공모빌리티 등 새로운 디바이스의 등장에 따른 모빌리티 서비스의 진화 과정에서도 승객의 카트와 짐을 운송하는 포터처럼 다양한 역할 수행이 가능해 비즈니스 영역의 확장 가능성이 매우 크다.

국내에서도 자율주행 배송로봇에 대한 관심이 높다. 2019년 12월 18일 산업부 제6차 산업융합 규제특례심의위원회에서 로보티즈가 신청한 실외 자율주행 배송로봇의 일반 보도 주행 실증특례 안건이 처음으로 통과돼 서울시 마곡에서 실증을 수행했다.

기업들도 활발하게 대응하고 있다. 우아한형제들은 건국 대학에서 음식배송, 배달의민족은 잠실 레이크팰리스에서 시범운행, 언맨드솔루션은 서울 상암동 자율주행 테스트베드 권역에서 실증 실험을 했다. 포티투닷, 뉴빌리티와 스트리스, 스프링 클라우드, 도구공간, 언맨드솔루션 등 스타트업과 LG전자 등 대기업이 배송 혹은 특수용도로 개발을 하고 있어 앞으로 비용과 배송 효과성 입증, 규제해소와 사회적 수용성이 높아진다면 본격적인 서비스 업체들과의 협력 및 시장 경쟁이 예상된다.

로보택시보다 빠른 상용화가 예정된 자율주행 트럭

자율주행 트럭이 환영받는 이유

자율주행 기술의 발전은 물류업계에서도 기대가 크다. 2019년 유럽 도로의 물류 수송분담률은 76.3%였으며,[50] 미국에서는 2017년 전체 물류 이동의 약 65%인 12조 4215억 달러(약 1경 5265조 원) 규모의 운송이 도로를 통해 이루어졌다.[51] 연간 수익 규모는 약 8000억 달러(약 983조 640억 원)로 대부분이 주간고속도로를 통해 이동하고 있다.[52] 배송트럭은 2020년 102억 3000만 t의 화물을 운송해 7323억 달러(약 899조 8700억 원)의 수익을 창출했고, 캐나다와의 무역 중 70.9%, 멕시코와의 무역 중 83.8%를 담당해 국가의 생명줄로 불릴 정도로 중요한

물류 산업의 핵심 운송수단이다.[53]

하지만 미국의 트럭 운전 업계는 현재 많은 문제들을 직면하고 있다. 그중 가장 큰 문제는 인력부족이다. 장시간·장거리 운전이라는 고된 업무강도에 비해 높지 않은 임금은 인력부족 문제와 직결된다. 미국 노동통계청에 따르면, 대형 트럭 및 트레일러 운전사의 평균 시급은 23.76달러(약 2만 9000원), 경량 트럭 및 배달 트럭 운전사의 평균 시급은 21.24달러(약 2만 6000원)다.[54] 특별한 기술이나 학력이 필요하지 않은 유사 산업에 비해 임금경쟁력이 낮아, 높은 트럭 운전사 수요와 비교해 공급은 항상 부족하다.

또 다른 문제는 트럭 운전사의 고령화다. 장거리 도로 수송 트럭의 운전자 평균 연령은 46세, 신규 운전자 평균 연령은 35세로 고령화가 계속되고 있다.[55] 2021년에는 8만 명 이상의 인력부족 문제를 겪었고, 이러한 상황이 지속되면 2030년에는 16만 명 이상의 인력부족 문제를 겪을 것으로 예상되고 있다.[56] 특히 코로나19 이후 물류의 이동에 대한 수요와 함께 운전자에 대한 수요가 증가한 반면, 운전자들의 조기 은퇴, 업무 시간 감소 등으로 인해 운전자의 공급은 줄어 트럭산업의 인력부족 문제는 더 심각해졌다.

공급과 수요의 불균형에서 오는 트럭 운전사 부족 문제를 해결하기 위한 업체들의 가장 기본적인 전략은 임금 인상이다. 월마트는 2022년 4월, 트럭 운전사의 초봉을 9만 5000달러(약 1억 1674만 원)에서 11만 달러(약 1억 3517만 원) 사이로 책정, 기존 초봉 8만 7500달러(약 1억 752만 원)와 비교해 8.5%에서 25.8%가량 인상할 것이라고 발표했다.[57] 또한 월마트는 임금 인상뿐만 아니라 직업훈련 프로그램을 운영해 화물트럭 면허증 획득과 고용을 돕는다.

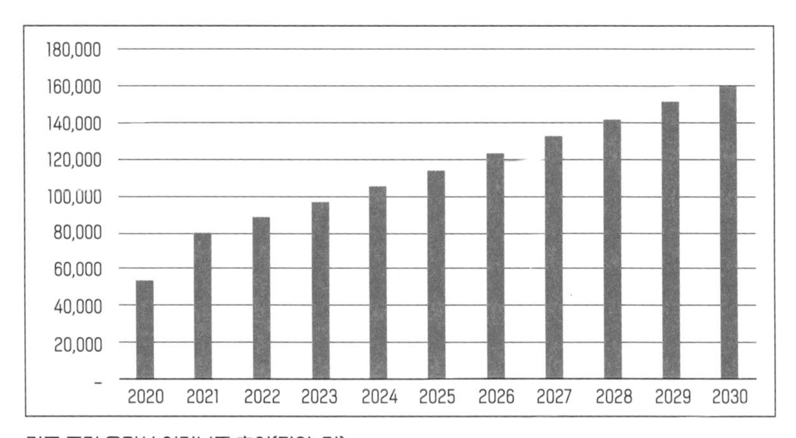

미국 트럭 운전사 인력부족 추이(단위: 명)
출처: Driver shortage update 2021, Economic Department, American Trucking Associations, 2021. 10. 25.

일각에서는 임금 인상뿐만 아니라 이민자들에게 H-2B 비자, EB-3 영주권 옵션 등을 후원해주는 방향이 트럭산업의 인력부족 문제를 해결하는 데 도움이 될 것이라고 예측하기도 했다.[58]

트럭산업의 인력부족 문제가 심화되는 가운데, 트럭 자율주행 기술의 발전은 물류의 이동과 관련된 문제를 해결할 수 있는 최적의 솔루션으로 보인다.

도심에서의 자율주행차는 보행자, 자동차, 자전거, 전동킥보드 등 다양한 이동수단들과의 상호작용, 복잡한 교통상황으로 인해 안전에 대한 이슈가 제기되고 있다. 하지만 트럭의 경우 이동거리 95% 이상을 도심과 비교해 고속도로와 같은 돌발변수가 적은 환경에서 주행하기 때문에 상용화가 빠르게 진행될 것으로 예상된다.[59]

대형 화물트럭의 주차공간 문제 역시 자율주행 트럭 상용화를 앞당기는 요인 중 하나다. 북미트럭운전협회는 2021년 11월, 미국교통청에 안전한 트럭 주차공간 확보를 위한 대규모 투자를 요청했다.[60] 북미트럭운전협회는 서비스 시간법에 따라 트럭 운전사가 의무적인 휴식을 취해야 하는데 트럭의 안전한 주차 및 휴게공간이 부족하다는 것을 지적했다. 주차 및 휴게공간의 부족으로 인해 트럭 운전사는 갓길과 같은 안전하지 못한 공간에 주차를 하거나 서비스 시간법을 위반하고 계속 운전을 하게 된다는 것이다. 이는 트럭 운전사의 안전뿐 아니라 주변 차량의 안전까지 위협한다. 또한 주차공간의 부족은 물류의 원활한 흐름을 방해한다. 미국 교통연구소의 트럭 주차 연구에 따르면, 트럭 운전사는 하루 평균 56분을 주차공간 찾는 일에 소비한다.[61] 주차공간을 찾기 위해 낭비되는 시간을 줄인다면, 공급망과 관련된 문제를 해결하는 데 큰 도움이 될 것으로 예상된다. 자율주행 트럭의 도입은 트럭주차와 관련된 안전 문제를 완화시키고 낭비되는 시간을 줄임으로써 물류의 흐름을 원활하게 하는 데 기여할 수 있다.

자율주행 트럭의 장점은 인간이 운전하는 것에 비해 안전하다는 점이다. 트럭의 역학과 기능은 승용차와는 매우 다르다. 트럭은 고속도로에서 빠른 속도로 주행하며, 엄청난 추진력을 보유하고 있기 때문에 안전하게 정지하려면 장거리 감지 및 물체인식이 무엇보다 중요하다. 또한 차체 무게 15t에 적재한 화물을 포함하면 36t에 달하는 클래스8과 같은 대형 트럭은 고속도로에서 약 100km/h로 주행했을 때 차량 제어와 정지가 쉽지 않다.

자율주행 스타트업 투심플TuSimple과 지오탭Geotab은 레벨4 자율주행 트럭 기술을 이용한 차량 통신 기술에 기반해 작성한 안전연구 보고서 초안을 공개했다.[62] 10주간 13만 km 주행 데이터를 분석한 결과에 따르면, 인간이 직접 운전할 때에 비해 160km당 급정거, 급가속, 급회전 빈도가 훨씬 낮아 안전은 자율주행 트럭의 도입이 기대되는

	100mile(160km)당 이벤트 횟수 (투심플 자율주행 기술)	100mile(160km)당 이벤트 횟수 (인간 운전자)
급정거	0~0.02	0.08~0.10
급가속	0.11~0.16	0.99~1.06
급회전	0.04~0.10	1.18~1.89

투심플과 지오탭의 자율주행 트럭 초기 안전연구 결과

출처: TuSimple Holdings Inc., First look at telematics study reveals significant safety advantages of TuSimple's autonomous driving technology, Cision PR Newswire, 2021.9.23.

큰 이유 가운데 하나다.

자율주행 트럭 기술개발 기업들의 특성

2021년 12월 빠르게 변해가는 자동차 시장의 트렌드에 대응하기 위해 다임러트럭이 모기업 다임러그룹에서 분사했다.[63] 승용차와 상용차는 필요한 기술이나 소비자의 니즈가 다르기 때문에 다임러트럭은 분사를 통해 이러한 차이에 대응하고, 트럭산업의 필요에 집중하며, 미래에 대한 가시성을 확보하려 한다. 다임러트럭은 무공해 기술에 집중해 전기트럭을 개발 중인 테슬라나 지리자동차 같은 업체들과 경쟁할 계획이다.

자율주행 기술개발을 강화하고 있는 다임러트럭은 2005년 설립된 자율주행 트럭 개발 기업 토크로보틱스Torc Robotics의 지분 과반을 인수했고,[64] 2010년 12월 웨이모와 함께 프라이트라이너 캐스캐디아Freightliner Cascadia 트럭의 레벨4 자율주행 시스템 구축을 위한 협력을 발표하고, 2020년 12월에는 전략적 투자를 단행했다.[65] 루미나 센서와 토크 로보틱스 자율주행 시스템을 프라이트라이너 캐스캐디아 트럭에 통합하고, 운영 및 네트워크 센터를 구축해 허브투허브Hub-to-Hub 전략을 실현하는 것이다. 또 웨이모의 자율주행 소프트웨어 활용을 위해서 자체적으로 새시 개발을 하는 이중 접근 방식을 추진하고 있다. 그만큼 자율주행 트럭이 앞으로 중요한 비즈니스라는 것을 반증한다고 할 수 있다.[66]

투심플은 트럭의 무게와 주행속도를 고려해 10개의 고해상도카메라를 장착, 야간이나 우천 시에도 최대 1000m 떨어진 차량의 감지가 가능해 긴급상황이 발생해도 추가 사고 없이 정차할 수 있다.[67] 또한 5개의 마이크로 웨이브 레이다는 300m 떨어져 있는 물체를 감지하고, 한 쌍의 라이다는 200m 떨어진 물체를 정밀하게 규명할 수 있다.

이러한 기술력을 갖춘 투심플 자율주행 트럭은 2021년 5월, 애리조나주 노게일스부터 오클라호마주 오클라호마시티까지 총 1500km를 14시간 6분 만에 시범운송했다.[68] 해당 거리는 트럭 운전사의 운전으로는 총 24시간 6분이 걸렸다. 인간 운전자가 운전할 때는 서비스 시간법 때문에 운전시간과 휴식시간이 정해져 있지만, 자율주행차량은 해당 법에 저촉되지 않아 물류 이동의 효율성과 트럭 차량의 활용도를 높일 수 있다.[69] 현재까지 공식적으로 개정안이 발표되지 않았지만 미국연방차량안정청은 자율주행 시스템 수용을 위한 서비스 시간법을 개정하는 중으로 자율주행 트럭의 도입을 앞당길 수 있을 것으로 예상된다.[70]

투심플은 레벨4 자율주행 기술의 시연도 성공했다. 2021년 12월 투심플 자율주행 트럭은 애리조나주 투손에서 피닉스시까지 128km 거리를 안전운전자 없이 1시간 20분간 성공적으로 운행했다.[71] 투심플의 CEO 청 루Cheng Lu는 해당 시연이 상업적 측면보다는 기술적 완성에 초점을 두고 있다고 말하며, 지난 1년 6개월 동안 1800회의 고속도로 시험운행을 완료했다고 밝혔다. 투심플은 2022년 1월 엔비디아와의 협력을 발표하는 등 엔비디아 솔루션을 상업용 자율주행 트럭에 최적화시키고 2024년 상용화를 시작할 예정이다.[72]

오로라는 2017년 설립된 자율주행 전문기업으로 2019년 5월 블랙모어Blackmore, 2021년 2월 아워스테크놀로지OURS Technology 등 라이다 기업을 연속 인수해 FMCWFrequency-Modulated Continuous-Wave 라이다 기술력을 축적하고 있다.[73] 기존 ToFTime of Flight 라이다 기술은 물체에 펄스 레이저 광선을 쏘아 반사되어 돌아오는 시간을 통해 물체의 거리와 방향을 측정한다. 최근 주목받고 있는 FMCW 라이다는 ToF 방식과는 달리 반사광의 주파수 변화까지 측정해 물체의 이동속도까지 예측할 수 있어 고속주행하는 고속도로에서 안전 확보에 유리하다.[74] 오로라가 제공하는 중복 내장 컴퓨터Built-in Computer Redundancy는 센서, 라이다, 레이다, 카메라 가운데 중 하나라도 고장 혹은 작동 문제가 생기면 자율주행 시스템 자체적으로 해결책을 찾는 방식으로, 필요 시 차량 주행을 자동으로 멈추도록 설계해 안전을 보장하고 있다.[75]

볼보는 2018년 레벨4 자율주행 트럭을 개발했으나, 2020년까지 상용화에는 특별한 관심은 없었다. 그러나 2020년 기준 북미 대형 트럭 시장의 9.4%를 점유하고,[76] 2021년 총 20만 대 이상의 트럭을 판매하며 승용차 시장뿐만 아니라 트럭 시장에서도 좋은 성과가 나타나자 자율주행 트럭에 대한 관심이 높아졌다.[77] 2017년부터 자율주행으로 허브투허브 용도의 트럭을 준비해왔던 볼보는 2021년 3월 오로라와 자율주행 트럭 협업을 발표했다.[78] 두 회사는 2018년 초부터 자율주행을 위한 소프트웨어 개발을 함께해왔으며 오로라의 운전자 소프트웨어를 사용하는 첫 상용제품 역시 북미에서 허브투허브 자율주행 모델에 맞추어 제작될 전망이다.[79]

오로라는 볼보와의 협력 발표 후 2021년 9월 오로라드라이버 센서를 탑재한 볼보 VNL 모델 프로토타입을 공개했다. 완전자율주행으로 나아가기 위해서는 안전성을 제고하기 위한 중복 통제 시스템이 필수적이기 때문에 오로라는 시스템 개발, 볼보는 시스템의 안전기준 평가 및 제품 인증을 담당하며 효율적으로 개발과 상용화를 추진하고 있다.[80]

오로라는 미국 트럭 전문제조사 파카PACCAR의 피터빌트Peterbilt, 켄워스Kenworth와도 트럭을 테스트하고 상용화하기 위한 전략적 파트너십을 맺었다.[81] 오로라와 피터빌트는 CES 2022에서 오로라드라이버 레벨4 자율주행 시스템이 탑재된 트럭을 공개했다.[82] 오로라의 시스템은 2020년부터 달라스-포트워스 지역에서 테스트를 시작한 것으로 알려졌으며, 향후 오로라와 파카는 지속적인 협력을 통해 자율주행 클래스8 대형 트럭을 개발 양산할 계획이다.

오로라는 2022년 3월 말, 오로라드라이버 2.0의 베타버전을 공개했다. 오로라드라이버 2.0은 화물운송 트럭에 필수적인 복잡한 공사지역 길찾기가 가능해지는 등 고속도로와 교외 지역에서 향상된 자율주행 능력을 탑재했고, 기존에 비해 2배 거리의 장애물을 탐지하는 고화질 카메라를 사용하며, 매일 업데이트되는 지도를 통해 텍사스주 포트워스와 엘파소 지역 사이의 새로운 상업용 트럭 루트 안내를 지원한다.

오로라는 FMCW 라이다를 탑재한 자율주행 트럭뿐만 아니라 로보택시도 개발 중에 있으며, 2023년까지 출시할 예정으로 개발 중인 오로라드라이버 2.0을 자율주행 트럭과 로보택시에 함께 적용할 계획이다.[83·84] 로보택시는 토요타의 시에나 미니밴을 개조해 달라스와 피츠버그, 샌프란시스코 등의 지역에서 6개월간 시범운영할 예정이다. 시범운영의 정확한 시기는 발표되지는 않았지만, 오로라는 해당 기간 동안에 오로라 안전지침 프레임워크Aurora Safety Case Framework를 검증하고,[85] 이후 2024년에는 토요타, 우버와 함께 미국에서 상용 로보택시 서비스를 시작할 계획이다.[86]

웨이모도 자율주행 트럭으로 운영하는 장거리 물류 서비스와 밴으로 택배, 세탁물 등을 배송하는 서비스 웨이모비아를 시작했다. 웨이모의 퍼스트마일-미들마일-라스트마일 배송 시장의 진출을 알리는 신호탄으로, 코로나19로 점차 성장하고 있는 물류 시장에 진출한다는 선언이기도 하다. 현재 캘리포니아주와 애리조나주 피닉스 지역에서 테스트하고 있으며 텍사스주와 뉴멕시코주로 확장할 예정이다. 앞으로 웨이모가 물류 분야에 자율주행 기술을 어떤 방식으로 적용할지가 궁금해진다.

스웨덴의 스카니아Scania도 2021년 2월 E4 고속도로에서 3대의 자율 트럭을 주행할 수 있는 허가를 받아 성공적으로 운영한 뒤, 쇠데르텔리에Sodertalje에서 남부 도시 옌셰핑Jonkoping 사이 모든 유형의 도로를 주행할 수 있는 허가를 받았다. 스카니아는 그동안 수집된 데이터를 바탕으로 광범위한 시나리오 처리가 가능한 머신러닝을 개발 중이며, 2030년대에 상용화를 계획하고 있다.

자율주행 트럭의 상용화를 위해선 다양한 수송모델과 효과 분석이 필요하다. 특히 새로운 모델이 기존 화물 업계의 효율성, 일자리 등에

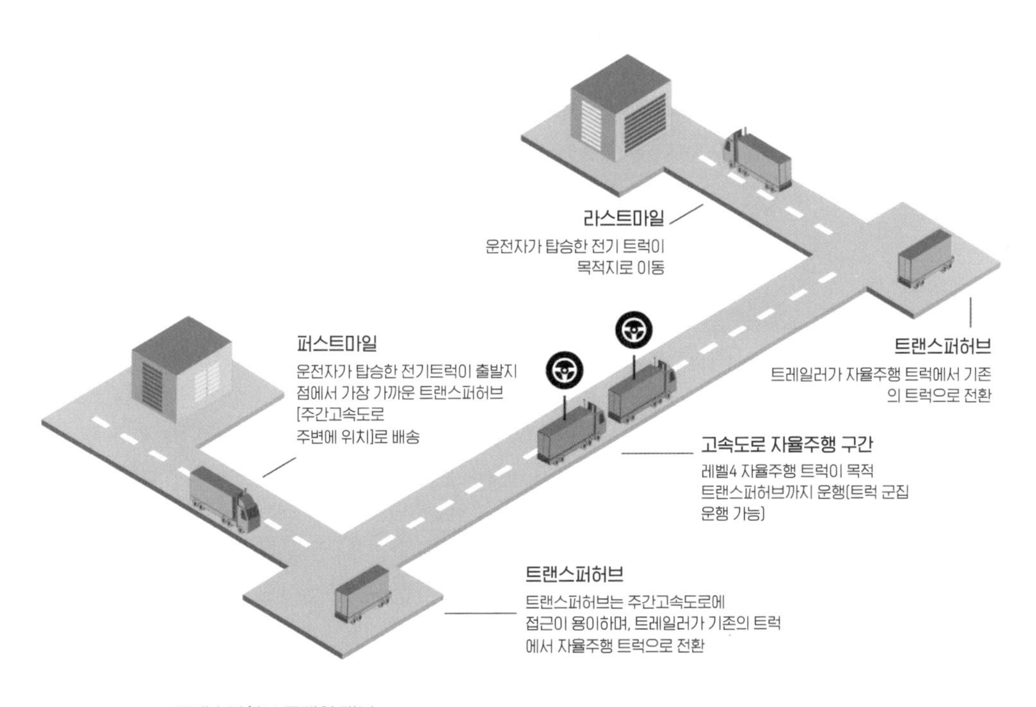

트랜스퍼허브 모델의 개념
출처: Shifting up a gear, Roland Berger, 2018. 9.

미칠 영향 예측은 사회적 수용성과 합의 확보를 통한 상용화에 매우 중요한 정책적 고려사항이다.

가장 많은 논의가 진행 중인 것은 트랜스퍼허브Transfer Hub 모델로 허브투허브 모델로도 불린다. 물류 환승허브를 고속도로에 가까이 배치해 고속도로 주행에 최적화된 자율주행 트럭이 허브 사이를 운행하는 물류 이동의 미들마일을 담당하고, 인간 운전자가 보다 복잡한 운행 환경인 퍼스트마일과 라스트마일, 물류의 상하차 등을 담당하는 모델이다. 복잡한 도시에 대형 자율주행 트럭이 진입하지 않아 안전도를 높이며, 자율주행 트럭으로 대체된 기존 클래스8 운전자들은 퍼스트마일, 라스트마일, 물류의 상하차로 직업전환이 가능해 일자리 이슈도 해결할 수 있다.

엠바크트럭Embark Truck은 LA와 애리조나주 피닉스시에 자율주행 트럭을 위한 트랜스퍼허브를 오픈할 것이라고 밝혔다.[87] 또한 트랜스퍼허브를 설치, 관리하기 위해 공급망 관리기업 라이다시스템Ryder System과의 협력을 발표했다.[88]

2017년 최초로 레벨2 자율주행 트럭 운행을 시도했고 2019년 아마존과 협력한 것으로 알려진 엠바크트럭은 2021년 레벨4 자율주행 기술을 완성 중이라 밝혔고,[89] 2022년에는 나이트스위프트 트랜스포테이션Knight-Swift Transportation과 협업해 레벨4 자율주행 기술을 탑재한 차량을 시범운행할 계획이다.[90] 엠바크트럭은 2021년 3월 표준화된 자율주행 시스템 요소들과 유연한 인터페이스를 갖춘 EUIEmbark Universal Interface를 공개하기도 했다.[91]

커민스Cummins, 엔비디아, 루미나, ZF 등의 업체들과 협력을 통해 최고의 기술력을 통합한 EUI 시스템은 주요 트럭 업체들이 자율주행 기술을 쉽게 통합할 수 있도록 돕는다. 웨이모처럼 자율주행 기술을 트럭 업체에 라이센싱 혹은 장착하는 비즈니스에 진출하기 위한 준비로 보인다.

포드 역시 자율주행 트럭에 관심을 가지고 연구개발을 진행하고 있다. 포드는 세계 최대 파워트레인 기업 AVL과 자율주행 트럭 개발을 위해 협력하고 있으며, 터키 콕홀딩Koc Holdings과의 합작법인 포드오토산Ford Otosan과 AVL은 2019년 가을 터키에서 대형 트럭의 군집 주행 시연에 성공했다.[92] 포드오토산과 AVL은 레벨4 고속도로 파일럿 기술을 접목한 자율주행 트럭도 개발 중이다.[93] 포드오토산과 AVL이 개발하는 자율주행 트럭 역시 트랜스퍼허브 모델을 사용해 물류센터를 잇는 고속도로 자율주행 운송을 추진하고 있다. 두 회사는 가상 환경과 실제 운전 경험에서 축적된 데이터를 활용해 다양한 날씨, 교통 흐름, 도로 조건들과 함께 안전하게 운행할 수 있는 알고리즘을 개발 중이다.

전기차 시장의 강자 테슬라 역시 전기 자율주행 트럭 세미Semi의 생산을 앞두고 있다.[94] 2017년 처음 세미를 발표, 2019년 생산을 예고했지만 다양한 문제로 생산에 차질을 빚어 출시가 지연되고 있다. 2021년 3월 네바다 기가팩토리에서 생산라인 구축을 시작해 매주 5대 생산이 가능하다고 보도되었으나,[95] 세미의 생산은 2022년으로 또다시 미뤄졌다.[96] 테슬라가 세미에 '향상된 자율주행Enhanced Autopilot' 시스템을 장착한다고 언급해 레벨4 자율주행 기술이 아닌 누적된 전기차 기술과 자율주행 기술을 활용할 가능성이 커, 세미가 향후 자율주행 트럭 시장과 산업에 미칠 영향력에 대한 관심은 매우 높은 상태다.[97]

중국도 자율주행 트럭 기술개발에 박차를 가하고 있다. 중국 스타트업 위라이드는 로보택시, 미니 로보버스에 이어 레벨4 자율주행 기술을 탑재한 자율주행 화물차 로보밴Robovan을 출시했다.[98] 클래스8 수준 대형 트럭은 아니지만, 자율주행 기술이 탑재된 화물차량은 도시 내의 스마트 로지스틱스에 영향을 미칠 것이다. 캘리포니아주에서 무인 자율주행 테스트 허가를 확보해 2대를 운영하고 있어 중국을 넘어 미국까지 서비스 지역을 확대할 것으로 예상된다.

중국의 대표 기업 가운데 하나인 바이두는 2020년 화물운송용 스마트 대형 트럭의 생산을 위해 라이온브리지와 합작회사 딥웨이DeepWay를 설립하고, 2021년 9월 스마트 캐빈과 자율주행 전기트럭을 발표했다.[99] 딥웨이는 로보트럭 싱투Xingtu에 450kWh 배터리를 장착해 완충 시 약 49t의 화물을 싣고 300km를 운행 가능하다. 또한 완충까지 1시간이면 되고 배터리 스와핑을 통해 6분이면 배터리를 교환할 수 있어 이동시간 단축과 비용절감에 효과적이다. 바이두와 딥웨이는 가까운 미래에 로보트럭의 생산을 시작하고 중국의 화물 시장에 레벨4 자율주행 기술을 도입할 계획이다.

중국 국영펀드로부터 투자를 받은 중국 최초의 자율주행 스타트업 플러스는 2021년 3월, 중국 최대의 운송업체 SF익스프레스에 자율주행 트럭을 투입했다.[100] 플러스는 SF익스프레스와 협력해 중국 우한부터 우시까지 왕복 1500km, 창수부터 우한까지 왕복 1600km 거리에서 자율주행 트럭 기술을 실증할 계획이다. 플러스의 안전운전자가 탑승한 자율주행 트럭은 10만 km가 넘는 거리에서 자율주행 기술을 테스트하며 실증기간 동안 안전과 관련된 운전자의 개입이 없었다는 성과를 밝히기도 했다.

2021년 6월, 아마존은 플러스로부터 1000대의 자율주행 시스템을 구매했고, 플러스의 지분 20%를 매수할 수 있는 옵션을 획득했다.[101] 아마존은 2019년 이미 레딧 이용자에 의해 엠바크트럭 테스트가 목격되고, 2019년 오로라 시리즈B 펀딩에 참여하기도 했다.[102] 전자상거래 시장이 급성장하고 빠른 배송에 대한 수요가 지속적으로 증가하며 아마존은 자율주행 트럭을 이용한 배송에 관심을 늘리고 있다.[103]

국내에서는 마스오토가 자율주행 트럭을 개발 중이다. 마스오토는 라이다 없이 카메라 7개로 획득한 주행 데이터를 인공지능이 학습해 자율주행한다.[104] 국토교통부가 임시 자율주행 운행을 허락한 40개의 업체 중 유일하게 카메라만 이용하는 기술 기업으로, 마스오토는 자율주행 트럭의 안전성을 높이기 위해 레이다가 추가로 부착된 자율주행 트럭을 택배상자를 옮기는 물류 센터의 간선운송 업무에 투입하고 있다.

전 세계적으로 전기차 시장이 성장하면서, 새롭게 개발되는 자율주행 트럭 역시 대부분 배터리를 장착한 전기트럭이다. 유럽 자동차제조사협회ACEA는 대형 전기트럭을 위해서 2025년에는 약 1만 5000기의 고출력 충전기가, 2030년까지는 5만 기 이상의 충전기가 필요할 것으로 추산하고 있다.[105] 기존 주유소 네트워크에 비해 전기차 충전 네트워크는 아직 미비한 실정이기 때문에 자율주행 전기트럭이 자리잡기 위해서는 충전 인프라의 구축이 필수적이다.

볼보, 다임러트럭과 폭스바겐의 트라톤Traton은 2021년 12월, 유럽에 충전소 네트워크 구축을 위한 합작법인을 설립하겠다는 계획을 밝혔다. 합작법인은 전기 배터리를 사용하는 장거리 대형 트럭과 우등버스를 위한 고성능 공공충전 네트워크 구축을 목적으로 2026년 말까지 1700개 이상의 충전소를 설치할 예정이다. 하지만 이는 유럽 자동차제조사협회가 목표로 하는 수치에는 미치지 못하는 규모로, 장거리 운행을 위한 최소한의 수요만 담당할 수 있을 것으로 보인다.

최근 급격히 늘어나는 개인들의 전기차 수요를 충족하기에도 충전소 부족이 이슈가 되고 있지만, 자율주행 트럭을 위한 인프라 개발과 확충에도 정책적 관심이 필요하다.

원격제어, 한계를 넘으려는 인공지능과 인간의 협력

공식적으로 자율주행으로 언급하는 레벨3 이상 자율주행 시스템을 사용할 때도 안전을 위해 인간 운전자의 개입은 '자율주행'이라는 용어와 달리 필수적이다. 현재 자율주행 기술 수준은 시스템이 주행 중 안전을 높여주지만, 시스템이 감당하기 어려운 상황에선 시스템의 요청 혹은 인간 운전자의 판단으로 차량을 조작해야 한다. 특히 레벨3에서 조작 권한을 주고받는 상호작용 과정에서 또 다른 안전에 대한 이슈가 제기되고 있으며, 원격제어에 대한 필요성과 중요성에 대한 논의가 다수 진행 중이다.

소프트웨어 등을 통한 원격조작도 가능하지만 일반적으로 원격제어는 인간이 직접 작업하기 어려운 위험환경, 극한환경에서 로봇을 투입해 실시간으로 모니터링, 감독, 지원 및 제어할 수 있는 기술을 의미한다. 본래의 목적과 같이 건설현장, 노천광산, 제철소 등에서 인간의 역할을 대신하고 있으며, 배송 분야에서는 인건비 절감을 위한 방법으로 관심을 받고 있다.

일반적으로 원격제어 담당자는 자율주행차량에 탑재된 카메라와 센서에서 캡처한 비디오와 데이터를 실시간으로 전송받아 대응한다. 원격제어를 위해서는 4k 비디오, 다중 오디오 스트림, 데이터를 실시간으로 전송해야 하기 때문에 짧은 대기 시간, 고용량 및 안정적인 통신망이 필요하다.

원격제어 담당자의 역할은 크게 2가지로 나눌 수 있다. 차량조향, 가속, 제동, 탐색, 의사결정을 모든 전체 주행경로에 걸쳐 수행하는 역할과, 시스템이 자율주행 전 과정을 담당하지만 자율주행 기술이 대응하기 어려운 특정 상황에서 자율주행차에 경로 수정 등을 지시하는 역할이다. 즉 다양한 시나리오를 인공지능이 모두 학습해 대응하는데 한계가 있어 인공지능이 커버하지 못하는 상황을 인간이 대신하는 메커니즘이다.

원격제어 적용은 3가지 영역으로 구분할 수 있다.

첫 번째는 모든 유형의 자율주행차다. 자율주행차 관련 원격제어는 운영설계영역Operational Design Domain 내에서 설계된다. 운영설계영역은 도로유형(고속도로, 간선도로 등), 지리적 조건(도시, 산악, 사막 등), 속도 범위, 환경적 조건(날씨, 주야간 등), 그 밖에 다른 영역의 제약들을 포함해 자율주행차가 정상적으로 작동할 수 있는 지정된 조건과 상황으로 정의할 수 있다.[106] 운영설계영역에선 자율주행 인공지능이 조작하고, 예외적 상황에선 원격제어 담당자가 조작 권한을 이양받는 방식으로 적용이 가능하다.[107]

두 번째는 트랜스퍼허브 모델을 활용한 자율주행 트럭의 운행 과정에서 고속도로를 빠져나갈 때나 국부가로를 이용해 물류센터까지 가는 길의 운행을 제어하는 영역이다. 트랜스퍼허브 모델에서는 운행이 비교적 단순한 고속도로 주행에서 자율주행 인공지능이 트럭을 운행하고, 보다 복잡한 상황에서는 원격제어를 통해 안전성을 제고하고자 한다. 2020년 3월 코로나19로 후속투자 실패 후 폐업한 스타스키로보틱스Starsky Robotics는 자율주행 트럭 원격제어로 유명한 업체였다. 트럭 외부에 장착된 6개 카메라에서 전송되는 실시간 영상을 보며 차량을 원격제어하는 플랫폼 제공업체로, 트랜스퍼허브 모델에서 원격제어 기술을 활용해 안전한 이동을 위한 기술과 비즈니스 모델을 개발하기도 했다.[108]

세 번째는 스타십, 코코Coco와 같은 배송로봇 학습 방식이다. 로봇을 원격으로 조작하고 그 과정에서 축적된 데이터를 사용해 인공지능 모델을 훈련시킨 스타십은 현재 90% 이상을 자율주행하고 특정 상황에서만 원격 작업자가 처리하는 방식으로 운행 중이다.[109]

미국 캘리포니아주 LA 다운타운의 코코 배송로봇
출처: 이슬아

40km/h까지 주행 가능한 배송로봇 뉴로 R2도 만약의 상황에 대비한 원격제어가 가능하다. 신생 스타트업인 코코는 현재 100% 원격제어로[110] LA, 휴스턴, 오스틴, 산타모니카 등에서 배송에 투입되고 있으며 미국 전역으로 서비스를 확대할 계획이다.[111]

원격제어 서비스 기업으로 데지그네이티드 드라이버Designated Driver, 드라이브유DriveU, 오토피아Ottopia, 팬텀오토Phantom Auto 등이 있다.

2018년 설립된 데지그네이티드 드라이버는 다양한 차량에 적용할 수 있는 원격제어 하드웨어와 소프트웨어 키트, 원격제어 담당자용

드라이브 스테이션 하드웨어와 소프트웨어, 훈련된 원격 운전자를 포함한 운영 서비스를 제공하고 있다. 2019년 설립된 이스라엘 기업 드라이브유는 엔비디아의 파트너로 로봇, 자율주행 트럭, 셔틀, 승용차 등을 위한 원격제어 솔루션을 제공하고 있다. 2021년 4월 현대자동차로부터 투자받은 또 다른 이스라엘 기업 오토피아는 원격제어뿐만 아니라 이동 경로에 따라 다양한 이동통신사 품질을 예측하고, 전송하는 비디오 용량을 줄이기 위한 압축기술에 강점이 있는 것으로 알려져 있다. 팬텀오토는 로보택시를 시작으로 지게차, 자율주행 트럭과 셔틀, 배송로봇 등 다양한 산업용 자율주행차량에 원격기술을 적용하고 있다.[112]

국내에서는 오토노머스에이투지가 제주-화성 450km 구간을 잇는 원격제어주행 기술을 2022 국제전기차엑스포에서 최초로 선보였다. 제주도에 위치한 주행 콕핏Cockpit에서 원격제어하면 경기도 화성 자동차안전연구원 내 K-City(자율주행 실험도시) 약 3km 구간에서 실제 차량이 주행하는 기술이다. 차량에 장착된 카메라를 활용해 정면, 좌측면, 우측면 시야를 실시간으로 KT의 5G 무선 통신모듈 기술로 전송하면 제주의 콕핏에서 확인해 제어하는 방식이다.

미국에서는 캘리포니아주가 2018년 자율주행차량에 대한 규정의 일부로 원격제어를 포함했으며 애리조나, 플로리다, 미시간, 오하이오, 텍사스를 비롯한 여러 주에서 자율주행 규정의 일부로 원격제어를 의무화했다. 캐나다, 핀란드, 일본, 네덜란드, 스웨덴, 영국, 중국 등 많은 국가에서도 원격제어를 규정의 일부로 추가했다. 바이두 아폴로는 소프트웨어 드라이버의 일부로 원격제어 기능을 포함하고 있다.[113]

원격제어 기술에는 원격제어 담당자의 작업 능력 및 이상 상황과

오토노머스에이투지 원격주행 플랫폼
출처: 차두원, 2022 국제전기자동차엑스포.

개입 시점 판단능력, 실시간 자율주행차량의 정보제공이 매우 중요해 완전자율주행이 실현되기 전까지 자율주행 보완기술로 활용될 것으로 보인다.

완전자율주행은 언제쯤 가능할까?

99.99999999 인간 운전자 수준이 필요한 완전자율주행

"완전자율주행차 상용화 시기는 언제일까요?"

세미나와 강연에서 가장 많이 받는 질문 가운데 하나다. 2021년 웨이모 CEO 존 크라프칙의 사퇴를 놓고 지연되는 완전자율주행차 상용화에 대한 책임이란 분석이 나오고, 일론 머스크는 FSD를 완전자율주행 시스템이라고 주장하는 반면 테슬라 엔지니어는 실제로는 레벨2라고 언급하는 등 완전자율주행은 아직 많은 논란의 대상이다.

2022년 2월 28일 캘리포니아 공공유틸리티위원회는 크루즈와 웨이모가 신청한 자율주행 서비스 허가를 발급했다. 2021년 10월 캘리

샌프란시스코 카스트로 지역에서 운행 중인 웨이모 아이페이스 로보택시
출처: 이슬아, 2022. 2. 7.

포니아 교통당국의 허가에 이어 공공유틸리티위원회의 허가를 받아 바로 상용 서비스를 시작할 수 있다.

기존에는 테스트가 목적이었지만, 이번 허가로 요금을 받고 승차공유 서비스를 제공할 수 있다. 위험 상황에 대비해 안전운전자가 탑승해야 하며, 샌프란시스코 일부 공공도로에서는 오후 10시에서 오후 6시 사이에 48km/h까지, 샌마테오카운티San Mateo County 등 일부 지역에서는 105km/h까지 주행이 가능하다. 하지만 안전을 위해 짙은 안개나 폭우 상황에서는 운행할 수 없다.[114]

웨이모가 처음으로 유료운행을 시작한 애리조나주는 주정부의 자율주행 친화적인 규제정책과 함께 적절한 인구밀도, 현대적인 도로 인프라, 영하로 내려가지 않는 기후와 주로 맑은 날씨 덕분에 시험운행에 최적이다. 반면 샌프란시스코는 차량운행 속도가 늦고 많은 보행자, 높은 언덕과 짙은 안개 등 복잡한 도시 테스트에 적합한 환경을 보유하고 있다.[115]

그렇다면 본격적 완전자율주행 상용화는 언제 가능할까? 일론 머스크의 말처럼 2023년 5월에는 운전자가 필요 없는 테슬라의 완전자율주행차를 구매할 수 있을까?

의견이 분분하지만 캘리포니아 대학 버클리의 자율주행 프로그램 PATHPartners for Advanced Transportation Technology 담당자였던 원로교수 스티븐 슐라도버Steven Shladover는 레벨4는 2030년, 레벨5는 2075년에야 가능할 것이라고 예측했다.

자율주행차가 직면할 수 있는 모든 시나리오에 99.99999999% 대응 가능한 수준을 일반 운전자와 동일한 완전자율주행 기술로 정의한다. 시스템 오류 0.0000000001% 수준을 완전자율주행 오류 수준으로 설정한 것이다.

스티븐 슐라도버 교수는 완전자율주행 실현을 에베레스트산 정상을 등반하는 과정에 비유했다. 에베레스트산을 등반하기 위해 샌프란시스코에서 인도 뉴델리까지의 이동을 90%, 뉴델리에서 카트만두까지 이동을 99%, 카트만두에서 베이스캠프 주변 공항까지 이동을 99.9%, 베이스캠프까지 이동을 99.99%, 험난한 등반과정을 거쳐 정상등정에 성공하기까지의 과정을 자율주행 시나리오 99.99999999%로 설명했다. 그만큼 완전자율주행 기술개발은 쉽지 않다는 것을 의미한다.

이러한 슐라도버 교수의 비유는 미국고속도로교통안전국이 정한 고도 자율주행 기준에 따른다. 차량 밀도가 적당한 고속도로에서 차량이 초당 하나의 물체를 인식한다고 하면, 99.99999999%의 물체를 완벽히 인식해야 미국고속도로교통안전국이 기대하는 고도의 자율주행, 즉 완전자율주행이 가능하다는 것이다.

2010년대 많은 자율주행 기술개발 기업들이 레벨4 혹은 레벨5 완전자율주행 상용화 시점을 2020년 혹은 2021년으로 봤다. 하지만 아직까지 완전자율주행 기술을 상용화시킨 기업은 없다. 캘리포니아주, 서울시 모두 한정된 구간에서 시험운행하는 수준이다. 가장 많은 규모를 공식화한 기업은 웨이모로 크라이슬러 퍼시피카 6만 대, 아이페이스 2만 대 등을 구입해 상용화한다고 밝혔으나, 현재까지 캘리포니아주 690대와 애리조나주, 미시간주에서 1000대 정도 시험운행 중이다. 시험운행 결과 보고 의무가 없는 애리조나주 챈들러, 템페, 메사, 길버트 지역의 80km^2 면적을 중심으로 로보택시 서비스 웨이모원Waymo One을 운영하고 있다.

애리조나주는 더그 듀시Doug Ducey 주지사 직권으로 2016년부터 자율주행차의 시험운행이 가능해졌다. 캘리포니아와 차이가 있다면 만약의 사태에 자율주행차 제어가 가능한 안전운전자 없이 24시간 주행을 할 수 있고, 정기적인 주행결과 보고서 제출 의무가 없다는 점이다.

2021년 8월 기준, 웨이모원이 운영되는 4개 도시의 인구가 120만 명인데 앱 다운로드는 11만 회 수준으로 사용률은 높지 않다. 2019년부터 2020년 3분기까지 약 10만 4600km를 무인주행했고 47건의 충돌 사고가 발생했다.[116] 뺑소니, 비정상적인 급정거, 자전거 감지 실패, 도로상 주차, 기절한 상태의 마약 사용 의심자 발견 등이 경찰에 보고되기도 했다.[117] 2021년에는 안전운전자 없이 주행 중 도로 교통콘Traffic Cone을 마주하자 멈추는 바람에 결국 긴급 출동한 웨이모 운영

팀이 해결한 영상이 공개되어 자율주행 기술 수준에 대한 논란을 불러왔다.[118] 차량의 원격주행이 지원되지 않는 웨이모는 안전운전자가 없는 상황에서 차량의 상황 대응과 상호작용, 서비스 품질의 문제가 지적되고 있다.[119] 호출을 위한 앱은 우버앱과 비슷해 사용에 큰 어려움이 없지만, 음악을 듣기 위해서는 구글 어시스턴트앱을 추가로 다운로드받아야 한다. 이처럼 2009년 설립되어 13년 차를 맞이한 웨이모 로보택시도 아직까지 상용화에는 한계를 보이고 있는 게 현실이다.

기업마다 완전자율주행 기술을 바라보는 관점도 다르다. 스타트업으로 출발한 웨이모, 크루즈, 죽스, 오로라와 같은 기업들은 노련하고 전지전능한 디지털 드라이버의 개발을 통해서만 완전자율주행 기술의 구현이 가능하다고 확신한다. 반면 메르세데스-벤츠는 이미 개발된 고급 운전자보조 시스템의 정교한 반복을 통해 궁극적인 완전 자율주행 기능을 완성하고자 하며, 레벨4 자율주행은 2020년대 후반 가능할 것으로 판단하고 있다.[120] 2020년대 초반 완전자율주행 상용화를 목표로 내세웠던 많은 완성차 제조사들이 목표를 달성하지 못했고 명확한 실현 시기 역시 제시하고 있지 않다. 하지만 기술이 개발되어도 각종 규제 등에 대한 국제적 합의와 사회적 수용성 확보를 위해서 추가적인 시간이 필요하다.

일론 머스크는 2022년 1분기 실적 발표에서 2024년 운전대와 브레이크, 가속페달이 없는 전용 로보택시를 출시할 예정이며, 테슬라의 성장을 이끄는 비즈니스가 될 것이라고 밝혔다. 또한 일반버스, 공영제 버스, 지하철 요금보다 저렴할 것이라고 주장하기도 했다.[121]

미국의 규제 해소와 완전자율주행 기술 상용화가 늦어지는 이유

완전자율주행 기술의 상용화가 늦어진 이유는 크게 2가지다.

첫 번째는 막대한 개발 비용이다.[122] 자율주행 기술을 개발하는 주요 30개 기업들은 2019년까지 완전자율주행 기술개발을 위해 누적금액 약 160억 달러(약 19조 6600억 원)를 투자했다. 자율주행 트럭, 배송 로봇, 부분 자율주행차 개발 혹은 판매 기업을 제외한 순수 투자 금액이다. 50%는 웨이모, GM, 우버가, 나머지 절반은 바이두, 토요타, 포드(아르고AI), 애플이 투자하는 등 막대한 자금력을 보유한 소수의 기업만이 완전자율주행 기술개발이 가능하다.

주요 비용은 엔지니어들의 급여와 보너스, 프로토타입 자율주행차 도로 테스트 운영 비용, 지도 데이터 수집과 개발 비용, 자율주행차 모니터링과 운영을 위한 인건비, 영상 인식과 학습을 위한 소프트웨어와 하드웨어 인프라 비용, 프로토타입 자율주행차 생산 비용 등이다.

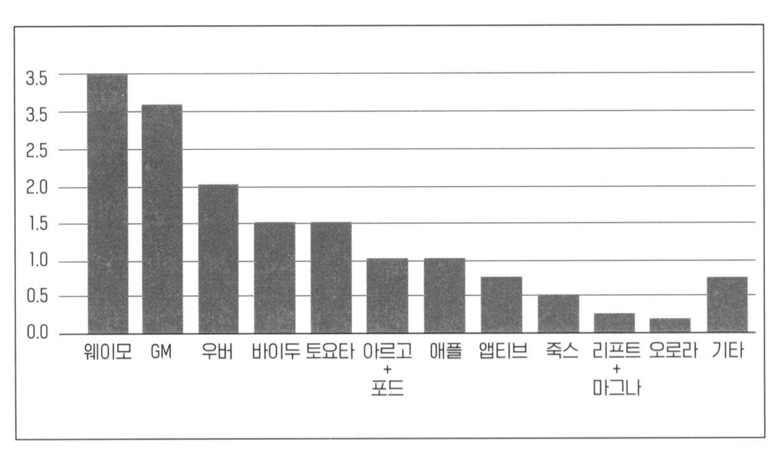

2019년까지 주요 자율주행 기술기업들의 연구개발 투자 규모(단위: 억 달러)

출처: Amir Efrati, Money Pit: Self-Driving Cars' $16 Billion Cash Burn, The Information, 2020. 2. 5.

언젠가 완전자율주행 기술이 상용화와 황금기를 맞이하게 되기까지 적어도 수조 원의 투자는 더 필요하다. 따라서 향후 예상되는 투자 리스크 분산과 함께, 기술 상용화 단계에서 보다 넓은 시장을 확보해 규모의 경제를 실현하고자 하는 것이 완성차 업체들이 얼라이언스를 결성하는 주된 목적이다.

두 번째는 인공지능 기술의 한계다. 2020년 2월 폐업한 스타스키로보틱스 공동창업자 가운데 한 명인 스테판 셀츠 아크마허Stefan Seltz-Axmacher는 개인 블로그에 의미심장한 글을 남겼다. 2015년 창업한 스타스키로보틱스는 트럭 외부에 장착된 6개 카메라에서 전송되는 실시간 영상을 보며 비디오게임처럼 차를 원격조종하는 기술을 개발하던 기업이다. 이러한 성과로 2019년 미국 CNBC에서 전 세계 스타트업을 대상으로 선정하는 2019 업스타트100Upstart100, 프라이트웨이브FreightWaves가 선정하는 프라이트테크25FreightTech25 가운데 12위에 오르기도 했던 스타스키로보틱스의 폐업은 업계에 많은 충격을 던졌다.

가장 직접적인 폐업 원인은 후속 투자 유치 실패지만, 아크마허는 폐업 이유를 블로그를 통해 상세히 남겼다. 그가 언급한 원인 중 하나는 현재 인공지능 수준에 대한 실망이다.[123] 그는 지도학습Supervised Machine Learning 기술이 몇 년 사이 빠르게 발전했지만 원하는 만큼 되지 못했다고 지적했다. 인공지능 기술이 급속히 J 자 형태로 발전할 것으로 기대했지만 현실은 S 자 형태로 정체되어 있다는 것이다.

자율주행 기술 실현을 위해선 인공지능이 최소한 인간 운전자 수준과 비슷해져야 한다. 그림에서 인공지능 수준이 L3로 인간 운전자보다 높으면 자율주행 기술개발 기업은 안전성만 증명하면 되고, L2로 유사하면 안전성을 증명하기 위한 투자만 필요하지만, 현재는 L1 수

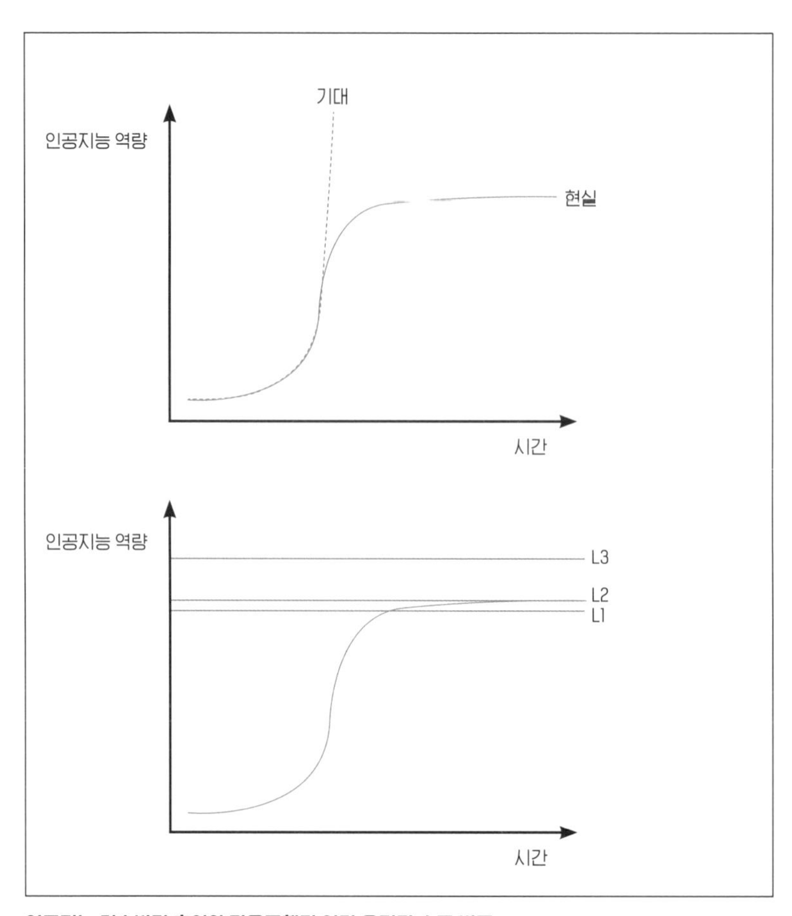

인공지능 기술발전 추이와 자율주행과 인간 운전자 수준 비교

출처: End of Starsky Robotics, Starsky Robotics 10-4 Labs Medium, 2020. 3. 20.

준으로 극복이 힘든 상황이라는 점을 지적했다.

일론 머스크도 궁극적으로 완전한 자율주행차를 판매하려면, 전체 도로 시스템이 인간의 생물학적 신경망과 눈을 위해 만들어졌기에 인공지능과 카메라를 인간과 동등하거나 인간을 능가하는 수준으로 만들어야 한다고 말했다.[124]

코로나19 대확산이 계속된 2021년, 글로벌 자율주행 투자는 예상과 달리 줄어들지 않았다. 2016년 이후 꾸준히 증가했던 자율주행 기업들에 대한 투자는 2021년 9월 22일 기준 125억 달러(약 15조 3600억 원) 규모다. 2021년 전체 투자는 137억 달러(약 16조 8350억 원) 규모로 코로나19로 주춤했던 2020년 대비 2배 이상 증가했다. 크루즈가 28억 달러(약 3조 4407억 원), 웨이모가 25억 달러(약 3조 720억 원)로 가장 많은 투자를 받았다. 투자 건수도 최고 수준인 2018년과 비슷하다.

투자 규모와 건수의 증가로 완성차 업체들은 자율주행 플랫폼을 구동할 솔루션을 선택하기 시작했고, 관련해서 센서, 인공지능, 머신러닝, 데이터 라벨링 등 다양한 기술을 함께 개발하고 있다. 이제는 관련 기술 공급망을 간소화하기 위해 기술들을 패키징하고 풀스택 솔루션 확보에 도움을 줄 수 있는 새로운 공급업체 등 보다 규모가 큰 플레이어가 필요하다. 또한 웨이모, 크루즈, 오로라 오토메이션 등의 로보택시, 자율주행 트럭 파일럿 프로그램의 확장, 완성차 업체들의 레벨3 상용화 경쟁, 중국과 많은 도시들의 자율주행 시험운행 확장에 따른 기술개발 가속화가 투자 확대에 기여했다.

아직 완전자율주행 기술 상용화를 위해 넘어야 할 벽은 적지 않다. 레벨3 상용화가 2021년에 시작된 상황에서 글로벌 규제, 국가별 규제가 개선되고 사회적 합의도 함께 진행돼야 하지만 기술과 제도 간의 보조는 동시에 진행되고 있지 못한 실정이다.

물론 혁신적 기술이 출시되어 상용화를 앞당길 수 있다면 상황은 달라질 것이다. 예를 들어 카메라만을 사용하는 테슬라가 완전자율주행 상용화를 이끈다면 라이다를 중심으로 다양한 센서를 사용하는 기업군은 상당한 타격을 받을 것이다. 최근 라이다 가격 하락 등에 따라 완성차 제조사들, 빅테크 업체 등의 상황도 지켜볼 필요는 있다.

미국고속도로교통안전국은 2022년 3월 세계 최초로 자율주행차 탑승자 안전 보장을 위한 규칙을 발표했다.[125] 미국교통성의 임무인 안전표준, 자율수행 및 운전자지원 시스템 개발을 보조하기 위한 조치 가운데 하나로, 완성차 제조사들이 충돌기준을 만족시키기 위해 완전자율주행차에 운전대, 조작 페달 등 주행 제어장치를 장착해야 할 필요가 없다는 것이 주요 내용이다. 완전자율주행 단독으로 작동되도록 설계된 차량은 수동으로 작동되는 주행제어장치가 논리적으로 불필요하다는 새로운 규정은, 완전자율주행 기술을 개발하는 기업들의 상용화를 도와줄 것이다. 단 운전자가 사람에서 기계로 바뀌면서 사람을 안전하게 보호해야 할 필요성은 동일하게 유지되며, 설계 초기단계부터 고려되어야 한다는 사실을 함께 언급하기도 했다.

완전자율주행 기술개발 기업들은 '미국연방 자동차 안전표준Federal Motor Vehicle Safety Standards' 때문에 상용화에 많은 어려움을 겪었다. 차량에 운전대, 가감속 페달, 사이드 미러, 윈드실드 와이퍼 등과 같이 인간 운전자의 조작을 위한 기본 설계요소를 반드시 탑재해야 한다는 안전표준은 이러한 전통적인 설계 요소가 없는 자율주행 자동차가 상업적 목적으로 도로를 주행하는 것을 제한했다. 현재 시험운행 중인 자율주행 자동차들에도 전통적인 설계 요소들이 탑재되어 있는 이유다. 단 예외적으로 2020년 2월 뉴로의 배송용 자율주행차량이 승인을 받았다.[126] 뉴로의 승인은 기존 자동차의 기본 설계 요소 없이 사람이 운전하지 않는 차량으로 공공도로 주행을 허가받은 첫 사례로, 2018년 10월 미국연방 자동차 안전표준 제외를 신청한 지 1년 4개월 만에 받은 것이다.[127]

같은 시기 GM도 조작기가 없는 완전자율주행차 쉐보레 볼트의 미국연방 자동차 안전표준 면제를 요청했지만 미국고속도로교통안전국은 계속 묵묵부답이었다. GM은 크루즈, 혼다와 함께 제작한 목적기반 자율주행차량 오리진도 해당 규제의 면제를 신청했다. 따라서 새로운 규정은 앞으로 많은 기업들의 완전자율주행차량 설계 및 테스트, 상용화 전망을 밝게 해준 조치로 볼 수 있다. 물론 새로운 규정이 발효되어도 수동제어장치가 있는 자율주행차량 운행이 금지되는 것은 아니다.

자율주행의 핵심 논란 부품, 라이다

일론 머스크가 무시하는 라이다에 집착하는 완성차 제조사들

고위험 혁신적 연구 지원으로 유명한 미국국방고등연구계획국이 개최한 2005년 자율주행 챌린지가 자율주행차 혁신에 큰 역할을 했다. 특히 자율주행 챌린지 이후 벨로다인 라이다가 본격적으로 활용되기 시작했다.[128] 초당 10~15프레임으로 실행되는 라이다는 이를 파악하는 데 20~30분의 1초가 소요될 수 있으며, 그 시간 동안 차량은 6~9m를 이동한다. 따라서 안전을 위해서 라이다는 필수적이라는 주장과 없어도 된다는 주장이 대립되고 있다.

구글이 설계·생산했던 자율주행차 파이어플라이Firefly 루프에 최초

2007년 미국국방고등연구계획국 자율주행 챌린지에서 1위를 차지한 팀 타이탄에 장착한 벨로다인 라이다(모델명: HDL-64E)

출처: It Began with a race…16 years of velodyne LiDAR, Velodyne Lidar blog, 2017. 1. 2.

로 설치한 벨로다인의 3차원 라이다 센서는 7만 5000달러(약 9200만 원)로 고급차보다 가격이 비싸다. 끊임없이 회전해 주변을 스캐닝하는 기계식 라이다Mechanical Scanning Lidar는 내구성과 유지보수의 한계로 주기적으로 교환해줘야 하며, 루프 탑재형 라이다는 차량 디자인에도 한계가 있고 기존 주차장 등 인프라 자체를 변경해야 할 수도 있어 반가운 부품은 아니다.

2015년 보스턴컨설팅그룹은 운전자보조 시스템은 5000달러(약 615만 원), 자율주차 기능은 7000달러(약 860만 원), 완전자율주행 기능은 1만 달러(약 1230만 원)를 적정가로 예상했다. 하지만 설문결과에 따르면 50% 미만이 관련 기능이 있는 차량 구매를 위해 추가 비용을 지불할 의사가 있고, 그 가운데 24%가 운전자보조 시스템을 4000달러에, 17%는 완전자율주행 기능을 5000달러에 구매하겠다고 답해 완성차 업체와 소비자와의 비용에 대한 기대치에 상당한 차이가 있음을 알 수 있다.[129] 자동차 구매가격의 상승은 글로벌 경제가 좋지 않은 상태에서 판매량이 줄고 있는 완성차 업체 입장에서도, 언제쯤 어떤 자율주행 기능이 탑재된 전기차를 구매해야 할지 관망하고 있는 잠재 소비자 입장에서도 반가운 상황은 아니다.

라이다는 레이다Radar와 빛Light의 합성어로, 레이저를 발사해 차량 전방에 있는 물체의 형태와 거리를 측정하는 센서다. 라이다는 카메라, 레이다와 함께 자율주행 기술의 정확성을 높이는 핵심 센서로, 자율주행차의 눈으로도 불린다. 레이다는 전파로 물체와의 거리를 측정하지만 정밀도가 떨어지고 라이다는 물체 형태를 자세히 파악할 수 있지만 가격이 비싼 게 단점이다. 레이다는 전파를 쏴서 되돌아오는 속도로 사물을 감지하지만 파장이 수 cm 단위인데 비해 라이다는 nm(1nm=10억 분의 1m)로 짧아 레이다가 인식하지 못하는 사물까지 감지 가능하다. 또한 다양한 환경과 조명 조건에서 신호등, 보행자 등 모든 것에 대한 정확한 3차원 이미지를 생성할 수 있다는 점 역시 장점이다.[130]

라이다 가격은 500~1000달러 수준으로, 50~100달러 수준인 레이다나 카메라보다 비싸지만 최근 빠른 속도로 떨어지고 있다.[131] 벨로다인 CEO 아난드 고팔란Anand Gopalan은 2025년 이후에는 차량 1대당 700달러 범위에서 라이다 사용이 가능할 것으로 예측하기도 했다.[132]

최근 볼보와 벤츠의 탑재로 관심을 받는 루미나의 아이리스 라이다는 1cm 정밀도, 스퀘어당 300포인트 정밀도, 120도 시야로 차량 전방 250m 물체를 감지할 수 있고, 가격은 500~1000달러 수준이다. 루프 통합형으로 크기는 너비 15cm, 높이 90cm, 깊이 60cm이며 고정형으로 사이즈도 작아 차량 디자인에 영향을 미치지 않는다. 주변 환경을 3D 스캔해 임시로 실시간 지도를 생성, 물체 위치를 정확히 감지

루미나 아이리스 라이다와 루프 장착 사진
출처: Volvo Global Newsroom

한다. 루미나는 2022년 3월, 고성능 레이저 제조업체인 프리덤포토닉스Freedom Photonics를 인수합병해 라이다 품질 향상 및 규모의 경제 달성을 위한 기반을 마련했다.[133]

2021년 8월 미국고속도로교통안전국은 테슬라 충돌사고 11건에 대한 조사에 착수하면서 다른 12개 완성차 제조사에 운전자보조 시스템에 대한 데이터를 요청했다. 조사대상은 2018년 1월부터 2021년 7월까지 발생한 사고 12건으로, 그 가운데 7건이 인명사고인데 17명의 부상자, 1명의 사망자가 발생했다. 조사대상 사고들의 공통점은 일몰 후 오토파일럿이 작동 중인 상태에서 주로 비상정지되어 있던 차들과의 충돌이다.[134] 일반적으로 경찰차, 소방차, 고장차량 등 비상차량은 갓길, 갓길이 없는 경우 가장 오른편 혹은 왼편 차로에 정차해야 하며, 일반차량은 비상차량을 우회하기 위해 사전에 차선을 변경해야 한다.

사고의 원인은 주로 운전자보조 시스템의 성능 부족, 대형 차량 등으로 운전자 시야가 차단되었을 때 갑작스러운 장애물 등장으로 반응시간 부족, 운전에 집중하지 않는 운전자 등이다. 특히 테슬라의 오토파일럿은 다른 운전자보조 시스템보다 판매량이 많고, 운전자 사용

거리가 길며, 운전자 부주의 가능성이 크기 때문에 사고 확률이 높다고 볼 수도 있다. 하지만 문제는 시스템 설계 시 매개변수의 누락이다. 일반적으로 도로의 장애물 식별을 더 잘하기 위한 알고리즘과 기능이 추가될 수도 있지만 해당 사고의 책임, 즉 운전 중 장애물 회피와 대응의 책임은 운전자가 져야 한다.[135]

라이다가 다시 주목받는 이유는 가격 하락과 함께 레벨3 양산을 준비하고 있는 기업들이 라이다를 필수적으로 장착하며 안전에 대한 논의를 진행하고 있어서다. 테슬라는 라이다를 사용하지 않기 때문에 원거리 물체나 가려진 물체들을 제대로 인식하지 못한다는 주장들이 일부 제기되면서 가격이 떨어졌고, 일론 머스크의 라이다 불필요 주장에 대한 논란도 새롭게 전개되고 있다.

최근 미국에서는 교통사고 사망자 증가 문제가 매우 심각하게 다루어지고 있다. 2021년 상반기 미국 전체 차량의 주행거리는 2785km로 13%가 증가했다. 주행거리 1억 6100km(1억 mile)당 사망자수는 1.34명으로 2020년 상반기 1.28명보다 늘었고, 자동차 충돌사고 사망자는 18.6% 늘어난 2만 160명으로 2006년 이후 가장 많이 증가했다.[136] 2020년 3월부터 2021년 6월까지 운전자의 행동을 분석한 보고서에서는 과속과 안전벨트 미착용 상태에서 운전하는 비율이 코로나19 이전보다 높아져, 사고 시 치사율 역시 높아질 수 있음을 지적하기도 했다.[137]

2021년 4분기 테슬라 차량안전 보고서Tesla Vehicle Safety Report에 따르면 오토파일럿이 장착된 테슬라 차량은 693만 6272km, 오토파일럿을 사용하지 않는 차량은 255만 8857km마다 사고가 발생했다.[138] 미국 전체 사고는 77만 8922km 주행에 한 번씩 발생하고 있어, 테슬라

데이터와 비교하면 테슬라가 다른 차량보다 사고 확률이 10배 정도 낮다는 일론 머스크의 주장을 뒷받침하는 근거가 된다. 주행환경, 날씨와 계절 조건, 버전별 비교 등이 필요하다 주장도 있지만 앞으로 다른 운전자보조 시스템과 레벨3를 출시하는 업체들도 동일한 데이터를 제공해 다양한 상황에 따른 분석이 가능하다면 유의미하게 활용할 수 있을 것이다.[139]

최근 레벨3 상용화가 진행되면서 안전과 관련해 라이다 업체들이 다시 관심을 받고 있다. 루미나의 CEO 오스틴 러셀Austin Russell도 자율주행 기술개발에서 안전에 중점을 두는 것이 매우 중요하며, 루미나는 99.99999999%, 즉 텐나인 신뢰성10 Nines of Reliability이 목표라고 말하기도 했다.[140]

2015년 구글이 자율주행차 파이어플라이를 공개하자 자극을 받은 완성차 업체들이 가장 먼저 시작한 작업도 모빌리티 서비스 업체와 인공지능, 무엇보다 라이다 업체들에 대한 투자와 인수합병이었다. 2017년 GM은 라이다 업체 스트로브Strobe를 인수합병했고, 포드는 벨로다인에 투자했다. 웨이모는 2017년부터 직접 허니콤Honeycomb이라는 라이다 개발에 뛰어들면서 라이다 가격을 벨로다인의 10분의 1 수준으로 낮추겠다고 홍보했다. 웨이모는 2019년부터 자율주행차 개발 업체를 제외한 라이다 필요 업체에 판매도 했으나 품질문제와 함께 투자비 압박, CEO 교체 등을 이유로 연구개발과 생산을 중단한 것으로 알려졌다.

라이다 전문기업들은 내구성 이슈를 제거하고 부피와 가격을 줄인 고정형 라이다 개발 경쟁에 뛰어들었다. 그 결과 벨로다인에 따르면 2025년에는 700달러(약 86만 원) 수준으로 라이다 비용이 낮아질 것으로 예상하고 있다.

최근에는 레벨3 시스템 장착 자동차가 판매되면서는 루미나 제품에 대한 관심이 높아지고 있다. 루미나는 볼보, 메르세데스-벤츠, 다임러트럭, 모빌아이, 에어버스, 포니닷ai, 상하이자동차그룹 등 50개 이상 업체에 라이다와 관련 소프트웨어를 제공하고 있다.[141] 루미나는 볼보 레벨3용 라이다로 선정되었으며, 2021년 11월에는 엔비디아의 센서 제품군으로 선정되기도 했다.[142]

발레오도 벤츠 S-클래스, 2022년부터 혼다 레전드에서 레벨3 기능 지원을 위해 2세대 스칼라라이다SCALA Lidar의 공급을 확정하고,[143] 2024년 더 빠른 속도로 레벨3 기능을 지원하기 위해 3세대 스칼라라이다를 개발하고 있다. 발레오는 자동차 산업에 활용할 수 있는 볼륨이 가장 많고, 성공적 설계와 인증 면에서 경험이 가장 풍부한 업체 로 평가받고 있다.[144] 발레오는 운전자지원 시스템 용도의 라이다는 최소 500달러, 완전자율주행 용도로는 1000달러로 가격을 낮추는 것을 목표로 하고 있으며, 차세대 라이더는 레벨4를 지원하는 것으로 알려졌다.[145]

GM 울트라크루즈에 라이다를 공급하는 셉톤은 자율주행 레벨4를 위한 라이다가 아닌 레벨2와 레벨3를 위한 라이다를 개발하는 기업으로, 엔비디아와 5000만 달러(약 614억 원)를 투자한 일본 자동차 조명업체 고이토KOITO가 주요 주주다. 중국인 페이준Pei Jun이 CEO로, 구성원 대부분이 벨로다인 출신이다. 셉톤의 라이다는 200m 이상 떨어진 차량을 감지할 수 있으며, 사람의 눈에 안전하지만 가격이 상대적으로 비싼 1550nm 레이저 대신 펄스가 강력해 눈 손상을 일으킬 수 있지만 저렴한 905nm 파장을 사용하고 있다.[146]

삼성전자도 2026년 라이다 상용화를 선언했다. 삼성전자 LSI 사업부는 라이다용 반도체 메타 라이다칩 개발을 마쳤고, 추가적으로 필요한 펄스레이저와 디텍터 개발을 완료해 감지거리 100m 수준의 초소형 모듈을 5만 원대 미만으로 상용화해 오토모티브 사업의 경쟁력을 확보할 계획이다. 기계식이 아닌 초소형 모듈로 차량 디자인에 유리한 것으로 알려졌다.[147]

테슬라 오너, 자율주행에 관심이 많은 일반인, 전문가, 투자자들도 라이다 사용 진영과 불필요하다는 진영으로 나뉘어 많은 논란이 진행 중이다. 하지만 상대적으로 다른 센서류보다 높은 라이다의 가격과 단점을 보완한다면 굳이 라이다를 사용하지 않을 이유는 없다. 단 테슬라가 카메라 기반으로 완전자율주행 기술을 완벽히 구현한다면 아마도 라이다는 불필요하고, 기존 라이다 사용 진영은 그동안의 개발 노력이 물거품처럼 사라지는 상황에 처할 수도 있다. 과연 어느 진영이 유리할지는 결국 시간이 답해줄 것이다.

테슬라를 잇는 라이다 파괴자들, 헴닷ai와 포티투닷

테슬라는 2021년 5월부터 북미 시장에 출하되는 모델3와 모델Y, 2022년 2월 중순부터 모델S와 모델X에서 레이다도 제거해 전체 라인업을 테슬라비전Tesla Vision으로 통일했다. 현재 8개 서라운드 카메라, 12개 초음파 센서로 최대 250m 범위의 차량 주변을 360도 커버한다.

하드웨어3 온보드 컴퓨터 프로세서는 2세대 하드웨어보다 40배 빠른 속도로 데이터를 처리하며, 테슬라가 직접 개발한 뉴럴네트워크Neural Net가 오토파일럿과 FSD를 트레이닝하고 있다. 테슬라는 모델

3와 모델Y는 가장 많이 팔리는 차량으로 레이다를 제외해도 단시간 내에 대량의 데이터를 분석할 수 있고, 궁극적으로 테슬라비전을 기반으로 수행하는 기능의 출시도 빨라진다고 레이다의 제외 이유를 설명한다.

원가절감 측면도 있겠지만, 카메라만 사용한 자율주행 기술개발과 적용은 일론 머스크의 철학을 구현하는 과정이라고 볼 수 있다. 일론 머스크는 자율주행차 기술이 인간의 감각과 일치해야 하기 때문에 인간 운전자처럼 자율주행차도 시각과 지능을 통해 3차원 공간을 탐색해야 한다고 믿는다. 그는 2021년 10월 "인간은 시각과 생물학적인 신경망으로 운전한다. 그렇기 때문에 카메라와 인공지능이 일반적인 자율주행 솔루션을 달성하는 유일한 방법이다"라고 말하기도 했다.[148] 그동안 일론 머스크는 "라이다 활용은 황당하다", "라이다는 클러치, 불필요한 고가의 센서", "값비싼 부록" 등으로 표현하며 라이다 사용에 비판적인 시각을 드러냈다.

테슬라는 소비자 자동차의 카메라 데이터를 사용해 운전자지원 시스템과 자율주행 기술을 실용적으로 만들 수 있다고 주장하고 실행에 옮겼다. 물론 논란이 있다. 벨로다인 CEO 아난드 고팔란은 일론 머스크의 라이다에 대한 관점이 5~6년 전 견해라고 말하기도 했다. 그는 카메라에만 의존하는 데 한계가 있으며, 라이다 가격이 떨어지면서 카메라와 결합해 안전하고 저렴한 비전 시스템을 만들 수 있다고 주장했다.

테슬라의 인공지능과 컴퓨터 비전 책임자 안드레아 카르파티Andrej Karpathy는 테슬라의 자율주행 접근방식이 다른 기업들보다 어렵지만 확장성이 뛰어나다고 강조했다. 고정밀지도와 라이다를 사용하는 기업들의 기술은 도로 상태 등 모든 것을 알고 있다는 가정으로 주행하지만, 테슬라는 진입하는 모든 교차로를 처음 접하는 곳이라 가정한다는 차이가 있다는 점도 지적했다.[149]

트렌드포스Trendforce는 2020년에서 2025년까지 운전자보조 시스템 관련 라이다 시장을 연평균성장률 43%, 4억 900만 달러(약 5026억 원)에서 24억 3400만 달러(약 2조 9910억 원) 규모로 빠르게 성장할 것으로 예측했다.[150] 최근 라이다를 탑재한 레벨3 상용화가 진행되고, 라이다 가격도 떨어지고 있기 때문이다. 물론 2022년 4월 기준 FSD 베타테스터는 10만 명으로, 일론 머스크가 말한 것처럼 2023년 5월 FSD가 운전자가 필요 없는 완전자율주행 수준에 도달하고 다른 완성차 제조사에 라이센싱이 가능하다면 기존의 라이다 업계와 라이다를 채택한 완성차 제조사의 생태계는 빠른 속도로 붕괴될 수 있다.[151]

그만큼 라이다 사용 여부는 자율주행 업계에선 민감하고, 자존심과 기업의 미래가 걸린 문제다. 그런데 라이다를 쓰지 않고 카메라와 인공지능을 사용해 자율주행을 구현하는 것이 혁신이라는 생각이 늘어나는 추세다. 테슬라처럼 라이다를 사용하지 않는 기술을 개발하는 다른 기업들도 있다. 대표적인 곳이 헴닷aiHelm.ai와 포티투닷42.dot이다.

헴닷ai는 2016년 설립된 캘리포니아주 기반의 자율주행 소프트웨어 개발 기업으로, 캘리포니아 대학 버클리에서 수학 박사학위를 취득했고 인공지능 기업인 시프트Sift에서 근무한 블라디슬라프 보로닌스키Vladislav Voroninski가 2016년 창업했다. 고급형 운전자지원 시스템과 레벨4 자율주행 기술 실현을 위해 개발한 비지도학습Unsupervised Learning의 일종인 딥티칭Deep Teaching 방식이 헴닷ai의 핵심이다. 예를 들면 인공지능에게 자전거 사진과 데이터 주석을 통해 '자전거'라는 정답을 사전에 알려주고 정답을 잘 맞혔는지 확인할 수 있다. 하지만 비지도학습은 자전거라는 정답을 알려주지 않은 상태에서 비슷한 데이터들을 군집화하고 스스로 학습한 뒤 고유한 특성을 도출해 자전거라고 인식하는 것이 특징이다.

헴닷ai는 라이다를 개발 참고용으로만 사용하고 있으며 지도, 라이다, GPS 사용 없이 카메라 1대와 GPU만을 이용하는 풀스택 자율주행 기술을 개발하고 있다. 객체 범주에 대한 의미론적 군집화, 단안 비전 깊이 예측, 보행자 의도 모델링, 라이다와 비전 융합, 고정밀지도 매핑 자동화 등 자율주행 스택에 딥티칭 방식을 적용하고 있다.[152]

헴닷ai는 자율주행 기술개발을 위해 인간이 담당하는 데이터 주석 작업을 없애 시간과 비용을 획기적으로 줄이는 것이 목표로, 자신들의 방식이 기존 자율주행 기술개발을 위한 지도학습 기반의 인공지능 개발 접근방식보다 비용 측면에서 10만 배 유리하다고 주장한다. 대부분의 자율주행 기술을 개발하는 기업들은 차량이 주행하는 공간을 공유하는 다른 이동수단, 보행자를 포함한 사람, 교통시설물 등 모든 객체 이미지 데이터에 주석 작업을 하는 데이터 라벨링을 외주로 수행하며, 데이터와 인공지능이 강점인 테슬라도 주석 작업을 위해 뉴욕주 버팔로시에 1000명 수준의 전문가 그룹을 직접 운영하는 것으로 알려져 있다.[153] 테슬라가 카메라로만 자율주행이 가능하다고 하지만 실제로는 수집된 영상을 인간이 직접 판별하고 해시태그를 붙여 자율주행에 활용하고 있어, 헴닷ai의 주장이 확실하다면 데이터 분석 측면에서는 테슬라를 능가하는 수준이라고 볼 수도 있다. 그러나 현재까지 확인된 결과물은 없다.

헴닷ai는 2019년부터 혼다와 협력해왔으며, 2021년 12월 혼다 이노베이션이 주도하는 혼다 액셀러레이터 프로그램을 통해 3000만 달러(약 369억 원) 투자를 유치했다.[154] 2022년 2월에는 만도가 시리즈 B 단계에 로보틱스와 차량 인공지능 소프트웨어 역량 강화 차원에서 3000만 달러(약 369억 원)를 투자했고, 2021년 11월에도 2600만 달러(약 319억 원)의 시리즈B 투자 유치에 성공했다. 헴닷ai의 인공지능 활용을 손쉽게 하기 위한 인지와 예측 부분의 딥티칭 기술 적용은 라이다 없는 레벨3와 레벨4 기능을 저렴한 비용으로 빠르게 구현하는 것을 목표로 한다. 2020년에는 오토테크 브레이크스루 어워즈AutoTech Breakthrough Awards 프로그램에서 올해의 자율주행 솔루션으로 선정되었으며,[155] 〈포브스〉는 자율주행차의 안드로이드라며 극찬하기도 했다. 직접 차량을 개발하기보다는 완성차 제조사에 기술 라이센싱을 진행한다.[156]

미국 매사추세츠주 기반의 노다Nodar도 있다. 노다의 주력 시스템은 해머헤드Hammerhead로, 컴퓨터 비전 알고리즘과 2개 이상의 카메라를 사용해 정밀 3D 포인트 클라우드로 레벨3 자동차 첨단 운전자지원 시스템과 레벨4 트럭 및 로보택시에 라이다 없는 자율주행 기능을 제공한다. 자체 개발한 자동보정 기능으로 도로나 차량 진동과 상관없이 신뢰성 있는 측정이 가능해 150m 전방 10cm 크기의 벽돌도 감지할 수 있다.[157] 2022년 4월 NEANew Enterprise Associates로부터 1200만 달러(약 148억 원) 투자를 유치했다.[158]

기존 완성차 제조사 가운데 토요타의 자율주행을 담당하는 자회사 우븐플래닛은 2022년 4월 테슬라와 같이 카메라만을 사용해 데이터를 수집하는 자율주행 시스템을 훈련시키고 있다고 밝혔다. 저가 카메라로 비용을 절감해 기술을 확장하는 혁신을 달성하는 것이 주요 목적이다. 라이다와 많은 센서를 사용하는 고가의 자율주행차량에서 수집하는 데이터 양으로는 자율주행의 훈련과 확산에 한계가 있다는 것이다. 우븐플래닛은 기존 센서보다 90% 비용이 저렴하고 일반차량에 쉽게 설치할 수 있는 카메라를 사용하고 있으며, 기존 고가의 센서류를 사용했을 때와 유사한 수준으로 시스템 성능이 향상되었다고 밝혔다. 엔지니어링 부사장인 마이클 베니시Michael Benisch는 몇 년 후 카메라를 사용하는 자율주행 기술이 기존 기술을 따라잡을 것이지만, 안전과 신뢰성 수준에 대한 확신이 필요한 시점이 언제인지는 자신하지 못한다고 말했다.[159]

우븐플래닛이 2021년 인수합병한 리프트의 자율주행 전담조직 레벨5는 이미 저가 카메라를 사용해 데이터를 수집하고 있었으며, 운전자가 사용하는 대시캠이 도시지역에서 운행하는 동안이 데이터 수집에 이상적인 상황이라는 점을 발견했다. 리프트는 해당 방법으로 세계에서 가장 큰 규모의 데이터세트를 생성할 수 있었으며, 현재 우븐플래닛에서 이어서 개발하고 있다. 레벨5 엔지니어링 이사 출신인 우븐플래닛의 엔지니어링 부사장 마이클 베니시가 테슬라의 FSD와 오토파일럿이 라이다와 레이다를 사용하는 방식을 추월할 수 있다고 주장하는 것을 보면, 토요타는 리프트 레벨5 인수합병을 계기로 새로운 도전을 하고 있음을 알 수 있다.[160]

국내에는 포티투닷이 있다. 네이버랩스 CTO 출신 송창현 대표가 2019년 3월 창업해, 서울 상암에서 처음 시작하는 자율주행 유상운송 1호 면허를 받았다. 2019년 3월 설립했으며 2022년 1월 기준 현대자동차, 기아, SKT, CJ, LG, LG넥스원, 신한은행, KTB 네트워크, IMM,

신한금융그룹, 롯데렌탈, 스틱벤처스, 위벤처스 등으로부터 총 1530억 원의 투자를 유치했다.[161] 송창현 대표는 2021년 4월 현대자동차·기아 전사 모빌리티 기능을 총괄하는 신설 TaaSTransportation as a Service 본부장, 2022년 2월에는 현대자동차그룹 연구개발본부 산하 신설 차량소프트웨어 조직장도 겸직하면서 포티투닷과 현대자동차그룹의 협력과 시너지에 대한 기대가 높아졌다.

포티투닷은 가벼운 자율주행 기술개발을 지향하는 기업으로 라이다 없이 카메라 7개, 레이다 5개, GPS를 기반으로 SD맵Standard Definition Map을 사용해 고정밀 지도 대비 비용 10%, 업데이트 자동화율 80%, 70cm 정밀도를 달성했다. 2023년까지 비용 50%, 완전 자동 업데이트, 0cm 정밀도로 향상할 예정이다. GPS만을 사용하며 일반적으로 자율주행 레벨3 이상에 사용되는 고정밀지도가 아닌 일반 내비게이션 시스템의 SD맵을 사용하는 것이 특징이다. 운영체제, 코어(계획 및 조정, 인식, 알고리즘), 뉴럴 컴퓨팅 유닛으로 구성된 AKIT라는 이름의 키트로 자율주행 기능이 작동한다.[162]

이 같은 키트 형태의 자율주행차는 여러 업체가 이미 시도하고 있다. 최초의 아이폰 해킹으로 유명한 조지 허츠George Hotz가 설립한 코마닷aiComma.ai는 2016년 혼다와 아큐라 모델을 대상으로 700달러(약 86만 원) 가격에 자율주행차로 전환하는 소프트웨어 키트를 판매한다고 밝혀 많은 관심을 받았으나, 현재는 개발용 키트만 판매하고 있다. 2016년 GM에 인수합병된 크루즈도 아우디 차량을 자율주행차로 전환하는 키트를 개발하던 기업이다.[163]

코마닷ai와 크루즈는 공장에서 출시되어 소비자에게 인도된 차량을 대상으로 블랙박스 장착과 같은 B2C 애프터마켓 시장이 주요 대상이었다. 그런데 현재 볼보, 르노-닛산-미쓰비시 얼라이언스, 스텔란티스, 재규어 랜드로버, 중국 지리자동차 지커와 완전자율주행 기술 개발을 협력 중인 웨이모도 자율주행 키트 공급자의 일원이다. 코마닷ai, 크루즈와 차이가 있다면, 차량 생산단계에서 키트를 장착해 출시하는 B2B 시장 타깃이라는 점이다.

완성차 제조사의 새로운 기술 및 부품 개발 과정의 특징은 동일한 기술을 개발하더라도 특정 부품기업이 아닌 자체 혹은 또 다른 기업과 병렬적으로 추진하는 경우가 많다는 것이다. 경쟁을 통해 우수기술을 채택할 수 있고, 특정 공급처에서 목표 수준을 달성하지 못하거나 양산 등에 문제가 생겼을 경우 대체 투입이 가능하기 때문이다. 폭스바겐도 자율주행 기술을 포드의 아르고AI, 보쉬와도 협력하고 있다. 따라서 아직까지 최고의 기술이 판가름 나지 않은 자율주행 기술의 획득 전략은 앞으로도 다양하게 진행될 수밖에 없다.

자율주행 키트 개발 스타트업의 특징은 라이다와 고정밀지도를 사용하지 않는 등 자율주행 비용을 최소화시켜 자율주행을 장착하지 않고 판매되는 신차나 이미 운행 중인 차량들을 대상으로 비즈니스를 할 수 있다는 것이다. 단 안전 인증에 대한 구체적인 논의는 아직 진행되고 있지 않아 단시일 내 시장 출시를 기대하기는 어려울 것으로 보인다.

빅데이터 기반 자율주행 기술의 완성을 꿈꾸는 모빌아이

2020년 모빌아이는 미국 뉴욕주와 이스라엘 예루살렘에서 라이다와 레이다 없이 12개 카메라로 자율주행을 시험운행하는 영상을 공개했다.

테슬라는 판매된 차량의 거의 모든 데이터를 자체적으로 수집한다. 주행 중에는 영상을 녹화해 저장한 후 방대한 데이터 하위셋을 선택해 차량이 주차되어 와이파이에 접속했을 때 테슬라 서버에 업로드한다. 테슬라 엔지니어는 특정 기준에 가장 적합한 이미지를 수집해 테슬라의 자율주행 알고리즘 교육에 활용한다.

MIT의 렉스 프리드먼Lex Fridman 교수가 공개하는 테슬라의 예상 주행거리는 테슬라의 데이터 수집량을 추정하는 데 자주 인용된다. 참고로 2021년 말까지 오토파일럿은 53억 km, 모든 테슬라 차량의 주행거리는 362억 km로 예상된다.[164]

데이터 기반 자율주행 기술은 테슬라의 전유물은 아니다. 2016년 7월 오토파일럿 핵심기술을 공급하던 테슬라와 결별하고, 2017년 인텔이 인수합병한 모빌아이도 마찬가지다. 차량이 언제, 어느 도로에서, 어떻게 운전해야 하는지를 결정하는 규칙 생성을 위해 모빌아이 부품이 탑재된 소프트웨어는 도로의 기하학적 구조와 주변 차량 움직임에 대한 데이터를 수집해 km당 10킬로바이트(10kb/k) 수준으로 요약해 셀룰러 네트워크로 전송하고 있다.[165] 모빌아이 CEO 암논 샤슈아Amnon Shashua는 모빌아이 소프트웨어는 개체 인식 작업에서 인간보다 우수한 성능을 달성했고, 더 중요한 이슈는 도로의 의미를 이해한다는 것이라고 말하기도 했다.

REMRoad Experience Management으로 불리는 모빌아이의 고정밀지도 제작 프로세스는 고정밀지도의 직접 제작보다 비용과 시간 측면에서 경제적이며, 빠른 업데이트와 함께 고정밀지도가 없는 완성차 제조사에도 공급이 가능하다는 장점이 있다. '모빌아이 소프트웨어가 장착된 차량을 통한 데이터 수집 → 주요 데이터 포인트 요약 정보의 클라우드 전송 → 데이터 집계와 정렬 → 데이터 모델링 → 의미식별 → 운전경로, 도로정보, 운전행동 등이 담긴 모빌아이 로드북으로 편집 → 자율주행 기술이 탑재된 현지 차량으로 전송'되는 과정으로 진행된다. 일반적으로 전용 매핑 차량과 주석 작업을 통해 완성된 고정밀지도에 비해 모빌아이의 프로세스는 완전 자동화된 지도 생성이 가능하며 실시간 업데이트, 높은 로컬 지형 정확도, 모빌아이 소프트웨어 장착 차량을 통한 클라우드 형식의 운전문화, 규칙 데이터를 통한 의미 계층을 생성해 보다 효율적이다.[166] 연석과 정지신호 위치 표시가 가능하고 차선양보, 차량속도와 주행패턴 등 차량 행동데이터를 제공한다.

모빌아이의 특징은 완성차 제조사에 자율주행 시스템을 공급하면서 고객 차량의 센서 데이터 접근 권한을 협상한다는 점이다. 닛산, 폭스바겐, BMW를 포함한 6개 완성차 브랜드에서 데이터를 수집하고 있으며, 5년간의 작업 끝에 고정밀지도 제작 프로세스가 완전 자동화되었다. 이는 모빌아이가 적극적으로 시험운행하고 있는 도시들뿐만 아니라 전 세계 도시의 고정밀지도를 곧 제공할 수 있다는 것을 의미한다.

2019년 모빌아이는 카메라, 칩, 소프트웨어 등을 1740만 대 자동차에 판매했고, 2004년 충돌방지를 위해 출시된 EyeQ칩은 2021년 말까지 1억 개를 판매했다. 이미 모빌아이의 기술을 사용하는 차량들이 전 세계 도로 10억 km를 매핑했으며, 하루 100만 대 이상의 차량이 800만 km를 매핑하고 있다.[167] 2025년까지 2500만 대 차량에서 데이터가 수집될 것으로 모빌아이는 예측하고 있다.[168] RSSResponsibility Sensitive Safety라는 자율주행차량 안전을 위한 수학적 모델도 개발해 산업표준 채택을 위해 노력하고 있다.[169] 부품 판매가 늘어나고 소프트웨어 장착이 많아질수록 REM 정확도와 동기화 속도가 빨라지고 자율주행 정밀도는 운행지역 운전 문화에 맞춰 향상될 수 있다.

현재 모빌아이는 완전히 독립적인 2가지 유형의 자율주행 시스템을 개발해 통합하는 전략을 추진하고 있다. 하나는 카메라, 다른 하나는 레이다와 라이다 기반 자율주행 시스템이다. 시스템 상호 간 백업 역할을 위한 이중화 전략으로 두 유형의 시스템이 결합되면 카메라 기반의 서브시스템은 자율주행의 핵심 역할을 수행하고, 레이다와 라이다가 결합된 서브시스템은 안전도를 높여 시스템의 평균 고장 간격 Mean Time Between Failure을 획기적으로 늘리는 역할을 담당한다.[170] 모빌아이는 이러한 접근이 수억 시간이 필요한 센서융합 검증 시간을 수만 시간으로 줄일 수 있다고 설명하며, 다양한 기업들과 파트너십을 통한 양산을 계획 중이다.[171]

카메라로만 구성된 시스템인 모빌아이 슈퍼비전Mobileye Supervision은 핸즈프리 주행, 자율주차, 차선유지 및 변경과 어댑티브 크루즈 컨트롤 등 전통적 운전자보조 시스템 기능, RSS를 기반으로 긴급상황에서 선제적 대응을 통한 부드러운 운전 기능 등을 제공한다. 현재 카메라 11개(장거리 7개, 단거리 4개), EyeQ5H칩 2개를 사용하고 있으며, 이미 6000만 대에 장착되어 광범위한 데이터 수집이 가능하다. 모빌아이는 장기적으로 자율주행을 위한 하드웨어와 소프트웨어 공급을 통해 완성차 제조사, 대중교통 네트워크 기업과의 파트너십을 맺어 상업화할 계획이다.[172]

모빌아이에 따르면 각 자율주행 시스템의 사고 발생 간격이 1만 시간을 넘긴다면 2가지 유형의 조합은 1억(1만×1만) 시간을 무사고로 주행할 수 있어 인간 운전자보다 안전하다. 최종적으로 2개 유형을 이중화한 하이브리드 시스템을 개발해 안전을 확보하는 것이 모빌아이가 공식적으로 계획하는 자율주행 시스템의 미래 모습이다.[173]

현재 인텔의 자회사인 모빌아이는 2018년 이후 부품 공급업체를 넘어 로보택시 사업까지 확장을 꾀하고 있다.[174] 모빌아이 레벨4 드라이브 솔루션 하드웨어는 카메라 11개(장거리 7개, 단거리 4개), 장거리 라이다 3개, 단거리 라이다 6개, 레이다 6개, EyeQ 기반 레벨4 시스템으로 구성되었으며, 비용은 대당 1만~1만 5000달러(약 1230만~1840만 원) 수준으로 2025년까지 5000달러(약 615만 원) 이하로 줄이는 것을 목표로 하고 있다.[175]

2023년부터 2028년까지 자율주행 솔루션인 모빌아이드라이브Mobileye Drive를 미국 배송회사 유델브Udelv 차량 3만 5000대에 장착하기로 계약했고 프랑스 로허그룹Lohr Group, 트랜스데브 ATSTransdev ATS와 MaaS를 계획하고 있다.[176] 일본 최대 운송업체 가운데 하나인 윌러Willer와 오사카에서 2023년을 목표로 상용화에 도전하고,[177] 2022년 독일 뮌헨에서는 렌터카 업체 식스트SIXT와 함께 중국 니오 ES8 차량을 사용해 인텔이 인수합병한 무빗Moovit앱과 식스트앱을 사용한 로보택시 서비스를 시작할 예정이다.[178] CES 2022에서는 자율주행 전용 EyeQ 울트라라는 새로운 시스템온칩을 소개했다. 176조 TOPS(초당 작업 수)를 처리할 수 있으며 2023년 말에는 첫 번째 실리콘이, 2025년에는 자동차 등급에 맞는 칩이 생산될 것으로 예상된다. 카메라만 장착된 시스템, 레이다와 라이다가 결합된 시스템을 통합한 2개의 서브시스템으로 구성되며, REM과 RSS 소프트웨어 시스템을 포함한다.[179]

CES 2022에서 모기업 인텔은 EyeQ6L과 EyeQ6H라는 고급 운

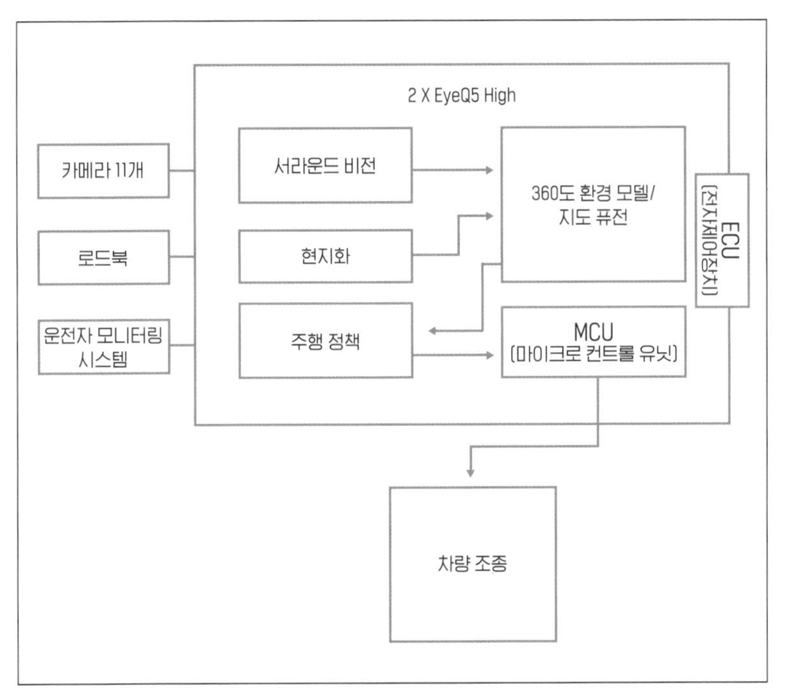

모빌아이 슈퍼비전 시스템

출처: 모빌아이 슈퍼비전 웹사이트, https://www.mobileye.com/super-vision

전자지원 시스템을 위한 차세대 EyeQ 시스템온칩을 소개했다. EyeQ6L은 레벨2 ADAS를 위해 초저전력에서 많은 딥러닝 TOPS를 제공한다. 2023년 중반에 생산을 시작할 것으로 예상되며 고급 운전 지원 기능, 주차 카메라를 포함한 다중 카메라 처리, 주차 시각화 및 운전자 모니터링과 같은 시스템을 제공한다.

자율주행 진영에 많은 플레이어들이 존재하지만, 6개 완성차 업체의 데이터를 활용하는 기업은 현재까지 모빌아이밖에 없어 최근 가장 많은 관심을 받고 있다.

중국의 자율주행 다크호스 기업들

중국은 커넥티드카와 자율주행차 전략을 가장 활발하게 추진하는 국가 가운데 하나다. 중국은 국가자본주의 체제로 공산당이 국가정책과 전략을 좌지우지하고 있으며, 특히 기술패권 확보를 위해 전 세계에서 가장 빠르게 대응해 신기술 규제를 해소하고 있다.

중국 정부는 에너지 절약 및 신에너지 자동차 발전 전략을 커넥티드카 개발 전략과 연결시켜, 자율주행 기술 연구개발과 스마트 커넥티드카 산업을 주도적으로 육성하고 있다. 통신기술, 사물인터넷, 클라우드컴퓨팅, 빅데이터 등의 새로운 기술들을 기존의 자동차 산업과 결합하는 데 정부가 적극적으로 나서 글로벌 시장을 선도하겠다는 전략이다.[180]

중국 최고 행정기관인 국무원은 2015년 9월 '중국제조 2025'의 중점분야 기술 로드맵을 발표하며 스마트 커넥티드카 개발의 발판을 마련했다. 커넥티드카 발전을 보조운전, 부분 자동운전, 고도 자동운전, 완전 자동운전 4단계로 구분해 2020년까지 보조운전 및 부분 자동운전의 자율화율 40%, 2025년까지 보조운전, 부분 자동운전, 고도 자동운전의 자율화율 50% 이상을 달성하는 것이 목표다. 완성차 생산뿐 아니라 부품 개발, 기반 기술개발, 도시 내 시범 운행, 산업클러스터 육성 등 다양한 측면에서의 스마트 커넥티드카와 자율주행 관련 전략도 포함하고 있다.

2017년 12월에는 공업정보화부가 국가 인터넷차량 산업표준 시스템 구축 지침을 통해 2020년과 2025년을 기준으로 커넥티드카 관련 기술표준을 제정하기 위한 총 14개 분야 커넥티드카 분과기술위원회를 설립, 중국 내 커넥티드카 기술표준 설정과 국제 협력 계획도 추진하고 있다.

국가발전개혁위원회는 2018년 1월 스마트자동차 혁신발전전략을 발표하면서 커넥티드카 산업의 발전을 위한 단계별 발전전략을 제시했다. 해당 계획은 2020년 낮은 레벨의 스마트자동차 양산, 2025년에는 중고급 레벨의 스마트자동차 상용화 실현, 2030년에는 스마트자동차 글로벌 브랜드 형성을 목표로, 스마트카를 기존 교통 네트워크에 정착시키기 위한 시스템과 제도적 틀을 마련하려는 전략이다.

중국의 스마트 커넥티드카를 향한 정책은 단순히 중앙정부의 주도가 아니라 베이징, 상하이, 선전 등의 지방정부도 함께 규정을 수립해 시범운행을 진행하고 있다. 상하이는 2015년 중국 최초로 중국공업정보화부의 허가를 받아 커넥티드카 운행시범지구를 구축했다. 운행시범지구는 폐쇄된 구역에서의 테스트, 공공도로 테스트를 거쳐 최종적으로 종합시범구로 나아가는 3단계 전략으로 구성되어 있다. 상하이자동차, 볼보, GM, 포드, 칭안자동차와 같은 완성차 업체들이 테스트 및 주행 자격을 획득했으며, 상하이를 필두로 베이징, 충칭, 우한, 장충 등의 지역이 커넥티드카 시범운행구역으로 선정되어 다양한 기술들을 시험하고 있다.[181]

스마트 커넥티드카 개발전략의 최종 목표는 완전자율주행이다. 중국의 14차 5개년 계획 로드맵 목표는 2030년까지 자율주행 기술을 고속도로 및 제한 지역에서 실현하고, 2035년에는 물류 서비스까지 결합한 고급 자율주행 기술을 도입하겠다는 것이다.

이러한 중국의 계획은 국무원이 주도하고 있다. 국무원은 2015년 '중국제조 2025'를 통해 자율주행차의 장기적 발전계획을 제시하고, 2017년에는 차세대 인공지능 발전규획을 통해 인공지능 기술 발전을 위한 토대를 다졌고, 이를 통해 자율주행차 기술개발에 인공지술 기능을 접목시키는 중장기 계획을 발표했다. 또한 2018년부터 자율주행 차량 시험을 위한 다양한 국가규정을 발표하고, 다양한 부처가 자율주행차 상용화를 목표로 하는 지속적인 전략과 계획을 수립 중에 있다.

이러한 중국 정부의 전폭적 지지는 실제 기술개발의 성과로 나타나고 있다. 베이징 모빌리티 인텔리전트 혁신센터에 따르면 2021년 7월을 기준으로 베이징의 자율주행차의 누적 시험운행 거리가 300만 km를 넘었고, 자율주행차를 테스트할 수 있는 200개 이상의 경로를 구축했다. 바이두를 비롯한 15개 자율주행 업체의 99대 차량에 임시 운행면허를 발급하고, 바이두와 포니닷ai에 무인 자율주행 택시의 테스트를 허가해 2021년 11월부터 공식 유료서비스를 시작하는 등 베이징에서는 자율주행 기술이 빠른 속도로 상용화 단계에 접어들고 있다. 바이두는 자사의 로보택시가 복잡한 도시 환경 속에서 다양한 시나리오 수행 성공률 99.99% 수준으로 일반 택시보다 원활한 서비스를 제공할 수 있다고 발표하는 등 자신감을 보인다.

중국뿐만 아니라 글로벌 자율주행 시장을 선도하고 있는 바이두는 자체 기술력과 정부의 전폭적인 지원을 기반으로 2017년부터 자율주행 오픈 플랫폼 아폴로를 구축 중이다. 아폴로는 국제특허, 테스트 주행거리, 테스트 라이선스 등 자율주행 기술력과 현실 가능성을 판단하는 다양한 지표에서 두각을 보이고 있다.

바이두는 아폴로를 활용해 로보택시, 자율주행버스 등의 서비스뿐 아니라 자율주행 운행체제와 교통솔루션을 개발하고 스마트교통 인프라 구축에도 앞장서고 있다. 현재 바이두는 베이징, 창사, 창저우 등에서 로보택시 서비스 아폴로고Apollo GO를 운영하고 있으며, 베이징자동차그룹의 프리미엄 전기차브랜드 아크폭스Arcfox와 공동개발한 로보택시 아폴로문Apollo Moon을 2021년 10월 베이징에서 운행하는 등 완성차 제조사들과 협력해 자율주행차량 개발에도 적극적으로 뛰어들고 있다.

아폴로문은 아크폭스 차량 기반으로 제작된 바이두의 5세대 로보택시로, 아폴로 운전자보조 시스템 ANPApollo Navigation Pilot로 로보택시 아키텍처를 경량화하고 차량 데이터를 다른 차량과 공유할 수 있다. 무엇보다 가격이 7만 5000달러(약 9200만 원)로 기존 로보택시의 3분의 1 수준에 불과해 로보택시 확산에 유리할 것으로 보인다. 바이두의 차량호출 서비스 바이두고를 기반으로 2021년 말 5개 도시 40만 명 이상에게 서비스를 제공했고, 향후 3년 동안 중국 내 30개 도시로 서비스 영역을 확대할 예정이다.[182] 현재 아폴로문 라인업은 아크폭스와 함께 WM모터, 광저우자동차 아이온Aion까지 3개 브랜드로 확장했으며, 아폴로문은 기존 모델보다 10배 이상 뛰어난 능력으로 복잡한 도시에서 승객 운송 성공률 99.99%를 달성했다고 주장했다.[183]

2016년 말 설립된 포니닷ai는 2018년 말 광저우에서 중국 최초로 일반인에게 로보택시 파일럿 서비스를 제공했고, 2019년 말에는 캘리포니아주에서 로보택시 파일럿 서비스를 출시했다. 캘리포니아주 자동차국에 따르면, 포니닷ai는 2021년 총 49만 2000km을 주행해 웨이모, 크루즈에 이어 캘리포니아주 자율주행차 시험 주행거리 실적에서 3위를 차지했다.[184] 하지만 2021년 10월 28일, 포니닷ai의 무인 자율주행차량은 우회전 후 도로의 중앙분리대와 교통표지에 충돌하는 사고를 일으켜, 2021년 12월 포니닷ai의 무인 자율주행 승인이 철회되었다.[185]

포니닷ai는 2022년 4월 중국에서 최초로 광둥성 광저우시 난사구에서 자율주행차 100대를 일반택시로 운영할 수 있는 면허를 취득했다. 5월부터 난사구 800km^2 지역에서 오전 8시 30분부터 오후 10시 30분까지 서비스를 운영하며 요금은 일반택시와 같다. 포니파일럿플러스PonyPilot+ 앱을 통해 호출과 요금을 지불하며, 초기에는 안전운전자가 탑승하고 나중에는 안전운전자 없이 운행할 예정이다. 중국에서 택시 면허 취득을 위해서는 중국이나 해외에서 최소 24개월, 100만 km 이상의 테스트와 함께 20만 km 이상 국가 인증 기관에서 지정한 테스트 통과해야 하며 어떤 교통사고와도 연루되지 않아야 한다. 2018년 로보택시 앱을 출시했으며, 2022년 4월 기준 70만 건 이상 로보택시 서비스 호출을 달성했다. 2019년 니오로부터 2억 달러(약 250억 원) 이상, 2020년 토요타로부터 4억 달러(약 500억 원)를 투자받는 등 기업가치가 85억 달러(약 10조 8000억 원) 규모로 대표적인 중국의 자율주행 기업이 되었다.[186] 2020년부터 로보택시뿐 아니라 자율주행 트럭을 위한 솔루션도 개발 중에 있다.

2022년 6월 중국 지리자동차그룹은 자율주행차량에 정확한 고정밀 위성 위치 확인 기술을 활용해 내비게이션 정보를 제공하는 클라우드 커넥티드 기능을 지원하기 위해 9개의 저궤도 위성을 발사했다. 자체적으로 설계하고 생산한 위성 GeeSAT-1은 2025년까지 63개를 추가로 궤도에 올리고, 최종적으로는 240개를 올릴 계획이다. 이미 일론 머스크가 소유한 스페이스X는 상용 인터넷 서비스를 제공하는 스타링크Starlink 네트워크를 위해 2000개 이상의 위성을 보유하고 있으며, 최종적으로 4408개 위성으로 구성된 1세대 네트워크를 구축할 예정이다.

2017년 말 광저우에 설립된 중국의 자율주행 스타트업 위라이드는 중국 최초의 레벨4 자율주행을 실현한 고정밀지도부터 인공지능까지 개발하는 풀스택 개발기업이다. 2018년 처음으로 레벨4 수준의 자율주행 시범 서비스를 시작했고, 2019년 6월 광저우에서 자율주행 테스트 라이센스를 획득해 11월부터 로보택시 서비스를 광저우, 정저우, 난징, 우한, 안칭 및 미국 산호세 등에 빠른 속도로 확장하고 있다. 300대 이상의 로보택시, 미니 로보버스, 로보밴으로 중국과 미국에서 4년 동안 1000만 km 자율주행 운행을 마쳤으며, 그 가운데 250만 km는 무인운전으로 주행했다. 그동안의 주행데이터를 기반으로 50년 동안 주행거리인 80억 km 이상의 시뮬레이션을 실시했다.[187] 비즈니스 모델은 웨이모와 비슷하다. 2021년 11월에는 최신 센서 제품 위라이드 센서슈트WeRide Sensor Suite 4.0을 출시했으며, 레벨4 자율주행 기술을 기반으로 완성차와 1차 부품업체로부터 차량 플랫폼과 부품을 공급받아 기존 택시기업과 함께 로보택시를 운영하겠다는 계획이다. 2021년 7월 자율주행 트럭회사 문엑스닷AIMoonX.AI를 인수하는 등 사업의 다각화를 강력하게 추진하고 있다.[188]

2018년 10월 르노-닛산-미쓰비시 얼라이언스에서 초기 투자를 받았으며, 2021년 1월 중국 상용차 업체인 유퉁그룹Yutung Group이 주도한 투자 라운드에서 3억 1000만 달러(약 3800억 원),[189] 2021년 6월 르노-닛산-미쓰비시 얼라이언스 투자부문 내셔널투자펀드National Investment Fund와 얼라이언스벤처스Alliance Ventures를 포함한 시리즈C 펀딩을 받았으며, 기업가치는 53억 달러(약 6조 5130억 원) 수준이다.[190] 특히 아마존과 클라우드 협력을 하고 있는 대표적인 중국 기업이다.

위라이드, 라이드, 포니닷ai, 오토엑스 등 중국 스타트업들이 최근 글로벌 시장에서 두각을 보이고 있으며, 폭스바겐은 화웨이 인수를 통해 중국 시장 진출을 타진하는 등 지도 반출이 해외로 안 되는 세계 최대 시장 중국을 놓고 벌이는 경쟁도 앞으로 자율주행기업들의 성패를 가르는 중요한 전략이 될 것이다.

이처럼 정부 주도로 스마트 커넥티드카, 자율주행차 상용화를 위해 노력하고 있는 중국은 세계 최대 시장으로 부상할 것으로 보인다. 글로벌 컨설팅업체 IHS마킷IHS Markit은 중국의 2030년 자율주행 기능을 탑재한 신차보급율은 80% 이상, 연평균성장률 28%, 같은 해 로보택시는 약 1조 3000억 위안(약 252조 6680억 원) 이상으로 성장해 중국 전체 차량 호출 시장의 60%를 차지할 것으로 예상했다.[191] 이처럼 중

기술분야	연도	상대기술 수준 (100%)					격차 기간 (0년)				
국가		한국	미국	일본	중국	유럽	한국	미국	일본	중국	유럽
자율주행차	2018	86.8	100	89.0	94.5	98.2	1.2	0.0	1.1	0.5	0.2
	2019	85.4	100	87.6	91.0	99.1	1.4	0.0	1.2	0.6	0.1
	2020	86.8	100	89.0	94.5	98.2	1.2	0.0	1.1	0.5	0.2

자율주행 기술의 주요국 수준 비교

출처: 2018년 ICT 기술수준조사 보고서, 2019/2020 ICT 기술수준조사 및 기술경쟁력분석보고서, 정보통신기획평가원

국은 전기차와 함께 자율주행도 세계 최대 시장으로 성장할 수 있는 국가다.

다쉐컨설팅Daxueconsulting도 중국 자율주행차 판매량이 2040년에는 3300만 대 수준으로 성장하는 등 글로벌 자율주행차 시장에서 중국 기업들의 상용차 연구개발, 양산뿐 아니라 소비자 시장, 자율주행차량 호출 시장 등의 다양한 부문에서 중추적인 역할을 할 것으로 분석하기도 했다.

정보통신기획평가원에서 조사한 자율주행차 기술 수준에 따르면 중국의 자율주행차 기술 수준은 2018년 이미 우리나라, 일본을 뛰어넘었으며 최고 기술 보유 국가인 미국과도 큰 차이가 없음을 알 수 있다.[192]

특히 중국 정부는 신산업을 육성하기 위한 지원을 아끼지 않고, 관련 전략을 지속적으로 업그레이드하며 행정적·법적 측면의 지원도 강력하게 추진하고 있다. 중국교통운수부도 2020년 말 도로교통, 자율주행 기술 발전 및 응용 촉진에 관한 지도의견을 발표해, 기초이론 연구를 바탕으로 한 실제 기술개발 및 테스트의 기반을 마련하고, 기술의 산업화를 향해 나아가고자 하는 목표를 제시하기도 했다. 중국

의 자율주행은 기술개발을 위한 업체들의 노력과 비전 및 전략, 기술 표준 수립, 관련 기관 설립 등 산업을 선도하기 위한 국가의 노력이 합쳐진 결과물로 판단할 수 있다.

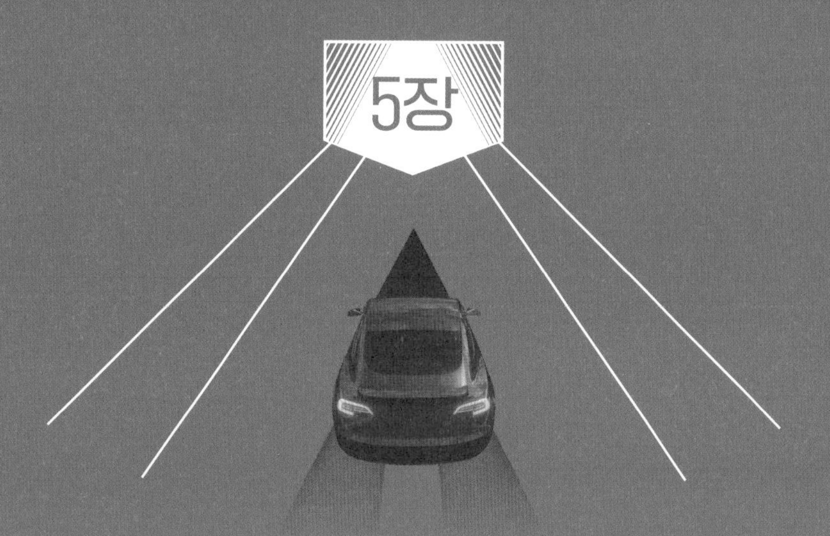

제2의 혁명을 준비하는 전기차

선택이 아닌 필수, 전 세계 판매가 늘어나는 전기차

1900년대 초반 미국 뉴욕 등록 차량의 50%를 차지하는 등 증기차의 소음과 매연이 없어 각광을 받았던 전기차가 다시 모빌리티 산업의 핵심으로 떠오르고 있다. 2021년 전 세계 승용차와 경량 상용트럭 판매는 총 8120만 대로 코로나19로 타격을 받은 2020년 7780만 대보다 5% 정도 회복했다. 하지만 코로나19 이전인 2019년 9020만 대보다 10% 감소한 수준으로, 2021년에는 자동차 업계의 회복을 예상했지만 반도체 공급부족과 서플라이체인 문제가 성장의 발목을 다시 잡았다. 오미크론이 어느 정도 안정되더라도 반도체 공급부족은 2022년에도 계속 성장의 저해 요인으로 작동할 것으로 보인다.[1]

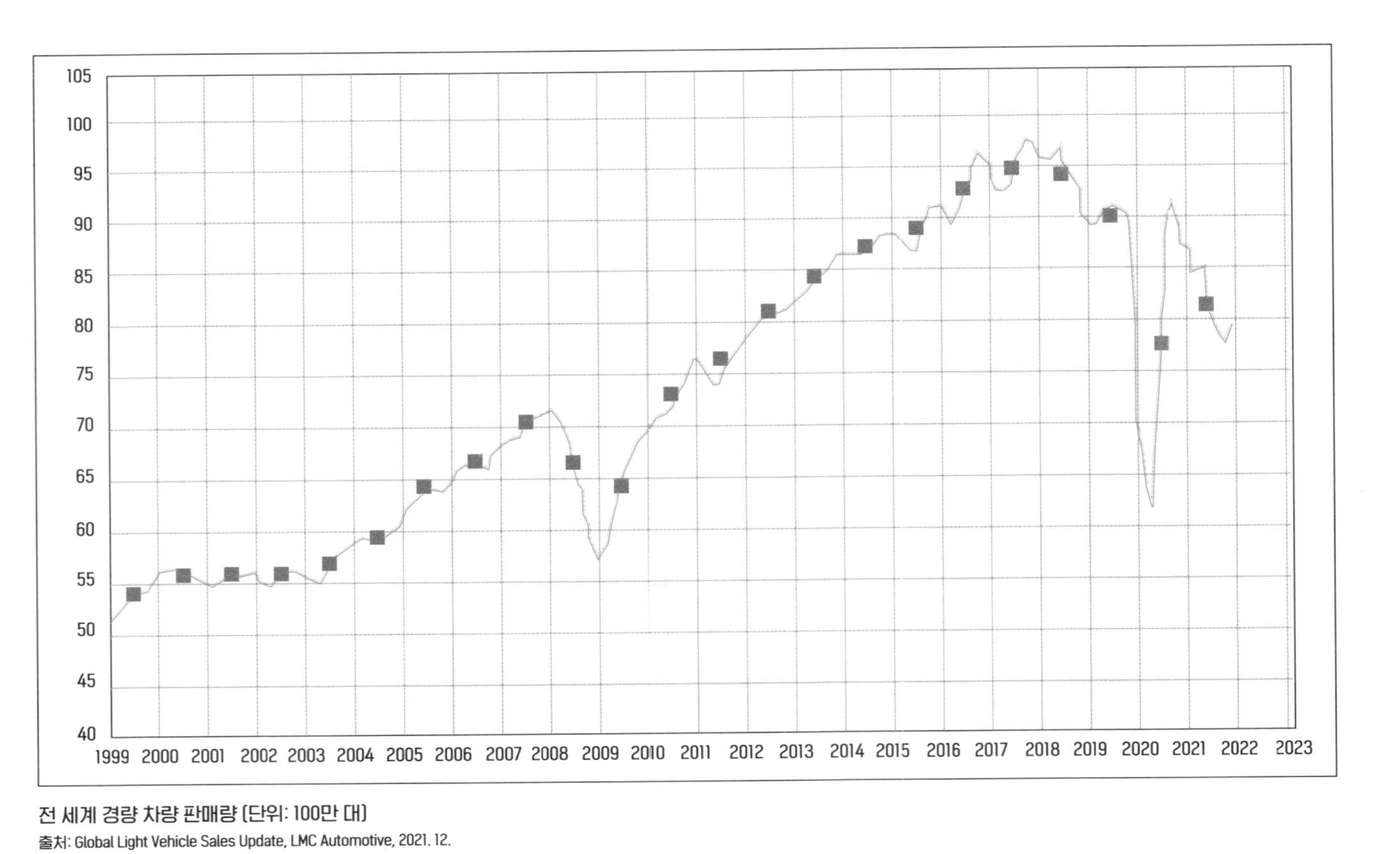

전 세계 경량 차량 판매량 (단위: 100만 대)

출처: Global Light Vehicle Sales Update, LMC Automotive, 2021. 12.

하지만 위축된 자동차 시장과 공급망 이슈에 따른 병목현상에도 불구하고 2019년 이후 배터리 전기차, 하이브리드, 플러그인하이브리드를 포함한 전체 전기차 시장은 급속하게 성장하고 있다. 2019년 220만 대가 팔려 전 세계 자동차 판매의 2.5%를 차지했으나, 2020년에는 300만 대로 4.5%, 2021년에는 660만 대로 증가해 전 세계 자동차 판매의 9%를 차지했다. 2년 전인 2019년보다 시장 점유율은 3배 이상 증가했으며, 따라서 2021년 전체 판매량의 증가는 전기차가 담당한 것으로 해석할 수도 있다.[2]

이미 코로나19 이전에도 우버, 리프트 등 다양한 차량호출 온디맨드 서비스, 차량공유와 전동킥보드 등 퍼스널모빌리티의 확산, 교통정체와 환경오염에 대한 우려, 대도시 차량 접근 제한 및 최대속도 제한 등으로 차량 판매가 최고점에 이르렀다는 피크카Peak Car 시점에 대한 경고들이 쏟아졌다.[3] 하지만 코로나19의 등장으로 피크카를 넘어 절벽 형태로 판매량이 떨어진 카클리프Car Cliff 현상이 발생하면서 감소한 전 세계 자동차 판매량을 전기차가 메워준 것으로 분석할 수 있다.

신차 가격 상승도 자동차 판매량 감소에 큰 영향을 미친다. 미국의 신차 가격 평균은 매년 1월 기준 2017년 3만 7140달러(약 4560만 원), 2019년 3만 9070달러(약 4800만 원)를 기록했다. 2020년에는 4만 910달러(약 5020만 원), 2021년 4만 1970달러(약 5150만 원)를 기록했다. 심지어 2021년 8월에는 제조사의 신차 소비자 권장가격을 실제 판매가격이 넘어서는 현상이 발생했다.[4] 2022년 1월에는 4만 7100달러(약 5790만 원)로 급격히 상승해 신차 가격은 전례없는 상승 곡선을 타고 있는데, 가장 큰 원인은 코로나19와 차량 반도체 부족에 따른 신차의 공급부족이다. 부족한 신차 수요를 대신해 중고차 시장으로 수요가

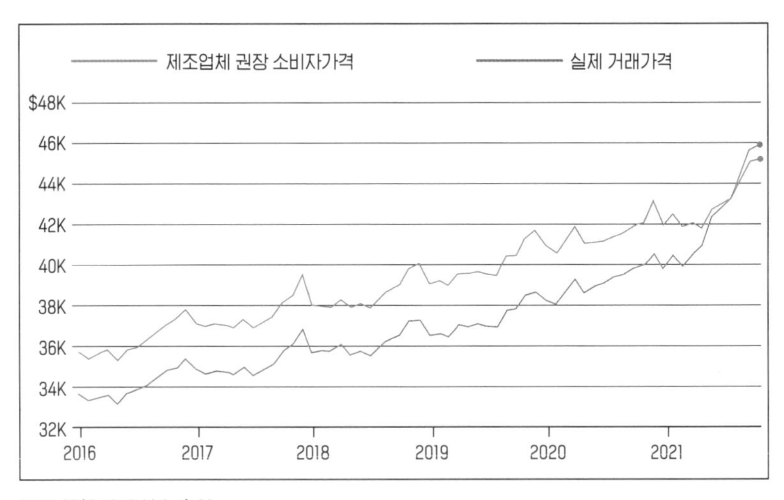

미국 신차 가격 상승 추이

출처: Sarah O'Brien, New and used car prices keep climbing. Don't expect relief anytime soon, CNVC, 2022. 1. 8. (원 데이터: Edmunds.com)

전환되면서 평균중고차 가격도 2021년 12월 2만 7500달러(약 3380만 원)로 같은 해 3월에 비해 27% 상승했다. 이런 현상은 미국뿐만 아니라 전 세계적으로 유사하게 벌어지고 있다.[5]

자동차 가격 상승과 더불어 내구성이 높아지면서 미국 평균 자동차 수명도 2002년 9.6년에서 2021년 12.1년으로 증가해 32만 km를 주행하는 것도 흔한 일로, 신차 판매는 줄고 주행 차량대수는 늘어나는 상황이 발생하고 있다.[6]

우리나라도 마찬가지다. 소비자 리서치 전문연구기관인 컨슈머인사이트가 매년 10만 명을 대상으로 연례조사한 결과 2020년 소비자 신차 구매가는 3379만 원으로 2013년과 비교해 7년 동안 28.8%가 상승했지만,[7] 한국자동차산업협회에 따르면 2018년 3453만 원에서 2021년 4417만 원으로 3년 만에 무려 964만 원, 27.9%나 상승했다.

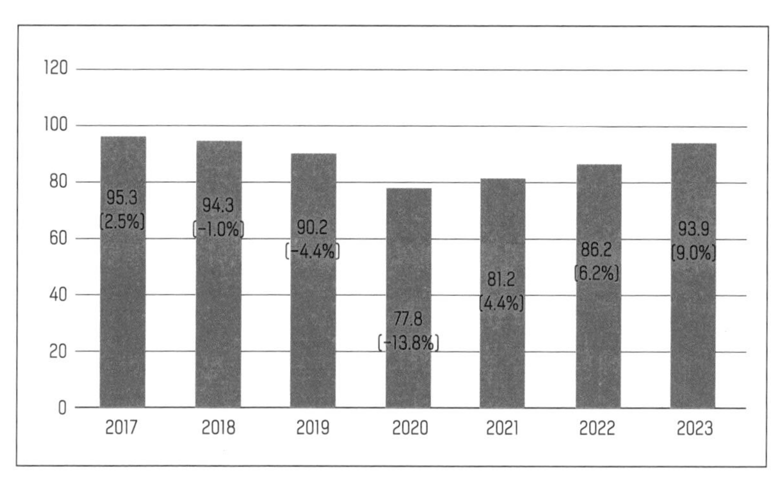

전 세계 자동차 판매 추이 및 전년 대비 증감률(2022, 2023년은 예측, 단위: 100만 대)
출처: Global light vehicle sales in 2022: Reasons to be cheerful?, JUST AUTO, 2022. 2. 3.

2021년 자동차 판매대수는 1년 전보다 9.0% 감소한 173만 4581대로 최근 5년 평균판매량 182만 2000대의 약 95% 수준이지만, 신차 평균가격이 4000만 원을 넘어 매출은 오히려 늘어난 것으로 분석되었다.[8] 한국자동차해체재활용업협회 자료에 따르면 승용차 폐차주기는 2010년 13.4년에서 2021년 15.6년으로 늘어났고, 2021년 폐차대수(86만 4417대)는 2020년(95만 816대) 대비 9% 줄어들었다. 이 역시 반도체 수급 불안정에 따른 신차 출시 지연 등을 주요 원인으로 볼 수 있다.[9]

코로나19 확산 이전의 신차 평균가격 상승은 운전자지원 시스템 등 첨단사양의 추가가 주요 원인이었다. 하지만 팬데믹 이후에는 오미크론 확산에 따른 공장 셧다운 등의 공급망 이슈, 차량 반도체 공급부족, 러시아의 우크라이나 침공에 따른 희토류 가격 급상승 등 예상하지 못한 외부 환경 변화가 주요 원인이다.

2022년 차량 판매는 반도체 공급부족 등으로 2019년 이전 수준으로 복귀하기는 쉽지 않겠지만, 2021년 손실을 메우기 위한 생산 성장으로 전 세계 판매는 4~6% 범위로 늘어날 것이다. 반도체 부족과 팬데믹이 끝나면 2023년에는 9390만 대 판매 수준으로 복귀할 것으로 예상된다.

이러한 상황에서 전기차 판매의 급상승은 코로나의 역설로 불리기도 한다. 스웨덴 컨설팅업체 EV볼륨닷컴EV volumes.com에 따르면 전기차 판매 증가에는 정부 주도의 탄소배출량 감소 정책도 한몫했지만, 내연기관보다 적은 소음과 오염, 저렴한 유지 비용과 뛰어난 가속력 등 우수한 기술 역시 주목할 만한 핵심 요인으로 분석했다.

2020년 4월 벤슨오토모티브솔루션Venson Automotive Solutions이 수행한 설문조사에 따르면 운전자 45%는 팬데믹 당시 교통량 감소로 대기오염이 줄어들고 환경이 개선되자 전기차로 전환하는 것을 재고하겠다고 답변했다. 45% 가운데 19%는 다음 개인차나 회사차로 전기차를 구매하고, 나머지 26%도 5년 이내에 전기차로 전환할 의향이 있다고 답했다. 특히 응답자 가운데 17%는 전기차 구매 결정을 재확인했다고 답해 코로나19가 전기차 확산에 긍정적 영향을 미쳤음을 엿볼 수 있다.[10]

전기차 확산에 가장 큰 영향을 준 것은 바로 2050년 탄소배출 제로를 위한 세계 주요국가들의 차량 관련 환경규제 강화다. 국제에너지기구에서 공개한 2018년 데이터에 따르면 운송 분야는 1970년 이후 이산화탄소 배출량이 2배 이상 증가했다. 2018년 기준 전 세계 이산화탄소 배출량의 5분의 1을 차지하며 승용차와 트럭에서 각각 45.1%, 29.4%를 발생시켜 전체 배출량의 4분의 3, 항공은 매년 10억 t 미만의 이산화탄소를 배출해 11.6%를 차지했다.[11] 운송 분야 이산화탄소

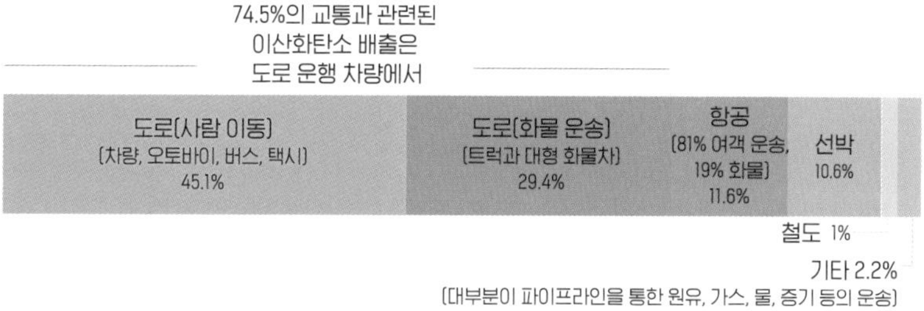

74.5%의 교통과 관련된
이산화탄소 배출은
도로 운행 차량에서

도로(사람 이동) (차량, 오토바이, 버스, 택시)	도로(화물 운송) (트럭과 대형 화물차)	항공 (81% 여객 운송, 19% 화물)	선박	철도	기타 (대부분이 파이프라인을 통한 원유, 가스, 물, 증기 등의 운송)
45.1%	29.4%	11.6%	10.6%	1%	2.2%

글로벌 교통분야 이산화탄소 배출 수준(2018년)
출처: OutWorldinData.org (원 데이터: 국제에너지기구)

배출량의 급상승, 특히 높은 비중을 차지하는 승용차의 이산화탄소 배출 문제는 탄소제로 달성을 위해 꼭 풀어야 할 숙제다.

이미 많은 국가들이 2050년 탄소배출 제로를 위한 환경규제 강화 방안 가운데 하나로 내연기관 자동차의 신규판매 중단을 선언했다. 가장 빠른 국가는 노르웨이로 2025년, 스웨덴, 덴마크, 네덜란드, 아이슬란드는 2030년, 캐나다와 프랑스는 2040년으로 확정했다. 우리나라 정부는 공식적으로 금지 시점은 발표하지 않았으나, 대통령직속 국가기후환경회의는 2035년으로 권고했다. 2018년에 2040년을 목표 시점으로 확정했던 영국이 2030년으로 앞당기는 등 주요국들의 내연기관 차량 판매 금지 시점은 점점 빨라지고 있다.

일본은 2030년 중반, 세계 최대 자동차 시장인 중국은 2030년 탄소피크, 2060년 탄소중립을 목표로 하고 있다.[12] 중국자동차공학회는 2020년 10월 민관합동으로 발표한 '자동차기술 로드맵 2.0'에서 2035년에는 전기차 등 신에너지차 50%, 플러그인하이브리드차PHEV 50%를 생산하겠다고 밝혔다. 수소연료전지차 보급도 적극적으로 늘려 2025년 10만 대, 2035년 100만 대까지 끌어올리는 등 중국 자동차 산업의 탄소배출량은 2035년 정점 대비 2028년 20%를 감축할 계획으로, 친환경차 산업에서도 주도권을 쥐겠다는 중국 정부의 의지도 엿볼 수 있다.[13]

제조사별로 내연기관 차량 판매 종료 시점을 살펴보면 GM은 2035년, 2028년까지 전기차 70종과 배터리를 직접 제조할 것을 발표한 폭스바겐은 2030년, 폭스바겐 자회사 벤틀리Bentley는 10년 이내다. 재규어는 2025년부터 전기차만 생산, BMW도 2030년대 미니 브랜드를 전기차로 대체하고, 스텔란티스는 2025년까지 유럽 모든 판매 차량을 전기차와 하이브리드로 출시할 예정이다. 포드는 2030년부터 유럽에서는 전기차만 판매하겠다고 발표했으며, 볼보도 2030년 생산하는 모든 차종의 전기차 전환을 선언했다. 메르세데스-벤츠는 2039년 모든 차량을 전동화하겠다는 전략 '앰비션 2039'를 발표했다. 현대자동차도 2040년까지 글로벌 주요시장에서 출시되는 모든 신차를 전동화 차량으로 바꾸겠다는 목표를 공식화했다. 그만큼 탄소제로는 인류를 위한 시급한 정책이며, 완성차와 관련 업체들의 지속가능성에 직결되어 있다.

2021년 11월 영국 글래스고에서는 제26차 유엔기후변화협약 당사국 총회COP26가 개최되었다. 각국이 산업화 이전 대비 지구 평균 기온 상승폭을 2°C보다 훨씬 낮은 1.5°C로 제한하기 위한 노력을 추구한다는 파리협정 목표를 재확인하는 자리였다.[14]

파리협정 목표 달성을 위해 주요 도시들은 소유하거나 임대한 차량을 2035년까지 탄소배출 제로 차량으로 전환, 완성차 제조사들은 2035년 혹은 그 이전까지 주요 시장에서 100% 무공해 신차 판매를 위해 노력하겠다는 것이 주요 내용이었다. 캐나다, 덴마크, 노르웨이,

영국 등 27개 국가, 인도, 멕시코, 파라과이 등 11개 신흥 시장 및 개발도상국 정부, 캘리포니아주, 뉴욕주, 상파울루, 우리나라 강원도, 제주도, 세종시, 서울시, 충청남도, 울산광역시 등 46개 시와 주, 지방정부, 볼보, 중국 비야디, 포드, GM, 재규어 랜드로버, 메르세데스-벤츠 등 완성차 제조사, ABB, 제니스Zenith, SK네트웍스 등 자동차 부품 및 공유, 렌트 기업들 외에도 관련 투자기업들이 서명에 동참했다.[15] 우리나라 정부와 완성차 업체는 무공해차 전환의 중요성은 인정하지만 속도 조절이 필요하다는 이유로 서명하지 않은 것으로 알려졌다.

하지만 완성차 제조사들은 탄소제로 달성뿐만 아니라 전기차 시장 진출과 점유율 확보도 서두르고 있다. 차량에서 배출되는 이산화탄소를 줄이는 데 가장 중요한 것은 경량화와 파워트레인의 효율화로, 각 국가별 내연기관 신차 판매 및 등록 중단시점에 따라 전략을 전환해야 하기 때문이다. 또한 세계 전기차 판매 1위를 지키고 있는 테슬라를 이기기 위한 전략 변경도 필요해, 전기차 투자와 판매량 등은 2025~2030년을 목표시점으로 변경하는 등 변화가 적지 않은 상황이다.[16]

전기차의 친환경성에 대한 논란도 적지 않다. 전기차는 주행 중 이산화탄소를 배출하지 않지만 부품과 차량 생산, 수송과 유통, 재활용, 폐기, 전기 생산과정에서는 이산화탄소가 발생하기 때문이다. 이러한 전 과정 분석Life Cycle Assessment을 고려했을 때 전기차가 결코 친환경적이지 않을 수도 있다.[17] 하지만 유럽 교통 NGO 단체인 T&ETransportation and Environment에 따르면 유럽연합 내 전기차는 어떤 전력을 사용해도 내연기관차보다 약 3배 적은 이산화탄소를 발생시키며, 전기차 평균 이산화탄소 배출량은 90g이지만 디젤차는 2.6배,

휘발유차는 2.8배다.

특히 이산화탄소를 가장 많이 발생하는 케이스는, 배터리가 유럽과 거리가 먼 중국에서 생산되고 유럽연합 중 석탄으로 전기를 생산하는 비중이 높은 폴란드에서 그 배터리를 탑재한 전기차가 운행되는 것이다. 이러한 경우 전기차는 디젤차보다 22%, 휘발유차보다 28% 적은 이산화탄소를 발생시키지만, 유럽에서 재생가능에너지 비중이 높은 스웨덴에서 생산된 배터리를 탑재하고 스웨덴에서 운행되는 전기차 이산화탄소의 발생량은 디젤차보다 80%, 휘발유차보다 81% 적다.[18] 이렇듯 전기차가 친환경적인 것은 맞지만 전기 생산의 탈석탄과 유통 과정에서의 탈탄소화가 이루어져야 진정한 친환경이라고 할 수 있다.

생산과정에서는 RE100이 관심을 받고 있다. RE100은 재생에너지 100%Renewable Energy 100%의 약어로 기업이 필요한 전력을 2050년까지 전량 재생에너지로 구매하거나 직접 발전 설비를 건설해 조달한다는 캠페인이다.[19] 2014년 영국의 다국적 비영리기구 더클라이밋The Climate, CDPCarbon Disclosure Project와 함께 발족했으며 2022년 4월 기준 국내 기업들 가운데 LG에너지솔루션과 SK그룹 6개사 등 14개 기업이,[20] 우리나라 정부가 추진하고 에너지관리공단 주관으로 시행되는 한국형 RE100에는 64개 기업이 참여하고 있다.[21] 모빌리티 기업들에게는 향후 제품뿐만 아니라 전 과정에서의 탈탄소화 역시 중요하기 때문에 앞으로 적지 않은 연구와 투자가 필요하다.

시장 쟁탈전에 돌입한 완성차 제조사들과 신규 플레이어들

전통적으로 완성차 업체가 새로운 내연기관 차량을 개발하고 출시하는 데 기획과 개발, 양산 기간을 고려할 때 5년에서 7년 정도 걸린다. 전기차는 내연기관 차량보다 부품수가 적고 공용부품들이 늘어나 개발과 출시에 걸리는 시간을 줄일 수 있기 때문에 내연기관 단축 목표 시점도 업체들 간 시장선점의 전쟁수단 가운데 하나로 점차 빨라질 것으로 예상된다.

국제에너지기구에 따르면 2022년 1월 기준 전 세계에 약 1600만 대의 전기차가 운행되고 있으며, 연간 30TWh 수준의 전력을 소비하는데 이는 아일랜드 전체에서 생산되는 전력량과 비슷하다. 34개국에서 내연기관 차량 신규등록 금지 기한을 설정하고 있는데, 독일(34%

이상), 영국(28%), 프랑스(23% 이상), 중국(18%)과 같은 일부 국가의 전기자동차 시장 점유율이 매우 높아 국가별 차이가 심한 상황이다.[22]

글로벌데이터GlobalData에 따르면 배터리 전기자동차는 2016년 0.7%, 2019년 2.3%에서 2020년 전체 경자동차 생산량의 약 3.0%로 급격히 상승했다. 2025년에는 약 4배 증가한 1160만 대를 생산해 전 세계 경차 판매량의 11.6%를 차지하고, 2031년에는 2800만 대를 생산해 판매량의 26%, 2036년에는 4500만 대가 생산되어 약 40%를 차지하는 등 앞으로 자동차 시장 변화에 가장 큰 모멘텀으로 작용할 것으로 보인다.[23]

장기적 관점에서 〈우드매거진Wood Magazine〉은 2050년까지 배터리 전기차가 전체 판매 차량의 56%를 차지하며 지배적인 운송수단으로 자리 잡을 것으로 예측했다. 2050년에는 전기 승용차 8억 7500만 대, 전기 상용차 7000만 대, 연료전지 자동차 500만 대가 운행되어 총 9억 5000만 대의 무공해차량이 운행될 것이란 분석이다. 특히 최대 시장인 중국, 유럽, 미국에서는 차량 5대 가운데 3대, 상용차 2대 가운데 1대에 해당된다.[24]

2030년까지 테슬라, 폭스바겐, GM, 닛산-르노, 현대자동차그룹 등 주요 5개 기업의 배터리 전기차 판매량은 8900만 대로 글로벌 전체 판매량의 50% 수준으로 예상되며, 테슬라가 선언한 2030년 연간 2000만 대 판매를 고려하면 〈우드매거진〉이 예측하는 8900만 대 판매는 무난히 달성할 것으로 분석했다. 단 테슬라가 공언한 바와 같이 2030년 2000만 대를 판매한다면 테슬라를 뺀 4개 완성차 업체 판매량은 39%로 줄어들며, 테슬라를 제외하면 나머지 업체들의 판매량은 전체 판매량의 79%를 차지할 전망이다.

팬데믹 이후 가장 인기를 얻는 차종은 SUV다. SUV는 2021년 글로벌 자동차 판매의 45% 이상을 차지할 정도로 판매량과 성장세에서 새로운 기록을 세웠다. 이러한 현상은 SUV 전동화가 빨라진다는 것을 의미한다. 2021년 출시된 전기차 모델의 55%가 SUV로, 2019년 45%보다 10% 높아졌다. 단 현재 운행되는 SUV의 98%가 내연기관 차량으로 2010년 5000만 대에서 2021년에는 3억 2000만 대로 빠르게 증가했다. 중형차보다 무겁고(20%), 일반 배터리 전기차(약 50kWh)보다 용량이 큰 배터리(70kWh)가 장착되기 때문에 더 많은 에너지를 소비하는 SUV는 지난 10년간 이산화탄소 배출량 증가의 주요 원인으로 등장했다. 2021년에만 3500만 대가 증가해 연간 이산화탄소 배출량을 1억 2000만 t으로 높였다. 따라서 앞으로 SUV 관련 정책 역시 매우 중요한 이슈가 될 것이다.[25]

토요타의 956만 대에 이어 888만 대로 자동차 판매량 세계 2위인 폭스바겐은 2021년 플러그인하이브리드 10만 6000대, 배터리 전기차 26만 3000대로 전기차만 총 36만 9000대를 판매해 유럽 1위를 기록했다. 전년 대비 플러그인하이브리드는 33%, 배터리 전기차는 73% 판매가 증가했고, 전체 폭스바겐 판매의 19.3%를 차지했다. 특히 ID.4 등 SUV 판매가 호조를 보이며 전체 판매의 40%, 미국 판매의 4분의 3을 SUV가 차지했다. 폭스바겐의 유럽 주문 잔고는 54만 3000대로, 배터리 전기차 9만 5000대를 포함하고 있다.[26] 내연기관차와 전기차의 가격 차이가 줄면서 향후 10년 동안 내연기관 시장의 20%가 축소될 것으로 예상하는 폭스바겐은 새로운 전기차 플랫폼 SSPScalable Systems Platform를 2026년 출시해 단기적으로 내연기관 플랫폼인 MQS, MSB, MLB를 대체하고, 모든 플랫폼을 하나의 아키텍처로 사용해 수익률을 향상시킬 예정이다. 이와 함께 배터리팩 복잡성을 감소시켜 2030년까지 배터리 비용 50%를 절감할 수 있는 공용 배터리셀 형식Common Battery Format을 개발할 계획이다.[27] 이러한 계획의 실현을 위해 폭스바겐은 기존의 35%였던 유럽의 전기차 판매 목표를 70%로 상향 조정했으며, 2030년까지 배터리 전기차 점유율은 50%, 2040년에는 거의 모든 신차가 탄소배출 제로, 2050년에는 완전 탄소배출 제로 자동차를 판매할 예정이다. 2025년으로 예상되었던 연 150만 대 생산목표는 2023년으로 앞당겨질 것으로 보인다.[28]

특히 세계 최대 전기차 시장인 중국에서는 안후이성에 JACJianghuai Automobile Group와 합작투자한 공장이 2023년 연간 30만 대 생산을 시작하면, FAW그룹FAW Group과 SAICScience Applications International Corp가 합작설립한 2개의 공장을 포함해 연 100만 대 생산이 가능하다.[29]

향후 내연기관차는 배터리 전기차로 전환되고 자율주행 기술의 확산으로 소프트웨어 서비스가 증가할 것으로 보인다. 약 1조 2000억 유로(약 1620조 원) 규모의 소프트웨어 기반 매출은 2030년까지 배터리 전기차 및 내연기관차 예상 매출액의 3분의 1을 차지하며, 전체 모빌리티 시장 규모는 현재의 약 2조 유로(약 2699조 원)에서 5조 유로(약 6748조 원)로 2배 이상 늘어날 것으로 예상된다. 또 자동차 기반의 개인화된 모빌리티는 계속해서 성장해 폭스바겐그룹 비즈니스의 85%를 차지할 것으로 보인다.

2021년 12월 14일 토요타 아키오 회장은 온라인 기자간담회에서 탄소중립실현을 위한 토요타와 렉서스의 전동화 전략을 발표했다.[30] 토요타는 2030년까지 30종의 배터리 전기차를 출시하고, 연간 350만 대를 판매하겠다는 목표가 핵심이다. 고급 브랜드 렉서스는 2030년까지 전 카테고리에 전기차 모델을 도입해 글로벌 시장에서 연 100만 대를 판매하고, 2035년부터 모든 모델을 전동화할 계획이다. 특히 전동화 부문 연구개발과 설비투자에 8조 엔(약 84조 6450억 원)을 투입할 예정이다. 현재 주로 사용하는 리튬이온 배터리보다 에너지 밀도가 높고 기대수명이 긴 반면 가격을 줄일 수 있는 전고체 배터리를 포함한 배터리 개발에도 2조 엔(약 21조 1612억 원)을 투자하는 등 배터리 투자를 통해 '선진적인 양품염가良品廉價의 배터리 생산에 박차를 가할 것'이라 강조했다. 배터리 업계에서 관심 높은 분야 가운데 하나인 전고체 배터리는 배터리 내 이온을 전달하는 전해질을 액체가 아닌 고체를 사용하는 것으로 화재가 발생하지 않아 안전성이 높고, 에너지 밀도가 높은 양극재와 음극재 사용이 가능해 주행거리를 늘릴 수 있다.

2020년 9월 배터리 재료와 전지 구조 개선연구에 135억 달러(약 16조 5892억 원)를 투자해 배터리 비용의 30%를 절감하겠다는 목표를 밝혀, 배터리 가격을 낮춰 전기차 판매량을 확보하겠다는 전략으로 보인다. 현재 하이브리드 시장을 장악하며 배터리 전기차 개발에 소극적이었던 자동차 판매 세계 1위 토요타의 전격적인 전기차 시장 진출은 향후 전기차 시장에 적지 않을 영향을 미칠 것으로 예상된다.

이미 CES 2020, CES 2021에서 완성차를 선보였던 소니는 2022년 혼다와 공동출자회사를 설립해 2025년 판매를 시작하겠다는 양해각서를 체결했다.[31] 혼다의 모빌리티 개발 역량, 차체 제조 기술, 축적된 애프터 서비스 관리 경험과 소니의 이미징, 센싱, 통신, 네트워크 및 엔터테인먼트 기술을 결합해 차세대 모빌리티와 서비스를 제공하겠다는 계획이다. 공동출자회사에서 전기차를 계획, 설계, 개발, 판매할 예정이지만, 소니가 생산설비를 보유하고 있지 않기 때문에 생산은 혼다가 담당할 것으로 보인다. '모빌리티 공간을 감성 공간으로 만든다'는 비전을 바탕으로, 안전과 엔터테인먼트, 적응성을 중심으로 이동성의 진화에 기여하겠다는 것이 소니의 목표다. 많은 완성차 제조사들도 막대한 투자를 통해 전기차로의 전환을 빠르게 진행하며 신차를 경쟁적으로 출시하고 있다는 점도 전기차 시장의 긍정적 시그널이다.

전기차 기반 기업들 간의 얼라이언스도 빠르게 진행되고 있다. 2022년 4월 GM과 혼다는 얼티엄 배터리를 적용한 아키텍처 기반 저가 전기차 시리즈의 공동개발을 발표했다.[32] 양사의 기술, 설계, 소싱 전략을 활용해 2027년부터 소형 크로스오버 중심의 전기차 수백만 대를 글로벌에서 생산할 수 있도록 협력할 계획이다. 이를 통해 세계적 품질, 높은 생산량과 경제성 달성을 위한 장비와 프로세스 표준화를 진행할 예정이다. 협력의 핵심인 소형 크로스오버 차량은 연 1300만 대 이상이 판매되는 최고의 인기차종이다.

저가의 고성능 배터리 개발을 위한 협력도 추진할 계획이다. GM은 이미 리튬메탈, 실리콘 음극제, 전고체 배터리 등 배터리셀 제조공정 개선과 업데이트에 신속하게 대응할 수 있는 생산방법을 연구개발하고 있으며, 혼다도 전고체 배터리 실증라인 구축을 통해 양산에 노력하고 있어 양 기업의 협력이 기대되는 분야다.

양사의 전기차 협력은 처음이 아니다. 2021년 9월에도 북미 시장을 대상으로 전기차 공동개발을 발표했다. 협력 목표는 부품의 50% 이상을 공유하는 전기차의 개발로 인테리어와 익스테리어는 차종에 따라 차별화하며 혼다는 2020년대 말 완성이 예상되는 중소형 전기차 플랫폼을, GM은 전자기술을 협력하는 것으로 알려졌다. 금번 협력 발표는 북미에서 전 세계로 대상을 확대했다는 데 의미가 있다.

이미 2013년 차세대 연료전지, 수소저장 기술 공동개발을 시작으로 2018년 전기차 배터리 모델 개발, 2020년에는 2024년 목표로 혼다 아큐라를 잇는 새로운 전기차 공동개발을 추진해왔으며, 크루즈 자율주행 목적기반차량 오리진 역시 함께 개발한 경험을 가지고 있다는 게 새로운 협력의 장점이다.

일반적으로 전기차 1개 모델 개발에 약 5600억 원의 연구개발비가 드는데, 배터리가 생산비용의 40~50%를 차지하며, 생산라인을 전기차 용도로 전환하는 비용은 공장당 약 1000억~1500억 원 정도가 필요하다.

완성차 제조사들은 배터리의 높은 비용과 전기차의 낮은 수익 사이의 간격을 메우지 못해 비용절감을 위한 다양한 노력을 하고 있는데 그 가운데 하나가 플랫폼 공유다.[33] 혼다와 GM은 전기차 플랫폼을 공유함으로써 모터, 배터리, 인버터를 비롯해 기타 주요 구성요소를 표준화할 수 있고, 동일한 부품을 대량구매함으로서 부품비용 절감도 가능하다.

물론 혼다와 GM의 협력만이 전부는 아니다. 폭스바겐과 포드는 전기차 플랫폼을 공유하고 미쓰비시와 닛산, 르노는 전기모터, 배터리, 기타부품을 70% 공유하는 전기차 플랫폼 개발을 완료했다. 토요타와 스즈키, 다이하츠는 전기상용차 개발 파트너십을 맺었고, 2020년 7월 SAIC와 GM, 우링 합작사는 저렴한 초소형 전기차를 출시해 앞으로도 전기차 플랫폼 공유 및 협력은 지속적으로 확대될 것으로 예상된다.

혼다의 독자 전략도 공격적이다. 2022년 4월 혼다는 2030년까지 전기차와 소프트웨어에 약 5조 엔(약 53조 원)을 투자하고 글로벌 시장에서 30종을 연간 200만 대 이상 생산하겠다는 목표를 발표했다. 전체 연구개발비는 해당 기간 동안 8조 엔(약 84조 6448억 원)이다. 단기적으로 일본에 100만 엔대 전기차와 SUV, 판매량의 40%를 차지하는 중국에는 2027년까지 전기차 10여 종, GM과 공동개발하는 전기차는 2024년 2종을 출시하겠다는 전략이다. 2040년까지 모든 신차를 전기차와 연료전지차로 생산하기 위해 전고체 배터리에 430억 엔(약 4550억 원)을 투자하고 2024년 실증라인을 가동할 계획이다.[34]

전기차 시장은 이미 경쟁이 치열해진 레드오션으로 전환되었고, 충전 등 인프라 시장은 전기차 시장의 레드오션화를 뒷받침하는 가장 중요한 격전지가 되었다. 양산력을 보유한 기존 완성차 제조사와 수준 높은 제조자 설계생산Original Design Manufacturer이 결합하면서 2025년 직후 리더가 결정될 전망이다. 거기에 운전자보조 시스템 혹은 레벨3 이상의 자율주행 시스템은 반드시 전기차와 통합돼야 하기 때문에 관련 기술 내재화와 얼라이언스 구축 전략이 그 어느 때보다 중요하다.

물론 유의할 점도 있다. 전기차가 어느날 갑자기 전 세계 내연기관 차들을 대체하는 것은 아니다. 일부 기업들은 이에 따른 전략을 마련하고 있다. 토요타는 4기통 엔진개발에 3억 8300만 달러(약 4770억 원)를 투자해 하이브리드와 내연기관 차량에 활용할 예정이다. 미국 앨라배마주의 헌츠빌 토요타 공장에 2억 2200만 달러(약 2760억 원)를 투자해 새로운 생산라인을 건설하고, 2025년 이전에 전고체 배터리를 탑재한 하이브리드를 생산해 배터리 전기차보다 저렴한 제품을 출시할 계획이다.[35] 2021년 11월 BMW CTO 프랑크 베버는 유로7 엔진을 업데이트하고 있으며, 충전 인프라 등이 완벽히 준비되지 않은 상황에서는 아직 내연기관차가 필요하고, 이번이 BMW의 마지막 내연기관을 위한 투자가 될 것이라 밝히기도 했다.[36] 포드가 전기차와 내연기관차 조직을 분리한 이유는 내연기관이 사라지기 때문이 아니라 전기차와의 상호 강점을 유지하기 위해서다. 〈우드매거진〉에 따르면 2050년 내연기관 차량은 전 세계 판매의 20% 미만으로 떨어지고 절반은 아프리카, 중동, 라틴아메리카, 러시아 및 카스피해 지역에서 판매될 것으로 예상하는 등 시장 규모는 줄어들지만 사라지지는 않을 것으로 보인다. 따라서 완성차 제조사들은 전기차 시장으로 완전 전환시점까지는 연구개발과 판매 전략 포트폴리오에 신중을 기할 필요가 있다.

생존을 위한
신생 전기차 제조사들의
선결 조건

생산을 혁신하라: 메가캐스팅 도입 확산

일론 머스크는 2020년 7월 트위터를 통해 7년 내 전 세계 전기차 연간 생산은 3000만 대를 넘을 것이며 테슬라는 2030년 내 연간 2000만 대를 생산할 것이라고 밝혔다.[37] 2021년 10월 개최된 연례 주주회의에서 테슬라 이사회 의장인 로빈 덴홀름Robyn Denholm도 2030년까지 매년 2000만 대 전기차를 판매하겠다고 재확인하기도 했다. 테슬라의 2020년 판매량 49만 9550대의 약 20배 규모로 비현실적이라는 지적이 적지 않지만, 2021년 판매량 93만 6172대로 전년 대비 90%를 증가시키는 등 매년 인도량이 2016년 이후 연평균 71% 증가하고 있어 꼭 불가능하지만은 않다는 예측도 존재한다. 특히 평균 판매가격을 낮추면서도 비용감소로 마진은 늘어나고 있어 테슬라는 앞으로 더욱 저렴한 전기차를 제공할 계획이라고 밝히기도 했다. 일론 머스크는 2022년 3월 독일의 첫 공장인 기가베를린 출고식에서 "10년 안에 2000만 대를 생산한다는 것은 공격적이지만 불가능한 것은 아니다. 전 세계에는 20억 대의 승용차와 트럭이 사용되고 있으며, 2000만 대는 전체의 1%밖에 되지 않는다"라고 자신감을 보였고, 테슬라가 차량 인도량의 연평균 성장률 71%를 달성한 유일한 기업임을 언급하며 지속적인 성장에 대한 믿음을 표현했다.[38]

특히 2020년 4분기에는 2017년 7월 출시된 모델3가 3년 만에 세계에서 가장 많이 팔린 프리미엄 차량이 되었고, 2019년 이후 현금 흐름이 개선되어 2020년 2분기에는 첫 분기순이익 10억 달러를 돌파했다.[39] 2022년 1분기에는 30만 5407대를 생산하고 31만 48대를 인도해 2021년 동기보다 68%나 향상시켰다. 매출은 187억 6000만 달러로 2021년 동기(103억 9000만 달러)보다 81%가 늘었고, 순이익은 33억 2000만 달러로 2021년 동기의 7배를 넘었다. 매출액에서 원가를 뺀 전기차 부문 매출총이익은 55억 4000만 달러, 매출총이익률은 32.9%로 올라 예상치를 상회하는 실적을 달성했다. 일론 머스크는 향후 몇 년간 테슬라의 생산량이 매년 50% 이상 성장할 것으로 전망했다.[40]

일반적으로 테슬라의 전기전자 아키텍처, 소프트웨어 개발 능력을 높이 사지만 실제로 양산에 활용하는 대형 캐스팅 부품 개발도 무시할 수 없는 혁신의 원동력이다. 테슬라가 사용하는 대형 프레스는 기존 완성차 업계에서 사용하던 4000t급을 크게 뛰어넘는 6000t급(모델3), 8000t급(모델Y) 클램핑 압력을 가진 설비다. 한 번에 104kg의 용융 알루미늄 합금을 10m/s 속도로 주입할 수 있다. 또한 하루 최대 1000번, 연간 36만 5000번의 캐스팅이 가능한 내구성을 자랑한다. 2021년 3월 IDRA는 세계 최초로 8000t급 기가프레스를 완성하고 첫 수주를 받았다고 발표했다. 주문 기업을 친환경 차량을 위한 선도적 글로벌 제조업체라고 표현해 테슬라라는 것을 암시했으며, 픽업트럭과 SUV 생산에 사용한다고 밝혔다. 테슬라는 프리몬트와 기가상하이에 6000t급 기가프레스를 다수 투입하고 있다. 그런데 6000t급 이상 대형 프레스 장비를 생산하는 곳은 이탈리아 IDRA와 중국의 LK머시너리LK Machinery밖에 없다. 이탈리아 기업인 IDRA는 2008년 LK머시너리의 모기업인 LK테크놀로지에 인수합병되어 중국이 해당 기술을 독점 중이라 할 수 있다.[41]

테슬라 모델Y의 대당 조립시간은 10시간으로 폭스바겐 ID.3의 조립시간인 30시간의 3분의 1이다. 이 차이는 바로 메가캐스팅 공정기술 활용에 있다.[42] 야심 찬 테슬라의 연간 2000만 대 목표는 기가프레스도 한몫할 수 있다는 것을 보여준다. 200대 이상을 구매한 단골 고객사 가운데 하나가 6800t, 8000t, 9000t 3세트를 주문했다고 밝히며 풀사이즈 자동차를 다이캐스팅할 수 있다는 자신감을 보이기도 했다.[43] 뿐만 아니라 2022년 6월 오픈하우스에서는 테슬라 사이버트럭 생산을 위한 9000t급 기가프레스를 처음으로 공개해 많은 주목을 받으며 메가캐스팅에 대한 관심을 높였다.[44]

기가베를린과 기가텍사스에서 모델Y에 집중해 생산시작 9~12개월 이후에는 주당 5000대 생산을 할 수 있을 것이라고도 언급했다. 테슬라는 특히 현재 모델Y에 집중하고 있는 기가텍사스가 가장 진화된 자동차 공장이며, 세계 최대 캐스팅 기계가 설치되어 있고, 단순화된 부품과 공정 설계로 생산속도를 높여 모델3와 전기트럭 세미를 연 50만 대 생산할 수 있다고 주장한다.[45]

테슬라의 기가팩토리 오픈은 기가프레스 제작 일정에 달려 있으며, IDRA 담당자는 DHL과 아마존 등 배송용 전기픽업트럭 생산에도 확장할 수 있다고 언급하는 등 현재 다이캐스팅 산업의 한계 극복이 전기차의 미래를 이끄는 핵심 원동력 가운데 하나가 될 것으로 보인다.[46]

현재 자동차 업체 가운데 유일하게 기가프레스를 사용하는 테슬라는, LK테크놀로지 설립자인 리우 시옹송Liu SiongSong이 말한 것처럼 기가프레스 설계와 생산에 깊이 관여해왔다. 양사는 1년이 넘는 기간 동안 협력하며 자동차 생산을 위한 기가프레스를 설계·제작했다. 이는 장난감을 찍어내듯 전기차를 생산하겠다는 일론 머스크의 계획과도 일치하는데, 실제로 LK테크놀로지는 설립 초기 장난감을 생산하던 회사였다. LK테크놀로지는 2022년 초까지 6개의 중국 자동차 회사에 기가프레스를 공급할 예정이다. 리우 시옹송에 따르면 많은 중국 전기차 업체들이 테슬라 방식의 기가프레스를 이용한 전기차 생산혁신을 요청했지만 대부분 설계 단계로, 디자이너 병목 현상을 지적하기도 했다.[47]

중국의 니오, 샤오펑도 2022년 1월 6800t 다이캐스팅 프레스를 LK테크놀로지와 계약했다고 발표했다. 향후 1만 2000t 규모의 개발도 협력할 예정이다. 니오는 2021년 10월 열처리가 필요 없는 합금을 개발했다고 밝혔으며, 주력차종인 ET5 후면 서브프레임에 통합 기가캐

스팅 공정을 적용해 무게를 13kg 줄이고 트렁크에 11리터 저장공간을 제공할 것으로 알려졌다.[48]

올리버 집세Oliver Zipse BMW 회장도 캐스팅으로 차체를 만드는 것이 훨씬 효율적인 방법이라고 언급했으며,[49] 2022년 2월 볼보도 차세대 전기차 알루미늄 본체생산을 위해 10억 달러(약 1조 2288억 원)를 투자해 연간 30만 대 생산이 가능한 스웨덴 토르슬란다Torslanda 공장에 메가캐스팅 공정을 도입한다고 밝혔다.[50] 2030년까지 전기차 브랜드로의 전환을 선언한 볼보는 배터리셀 회사 노스볼트Northvolt와 약 32억 8000만 달러(약 4조 306억 원) 규모의 50GWh 배터리 공장을 토르슬란다에 건설하고 메가캐스팅을 활용할 계획이다.

테슬라는 분업과 위탁이 일반적인 완성차 산업의 생산 섹터와 달리 원료부터 생산 설비, 생산 방식, 서비스까지 직접 계열화함으로서 원가경쟁력을 확보했다. 즉 현재까지 금속판재 스탬핑-점용접 생산 공정을 대형 부품 알루미늄 캐스팅으로 생산하는 메가캐스팅 공정을 통해 70여 개의 금속패널을 용접한 리어 언더보디를 하나의 알루미늄 캐스팅으로 통합해 단순화함으로써 14개 스테이션과 로봇 300여 대를 대체했다. 프론트 언더보디도 하나의 캐스팅 부품으로 통합해 향후 차체 전체 하부구조를 3개의 부품으로 단순화함으로써 생산성까지 확보했다. 그 결과 약 1000대의 로봇이 필요한 차체공장에서 로봇의 3분의 2를 제거해 공장 면적도 20% 절감했다. 뿐만 아니라 차체를 구성하는 알루미늄 합금소재의 가격은 철강 등 기존 소재에 비해 비싸지만 공정이 단순화되면서 부품기준 생산단가의 약 40%를 감축한 것으로 파악된다. 또 정상가동 시간도 현저히 줄였다. 특히 일론 머스크는 고질적인 문제로 지적되어온 단차가 기가프레스를 통해 크게 줄

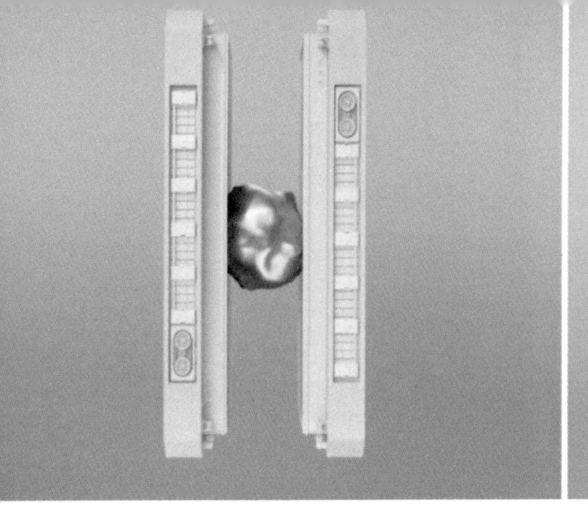

볼보의 메가캐스팅
출처: Volvo 웹사이트

고 마운팅 위치도 정확해지면서 조립품질이 '마이크로 밀리미터' 단위로 우수해질 것이라고 주장했다.[51]

기가프레스 활용이 가능했던 것은 우주항공 혁신기업 스페이스X의 경험을 지닌 재료공학팀의 뛰어난 기술력이 뒷받침되었기 때문이다. 테슬라는 알루미늄 다이캐스팅 후에 열처리 없이도 부품변형이 적고, 코팅/아노다이징(양극산화 피막 처리)이 필요 없는 AA386 합금을 자체 개발했다. 그 결과 뛰어난 야금학적 설계로 부품 생산 후에도 금속 내 공극발생이나 감자껍질이 벗겨지는 것처럼 불량한 표면이 생기는 현상Potato Chipping을 최소화했다. 특히 슈퍼컴퓨팅을 통한 다이캐스팅 정밀 시뮬레이션으로 고속주입이 가능해져, 합금이 주입 과정에서 식어 불량이 발생하는 냉캐스팅Cold Shot 문제도 해결했다.[52]

운이 좋아 설비를 도입하더라도 알루미늄 합금 등 재료에 대한 이해 없이는 품질확보가 쉽지는 않다. 스페이스X에서의 개발경험이나 최고 수준의 야금학 전문지식은 흉내 내기 어려운 테슬라만의 자산이다.

전기차, 자율주행차 등장으로 차량 경량화가 중요해지며 차량 소재가 강철에서 알루미늄으로 전환하고 있는 시점에서 기가캐스팅은 아직은 불리한 알루미늄 원가를 상쇄하는 역할을 한다고도 볼 수 있다. 이러한 테슬라를 따라 많은 전기차 기업들이 LK테크놀로지에 기가프레스를 주문한 상태고, 소프트웨어정의차량 설계를 위한 조직개편과 인력 구인 등을 시도하고 있으나 최근 인력난으로 쉽지는 않을 것으로 예상된다. 또한 기존의 연구개발, 생산 프로세스와 내연기관을 안고 가야 하는 입장에서는 한계가 있다. 하지만 전기차 제조비용 및 판매가를 낮추기 위한 공정개선을 위해 메가캐스팅에 대한 관심은 지속될 것이다.

다이슨과 신규 플레이들이 빠진 생산지옥

다이슨Dyson은 3년간 무려 7억 달러(약 8602억 원)를 투자하고 500명이 넘는 인원을 투입해 프로토타입까지 선보인 고급형 전기차 N526의 개발을 포기했다. 그 이유는 창립자 제임스 다이슨James Dyson이 2021년 출간한 책《발명: 인생Invention: A Life》에 기술되어 있다. 플랫폼 기반 설계, 시트를 포함한 인테리어 디자인, 에너지 절감을 위한 저전력 시스템 개발, 자체 공기 여과기술, 안전을 위한 휴먼-머신 인터페이스 설계 등은 독창적이고 혁신적이라고 제임스 다이슨은 자평했다. 하지만 새로운 자동차 업계 플레이어인 다이슨에 부품사들이 부품 비용을 기존 완성차 제조사보다 25% 높게 청구해 원가가 높아졌다. 특히 생산량이 많아야 차량 가격이 내려가는 생산구조에서 소량생산을 염두에 둔 N526의 판매가 21만 달러(약 2억 5800만 원)는 시장경쟁력이 없다고 본 것 같다. 폭스바겐그룹, 메르세데스-벤츠, 스텔란티스, 르노-닛산-미쓰비시 얼라이언스 등 디젤 승용차와 SUV를 생산하는 기업들이 2015년의 디젤게이트 여파를 회복하기 위해 전기차 개발 경쟁에 빠르게 뛰어들었다. 관련 완성차 제조사들은 초기 합리적 가격에 전기차를 생산하기는 어렵지만 배기가스 배출 목표 달성과 친환경을 내세운 도덕적 기업으로 이미지 전환이 가능했고 결국 차량 판매가를 낮출 수 있어, 고가인 다이슨 전기차의 시장경쟁력 확보가 어렵다고 판단하고 양산 직전에 개발을 중단한 것이다.[53]

모터와 배터리, 디자인에 특화된 다이슨이지만, 보급형 전기차가 아닌 고급형 전기차로 기존 부품기업들을 활용해 진출한다는 것은 기존 기업들에게도 새로운 양산라인 구축과 불확실한 판매량으로 부담이 될 수밖에 없다. 그만큼 완성차 산업에서의 생산력과 양산력이 중요하다는 것을 확인할 수 있는 사례다.

2017년 10월 일론 머스크는 트위터를 통해 "테슬라가 생산지옥에 빠졌다"라고 언급해 전 세계적인 관심을 받았다. 당시 테슬라의 모델3는 3만 5000달러(약 4300만 원)라는 파격적인 가격으로 기존의 모델S나 모델X 반값이었고, 선주문을 50만 대 받았다. 2017년에는 주당 5000대, 2018년부터는 주당 1만 대의 생산 계획을 수립했으나 배터리팩과 조립 공정상의 문제로 월 500대 생산도 힘들었고, 2018년 상반기에는 3번이나 생산을 중단하기도 했다. 2016년 4월 이후 2년 동안 전체 예약건수 50만 대의 20%인 10만 대 이상이 환불되기도 해, 일론 머스크는 다시는 돌아가기 싫은 시절이라고 회고한다. 오죽하면 일론 머스크가 애플에 테슬라를 600억 달러에 매각하는 제의를 했으나 팀 쿡이 거부했다고 직접 말했을 정도다.[54] 모델3 생산을 위해 2주 만에 캘리포니아 프리몬트 공장 외부에 생산라인을 구축하기도 하며 난관을 헤쳐 나갔던 테슬라는 생산문제 해결을 위해 와이어링 하네스 배선 개선, 메가캐스팅 도입 등 생산경험을 쌓으면서 생산지옥에서 벗어나 현재 전기차 세계 1위로 올라섰다. 이처럼 신생 전기차 제조사들의 가장 큰 숙제와 도전은 결국 기존 완성차 제조사 수준의 품질과 규모로 생산해야 시장에서 경쟁할 수 있다는 것이다.

테슬라의 대항마 혹은 제2의 테슬라로 불리며, 많은 관심을 받는 기업은 니오, 리비안, 루시드다. 이들도 벤치마킹 대상인 테슬라의 경험을 알고 있기 때문에 니오는 기존 완성차 제조사 JAC와 조인트벤처를 설립, 리비안은 막대한 투자 유치와 미쓰비시 공장 인수를 통한 설립 초기 공장 확보, 루시드도 막대한 초기 투자 유치를 통해 공장을 확보하는 등 초기부터 생산력을 갖추기 위한 공장을 준비했다.

2014년 11월 설립해 2017년 12월 처음으로 ES8을 판매한 중국의 니오는 2021년 4월 누적 10만 대를 생산하고, 2021년 9월 1만 628대를 인도해 처음으로 월 1만 대를 넘었다.[55] 2022년 1분기에는 전년 대비 28.5% 증가한 2만 5768대를 고객에게 인도했고, 3월 31일 기준 누적 19만 2838대를 인도했다. 니오와 JAC는 2016년 4월 친환경차와 커넥티드카에 대한 전략적 협력을 위한 협약을 체결한 뒤 JAC-니오 첨단 생산센터를 설립해 10만 대 양산능력을 확보했다. 2021년 5월 니오와 JAC는 생산계약을 3년 연장하고 3가지 모델 ES6, ES8, EC6와 주력 세단 ET7 등을 1교대 15만 대, 2교대 30만 대로 생산할 수 있게 운영을 전환해 연 30만 대 생산능력을 갖췄다.[56]

테슬라의 세번째 기가팩토리가 위치한 상하이에 추가로 공장을 건설하기로 2017년 정부 및 관련기관과 계약했던 니오는 계획을 선회해 JAC와의 협력생산을 선택했다.[57] 중국 정부의 전기차 보조금 축소, 양산초기 판매량 저조 등과 함께 공장 건설 및 생산성 이슈와 전기차 스타트업들의 등장으로 공장 건설을 위한 대규모 투자와의 연결이 쉽지 않기 때문이다. JAC는 위탁생산 비용과 함께 첫 3년 동안 운영손실도 보상받는 조건이다.[58]

리비안은 2009년 MIT 슬론 자동차연구소에서 박사학위를 받은 로버트 스카린지Robert Scaringe가 창업한 미국의 전기차 업체로, 아마존과 포드, 소로스펀드매니지먼트가 투자했다. 107억 달러(약 13조 1490억 원)를 투자받아 막대한 자본을 바탕으로 일리노이주 노멀Normal에 위치한 미쓰비시 공장을 인수한, 신생 전기차 스타트업 가운데 바로 공장과 생산설비를 갖춘 몇 안 되는 기업이다.[59] 2021년 9월 첫 생산과 전기픽업트럭 R1T의 고객인도를 시작했지만 2021년 말까지 1015대 생산 920대 인도에 그쳤다. 2021년 12월 R1T를 주당 50대 생산했으며, 단기적으로 주당 200대를 생산목표로 잡았다. 주당 100대 생산을 해도 사전 예약받은 R1T 7만 1000대를 맞추기 위해선 무려 7년이나 필요하다. 장기 목표는 노멀 공장에서 2023년 15만 대, 이후 20만 대로 생산을 늘리는 것으로 15만 대 목표 달성을 위해선 주당 3000대를 생산해야 한다. 미국 조지아주에 2024년 가동을 목표로 연간 40만 대 생산이 가능한 제2공장을 건설할 예정이다. 이러한 상황에서 결국 리비안은 닛산의 테네시주 스미르나Smyrna 조립 공장 생산담당 부사장인 팀 팰런Tim Fallon을 영입했다. 팀 팰런은 스미르나 공장과 미시시피주 캔톤 공장에서 15년 동안 생산과 엔지니어링을 담당한 전문가로 닛산의 대표 전기차인 리프Leaf 생산도 감독한 경험이 있다.[60] 하지만 현실은 녹록지 않다. 2022년 4월 8만 3000대의 R1T와 R1S 주문이 밀려 있고, 아마존 전기밴 10만 대 초기물량도 생산해야 하지만 부품 공급 문제로 2020년 2만 5000대 생산만 가능할 것으로 예상된다.[61]

무함마드 빈 살만Muhammad bin Salman 사우디아라비아 왕세자가 이끄는 국부펀드 공공투자펀드PIF로부터 2018년 10억 달러(약 1조 2288억 원)를 투자받은 것으로 유명한 캘리포니아 기반의 전기차 업체 루시드의 2021년 4분기 기준 예약대수는 2만 5000대, 현금보유는 무려 62억 달러(약 7조 6187억 원) 규모다. 하지만 2021년 125대를 고객에게 인도했고, 2022년 2월 28일 기준 400대 이상의 루시드에어Lucid Air를 생산해 300여 대를 고객에게 인도했다. 2022년 1만 2000~1만 4000대 인도를 예상하고 있으나 원래 목표 2만 대에서 많이 수정한 것이고, SUV 그래비티 생산도 2023년에서 2024년으로 연기했다.[62] 루시드에어의 기본 버전은 16만 9000달러(약 2억 767만 원)로 리비안보다 고가이며, 애리조나주 카사그란데Casa Grande 공장을 확장하고 사우디아라비아에 두 번째 공장을 건설할 예정이다. 테슬라처럼 수직적 통합 모델로 공급망을 관리하며 생산 시스템을 구축하고 있다.

이외에도 영국의 전기차 제조사인 어라이벌은 고가 장비가 없는 5000만 달러(약 614억 4150만 원)의 소규모 공장 마이크로팩토리를 건설했으며, 팩토리당 필요한 70여 개의 로봇도 산업용 로봇 공급업체 쿠카Kuka와 스텔란티스의 자회사 코마우COMAU의 일반용 로봇을 도입해 사용하고 있다. 뿐만 아니라 수십억 원이 필요한 금속 다이캐스팅 대신 수백만 원 수준의 플라스틱 보디패널 금형을 제작하고, 내부 엔지니어들이 자체 성형기계를 설계하기도 했다.

카누Canoo 역시 어라이벌과 유사한 소형 메가마이크로팩토리Mega Microfactory를 건설했다. 이스라엘의 리오토모티브Ree Automotive는 비용 절감과 품질 확보를 위해 미국 자동차회사 아메리칸액슬American Axle과 미쓰비시에 위탁생산을 계약했으며, 피스커는 마그나 인터내셔널

과 협력해 전기차를 제작했고 타이완 폭스콘Foxconn과도 유사한 계약을 체결했다.[63]

전기차가 기존 내연기관보다 부품수가 적고, 전기차로 시작하는 기업들은 내연기관 완성차 제조사와 달리 전환비용이 필요하지 않지만, 대다수의 신생 전기차 제조사들은 생산계획을 맞추지 못하고 있다. 앞에서 언급한 기업 가운데 니오를 제외한 나머지 기업들은 일론 머스크가 언급한 생산지옥에 빠져 있는 상태다. 그래서 신생 전기차 제조사들은 기존 완성차 제조사 수준의 양산능력을 갖추기 위해 초기 대규모 투자 유치를 통한 자체 공장 확보, 스마트팩토리 구축, 기존 완성차 제조사와 조인트벤처 설립 혹은 위탁생산, 양산경험 경영층 영입 등 다양한 전략을 취하고 있다. 하지만 기존 자동차 공장을 인수하더라도 품질과 생산성 확보를 위해서 제품 구조와 기존 공장의 생산 프로세스를 매칭해야 하기 때문에 생산지옥을 빠져나오기는 쉽지 않다.

완성차 업계에서는 자동차 엔지니어를 구분할 때 양산경험을 매우 높게 본다. 초기설계에서 지속적으로 변화하는 양산품질까지 험한 경로를 예측하고 분석하고, 무엇보다 관련 기업들과의 커뮤니케이션과 관리가 가능해야 하기 때문이다. 뿐만 아니라 양산설계가 확정되는 최적의 생산 시스템 설계, 대량생산을 위한 공정과 품질 안정화를 달성해야 하기 때문이다. 신생 제조사들이 주류가 되려면 보다 풍부한 생산기술 개발과 경험 축적, 리더십 확보 등을 위한 시간과 노력이 필요하다. 위탁생산의 경우 초기품질 확보에 유리할 수 있지만 계약 및 생산 조건에 따라 원가와 비용이 상이하고, 시장변화에 따른 유연성이 떨어질 수 있어 안정성이 자체생산보다 약하다는 단점도 있다.

더구나 반도체 쇼티지, 배터리 가격 상승, 글로벌 공급망의 변화 등 자동차 업계에 악재들이 지속될 것으로 판단되는 현시점에서 신생 전기차 제조사들의 생존은 쉽지 않을 것으로 보이며, 새롭게 전기차 생산에 뛰어드는 혹은 이미 전기차를 생산하고 있는 거대기업에 인수합병되는 등 다양한 변화도 예상할 수 있다.

전기차 시장 탈환을 위한 선제 조건, 배터리 가격과 성능

시장조사업체 입소스IPSOS가 2020년 전 세계 2만 명을 대상으로 한 설문조사 결과, 응답자들은 전기차 구매에 디젤차나 휘발유차보다 10%의 추가비용을 지불할 의사가 있으며, 20%를 넘어가면 관심이 떨어진다고 답했다. 일반적으로 전기차 구매의 장벽은 높은 가격, 주행 가능 거리, 충전 인프라 3가지로 이 가운데 가장 큰 장벽은 바로 가격이다. 특히 전기차 가격 구성의 40~50%로 알려진 배터리와 효율성 향상을 위한 모터 및 전자장치의 연구개발은 제조사들의 경쟁력 확보와 생존을 위해 가장 중요한 전략 대상이다.[64]

블룸버그NEFBloomberg New Energy Fiance의 연례 배터리 가격 조사 보고서에 따르면 리튬이온 삼원계 배터리 기준 세계 평균 배터리 가격은 2020년에서 2021년 사이 6% 하락했다. 2019년 1kWh당 1200달러(약 147만 원)가 넘던 리튬이온 배터리팩 가격은 2020년 140달러(약 17만 원), 2021년 132달러(약 16만 원) 수준으로 급격히 떨어졌다. 셀 수준은 1kWh당 97달러(약 12만 원)가 평균적으로, 2019년과 2020년 팩 비용이 30%를 차지했는데 셀투팩 설계 도입으로 비용을 절감할 수 있었다. 기존에는 배터리셀을 모듈 단위로 묶어 팩으로 구성했지만,

셀투팩은 셀모듈을 없애고 바로 팩으로 구성했다. 그 결과 부품수는 40% 정도 줄고 공간 활용률은 15~20% 높아 에너지 밀도와 생산효율이 좋아져 비용절감 효과가 크다.

자동차 배터리팩 가격이 소비자 임곗값($100/kWh)을 넘는 분수령을 2024년으로 예상했으나, 2022년 배터리팩의 거래량가중평균가VWAP는 1kWh당 3달러에서 135달러로 증가하면서 2026년으로 2년 늦춰졌다. 하지만 전기차로의 전환과 새로운 업체들의 도전은 지속될 것으로 보인다.[65]

하지만 미국에너지부는 2020년 12월 발표한 에너지 쇼티지 그랜드 챌린지Energy Storage Grand Challenge 전략을 통해 가격 경쟁력 있는 전기차 배터리팩 제조비용을 2030년까지 80달러로 낮출 것을 권고했다.[66] 포드와 르노는 2030년까지 80달러로 낮추고[67] 닛산은 2028년 전고체 배터리를 탑재한 전기차를 출시해 75달러로 낮추겠다는 전략을 발표했다.[68] 테슬라가 개발을 취소했지만 블룸버그NEF 에너지 저장 책임자 제임스 프리스James Frith는 2020년 배터리데이에서 일론 머스크가 배터리 비용의 56%를 절감한 2만 5000달러(약 3072만 원) 저가 전기차 양산을 발표했을 때 배터리 가격은 1kWh당 약 56달러 수준이라고 분석했다.[69]

이처럼 배터리 비용은 전기차 대중화를 위해 가장 중요한 요소로, 내연기관 차량과의 동등하거나 우세한 가격 경쟁력을 확보하기 위해 가격을 점차 낮추고 있는 상황이다. 폭스바겐 역시 적정 목표를 60달러로 보고 있으며, 이럴 경우 전기차 유지 비용이 평균 1mile당 26센트로 내연기관차량 27센트와 유사한 수준으로 맞출 수 있다.[70] 전고체 배터리를 개발하고 있는 토요타도 2030년까지 재료 및 배터리 구조

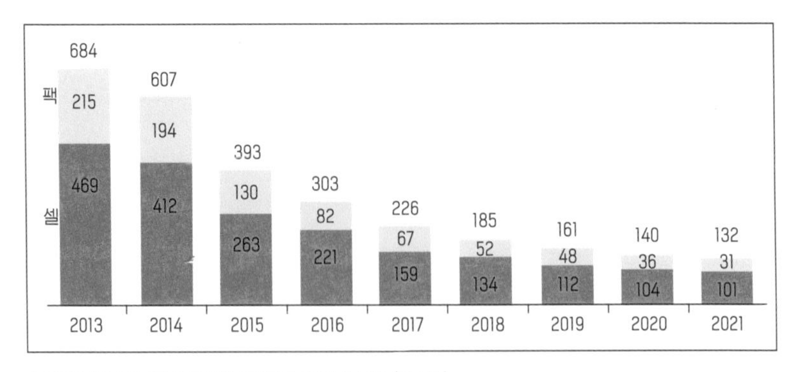

볼륨 기반 평균 배터리팩과 셀 가격 비율 (단위: $/kWh)

출처: Battery pack prices fall to an average of , but rising commodity prices start to bite, BloombergNEF, 2021. 11. 30.

변경을 통해 1km당 전기 소비를 30% 줄이겠다는 목표를 밝히기도 했다. 토요타는 차세대 배터리로 전고체 배터리에 집중 투자하고 있고, 전고체 배터리 스타트업인 솔리드파워Solid Power에 투자한 포드와 BMW는 2030년 출시 예정인 전기차에 사용하기로 공동 협정을 발표했다.[71]

폭스바겐그룹은 원재료부터 재활용까지 배터리 공급망과 폐쇄형 배터리 가치사슬망 구축을 목표로 새로운 파트너십을 맺었다. 이를 위해 2030년까지 통합셀Unified Battery Cell Format 기술이 적용된 배터리 개발로 비용의 50%를 절감하고, 2023년 최초 장착 차량을 출시해 2030년 그룹 전체 차량의 80%에 적용할 예정이다.[72] 포드는 2020년대 중반까지 1kWh당 100달러로, 배터리 비용의 40% 절감을 추진하고 있다.[73]

리튬인산철LFP 배터리는 중국 대형 자동차 제조업체와 배터리 공급업체가 선호하고, 테슬라는 2021년 10월 주력차종 배터리를 가격이 상대적으로 저렴한 코발트 대신 인산철을 사용한 리튬인산철로 교체

했다. 그런데 리튬인산철 배터리 가격은 2021년 9월 이후 중국의 리튬인산철 배터리셀 생산자들이 10~20% 올리는 등 지속적으로 상승 중이다.[74] 뿐만 아니라 미국의 러시아산 원유와 천연가스 수입금지 제재 조치에 러시아가 원자재 수출 금지로 맞대응하면서 배터리 양극재 핵심 소재인 니켈의 1t당 가격은 2022년 3월에 4만 5795달러(약 5627만 원)까지 치솟았으나 6월 1일 2만 7710달러(약 3400만 원)로 떨어지는 등 원자재 수급 예측도 쉽지 않다.[75] 그 결과 유럽시장에서 이산화탄소 배출량 기준치를 충족하기 위해 1차적으로 유럽에 전기차 판매를 늘려야 하는 자동차 제조사들은, 혁신적 배터리와 모터 등 전기차 기술을 개발하거나 전기차 마진을 줄이거나 전기차 가격을 높이는 선택을 해야 하는 상황이다.

앞으로 배터리 비용이 떨어지더라도 전기차 제조사들이 내연기관보다 비용 경쟁력을 확보하기 위해선 소비자들에게 차량의 고급스러운 인테리어와 기능, 지속가능한 재료 조달, 배터리 공장 건설을 통한 규모의 경제 확보, 전고체 배터리 개발 등 기술혁신이 필요하다. 따라서 제조사가 공급망과 제조방법에서 비용을 절감하는 방법을 찾아야 원활한 공급을 통한 브랜드 경쟁력을 높일 수 있다.[76]

마이너스 옵션과 반도체 쇼티지에 대한 우려

자동차 업계의 최대 화두는 단연 반도체 부족사태로, 신차를 계약하고도 받는 데 6개월에서 1년 이상 걸리는 주요 원인 가운데 하나다. 코로나19가 등장하기 전까지 완성차 제조사들의 차량 디지털화 전략은 반도체 공급이 무한정이란 전제로 구성했다. 하지만 상황은 급격히 변했다. 알릭스파트너스AlixPartners에 따르면 반도체 부족으로 인해 2021년 전 세계 자동차 산업은 약 2100억 달러(약 258조 원)의 매출 손실이 발생하는 등 유례가 없던 규모로 피해가 지속되고 있다.[77]

자동차 제조사들은 코로나19가 확산되기 시작하자 반도체 주문을 취소했고, 회복 기미가 보이자 재주문에 들어갔으나 이미 때는 늦었다.[78] 코로나19 확산으로 재택근무, 온라인 교육이 늘어나고 이동이 줄어들면서 컴퓨터, 스마트폰과 태블릿PC, 텔레비전, 게임기, 가전제품 등에 대한 수요가 증가했기 때문이다. 반도체업체들은 수익성이 높은 산업용 반도체 생산과 공급을 늘리는 정책으로 급선회했고, 그 결과 전체 수요의 5% 수준밖에 차지하지 않으며 저렴한 가격에 수익도 낮은 차량용 반도체 생산은 직격탄을 맞았다.

내연기관 차량에는 파워트레인, 차체 제어, 조향 시스템, 제동 시스템, 에어백 시스템, 인포테인먼트, 텔레매틱스 시스템과 같은 거의 모든 기능 영역에서 반도체를 사용한다. 하지만 전기차에는 배터리, 모터, 인버터, 충전 시스템을 포함한 파워트레인의 주요 구성요소와 진공 펌프, 회생 제동 시스템과 같은 일부 보조 시스템에도 차량 요구사항에 맞춰 기계식에서 전기식으로 변환해야 하기 때문에 추가적으로 반도체가 필요하다. 내연기관 차량 기준 전자부품은 전체의 10~15% 범위지만, 전기차의 경우 약 1.5배가 소요되며, 늘어나고 있는 커넥티드카 역시 반도체는 필수 부품이다.[79]

더구나 공급망이 복잡하고 협력업체가 많은 자동차 업계의 구매 약정 기간은 일반적으로 수 주 혹은 수개월로 짧지만, 다른 산업들은 6~12개월 이상으로 구매하는 의무인수계약Take-or-Pay Deal 형태로 주문을 해 인도받기까진 적지 않은 시간이 필요하기에 반도체 부족 현상

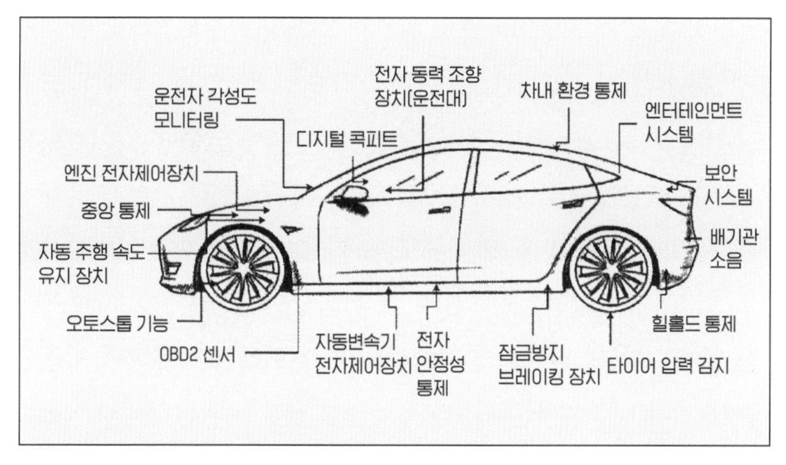

소프트웨어, 전자분야와 연관된 주요 차량 부품과 기능

출처: Vikram Chaudhary, Semiconductors: Your car is a computer on wheels, Express Drivers, 2022. 3. 12.

은 더욱 악화될 수밖에 없다. 또한 지정학적 긴장으로 일부 소비자 전자 제조업체들이 재고량을 늘려 무선 분야의 반도체 수요가 5~10% 급증한 것으로 보인다. 해당 규모는 자동차 시장 칩 판매의 3분의 1 수준이고, 5G 관련 칩 사용량 증가 역시 차량 반도체 부족에 일조했다.[80]

반도체는 꾸준히 성장하고 있는 산업으로 2000년대 이후 생산능력은 180% 늘어났고, 국제반도체장비재료협회Semiconductor Equipment and Materials International에 따르면 코로나19 이후 2021년 장비 매출은 2020년보다 44.7% 급증해 처음으로 1000억 달러를 넘어 1140억 달러(약 140조 원) 규모로 성장했다. 이처럼 급속히 늘어나는 수요에 대응하기 위해 기업들은 장비를 확충하고 있다.[81]

2022년 1월 인텔이 200억 달러(약 24.5조 원)를 투자해 미국 오하이오주 콜럼버스에 2000ac(8.09km^2) 면적의 팹을 8개까지 확장할 수 있는 최첨단 칩 연구개발과 제조 허브를 2025년 가동하겠다고 발표했다.[82] 뿐만 아니라 2022년 2월 이스라엘의 칩 제조업체인 타워반도체Tower Semiconductor를 54억 달러(약 6조 6357억 원)에 인수한다고 밝혔다. CEO 팻 겔싱어Pat Gelsinger는 2022년 2월 개최된 연례 투자자 회의에서 자동차 반도체의 총 시장 규모TAM를 10년 후 현재의 거의 2배인 1150억 달러(약 141조 3150억 원)로 예상하고, 인텔 파운드리 서비스IFS 출범을 공식화해 환영을 받았다. 하지만 제조라인이 구축된 제품도 공급까지 최소한 4개월이 걸리고, 동일한 제품을 다른 생산라인으로 옮겨 생산량을 늘리는 데는 6개월, 제조업체 전환(파운드리 변경)은 칩 설계가 새로운 제조 파트너의 프로세스에 맞게 바뀌어야 하기 때문에 최소한 1년은 소요된다.

2022년 1월 IHS마킷, LMC 오토모티브LMC Automotive, 대표적 차량용 반도체 기업 가운데 하나인 르네사스, 현대자동차 담당자들은 2022년 하반기부터는 반도체 부족 상황이 다소 해소될 것으로 예상했다. 하지만 2022년 들어서 포드, 토요타 등이 생산량을 줄이겠다고 발표하고, 토요타는 공식적으로 2022년의 900만 대 글로벌 생산목표가 불가능하다고 공식적으로 밝히는 등 자동차 산업의 반도체 부족은 갈피를 잡기 힘든 상황이다.

포드는 최고 인기모델로 가장 수익성이 높은 머스탱 마하-E, F-150, 브롱코Bronco도 2022년 1월 감산한다고 발표하며, 고객품질 만족을 유지하면서 수요 높은 차량 생산을 위한 전략 연구팀을 운영하고 있다고 밝히기도 했다.[83]

토요타가 다른 기업들보다 생산중단이 적었던 이유는 2011년 동일본대지진으로 일본 산업이 초토화되면서 필요할 때 생산라인에 부품을 적시에 공급하는 JITJust in Time 모델을 벗어나 최대한 6개월 사용량을 비축하는 체제로 전환했기 때문이다. 하지만 토요타도 결국 지속적인 반도체 공급부족으로 다시 감산에 들어가는 등 반도체 부족은 생산계획에 큰 영향을 미치고 있다.[84]

자동차 제조사들의 단기적 대응도 다양하다. 폭스바겐은 소프트웨어 변경을 통해 반도체 사용 절감, 메르세데스-벤츠는 특정 칩이 부족해지면 다른 칩을 사용해 작동할 수 있도록 제어장치의 새로운 설계, GM은 칩 제조업체와 협력해 개별칩으로 제어되는 여러 기능을 통합한 마이크로 컨트롤러 개발, BMW는 특정 칩 부족 현상이 발생하면 해당 부품을 조립하지 않고 빈 공간으로 두었다가 부품이 확보되면 채워 넣는 홀 쇼어링Hole Shoring 방식 채택과 특정 반도체에 의해 작동되는 기능을 제외한 차량의 고객인도 등으로 대응하고 있다.[85]

2022년 2월 지나 라이몬도Gina Raimondo 미국 상무부 장관은 일론 머스크에게 반도체 부족 개선을 위한 SOS를 쳤다. 라이몬도 장관은 테슬라가 반도체 공급망 관리를 다른 완성차 제조사보다 쇼티지를 잘 헤쳐 나가고 있고, 미국의 전통적 자동차 도시인 디트로이트 기반의 기업들도 빨리 배우고 있다고 말했다.[86] 하지만 테슬라 역시 블루투스나 USB 포트가 장착되지 않은 차량을 판매하거나, 레이다와 조수석 요추지지대와 같은 일부 기능을 제거하기도 했다. 폭스바겐 CEO 허버트 디스는 "새로운 칩을 지원하기 위해 2~3주 만에 소프트웨어를 다시 개발하는 테슬라가 인상적이다"라고 말하기도 했다. 테슬라는 협력업체에 의존하는 다른 제조사보다 직접 개발하는 하드웨어와 소프트웨어가 더 많다. 일론 머스크가 언급하는 수직적 통합으로 회로기판을 자체 설계하기 때문에 대체칩을 신속하게 수용해 수정하고,

자체 배터리 개발·판매·서비스·충전 네트워크를 보유해 반도체 부족 사태를 좀 더 쉽게 헤쳐 나갈 수 있었다.

일론 머스크는 다른 완성차 제조사의 개발 프로세스를 '카탈로그 엔지니어링Catalog Engineering'이라고 말하기도 했다. 일반적으로 부품 공급 기업들에게 의존도가 높은 기존 완성차 제조사의 개발 프로세스를 테슬라의 자체 개발 능력과 비교하는 표현이다. 또한 연 50% 수준의 급격한 판매 성장을 계획했기 때문에 필요한 반도체에 대해서 수요를 높게 잡았고, 직접 설계하면서 만들어진 반도체 제조업체와의 돈독한 관계 덕분에 반도체 부족사태에도 비교적 자유로울 수 있었다.[87]

테슬라의 아키텍처도 강점이다. 운영체제가 많은 역할을 담당하기 때문에 반도체 하나하나의 기능이 상대적으로 적고, 광범위한 중앙통제가 가능하기 때문에 전용 반도체가 아니라 범용 마이크로컨트롤러 유닛MCU을 사용하더라도 전기차 운영에 큰 무리가 없다.

2022년에도 이미 주문받은 신차 주문 잔고가 아직 남아 있고, 내연기관차보다 반도체가 2배 이상 필요한 전기차 생산을 늘리려는 완성차 제조사들의 목표 때문에 반도체 문제는 한동안 지속될 것으로 예상된다. 특히 반도체 생산능력은 생산을 확장하거나 신규 시설을 구축해도 2~3년이 걸리기에 수요 변화에 대한 대응이 늦어져 신규 생산 발표에도 시간이 필요하다. 예를 들어 TSMC가 2021년 텍사스주에 만든 생산 시설은 2024년까지 운영되지 못한다. 따라서 반도체 공급 문제는 2022년에도 계속해서 완성차 제조사들의 발목을 잡을 것으로 보인다.

글로벌 시장에 약 100만 대의 차량 주문이 밀려 있는 상황에서 GM, 포드, 현대자동차 등 완성차 제조사들은 2022년 하반기 반도체 부족이 해결될 것으로 예상하지만, 자동차 반도체 제조업체들의 생각은 다르다. NXP, 인피니온Infineon 등은 생산량 증가에도 공급부족이 계속될 것으로 보며, ST마이크로일렉트로닉스STMicroelectronics는 공장 건설과 생산 안정화를 2024년이나 2025년으로 예상하는 등 반도체 부족사태는 최소한 2~3년 후까지 계속될 것으로 전망된다.[88]

전기차 혁명의 기반인
충전 에코 시스템

소비자가 원하는 충전 장소

국제에너지기구는 전기차의 주요 성공 요인을 다양한 브랜드의 더 많은 모델 도입, 충전 인프라 확장, 배터리 개선, 내연기관 차량을 단계적으로 줄이기 위한 입법 이니셔티브, 다양한 국가의 전기자동차에 대한 보조금 프로그램으로 보고 있다.[89]

하이브리드차는 연료 소모를 줄이고 주행 성능을 늘릴 수 있도록 주행 행태에 따라 전기모터와 내연기관 엔진을 함께 사용해 구동하는 자동차로, 기존의 내연기관 대비 연비가 40% 이상 좋다. 플러그인하이브리드차는 하이브리드차와 비슷하지만 외부전원을 통한 배터리 충전이 가능하고, 배터리 충전 후 초반에는 배터리 전원으로 주행한다는 차이점이 있다. 이러한 이유로 플러그인하이브리드차는 하이브리드차에 비해 전기차 모드로 주행할 수 있는 거리가 길어 배출가스를 40~50% 절감할 수 있다. 전기차는 외부 전력 공급을 통해 배터리를 충전해 주행하는 차량으로 화석연료를 전혀 사용하지 않는다. 또한 수소전기차는 직접 수소와 산소를 반응시켜 생산되는 전기를 이용하는 차로, 물 이외의 부산물을 만들어내지 않는 궁극적인 친환경 자동차다. 이러한 대체 연료 차량 시장의 성장은 물리적으로 자동차를 구성하는 부품들에 대한 수요를 증가시키고, 이동수단을 바꾸는 등 다양한 변화를 동반한다.

이러한 변화 중 하나는 전기차 시장의 성장과 함께 부상하는 전기차 충전 생태계의 구축이다. 전기차 전시회 EV트렌드 코리아 2020의 방문객 설문조사에 따르면 전기차 구매를 고려하는 소비자 중 29%가 '최대 주행거리'를 전기차 구매 시 가장 우선시한다고 답했다.[90] 환경부 조사 결과에 따르면 2021년 12월 말 기준으로 우리나라 전기차 공용 충전기 수는 10만 6701기에 불과하다.[91] 환경부가 직접 충전기를 설치하기도 하고 산업부와 한국전력, 민간 사업자가 충전 인프라 확장에 함께 나서고 있지만 현재까지 수요를 충족시키지 못하는 실정이다.

전기차의 실구매자가 체감하는 국내 전기차 확산의 장애요인으로는 높은 차량구매 가격이 1위를 차지했으나 그 외에는 충전행태와 관련된 주거지 충전기 설치문제, 직장 내 충전소 부족, 장거리 이동 중 충전 불안 등의 요소들이 있다.[92] 이러한 결과는 전기차 충전 인프라의 구축이 앞으로 전기차 시장 성장을 위한 필수불가결한 과제라는

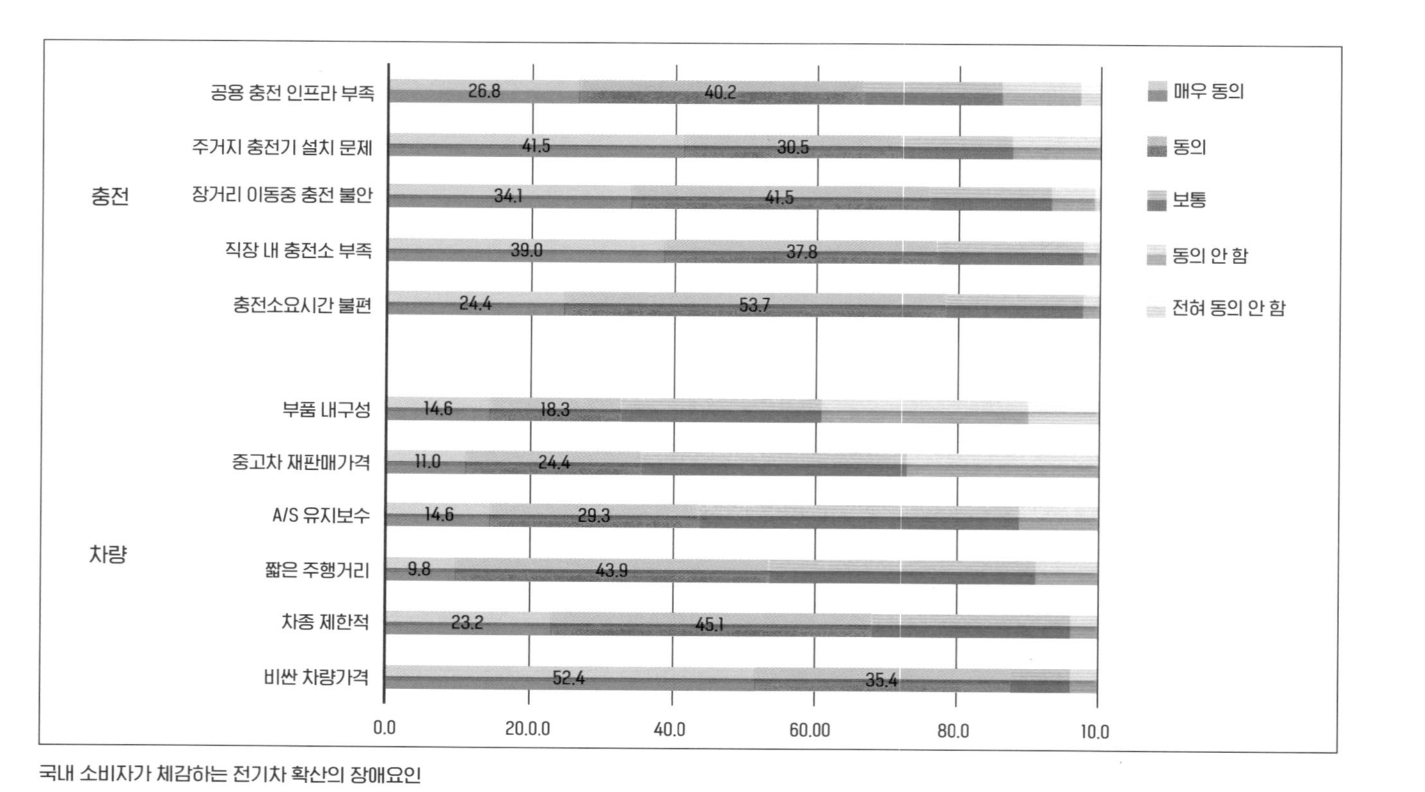

국내 소비자가 체감하는 전기차 확산의 장애요인

출처: 오재학, 미래차 기반 교통체제 지원사업 2019년도 성과요약-2세대 전기승용차 충전패턴과 정책적 시사점, 한국교통연구원, 2020. 3. 27.

것을 의미한다.

2021년 12월 말 기준 국내 구축된 총 10만 6701기의 전기차 충전기 중 급속충전기는 1만 5067기로 전체 충전기의 약 14.1%만을 차지했다.[93] 딜로이트의 2021 글로벌 자동차 소비자 조사에 따르면 국내 약 44%의 소비자들은 전기차를 거리에서 가장 자주 충전할 것이라고 예상했다. 이는 급속충전 네트워크 및 인프라 구축의 중요성을 강조한다. 국내의 저조한 급속충전기 보급률은 앞으로 국내 전기차 시장의 성장을 저해하는 요소가 될 수 있음을 의미하며, 국내의 응답자 32%는 충전 인프라 부족을 배터리 전기차 도입에서 가장 큰 우려사항으로 꼽았다.[94]

딜로이트 소비자 조사에 따르면, 2018년과 2020년 사이에 전기차를 향한 세계 각국 소비자의 태도에 눈에 띄는 변화가 나타났다. 가장 큰 변화는 중국을 제외한 프랑스, 독일, 이탈리아, 영국, 미국에서 2년 사이에 전기차 가격에 대한 우려가 현저히 줄었다는 점이다. 이탈리아와 미국을 제외한 국가들에서는 전기차 주행거리에 대한 우려가 전반적으로 줄어들었으나 충전시간과 충전 인프라 부족에 관한 우려는 이탈리아를 제외한 모든 나라에서 증가한 것으로 보인다. 이러한 소비자의 우려를 이해하고 해결할 때 전기차 시장의 성장 동력 역시 커질 것이다.

정부 정책과 규제는 전기차 시장의 원동력이 되는 또 다른 요소다. 정부는 전기차 보조금과 같은 직접적인 경제적 인센티브를 통해 전기차 시장의 성장을 도울 뿐 아니라 다른 간접적인 규제와 정책을 통해 전기차 시장의 성장을 도모하고 있다. 탄소배출 감축 목표를 설정해 시내에서 탄소배출 차량의 운행을 제한 또는 금지하는 도심 교통 정

우려사항	미국	독일	일본	한국	중국	인도
주행거리	28%	28%	22%	11%	25%	13%
충전 인프라 부족	25%	22%	29%	32%	20%	26%
비용/가격 프리미엄	20%	16%	23%	17%	9%	16%
충전시간	13%	13%	15%	18%	13%	14%
안전 문제	8%	12%	10%	19%	29%	25%
선택권 부족	4%	5%	1%	3%	4%	6%
기타	2%	4%	0%	0%	0%	0%

배터리 전기차에 대한 가장 큰 우려사항

출처: 오성훈, 박경은, 2021 글로벌 자동차 소비자 조사, 딜로이트 인사이트, 2021. 2. 9.

책을 펴고, 징벌적 벌금과 과세를 통해 기존의 완성차 업체들이 자연스레 전기차 개발에 뛰어들도록 하는 것이다. 실제로 스페인 바르셀로나, 네덜란드 암스테르담, 영국 런던 등 각지에서는 내연기관 이륜차의 도심 진입을 제한하거나 디젤 차량, 트럭 및 상업용 차량의 도심 진입을 규제하거나 공해세를 도입하는 등 차량의 전기화를 향해 나아가는 다양한 정책이 등장하고 있다.[95]

〈네이처에너지Nature Energy〉에 게재된 캘리포니아 주립대학의 연구 결과가 인상적이다. 2012~2018년 캘리포니아주에서 전기차를 구매 혹은 임대한 1만 4000명 대상으로 실시한 설문 응답자 가운데 차량 재구매 시 플러그인하이브리드 사용자의 20%, 배터리전기차 사용자의 18%가 내연기관차를 재구매했다는 점이 많은 관심을 받았다.[96]

내연기관차로 돌아간 주된 이유는 바로 충전의 불편함이다. 설문 응답자의 절반은 가정에 레벨2 충전기가 설치되어 있지만, 내연기관으로 전환한 응답자 가운데는 29%만 설치되어 있었다. 특히 가정에서 레벨2 충전기 사용이 가능한 응답자들이 레벨1이나 내연기관차로 전환한 비율은 52.8% 낮았다. 참고로 레벨1 충전기는 120V, 레벨2 충전기는 240V 가정 전원을 사용하며 레벨1은 하룻밤 충전으로 50~60km 주행이 가능하다. 레벨2는 쇼핑몰, 주차장, 주거 및 상업시설에 주로 사용된다. 코로나19 이후 공공충전 사용이 67% 감소하고, 가정충전 비율이 75%에서 84%로 증가한 측면도 영향이 있을 것으로 보인다.[97]

전기차 브랜드 특성에 따른 내연기관차 전환율의 차이도 크다. 테슬라 사용자가 11%로 가장 낮았고, 쉐보레 14.2%, 폭스바겐 17.2%, 닛산 20.8%, BMW 24.9%, 토요타 23.9%, 포드 23.9%, 피아트 36.9% 순으로 테슬라와 피아트 소유자들의 전환율이 무려 3배 이상 차이를 보였다는 점도 주목할 필요가 있다.

테슬라와 베터플레이스가 시도했던 배터리 스왑 시스템

최근 전기차 충전 방법으로 가장 많은 관심을 받는 것은 전동킥보드, 전기 오토바이 등 퍼스널모빌리티에 적용하고 있는 배터리 스왑 시스템Battery Swap System이다. 중국 전기차 제조사 니오가 전기차 생산과 설계에 적용하고, 세계 최대 전기차 시장인 중국 정부가 적극적으로 지원하고 있기 때문이다.

물론 니오가 처음은 아니다. 테슬라는 2013년 6월 배터리 스왑 스테이션Battery Swap Station을 공개했다. 연료탱크가 90ℓ인 아우디 A8이 휘발유를 주유하는 영상과 실제 일론 머스크가 배터리 스왑 이벤트 현장에서 모델S를 스왑하는 모습을 비교 시연했다. 결과는 아우디

A8이 4분 8초 만에, 모델S가 1분 33초 만에 배터리 스왑을 완료했다. 전기차 충전시간이 아니라 일반 휘발유차의 주유시간과 비교해 많은 관심을 받았던 테슬라 초기 이벤트 가운데 하나였다.[98]

하지만 테슬라는 약 3년간 캘리포니아주에서 시험운영했던 배터리 스왑 스테이션의 파일럿 프로그램을 2016년 종료했다. 휴일을 포함해 오전 9시부터 오후 5시까지 서비스했지만 예약은 항상 밀려 있었고, 스왑 비용은 80달러(약 9만 8300원)였다. 그러나 기대와 달리 완전 자동화된 시스템이 아니라 차량 밑에서 인간 작업자들이 직접 배터리를 교환하는 방식으로 운영되었다. 평균 스왑 시간 역시 7분 정도로 이벤트 때와는 달라 보였다. 특히 당시 슈퍼차저가 무료였던 점을 감안하면 굳이 비용을 지불하고 예약대기까지 하면서 스왑 스테이션을 활용할 필요는 없었을 것으로 판단된다. 2015년 6월 주주총회에서 일론 머스크는 고객들이 슈퍼차저가 충분히 빠르기 때문에 배터리 스왑에 관심도 의미도 없다고 말했다. 현재까지 테슬라의 배터리 스왑은 공개적으로 진화되지 않고 있으며, 잘 알려진 바와 같이 자체 슈퍼차징 스테이션을 중심으로 충전 에코 시스템을 운용하고 있다.[99]

본사는 미국이지만 2007년 이스라엘 기업가 샤이 아가시Shai Agassi가 설립한 프로젝트 베터플레이스Better Place는 전기차 개발을 통해 세계 자동차 산업의 석유 의존도를 종식시키기 위해 차량 대신 교통수단을 판매하는 월구독형과 마일리지 모델을 설계해 많은 관심을 끌었다. 8억 5000만 달러(약 1조 445억 원)를 투자받았고, 배터리 스왑이 가능한 차량 르노 플루언스ZE Fluence ZE 생산을 위해 르노-닛산과 계약하기도 했다.[100]

샤이 아가시는 자신의 비전 달성을 위해 차량과 배터리는 분리되어야 한다고 믿었다. 베터플레이스는 2분 안에 배터리를 스왑하는 시스템을 개발해 주행거리가 불안해 전기차를 구매하지 못하는 고객들을 유인하는 역할을 할 수 있을 듯했다. 그래서 먼저 이스라엘에 37개 스왑 스테이션을 건설해 파일럿 테스트를 시작했다.

그런데 2010년 전기차는 10만 대 판매 예상과는 달리 1000대 판매에 그쳤으며, 세금감면 혜택에도 불구하고 3만 3000달러(약 4055만 원) 수준으로 가격이 매우 비쌌다. 자동차와 배터리를 분리해야 한다는 철학으로 완성차 업체에 의존할 수밖에 없는 비즈니스 모델과 함께, 초기 검증에도 실패하면서 완성차 업체들에게는 협력할 인센티브가 없었던 것이 베터플레이스의 가장 큰 취약점이었다.[101] 운전자 없는 모빌리티 서비스 실현을 위해 방대한 충전소 네트워크 구축에 대한 경제성과 비즈니스 불확실성, 50만 달러를 예상했던 스왑 스테이션 비용이 실제로 4배인 200만 달러로 상승한 데 따른 현금 흐름과 성장 압박, 무엇보다 파일럿을 통한 비즈니스 모델의 검증 전 덴마크, 호주, 하와이, 일본, 미국, 네덜란드, 미국 등 지리적 시장 확장에 집중한 결과 베터플레이스는 2013년 2분기 파산신청을 끝으로 역사 속으로 사라졌다.

범용 배터리 스왑 시스템 확산을 꿈꾸는 앰플

실리콘밸리 신생기업 앰플Ample도 캘리포니아주에서 배터리 스왑 스테이션 테스트를 하고 있다. 앰플은 7년 동안의 개발을 통해 특수제작한 배터리 모듈과 팩을 10분 만에 교환 가능하다고 밝혔다. 2021년 8월 기준 약 1억 6000만 달러(약 1966억 원)를 쉘벤처스Shell Ventures, 모빌리티 투자 전문기업인 무어스트레티직벤처스Moore Strategic Ventures와 헤미벤처스Hemi Ventures 등으로부터 투자받았다.[102]

앰플의 목표는 니오와 다르다. 니오처럼 차량을 배터리 스왑에 적합한 형태로 설계하는 것이 아니라, 완성차 업체가 전체 배터리팩 대신 어댑터플레이트Adapter Plate를 장착한다. 배터리 모듈을 해당 어댑터에 연결해 15분 내 교환하는 방식으로 충전시간을 줄일 수 있다. 여기에 스왑 시간을 10분, 5분 이하로 단축시키기 위한 단기간 목표를 세워 추진 중이다. 2021년 11월 기준 앰플은 우버 운전자를 위해 샌프란시스코에 일일 최대 90대 수용이 가능한 5개 스테이션을 운영하고 있으며, 닛산 리프와 기아만을 지원한다.

앰플의 배터리 스왑 비즈니스 모델은 배달, 서비스, 공유차량, 택시 등 라이드헤일링 서비스를 주 고객으로 비즈니스를 설계하고 있으며, 주행거리가 긴 해당 차량들이 교대할 때마다 급속충전에 따른 배터리 마모를 줄일 수 있다고 주장한다. 하지만 앰플의 스테이션이 활성화되기 위해서는 완성차 업체가 파트너로 필요하다. 앰플은 공장에서 설치된 배터리팩을 자체 시스템으로 교환하지는 않기 때문에 완성차 업체가 앰플의 배터리팩을 수용하는 특수목적 전기차를 제공해야 한다는 약점이 있다.

물론 베터플레이스가 비즈니스를 펼쳤던 2010년 이후 전기차의 배터리 밀도는 높아졌고 충전시설도 증가했다. 앰플 CEO 칼레드 하수나Khaled Hassounah는 현재 10대 완성차 업체 중 5곳과 협력하고 있다고 밝혔지만, 다양한 충전 인프라의 테스트가 가능한 상황에서 배터리 내재화를 추진하고 있는 완성차 업체들은 수용성과 경제성에 대한 고려가 우선일 것이다.

모바일파워팩을 활용해 인도를 노리는 혼다의 배터리 스왑 정책

혼다는 모바일파워팩Mobile Power Pack을 활용한 배터리 스왑 정책을 추진하고 있다. 모바일 배터리팩 1개의 무게는 10kg, 용량은 1.3kWh로 수동교체가 가능한 리튬이온 배터리팩이다. 2022년 4월 에네오스, 가와사키, 스즈키, 야마하와 함께, 전기 오토바이용 표준 교환 배터리 공유 서비스와 인프라 개발을 위한 기업 가차코Gachaco를 공동설립해 일본 주요 도시의 에네오스 주유소와 기차역 등에서 서비스를 할 예정이다.[103]

특히 혼다는 인도 시장에 적극적이다. 2022년 4월 1일 인도에 파워팩 에너지 인디아Power Pack Energy India를 설립한 혼다는 올라, 썬모빌리티Sun Mobility, 아더Ather 등 인도 유망 모빌리티 기업들의 본거지인 벵가룰루에서 2022년 6월 전기 삼륜차 배터리 스왑 서비스를 시작하고, 다른 도시에도 이륜차 스왑 서비스와 함께 확장할 예정이다. 18개월 내 인도 전국에 50개 교체 스테이션을 설치할 계획이며, 시장 확산을 위해 다수의 제조사와 협력 중에 있다.[104]

혼다가 인도에 적극적인 이유는 인도 정부의 배터리 스왑 장려 정책 때문이다. 스쿠터와 오토바이 등 이륜차와 삼륜차가 라스트마일을 주로 담당하는 인도는 정부 주도로 배터리 스왑 정책을 진행하고 있다. 2020년 2월 인도 재무부와 기업부 장관인 니르말라 시타라만Nirmala Sitharaman은 2022~2023 예산을 발표하면서 빠르면 같은 해 7월 구매자가 배터리를 소유하지 않는 옵션을 제공해 초기 비용을 낮추는 BaaSBattery as a Service 정책을 시행하겠다고 말했다. 또한 현재 추진하고 있는 전기차와 하이브리드 장려 정책 FAMEFaster Adoption and

Manufacturing of Hybrid and Electric Vehicle과 함께 2022년 12월까지는 전기차 인프라와 스와핑 생태계 강화를 위한 이니셔티브를 최종 확정할 것이라고 밝혔다.

인도는 2030년 모든 신차를 전기차로 출시할 예정으로 자가용 30%, 상용차 70%, 버스 40%, 이륜차와 삼륜차 80%를 전동화하겠다는 목표를 수립했다.[105] 2020년 12만 2607대가 판매된 인도 전기차 시장은, 2021년 33만 9190대가 판매되어 연평균성장률 168%를 기록하는 등 전체 차량의 1% 수준이지만 빠른 속도로 성장 중이다. 하지만 인도 전기차 시장은 이륜차 85%와 4륜차 78%가 각각 9만 루피(약 145만 원), 100만 루피(약 1600만 원) 가격대에 집중돼 있어 비슷한 가격으로 공급해야 한다는 약점이 있다. 또한 현재 전국에 등록된 전기차는 97만 4313대지만, 공공충전소는 1028개밖에 없어 매우 부족한 실정이다.[106]

그렇기 때문에 초기비용은 높지만 운영비용이 훨씬 낮은 전기차 확산을 위해서 구매가의 40% 이상을 차지하는 자동차 배터리, 50%를 차지하는 이륜차와 삼륜차 배터리를 구독모델 등으로 전환하는 전략을 정부 주도로 추진하는 것이다. 이륜차, 삼륜차를 정책 초기의 중점 추진 대상으로 보고, 전기차 제조업체에 배터리 스왑이 가능한 차량의 생산을 촉구하며, 상호운용성 표준을 공식화하고,[107] 궁극적으로는 배터리 스왑 정책으로 전기차 초기비용을 내연기관 수준보다 낮춰 출시할 수 있는 구조를 만드는 것이 목표다.[108] 전국적인 실시보다는 환경오염이 심한 도시를 중심으로 추진될 것으로 예상된다.

인도의 자동차 판매량은 2021년 코로나19 재확산과 반도체 부족 등에도 불구하고 27% 증가해 역대 3번째로 300만 대를 돌파했을 정도

XEV 2인용 소형 전기차의 모바일 배터리팩 교체 시연
출처: Il battery swap sbarca in Italia con Eni, insideevs, 2021. 11. 25

로 성장성이 높다. 특히 대기오염의 악화로 인도 정부는 2020년 자동차 산업 육성정책National Electric Mobility Mission Plan 2020을 발표했고, 2026년까지 연평균 36% 수준으로 성장이 예상되는 전기차 시장도 같은 기간 동안 빠르게 커질 것으로 보인다. 하지만 인도에는 전기차를 생산할 수 있는 기업이 2개밖에 없으며 기술력 부족으로 해외기업 의존도가 매우 높다.[109]

혼다의 움직임이 흥미로운 것은 최근 혼다의 배터리 사업이 빠르게 전개되고 있기 때문이다. 모바일 배터리팩 용량이 늘어난다면 니오와 같은 고가의 스왑 스테이션 없이 수동이나 간략한 자동화 장비로 경

제적인 배터리 스왑이 가능하다. 또 자동차뿐만 아니라 다양한 산업용 디바이스에도 활용 가능하다는 장점이 있다. 이미 자국 기업들을 중심으로 국가표준이 본격 진행 중인 중국 시장과 달리, 기술력에 한계가 있고 배터리 스왑 정책을 정부 중심으로 추진하는 인도에서 오토바이 시장을 석권하고 있는 혼다의 배터리 스왑 정책은 이륜, 삼륜에 이어 사륜으로 확대가 가능하며, 배터리 기술 발전과 함께 새로운 배터리 시장 형성도 가능할 것으로 예상된다. 실제로 XEV라는 이탈리아 기업은 10.4kWh 용량 모바일 배터리팩을 활용한 2인용 소형 전기차를 판매할 예정이다.[110]

배터리 스왑 시스템을 정부 주도로 확산시키는 중국

니오, 테슬라 대항마가 될 수 있을까?

최근 넥스트 테슬라 또는 샤오펑, 리오토와 함께 중국 전기차 3인방으로 불리는 전기차 제조업체 니오가 구독형 배터리 스왑 방식으로 관심을 받고 있다. 니오의 주력 모델인 SUV ES6 구매 시 100kWh 배터리는 월 224달러(약 27만 원), 70kWh 배터리는 월 148달러(약 18만 원)에 구독할 수 있다. 기존 충전 방식과는 달리 단거리 이동이 많은 운전자는 70kWh, 장거리 운전자는 100kWh를 선택적으로 구독할 수 있어 이동 패턴에 따라 비용을 절약할 수 있다. 이러한 전기차 배터리 구독 서비스를 활용하면 배터리 비용을 제외한 가격으로 자동차 구매가 가능하다. 즉 전기차에서 비용이 가장 높은 배터리를 차량과 분리 판매해 전기차 구매자의 진입장벽을 낮출 수 있다.[111]

2021년 10월 기준, 니오의 배터리 스왑 스테이션 반경 3km 이내에 있는 주거지를 의미하는 '스왑 스테이션 디스트릭트 하우스Swap Station District Houses'에 사는 니오 이용자는 약 40.01%로 9월보다 11.11% 늘었다. 니오 파워 2025 플랜에 따르면 니오 사용자의 90%가 배터리 스왑 스테이션 3km 반경에서 거주할 것으로 예상하는 등 적극적인 확산을 시도하고 있다.[112] 2018년부터 배터리 스왑 스테이션을 구축하기 시작한 니오는 스왑 방식을 통해 다른 전기차 브랜드와 차별화, 무엇보다 테슬라를 능가할 것이라 장담한다.[113]

베터플레이스와 달리 자체 전기차를 개발해 판매하고 있는 니오는 2021년 11월 쉘과 협력을 발표했다.[114] 협력 목표는 유럽에 전기차 배터리 충전 및 스왑 스테이션을 공동으로 건설, 운영하는 것으로 중국에 5000개의 배터리 충전 및 스왑 스테이션을 설치할 계획이다.[115] 전기차의 등장으로 세계 최대의 전기차 충전 솔루션 제공 업체로 전환을 선언한 쉘은 2025년까지 50만 개 이상의 충전기를 운영한다는 목표를 설정해, 현재 8만 개 이상의 충전기와 충전 네트워크를 통해 30만 개 이상의 추가 충전기에 대한 접근 권한을 제공하고, 전기차 충전 경험 향상을 통해 전기차 솔루션과 탈탄소 목표를 이루려 한다.

쉘은 니오 사용자가 유럽의 충전 네트워크를 사용할 수 있도록 했고 니오의 스왑 스테이션엔 쉘의 급속충전기를, 쉘의 충전 포인트에는 니오의 스왑 스테이션을 상호 설치할 수 있다. 향후에는 배터리 자산 관리, 차량 관리, 멤버십 시스템, 가정용 충전 서비스, 고급 배터리 충전 및 교환기술 개발도 함께할 것이라 밝혔다. 전기차 전환을 앞두고 위기의식이 높아진 주유 업계에서도 배터리 충전은 주유소 공간 활용과 전기차 시대를 대비해 관심이 높은 분야기 때문이다.

최근 니오는 노르웨이에 SUV ES8 판매를 시작하며 첫 스테이션을 설치하는 등 2025년 중국 3000개, 해외에 1000개 등 전 세계 4000개의 스테이션을 설치할 계획으로 해외 진출을 가속화하고 있으며, 미국 시장 진출에도 관심이 높은 것으로 알려졌다.

적극적인 중국 정부의 배터리 스왑 장려정책과 호응하는 기업들

2022년 2월 기준 중국에는 1400개 이상의 배터리 스왑 스테이션이 설치되어 1년 전보다 2배 이상 늘었다.[116] 베이징에 256개가 집중되어 있고 대부분 니오와 아오둥 신에너지가 운영 중이다.[117]

담당 부처인 중국 산업정보기술부는 배터리 스왑 인프라 구축을 적극적으로 장려하고 있다. 중국 산업정보기술부가 강조하는 배터리 스왑 시스템의 장점으로는 자동차 구매 비용 감소, 충전보다 짧은 스왑 시간으로 편의성 향상, 배터리 운영사의 중앙 모니터링·유지관리를 통한 배터리 수명 연장 및 안전성 향상, 충전 비용과 에너지 절감, 새로운 산업 창출 등이다.

다른 장점으로는 배터리 교환 과정에서 결함을 모니터링해 화재 사고 등을 예방하거나 정교한 관리로 수명 연장이 가능하고, 완성차 제조사 관점에서는 표준화된 배터리 채택으로 설계와 개발 비용을 줄일 수 있다. 또한 리튬 부족 등에 대응해 배터리 재활용 기반 마련도 가능하다.

중국 산업정보기술부는 2021년 10월 28일 '신에너지자동차 배터리 교환모델 시범사업 개시에 관한 통지'를 발표하면서 베이징, 난징, 우한, 산야, 충칭, 창춘, 허페이, 지난, 이빈, 탕산, 바오터우 11개 도시에서 배터리 스왑 인프라 건설을 가속화하기 위한 배터리 교환소의 보급·운영 및 관련 생태계 구축, 연구개발 지원, 기술표준 수립 등 시범사업을 실시하기로 했다. 그 결과 2년 내에 10만 대 이상의 배터리 교환 가능 차량과 1000개 이상의 배터리 스왑 스테이션을 설치하는 등 정부 주도 스왑 모델이 확산될 것으로 예상된다.[118] 이미 2021년 9월 기준 중국에서는 배터리 스왑이 가능한 차량이 약 200종 생산, 판매되고 있으며 누적보급량도 15만 대 정도다.[119] 2020년 4월 중국 정부는 전기차 보조금을 단계적으로 폐지하는 대신, 배터리 스왑 모델은 새로운 비즈니스 모델 장려를 위해 가격제한 없이 보조금을 지급하는 등 적극적 지원 정책을 펴고 있다.[120]

현재 볼보와 폴스타Polestar를 소유한 니오, 지리자동차, 아오둥 신에너지는 중국 빅3 배터리 스왑 기업으로 불린다.

아오둥 신에너지는 2021년 11월 영국의 거대 석유회사 BPBritish Petroleum와 광저우에서 배터리 스왑 서비스 제공 계약을 체결해 합작투자사를 설립하기로 합의했다. 현재 286개의 스테이션을 운영하고 있으며, 베이징자동차그룹, 디이자동차그룹, 동펑자동차, 창안자동차, 상하이자동차를 포함한 14개 주요 완성차 제조사와 함께 20개 이상의 전기자동차 모델을 개발했다. 2025년까지 1000만 대 이상 전기자동차를 대상으로 서비스를 제공할 수 있는 1만 개의 스테이션 완료 계획을 밝히기도 했다.[121]

2021년 4월 국영에너지기업으로 중국에 3만 개 이상 주유소를 보유하고 있는 시노펙Sinopec도 14차 5개년 계획 기간인 2025년까지

5000개의 배터리 스왑 스테이션을 포함한 하이브리드 주유소 건설 계획을 발표하고 투자를 계속 늘리고 있다.[122] 아오둥 신에너지, 지리 자동차 등 6개 중국 기업은 2022년 전국에 8000개 이상 배터리 스왑 스테이션을 건설하고, 2025년까지 2만 6000개 이상을 건설할 예정이다.

2022년 1월 CATL의 자회사 CAES는 배터리 스왑 솔루션 EVOGO를 출시하고 10개 도시에서 출시를 발표했다. EVOGO에 들어가는 배터리를 CAES는 초코-SEB Swapping Electric Block라고 명명했다. 전기차 배터리 공유를 위해 개발한 양산형 배터리로, 최신 셀투팩 기술로 160Wh/kg 이상의 중량 에너지 밀도와 325Wh/L의 체적 에너지 밀도로 설계되었으며, 단일 블록으로 200km 주행이 가능하다. 초코-SEB는 현재 출시된 승용차에서 물류트럭 등 배터리전기차 플랫폼 기반 차량 80%와 호환이 가능하며, 배터리 스왑 사용자 요구에 따라 블록 개수를 자유롭게 바꿀 수 있다. EVOGO 배터리 스왑 스테이션은 최대 48개 초코-SEB를 보관할 수 있으며 단일 배터리 블록 교환에 1분이 소요되는데, 설치 지역의 기후 특성에 적합한 스테이션을 제공할 계획이다.[123]

중국 정부의 전기차 배터리 스왑 정책은 전기차 보급을 위한 필수 인프라인 전기차 충전소의 수량 부족, 느린 충전 속도, 시스템 불량, 운영 마진 부족 등의 문제들을 보완하기 위한 수단으로, 2020년 정부 업무보고에서 처음 언급되며 중요한 정책 가운데 하나로 추진되고 있다.[124] 이는 주거 환경과 환경오염 문제와도 관련이 있다. 중국의 많은 사람들이 고층 아파트에 거주해 집에서는 충전이 어려운데 주요 도시에는 개인용 주차공간과 충전 시설이 부족하다. 또 일부 오래되고 복

중국 CATL EVOGO 배터리 스왑 스테이션
출처: CATL launches battery swap Ssolution EVOGO featuring modular battery swapping, CATL, 2022. 1. 1

잡한 주거 지역에서는 주차공간과 전력부족 문제로 가정용 충전기 설치가 엄격히 금지돼 있다.

2018년 서비스를 시작한 니오보다 먼저 배터리 스왑 방식을 도입한 기업은 베이징자동차그룹이다. 중국은 2022년 베이징 동계올림픽을 위한 대기 개선을 목표로 기존의 내연기관 택시 5만 대를 전기택시로 전환하기 시작했고, 베이징자동차그룹은 전기택시 활용을 지원하기 위해 2016년부터 택시용 배터리 스왑 스테이션을 운영하고 있다.

배터리 밀도와 기존 내연기관 차량을 위한 주유소 같은 편리함이 향후 전기차 산업 확장에 큰 이슈로 대두되고 있다. 다양한 방식의 배터리 스왑 스테이션은 전력선 도입 없이 신속하게 조립식으로 설치가 가능해 복잡한 건설과 허가가 필요 없고, 약 2개의 주차공간만 차지하기 때문에 경제적이기도 하다.

하지만 단점도 있다. 바로 차종마다 다른 배터리 위치와 크기 때문에 호환성 확보가 어렵다는 것이다.[125] 2021년 8월 중국 최초로 니오와 베이징자동차그룹이 주도하는 배터리 스왑 표준이 국가자동차표준기술위원회의 검토를 통과했다. 배터리 스왑 시스템, 배터리팩, 스왑 메커니즘, 스왑 인터페이스 등이 표준화 대상이다. 또 배터리 스왑 프로세스와 잠재적 고장 모드 분석, 배터리 스왑 모델 차량에 대한 안전 요구사항과 함께 시험 방법을 포함한 것으로 알려졌다. 2021년 11월 중국 국가표준제정기구가 배터리 교환 분야 최초로 안전표준을 발표했지만, 배터리 수명기간 동안 안전하게 교환할 수 있는 최소횟수만 제시한 수준으로 아직까지 표준화를 위한 많은 논의와 절차가 필요하다.[126]

비용도 만만치 않다. 1세대 스왑 스테이션 건설비는 블록당 400만 위안(약 7억 7744만 원), 2세대는 150만 위안(약 2억 9154만 원), 안정화가 되면 130만 위안(약 2억 5267만 원) 수준으로 점차 떨어질 것으로 예상되지만 급속충전소 대비 여전히 높은 비용이 확산의 걸림돌로 작용할 수 있다.[127] 뿐만 아니라 배터리가 고가이기 때문에 무엇보다 배터리 수명의 최대화를 위한 관리 기술이 필요하며, 스테이션별 완충된 배터리 분배 기술도 매우 중요하다. 결함 있는 배터리 때문에 화재나 사고가 발생했을 때 책임소재가 운전자, 완성차 제조사, 배터리 제조업체 혹은 스테이션 운영업체 등 어느 쪽에 있는지도 명확하지 않다.[128] 또한 공유자전거처럼 균등하고 최적화된 스테이션 배치, 시기와 패턴 따라 교통량이 집중되는 지역에 용량이 더 큰 배터리 이송, 균일한 배터리 품질 관리 시스템 역시 매우 중요하다.

현재까지 중국 시장과 중국차 중심의 스왑 모델이 전 세계 시장으로 얼마나 확산될지는 아직 의문이며, 테슬라와 베터플레이스 사례로 가능성에 대한 많은 의심을 받고 있다. 2022년 2월 기준 중국 전체에 배터리 스왑 스테이션의 1000배인 120만 개 이상의 공공충전소가 설치되어 있는데, 공공충전소가 경쟁 대상일지 혹은 충전소 보완재 역할을 할지도 확신할 수 없다.[129]

중국 내에서도 중국차 시장 점유율 2% 수준인 니오는 자체 차량 전용 스왑 스테이션을 운영하며, CATL의 모듈식 배터리는 글로벌 전기차의 80%가 호환된다고 하지만 궁극적으로 완성차 제조사가 활용을 수락하는지 여부에 따라 사용이 결정되기 때문에 이들이 향후 배터리 스왑 산업을 이끌 수 있을지 주목할 필요가 있다. 단 세계 최대 전기차 시장으로 정부 정책이 강력한 산업 발전 및 확산의 원동력인 중국에서 강하게 밀고 있는 정책이라는 점으로 봤을 때, 표준 선점과 함께 자국 시장 진입의 장벽으로 활용할 가능성도 있다. 시장 규모도 2025년까지 중국 내 배터리 스왑 차량의 누적 판매량은 300만 대, 배터리 스왑 스테이션은 2만 8000개에 달할 전망이고,[130] 운영 및 설비 시장 규모는 3300억 위안(약 64조 1388억 원)을 상회할 것으로 예상된다.

60km 간격으로 충전소를 설치하는 유럽연합

유럽연합은 27개국 주요도로에 최대 60km 간격으로 2025년에는 100만 개소, 2030년에는 350만 개소의 전기차 충전소를 설치하겠다는 전략을 발표했다. 2030년 연내 전기자동차 운행대수가 3000만 대를 넘어설 것이라는 분석을 기반으로, 전기차 증가에 따라 탄소제로 목표인 2050년에는 전기차 충전소 1630만 개소가 필요할 것으로 예상하고 있다. 전기차 판매를 늘려 탄소감축 속도를 가속화하고 유저들의 편의성을 제고하려는 정책이다. 전기차의 높은 가격을 감당할 의사가 있는데도 이동 가능 거리와 충전소 접근성이 떨어져 사지 않는 구매자가 존재하기 때문이다. 충전 네트워크 구축은 2021년 7월 14일 유럽연합 행정부인 유럽위원회가 2025년에 1990년 대비 온실

가스 배출을 55% 감축하겠다는 유럽기후법European Climate Law의 중간 목표 달성을 위한 '핏포55Fit for 55 기후 패키지' 초안에서 제안한 내용이다.[131]

2030년 탄소배출 감축 목표는 2019년 수립한 자동차 이산화탄소 배출규제 규정을 개정해 2030년 승용차는 2021년 대비 37.5%에서 55%, 소형 상용차는 기존 31%에서 50%로 강화했다. 승용차 및 소형 상용차를 대상으로 탄소배출 규제를 단계적으로 강화해 2035년부터 하이브리드를 포함한 내연기관 신차 판매와 유통은 전면 금지되고 탄소배출 제로 차량만 판매와 유통이 가능하다. 중고차는 제외 대상이다.[132]

구체적으로 유럽 전역을 지리적, 경제적으로 연결시키는 범유럽운송네트워크와 연계해 충전소를 구축할 예정이다. 각 회원국은 2030년 구축 완료 예정인 범유럽운송네트워크의 핵심구간에는 150kW급 초고속충전기 1기 이상을 포함한 300kW급 충전소를, 2030년 12월 31일까지는 150kW급 초고속충전기 2기 이상을 포함한 600kW급 충전소를 설치해야 한다. 범유럽운송네트워크 기타구간에도 2030년까지 150kW급 충전기 1기 이상을 포함한 300kW급 충전소를, 2035년 12월 31일까지는 150kW급 충전기 2기 이상을 포함한 600kW급 충전소를, 수소충전소는 도로 150km마다 설치해야 한다.[133]

회원국들은 2030년까지 각 도시가 연결되는 환승지점 가운데 충전소가 필요한 구간을 파악하고, 범유럽운송네트워크에 포함되지 않은 도심에서도 충전할 수 있게 인프라를 구축해야 한다. 각 충전소에는 최소 압력 700bar 사양의 충전설비를 설치해야 한다.

실행력을 강화하기 위해 집행위원회는 이 내용을 포함시켜, 2014

년 수립된 '대체연료 인프라 지침'을 '대체연료 인프라 규정'으로 업그레이드할 것도 제안했다. 지침이 법적 효력을 갖기 위해선 각 회원국이 국내법에 해당 지침을 반영해야 하지만, 규정은 별도의 국내법 변경 없이도 EU 27개 국가에서 법적 효력이 발생한다는 점에 차이가 있어 신속한 실행이 가능하기 때문이다.[134]

IHS마킷은 유럽연합이 이산화탄소 배출량 감소 목표를 2030년 50%로 높이면 내연기관 차량 판매를 종식시킬 수 있을 것으로 예상했다. 따라서 이미 폭스바겐과 같은 전기차 연구개발 및 생산에 투자를 단행한 완성차 업체들은 적지 않은 장점을 갖는다. 코로나19 확산 등으로 전 세계 완성차의 판매 감소에도 불구하고, 2020년 판매된 신차 10대 가운데 9대가 전기차 혹은 플러그인하이브리드인 유럽에서 더 빠르게 전기차 수요를 늘리고 탄소제로를 실현할 수 있기 때문이다. 유럽 전역에 걸쳐 약 800~1200억 유로(약 108조 ~162조 원)가 필요할 것으로 추정되며, 당연히 전기차 등록대수와 충전소 설치 속도가 비례해야 한다.

맥킨지앤드컴퍼니에 따르면 2030년까지 신차의 이산화탄소 배출량을 60% 감소로 가정했을 때 신차 판매량의 70%와 기존 차량의 25%가 전기차로 바뀌어야 한다는 것을 의미한다. 이러한 차량을 유지하기 위해선 2030년까지 600만 개의 공공충전소가 필요하며, 매주 1만 개 이상이 설치되어야 한다. 뿐만 아니라 600GWh 규모의 배터리셀 생산을 위한 기가팩토리 20개가 건설되어야 하며, 유럽의 전력 수요는 5% 증가할 것으로 예상했다.[135]

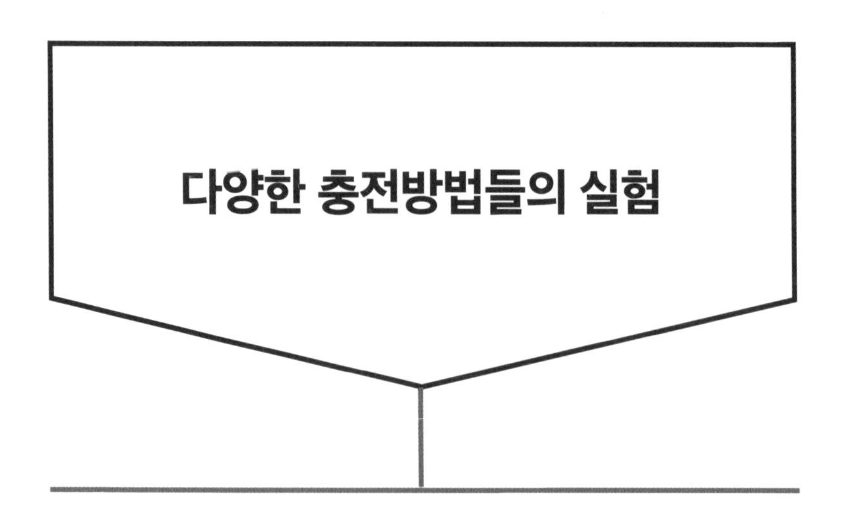

전기차가 확산되고 제조사들의 본격적인 시장 탈환 경쟁이 시작되면서 다양한 전기차 충전기술이 등장하고 있는데, 지속가능한 전기차 판매를 위해서는 충전 생태계 구축이 무엇보다 중요하다.[136]

최근 무선충전 상용화를 위한 다양한 실험이 진행 중이다. 무선충전은 주차와 충전을 동일한 개념으로 전환시키고, 운전자가 차에서 내릴 필요가 없어 비가 오거나 추운 날에 유용하며, 충전을 위한 운전자 역할이 불필요하다. 무선충전 장비는 차량에 수전부Power Receiver, 지상 혹은 지하에 매설된 충전패드Charging Pad, 전력을 연결하는 월박스Wallbox 등으로 구성된다.

볼보는 스웨덴 제2의 도시 예테보리의 기술 테스트베드 지역인 예테보리 그린시티존Gothenburg Green City Zone에서, 북유럽 최대 택시 기업 카본라인Cabonline과 협력해 2022년부터 3년 동안 전기차 무선충전 시스템의 시험운영을 시작했다. 소형 SUV XC40를 개조해 모멘텀다이내믹스Momentum Dynamics가 제작한 무선충전기를 사용한다. 50kWh DC 급속충전기와 충전속도가 비슷하며, 배터리용량 40kWh인 XC40은 1시간 정도면 완충된다. 카본라인 전기택시는 하루 12시간 이상 운행하고 연간 10만km 이상 주행하기 때문에 무선충전의 상용차 활용과 내구성 검증이 가능하다.[137]

제네시스는 2022년 제네시스 강남, 제네시스 수지, 현대 모터스튜디오 고양의 전기차 충전소에 각각 1개의 무선충전기를 설치하고, 강남과 수지에서 시범 사업용 GV60 시승과 연계해 무선충전을 시연한다. 충전 성능은 11kWh로 GV60 기준(77.4kWh) 약 7시간이 소요된다. 제네시스 전기차 고객에게 제공하는 유선 홈충전기와 유사한 속도다. 제네시스는 75개 무선충전기를 다양한 제휴처와 협력해 확대할 예정으로 GV70에도 무선충전 기능을 탑재한다.[138]

현대자동차의 무선충전 기능은 2021년 9월 규제샌드박스 실증특례를 통해 제공된다. 규제샌드박스는 현대자동차, 현대엔지니어링, 그린파워 컨소시엄이 서비스 제공자로, 전기차에 무선충전장치(수신부)를 장착하고 주차장 주차면에 무선충전기(송신부)를 설치해 서비스를 제공한다. 국내 전파법상 85kHz 주파수 대역이 전기차 무선충전용으로 분배되지 않아 실증이 어렵고, 주파수 분배가 전제된 방송통신 기자재 등의 적합성 평가도 불가능하며, 계량에 관한 법과 전기용품 및 생활용품 안전관리법상 무선충전기의 형식 승인 요건, 안전 확인 대상제품 여부가 불명확하기 때문에 규제샌드박스를 통해 서비스가 진

행된다.[139]

GV60 무선충전장비를 설치한 기업은 위트리시티WiTricity다.[140] 2022년 말 미국에서 상용 베타서비스를 출시할 예정인 위트리시티는 가정용 B2C, 렌터카와 같은 업무용 서비스를 시작할 예정이다. 2019년 퀄컴의 무선충전 사업부 퀄컴 할로Halo를 인수해 기술 플랫폼과 1500개 이상 특허를 확보했다. 테슬라, 혼다, BMW, GM 등 다양한 완성차 업체들과 협력하고 있으며, 포드 머스탱 마하-E에도 적용할 것으로 알려져 있다.[141]

한국과학기술원KAIST의 스핀오프 기업인 와이파워원도 85kHz 주파수를 활용한 버스 무선충전 실증특례를 받았다. 버스정류장 진입 전후와 정차 시 무선충전이 가능한 서비스로, 대전시 대덕연구개발특구 순환 전기버스 노선 중 한국과학기술원 내 버스정류장 2곳에서 전기버스 최대 7대(실증범위 확장 시 관계부처 협의) 운행이 가능하다. 단 대형 차폐시설 등에서 타대역 서비스에 주파수 간섭 영향 없음을 확인한 결과를 과학기술정보통신부에 제출해야 하며, 전자파 인체보호기준 준수, 교통안전공단의 튜닝 승인, 도로 하부에 무선충전시설 매설 시 해당 도로관리청 의견 수렴 등의 절차가 필요하다.[142]

달리는 도로에서의 충전도 검토되고 있다. 2023년 완공을 목표로 미시간주 1.6km 공공도로에서 이스라엘 스타트업 일렉트레온와이어리스Electreon Wireless 주도로 미국 최초의 무선충전 도로가 설치된다. 포장도로 아래 특수 구리코일을 사용하는 자기공명유도기술을 기반으로 충전한다. 니콜라 테슬라Nikola Tesla가 발견한 두 회로 사이의 자기장을 생성해 전기를 전송하는 자기공명유도 기술을 적용하며, 눈과 얼음이 충전에 영향을 주지 않는다. 일렉트레온와이어리스에 따르면 무선충전 도로의 설치는 구글, 포드, 디트로이트와 미시간주의 교통혁신 활성화를 위한 파트너십의 일환이다. 2021년 바이든 대통령의 '인프라 투자와 일자리 법안Infrastructure Investment and Jobs Act'이 의회를 통과해 미국연방고속도로국에서 전국 전기차 충전 네트워크 구축에 50억 달러(약 6조 1441만 원)를 투자할 수 있게 되면서 테스트가 가능해졌다. 일렉트레온와이어리스는 독일, 이탈리아, 스웨덴, 이스라엘에서 공공 프로젝트 일환으로 해당 기술을 시연하고 있으며, 2021년 〈타임〉 선정 최고 발명품 100선 가운데 하나가 되기도 했다.[143] 무선 충전도로는 전기차 충전 주행 가능 거리 제한과 차량 배터리 요구사항의 최소화로 기존 배터리 전기차에 비해 최대 90% 용량이 적은 배터리를 사용하게 하며, 대규모 인프라 투자가 필요 없다는 장점이 있어 미래기술로 오랜 시간 연구 중이다.[144]

로봇충전에 대한 관심도 매우 높다. 2015년 테슬라는 '뱀과 유사한 모양의 로봇충전기Metal Gear Snake Autocoupler'를 선보였다. 끝단에 테슬라 충전 커넥터가 있는 로봇은 운전자가 충전기를 수동으로 연결해야 하는 번거로움을 없애고, 스스로 충전포트를 찾아 연결해 차량을 충전하는 시스템이다. 2020년 10월 일론 머스크는 트위터를 통해 아직도 충전로봇이 테슬라 로드맵에 포함돼 있다고 밝히기도 했다.[145] 이외에도 토요타는 USB 타입의 충전로봇, 폭스바겐도 스스로 차량으로 이동해 충전 소켓 플랩을 열고 플러그 연결과 해제를 진행하는 이동식 충전로봇을 선보였다.[146]

이러한 로봇들은 무선충전과 마찬가지로 운전자 역할이 필요 없어 사용 편의성이 높고, 기존의 스탠드형 충전소와 달리 모든 주차장을 충전소로 사용할 수 있어 공간 활용성이 높다. 국내에도 고용량 배터리를 탑재해 2km/h 속도로 주차장에서 차량 위치까지 자율주행으로 이동해 충전하는 에바Evar 로봇, 호출 위치로 이동해 차량을 충전하는 온디맨드 차량 서비스가 등장했다.[147]

전기차 확산에 중요한 요소 가운데 하나가 바로 충전 에코 시스템이다. 배터리 성능 및 차량의 배터리 관리 효율성 향상과 함께, 주유소처럼 촘촘한 충전 네트워크를 통해 필요할 때 얼마나 편리하게 충전할 수 있을지가 전기차 충전 에코 시스템의 성패를 가를 것이다.

2025년, 새로운 개념의 자동차를 판매하라

디지털 퍼스트 vs. 안전, 바퀴 달린 컴퓨터로 진화하는 차량

일론 머스크는 2015년 모델S의 소프트웨어 무선업데이트 기능Over-the-Air을 발표하면서 "우리는 모델S를 바퀴가 달린 매우 정교한 컴퓨터로 설계했다. 테슬라는 하드웨어 회사이자 소프트웨어 회사다"라고 말했다.[1] 핵심은 자동차 기능을 업데이트하기 위해선 과거와 같이 하드웨어를 교체하는 게 아니라 컴퓨터처럼 소프트웨어를 교체해야 한다는 것이다. 2021년 1월 발표한 전자부품업체 몰렉스Molex가 자동차업계 의사결정자 200여 명을 대상으로 조사한 결과, 60%가 2030년 자동차 개발에서 가장 주력할 분야를 소프트웨어정의차량이라고 답했다.[2]

자동차 진화의 핵심에는 하드웨어와 소프트웨어의 효율적 작동을 위한 전자제어장치(차량용 컴퓨터)가 있다. 1970년대 배기가스 배출 제어와 연비 요구에 대응하기 위해 처음으로 사용된 전자제어장치는 최근 10년 사이 사용량이 급격히 늘어나면서 소형 자동차에는 30~50개, 프리미엄급에는 100개 이상이 탑재되어 있다.[3] 소프트웨어 코드도 10년 전 차량 1대당 1000만 라인이었던 것이 현재 1억 라인으로 10배나 늘었고, 이는 전투기 4배에 해당하는 수준이다.[4] 특히 자율주행 자동차는 무려 3억에서 5억 라인 정도가 필요하다.[5] 2000년 차량 가격의 18%를 차지했던 전자부품의 비중도 2020년 40%를 넘어 2030년에는 45%로 증가할 것으로 예상된다. 자동차 1대에 필요한 반도체 칩 비용도 2020년 475달러(약 58만 원) 수준에서 2030년 600달러(약 74만 원)로 상승하는 등 자동차의 디지털화와 전자화에 따른 소프트웨어와 전자 부품의 비용 역시 끊임없이 늘어나고 있다.[6]

하지만 이러한 변화는 차량 아키텍처의 복잡성을 높이고, 데이터 공유와 시스템 작동을 위한 시스템 통합 등 개발 단계에서 조직 내 혹은 기업 간 생산성을 저해하며, 네트워킹을 위한 차량 내 배선을 증가시켜 조립을 더욱 복잡하게 만드는 원인으로 작용하고 있다. 결국 많은 기업들은 복잡한 아키텍처와 배선을 단순화하기 위해, 강력한 컴퓨터를 활용해 개별 전자제어장치를 통합하는 방식으로 전환할 수밖에 없다.[7]

이러한 과정에서 등장한 것이 차량용 전기전자 아키텍처다. 전기전자 아키텍처는 차량에 요구되는 기능과 해당 기능을 제공하는 부품 간의 관계를 명시하고, 전자제어장치에 따른 기능 분배와 전원·통신에 대한 와이어링 하네스의 설계로 정의할 수 있다.[8]

전기전자 아키텍처가 최근 관심을 받는 가장 큰 이유는 커넥티드카, 자율주행 등 다양한 기술과 서비스 상용화 경쟁이 본격적으로 진행되면서 연구개발과 양산 과정에서 소프트웨어가 장애물이 되었기 때문이다. 늘어난 전자제어장치와 코드는 개발기간, 개발비에서 소프트웨어가 차지하는 비율을 높였다.

또 다른 이유는 하드웨어와 소프트웨어를 분리하기 어려운 자동차의 특성 때문이기도 하다. 실시간 처리가 필요한 센서나 액추에이터의 전자제어장치는 소프트웨어와 하드웨어 상호의존성이 강해 분리가 어렵기 때문에 완성차 제조사의 부담이 크다. 지금은 전자제어장치 공급자가 부품을 바꿀 때마다 다양한 소프트웨어 검증이 필요해 아키텍처에 한계가 존재하지만, 차량 운영체제의 하드웨어 추상화 기능Hardware Abstraction Layer은 전자제어장치 상에서 소프트웨어와 하드웨어를 분리해 번거로운 검증작업을 없애고 비용이 높은 전자제어장치 부품을 자유롭게 선택할 수 있게 한다.

소프트웨어 재사용도 가능하다. 소프트웨어 무선업데이트 기능을 이용해 펌웨어, 자율주행 등 다양한 기능을 개선하면 하드웨어 교체 없이 기존 소프트웨어를 업데이트해 컴퓨터나 스마트폰처럼 사용할 수 있다. 또 테슬라, 폭스바겐, 벤츠와 같이 카메라로 차량 주변 정보를 수집하거나 운전자 모니터링 시스템으로 정보를 수집해 새로운 가치를 창출하는 DaaSData as a Service 기능도 가능하다.

차량 운영체제는 높은 처리 성능을 보유한 통합 전자제어장치에 탑재된다. 최초로 통합 전자제어장치를 탑재한 기업은 테슬라로 2019년 4월 하드웨어 3.0부터 중앙처리형 통합 전자제어장치를 채택했다. 대부분의 완성차 제조사는 2025년 전기전자 아키텍처와 운영체제 완성을 목표로 하기 때문에 테슬라의 기술력이 6년 앞선다고

평가받는 이유기도 하다.[9]

참고로 현재 200여 개 기업에서 70여 개의 운영체제를 보유한 전자제어장치를 공급받는 폭스바겐이 개발 중인 VW.OS의 양산적용 목표는 2025년으로, 통합 전자제어장치를 2~3개로 줄이고자 한다.

물론 이들은 모두 완성차 제조사와 티어1들도 검토를 했던 이슈다. 아이신의 우에나카 본부장은 〈니케이 오토모티브〉와의 인터뷰에서 이미 20년 전 일본에서 통합 전자제어장치에 대한 검토가 있었다고 말했다. 하지만 대중적인 중소형에서 프리미엄 차종까지 다양한 스펙트럼을 보유한 기존 완성차 제조사에게 고성능 프로세서를 사용하는 통합 전자제어장치는 비용이 높고 모든 차종에 대응하기에는 어려움이 있어, 최소한으로 필요한 기능만을 담은 저가 마이크로컴퓨터 베이스의 전자제어장치 분산배치 방법을 선택할 수밖에 없었다. 이러한 방법으로 차량 클래스와 필요한 기능에 따라 전자제어장치를 추가 배치하면 다양한 차종에 대응이 가능하다.[10]

우에나카 본부장은 또 테슬라가 초기부터 고가의 통합 전자제어장치를 채택할 수 있었던 이유는 과거에 얽매이지 않고 고급차종만 생산했기 때문이며, 폭스바겐과 토요타도 커넥티드와 자율주행 기능을 고려해 통합 전자제어장치를 개발하고 있지만 빠른 속도로 전환하는 것은 어렵다는 점을 지적했다.

현재 완성차 제조사들이 채용하는 것은 파워트레인, 보디, 인포테인먼트 등 도메인(영역)별로 전자제어장치를 배치하는 도메인 아키텍처다. 앞으로 커넥티드, 자율주행 서비스 등을 연계시키는 대규모 시스템을 실현하기 위해서는 보다 강력한 통합 전자제어장치가 필요하다.

전기전자 아키텍처는 전자제어장치의 수를 줄여나가는 방식으로

세대	아키타입	설명	
5세대: 차량 중앙 집중화	중앙 브레인	* 전자제어장치에서 처리되지 않은 입력을 처리하는 강력한 중앙 범용처리장치 * 완전자율주행 카메라 및 인공지능 기술에 최적화	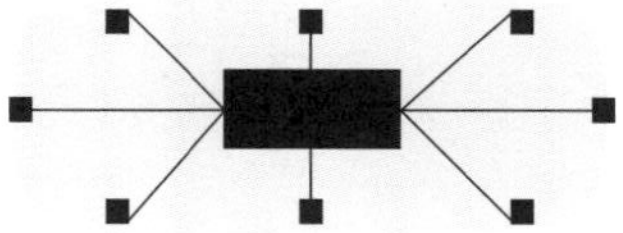
	존 컴퓨팅 (Zone Computing)	* 범용 컴퓨팅 클로서트 기반으로 중앙 가상 도메인 유닛에 의해 제어되는 도메인 * 차량 전체에 분산형 존 컴퓨터에 의해 지원 * 제한된 플랫폼 유형과 변형을 유지하는 완성차 제조사에 유리	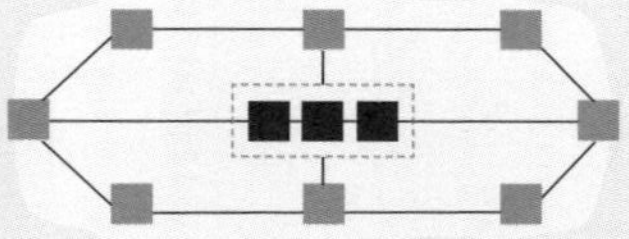
4세대: 도메인 중앙 집중화	전체 도메인 중앙집중화 (Full-Domain Centralization)	* 모든 도메인에서 DCU 아키텍처 적용 * 멀티플 플랫폼에 적합 * 자율주행 레벨3에 적합	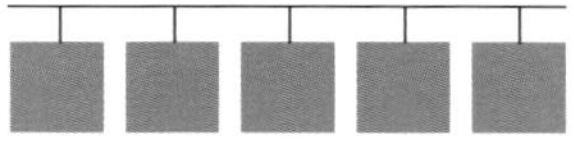
	선택적 도메인 중앙집중화(Selective-Domain Centralization)	* 인포테인먼트, 운전자지원 시스템 등 선택적 도메인에서 DCU 아키텍처 사용 * 비용 최소화에 유리	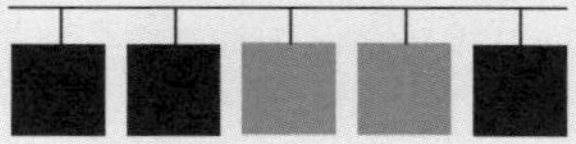

차량의 세대별 전기전자 아키텍처

출처: Rewiring car electronics and software architecture for the 'Roaring 2020s', McKinsey & Company, 2021. 8. 4.

진화 중이다. 4세대 아키텍처는 도메인 중심 설계, 5세대 아키텍처는 구역 또는 차량 중심으로 구성되고 있다.

완성차 제조사별 2020년 1월 1일~2022년 2월 17일 동안의 통계를 살펴보면 거의 모든 완성차 제조사들이 딜러나 정비소에서 물리적으로 리콜을 처리했다. 하지만 테슬라는 전체 리콜 19건 가운데 7건을 소프트웨어 무선업데이트로 처리했다. 소프트웨어 무선업데이트는 모든 리콜 대상 차량의 처리가 가능하고 기업과 소비자 차원에서도 리콜 비용을 절약할 수 있다는 장점이 있다.[11]

하지만 업데이트를 위한 소프트웨어 안전성 사전검증에 대한 논란, 특히 테슬라가 소프트웨어 업데이트를 수행할 때 리콜 담당조직인 미국고속도로교통안전국에 통보하지 않는 이른바 스텔스 리콜을 하면서 기술발전에 따른 규제 발전 속도에 대한 논란을 불렀다.[12] 현재 미국에는 소프트웨어 무선업데이트와 관련해 주정부 단위에서는 자체 규제를 개발하고 있지만 연방 차원에서 합의된 규제가 없다. 최근 컴퓨터나 스마트폰도 하드웨어 교체 없이 인터넷을 통한 소프트웨어 업데이트로 기능 개선이 가능해 차량을 이와 비교하는 사례가 늘고 있다. 하지만 다양한 기후, 도로 환경에서 주행하고, 수많은 종류의 차량과 상호작용하는 과정에서 사고가 발생하면 운전자와 탑승자의 목숨이 위험해질 수 있어서 새로운 기술 적용에 보다 신중해야 한다는 주장도 적지 않다.

자동차는 더 이상 이동수단이 아닌 움직이는 라이프 플랫폼으로 빠르게 진화하고 있다. 1910년대 자동차의 대중화를 이끈 포드 모델-T의 근대적 기술과 컨베이어벨트 시스템이 가져온 생산방식 혁명에 이어, 새로운 자동차 산업의 전환기로 기대가 높은 만큼 경쟁도 어

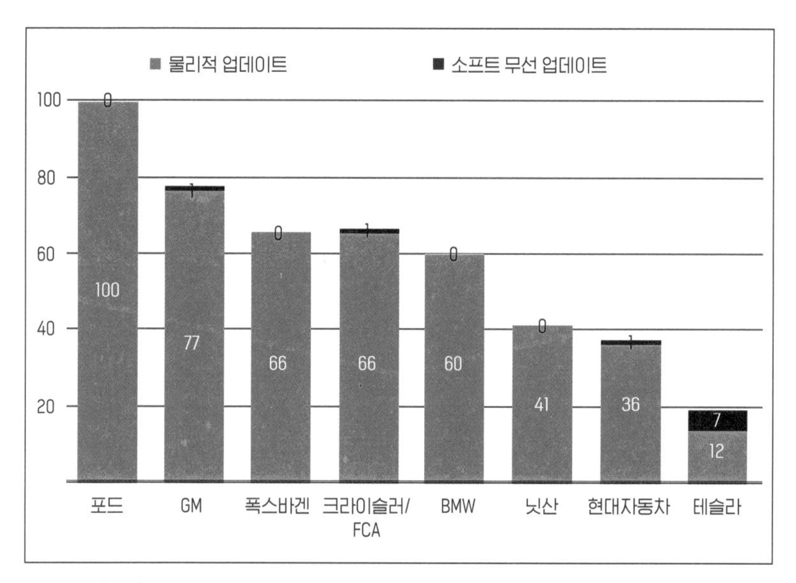

주요 완성차 업체들의 소프트웨어 무선업데이트 리콜 처리 건수

출처: Tina Bellon, Hyunjoo Jin, David Shepardson, Analysis: Tesla software updates allow quick fixes – and taking risks, Reuters, 2022. 2. 19

느 때보다 치열하게 전개되고 있다. 아키텍처와 생태계, 사용 방법의 변화로 자동차가 컴퓨터나 스마트폰과 유사해지고 있지만 안전에 대한 고려는 최우선적으로 해야 하며, 그 과정 역시 기술발전 속도에 맞춰 진행돼야 한다.

자동차 시장은 현재 디지털화 선봉에 선 테슬라와 안전제일주의의 기존 완성차 제조사로 양분되어 있다. 과연 누가 먼저 상대의 강점을 흡수하느냐가 패권 장악의 열쇠가 될 것이다.

운영체제로 작동하는 자동차

독자진영을 고수하는 완성차 제조사들

완성차 제조사들의 경쟁은 운영체제에서도 벌어지고 있다.

운영체제를 소유하려는 이유는 특정 운영체제를 소유하고 있으면 애플의 iOS, 구글 안드로이드처럼 전 세계 개발자가 특정 운영체제 기반의 개발을 진행해 다양한 서드파티 소프트웨어의 생태계 구축이 가능해지기 때문이다. 소프트웨어는 운영체제가 일치하면 하드웨어와 상관없이 작동하며 내비게이션부터 자율주행까지 폭넓게 효율적으로 개발할 수 있다.

최근 운영체제 주도권 경쟁에 가장 적극적인 기업은 폭스바겐, 토요타, 메르세데스-벤츠, 현대자동차그룹 등이다.

폭스바겐이 개발 중인 운영체제 VW.OS는 인포테인먼트 시스템, 인공지능 및 머신러닝, 자율주행, 배터리 관리 등의 구동을 담당한다. 전기차 ID.3 해치백, ID.4 크로스오버 SUV를 시작으로 2025년 모든 플랫폼으로 확대 적용할 예정이며, 인포테인먼트는 리눅스의 실시간 운영체제 혹은 구글 안드로이드 인포테인먼트 운영체제를 적용할 계획이다. 운영체제 개발 담당조직인 카리아드Cariad는 2023년 통합 인포테인먼트 시스템, 2025년 완전히 새로운 플랫폼 구축 완료를 목표로 하고 있다.[13]

새로운 운영체제를 아린Arene으로 명명한 토요타는 '세계에서 비용 효율성과 신뢰성이 가장 높은 하드웨어 생산방식, 즉 토요타 생산방식을 소프트웨어 분야에도 실현한다'는 모토로 2025년까지 개발을 끝낼 예정이다. 내비게이션, 자율주행 소프트웨어, 안전과 교통정보 모니터링, 운전대와 브레이크 같은 기본 자동차 구성요소 제어 등 폭넓은 자동차용 소프트웨어를 지원한다. 스바루 등의 계열사들과 함께 생태계를 구축하고 라이센싱 모델을 고려하는 등 아린 OS를 탑재한 차량이면 제조사와 모델 같은 하드웨어에 종속되지 않도록 개발하고 있다.[14] 개발담당조직 우븐플래닛은 2021년 9월 차량 운영체제 개발기업인 실리콘밸리 기반의 레노보모터스Renovo Motors를 인수합병했다. 인수합병의 주요 이유는 차량 인프라 스택 전문 인원 영입, 다양한 완성차 제조사 플랫폼에서 작동하는 소프트웨어 제공, 하드웨어에 제약받지 않는 운영체제 구축 강화, 기술생태계 확보로 토요타가 느끼는 운영체제 개발 중요성을 확인할 수 있다.[15]

메르세데스-벤츠의 운영체제 이름은 MB.OS다. 디지털 퍼스트로의 전환을 위해 차량을 클라우드 및 사물인터넷과 완벽하게 연결하며 파워트레인, 자율주행, 인포테인먼트, 차체 및 컴포트 시스템의 4가지 중심 도메인으로 구성되어 있다. CTO 사자드 칸Sajjad Khan은 장기적으로 사용하는 소프트웨어의 60% 이상을 자체 개발에 의존할 것이라 말했다. 2024년 최초 적용을 목표로 2025년까지 디지털 서비스를 통해 약 10억 유로(약 1조 3500억 원)의 이자 및 세전 수익 창출을 계획하고 탈탄소, 전기차, 차량 소프트웨어 분야의 리더십을 확보할 예정이다.[16]

현대자동차그룹도 운영체제 개발에 뛰어들었다. 2020년 일부 차종에 자체 운영체제를 적용하고, 새로운 운영체제는 독자개발한 리눅스 기반 커넥티드카 운용체제 ccOS를 채택했으며, 우선 현대기아 표준형 6세대 AVN(오디오, 비디오, 내비게이션)에 적용한다. 인포테인먼트 도입 후 계기판과 차량 제어 등 차량 전체로 적용을 확대시킨다는 계획이다. ccOS는 네트워크·제어 기능 등을 제공하는 차량 연동 프레임워크, 내비게이션·멀티미디어·운전자 맞춤형 UX 기능 등을 제공하는 인포테인먼트 프레임워크, 외부 연결 기반 데이터 처리 기능 등을 제공하는 커넥티비티 프레임워크로 구성된다. ccOS를 기반으로 스마트폰과 스마트홈 연계 서비스, 지능형 원격 지원, 완벽한 자율주행, 스마트 트래픽Smart Traffic, 모빌리티허브 등 커넥티드카 서비스의 확장과 고도화가 가능해지고, 차종 간 호환성을 확보해 표준화된 소프트웨어로 사업을 전개할 수 있어 안정성과 경제성을 높일 수 있다고 현대자동차는 설명한다.[17] 엔비디아와 함께 2022년까지 현대자동차, 기아, 제네시스 전 브랜드의 모든 차량에 도입하기로 했으며, 2020년 출시된 GV80, G80에는 이미 ccOS가 탑재되었다. 2022년 안에 2세대 통합제어기(통합 OS) 개발을 완료하고, 자율주행 레벨3가 최초로 적용되는 제네시스 G90 모델에 처음 탑재할 것으로 예상된다. 새로운 운영체제는 무선업데이트와 도심항공모빌리티 등 전 모빌리티 서비스를 포함하며, 현대자동차는 이를 위해 오토에버, 엠엔소프트, 오트론을 합병해 소프트웨어 중심 조직으로 전환 중이다.

구글과 따로 또 같이 전략을 고민하는 기업들

볼보, 혼다, 르노-닛산-미쓰비시, 포드, 루시드, GM, 스텔란티스는 구글 안드로이드 오토모티브 사용을 공식 발표했다. 인포테인먼트 중심인 안드로이드 오토Android Auto와 달리 안드로이드 오토모티브Android Automotive는 헤드유닛에서 직접 실행되며 차량 전체의 통합제어 기능을 제공한다. 헤드유닛에 장착되어 안드로이드 오토와 마찬가지로 구글지도, 웨이즈, 스포티파이, 유튜브, 전화통화와 같은 앱 접근이 가능하고, 전기차의 경우 구글지도와 연동되어 배터리 잔량 모니터링을 통한 최적 경로와 충전소 안내 등 구글 오토모티브 서비스Google Automotive Service를 제공한다.

2022년 1월 기준 안드로이드 오토가 장착된 차량은 전 세계 1억 5000만 대로 예상되며, 구글은 2021년 5월 기준 전 세계 1억 대 이상의 차량이 안드로이드 오토모티브 무선 모드를 지원하고 있다고 밝히기도 했다. 안드로이드 오토는 동글dongle을 통해 헤드유닛을 업그레이드하기에 스마트폰이 필요하지만, 안드로이드 오토모티브는 차량 하드웨어 수준에서 설치되기 때문에 스마트폰이 필요 없다.

안드로이드 오토모티브를 사용하지만 GM, 스텔란티스, 볼보의 전략은 조금씩 다르다.

GM은 2023년 리눅스 기반 소프트웨어 플랫폼 얼티파이Ultifi를 개발, 안드로이드 오토모티브와 통합해 전기차와 내연기관 모든 모델에 적용할 예정이다. 초기 모델인 허머 EV에만 구글 오토모티브 서비스를 안드로이드 오토모티브와 함께 적용하고 있다. 얼티파이는 구매, 온보딩, 서비스 등 모든 요소 등을 포함한 GM의 디지털 통합 플랫폼으로 소프트웨어 무선업데이트, 개인화 옵션, 다양한 앱, 사물인터넷 지원 장치와 통신 등을 제공할 예정이다.[18]

스텔란티스는 2024년 안드로이드 오토모티브 기반으로 소프트웨어 무선업데이트가 가능한 새로운 전기전자 및 소프트웨어 아키텍처 STLA 브레인과 STLA 스마트콕핏STLA SmartCockpit, STLA 오토드라이브를 상용화할 예정이다. STLA 브레인은 차량 내 전자제어장치를 차량의 고성능 중앙컴퓨터로 연결하는 클라우드와 완전 통합된 서비스 지향 아키텍처로, 소프트웨어 무선업데이트가 가능하다. STLA 스마트콕핏은 내비게이션, 전자상거래 시장, 결제 서비스와 같은 인공지능 기반 애플리케이션과 터치, 음성지원, 시선인식, 제스처인식 등 다양한 상호작용을 지원하며, 폭스콘과 공동 개발 중이다. 또한 레벨2, 레벨2+, 레벨3 운전자보조 시스템과 자율주행 기능을 제공하는 STLA 오토드라이브를 BMW와 공동개발하고 있다. 스텔란티스가 보유한 4개 차량 플랫폼, 14개 브랜드에 통일된 사용자 경험을 제공하고 2016년까지 최소한 분기별 소프트웨어 무선업데이트를 제공할 예정이다.[19] 주요 서비스는 모빌리티 서비스 및 구독모델, 온디맨드 기능, 데이터 서비스와 데이터 기반 보험, 모빌리티 서비스, 중고차 판매 등을 포함한다. 주력 자율주행 시험운행 차량인 크라이슬러 퍼시피카 하이브리드를 함께 개발 운영하고 있는 웨이모와의 꾸준한 협력도 기대된다.

스텔란티스는 이러한 계획들을 기반으로 2026년까지 자동차 2600만 대를 판매하고 약 40억 유로(약 5조 4000억 원)의 매출을 올릴 것으로 예상하며, 2030년 3400만 대의 차량과 약 200억 유로(약 27조 원)의 연매출을 달성하기 위한 목표를 수립했다.

볼보는 안드로이드 오토모티브 운영체제, 블랙베리의 QNX, 리눅스, 오토사를 포함해 차량의 모든 운영체제를 포괄하는 엄브렐러 시스템Umbrella System으로 작동하는 VolvoCars.OS를 개발 중이다. 전기차 관리와 자율주행 기능이 핵심으로, 안드로이드 인포테인먼트 시스템을 통해 스마트폰 생태계와 원활한 작동을 지원하며 오픈 시스템으로의 개방도 검토 중이다.[20]

포드의 전략은 2023년부터 본격적으로 안드로이드와의 통합을 위해 구글과 협력해 커넥티드 사업부를 확장하겠다는 것으로, 이미 16만 명을 넘어선 텔레매틱스 고급 버전 유료 구독자에게 많은 기대를 걸고 있다.[21]

이렇듯 기업들은 자체 운영체제 개발, 안드로이드 오토모티브 적용, 구글 오토모티브 서비스 혹은 자체 플랫폼 개발 진영 등으로 나뉘어 있다. GM과 스텔란티스의 전략은 자체 운영체제 개발은 부담스럽지만 자체 소프트웨어 생태계를 보유하고 싶은 완성차 입장을 대변한다. 완성차 입장에선 서비스까지 적용할 경우 사용자 인터페이스를 근본적으로 차별화하는 데 제약이 있을 수 있고, 핵심역량을 외부에 의존해야 하기 때문에 자동차 소프트웨어 생태계를 통한 수익 창출이 제한되고 구글의 개발 일정에 종속될 수 있다는 단점이 존재한다. 차량 업체에선 오토모티브의 운영체제와 소프트웨어 개발 비용이 매력적이기에 빠르게 채택할 수 있다. 또한 구글앱 생태계, 인공지능 기술, 다양한 애플리케이션 프로그래밍 인터페이스API에 대한 접근이 가능해 안드로이드에 익숙한 사용자 경험을 자동차로 확장할 수 있다는 게 장점이다.

안드로이드 오토모티브는 차량 내 네트워크In-Vehicle Network에 구글이 잘하는 가상화된 레이어 계층을 하나 추가해 소프트웨어 개발자들이 다양한 애플리케이션을 만들 수 있도록 돕는다. 과거 안드로이드 오토가 스마트폰에서 가능한 기능을 차량 내 인포테인먼트 시스템에 미러링한 개념이라면, 안드로이드 오토모티브는 차량 내 임베디드 개념으로 진화했다. 안드로이드의 풍부한 노하우와 채용할 수 있는 개발자 폭이 넓다는 것도 소프트웨어 개발자가 부족하고 개발 경쟁이 심한 상황에선 유리한 접근 방법일 수 있다.

ABI리서치는 2025년 안드로이드 오토모티브 운영체제가 탑재된 차량 가운데 6%만이 구글이 제공하는 서비스를 사용해, 운영체제와 서비스 채택의 차이가 클 것으로 전망했다.

GM과 스텔란티스는 이러한 문제점을 극복하기 위한 전략으로 안드로이드 오토모티브를 채택하지만, 소프트웨어 플랫폼은 자체 혹은 다른 기업과의 협력을 통해 개발을 진행하고 있다.[22] 뿐만 아니라 오토사에도 참여하는 전략을 취하고 있다. 오토사는 다수의 제조사가 적극적으로 참여하여 검증, 보안 등 안정화 노력을 많이 해왔음에도 메인 운영체제로 탑재되지 못하고 있다. 이는 하나의 단일 운영체계로 차량 제어까지 어우를 수 있는 통합 플랫폼을 개발하는 것이 얼마나 어려운지를 보여주는 사례다. 완성차 제조사들은 2025년 전후로 운영체계 개발 완료 및 신차 적용을 목표로 하고 있지만 진행이 어려울 수도 있다고 전망하는 이유기도 하다.

구글 입장에서는 스마트폰과 같이 차량용 운영체제로의 성공을 기대하고 있으나, 차량용 운영체제를 개발하는 완성차 업체들도 향후 오픈을 계획하고 있기 때문에 테슬라를 포함한 자동차 기업과 구글 사이의 거대한 운영체제 전쟁이 예상된다.

2022년 6월, 애플은 세계개발자회의Worldwide Developers Conference에서 업그레이드된 카플레이 기능을 공개했다. 2014년 출시한 스마트폰과 차량의 통합 소프트웨어 카플레이는 차량의 디스플레이를 아이폰과 연결해 지도, 음악 등의 다양한 인포테인먼트 기능을 제공한다.

업데이트된 카플레이는 아이폰 정보를 차량에 표시해주는 보조 디스플레이 기능을 넘어서 차내 온도조절 등의 차량 기능을 직접 제어할 수 있고, 센서에서 수집한 다양한 정보를 클러스터 계기판에 직접 표시해주며 사용자 커스터마이징이 가능하다. 메르세데스-벤츠, 포르쉐, 랜드로버, 닛산, 포드 등 글로벌 완성차 제조사들은 카플레이를 채택할 것이라고 발표했다.

애플은 아이폰, 아이패드, 아이맥 등 자체 제품 생태계의 연결을 강조하고 있다. 이번 카플레이 업데이트는 애플이 준비하는 것으로 알려진 전기 자율주행차를 위한 운영체제와 기존 제품 생태계와의 확장 가능성 시도라는 평이 대부분으로 애플의 향후 행보가 주목된다.

소프트웨어정의차량에 필수인 클라우드 서비스

클라우드 업체들에게 자동차 산업은 매우 구미가 당기는 산업군이다. 자동차 판매와 고객관리, 제조 및 생산관리, 모빌리티 서비스뿐만 아니라 커넥티드카와 자율주행 분야에 클라우드가 필수적이기 때문이다. 이미 자율주행 기술을 개발하고 있는 구글과 아마존, 자율주행 생태계에 관심이 많은 마이크로소프트 입장에서 자율주행 데이터를 장악할 수 있는 클라우드 서비스는 최고의 비즈니스 포트폴리오 가운데 하나다.

안드로이드 오토모티브와 구글 오토모티브 서비스를 사용하는 업체들은 구글 클라우드와 협력이 자연스럽게 진행되고 있다. 대표적인 기업은 포드다. 2021년 1월 포드는 구글과 차량 혁신 가속화, 커넥티드카 경험 재창조를 위한 파트너십을 발표했다. 구글 클라우드를 데이터, 인공지능 및 머신러닝 분야 클라우드 제공 업체로 선정해 6년간의 파트너십을 운영할 계획이다. 2023년부터 포드와 링컨의 모든 차량에서 안드로이드 오토모티브와 구글 오토모티브 서비스를 사용하며, 협력그룹으로 팀업시프트Team Upshift를 설립해 관련 프로젝트를 수행할 예정이다.[23]

마이크로소프트는 2021년 1월 크루즈에 20억 달러(약 2조 4577억 원)를 투자해 장기 전략적 파트너십을 맺었다. 자율주행차량을 위한 클라우드 컴퓨팅 잠재력을 실현하기 위해 크루즈는 마이크로소프트 클라우드 및 에지 컴퓨팅 플랫폼인 애저Azure를 활용해 자율주행차량 솔루션을 대규모로 상용화하겠다고 발표했다.[24]

마이크로소프트는 이미 폭스바겐과 적극적으로 협력하고 있다. 2018년 폭스바겐 오토모티브 클라우드Volkswagen Automotive Cloud를 구축하고 디지털 서비스, 모빌리티 서비스, 소프트웨어 무선업데이트, 자율주행차 개발 및 서비스에 활용하고 있다. 폭스바겐은 유사한 기능을 제공하지만 시스템 구성이 다른 폭스바겐그룹 내 인포테인먼트, 내비게이션 등 차량 기본 시스템들을 단일 운영체제와 동일한 기본 기능으로 통일하고, 폭스바겐 오토모티브 클라우드를 활용해 개발 및 관리를 단순화시켜 비용절감을 통한 규모의 경제를 실현하는 것이 목표다.[25]

폭스바겐은 2021년 2월 자율주행 기술 상용화를 위해 마이크로소프트와 협력해 클라우드 애저 기반의 자율주행 플랫폼을 구축한다고 발표했다. 전 브랜드의 운전자지원 시스템 및 자율주행 기능 개발의 효율성을 높일 계획으로 폭스바겐 오토모티브 클라우드와 연결해

2022년 시판 차량에 적용하고, 자율주행 플랫폼과 클라우드 통합을 통해 전 계열사가 활용할 예정이다. 다양한 도로와 기상 조건에서 장애물 감지부터 운전자 행동까지 페타바이트 규모의 데이터를 활용해 실세 주행, 시뮬레이터 주행을 통해 데이터를 관리하고 개발 주기를 단축하는 것이 목표다.[26]

마이크로소프트의 크루즈 투자에는 특별한 의미가 있다. 자율주행 기술개발을 위해 포드의 아르고AI, 보쉬와 협력하고 있지만 뚜렷한 성과는 얻지 못했다. 그러다 보니 마이크로소프트 입장에선 자율주행 기술개발 능력이 뛰어난 업체와의 협력이 필수적이었다. 구글은 웨이모를 인수하고, 아마존은 죽스를 인수한 뒤 중국의 위라이드와도 깊이 협력하고 있는 상황에서 자율주행 클라우드 기술 향상 및 포트폴리오 마련이 필요했던 것으로 볼 수 있다. 마이크로소프트는 이미 '직접 차량을 제작하거나 MaaS를 제공하지 않는다'라고 2019년 블로그를 통해 알렸지만 커넥티드카 솔루션, 자율 주행 개발, 스마트모빌리티 솔루션, 커넥티드 마케팅 판매 및 서비스, 지능형 제조 및 공급망의 5가지 영역에서 글로벌 파트너의 네트워크 참여에 집중하겠다고 밝힌 적이 있다.[27] 이러한 원칙을 가지고 실력 있는 파트너 크루즈에게 투자한 것으로 판단된다.

현재 구글 클라우드를 활용해 자율주행을 시뮬레이션하고 있는 크루즈는 아마존 AWS도 일부 사용하고 있다. 자체 시뮬레이션 플랫폼 히드라Hydra에서 20만 시간 동안 자율주행을 시뮬레이션하고 있는 크루즈는 금번 투자를 통해 마이크로소프트 애저를 메인 자율주행 클라우드로 사용하게 될 것으로 보인다.[28]

아마존의 포트폴리오는 구글, 마이크로소프트에 비해 다양하다. 자율주행차 풀스택 기업 죽스를 2020년 인수합병했고, 이미 중국 위라이드와 클라우드 테스트를 적극적으로 진행하고 있다. 뿐만 아니라 토요타 모빌리티 서비스 플랫폼을 운영, 폭스바겐의 CAE 애플리케이션 지원과 가상현실 렌더링 및 3D 데이터 최적화 마이그레이션, 덴소의 운전자지원 시스템용 이미지센서 머신러닝 개발 지원, 리비안의 애자일 엔지니어링 환경 설계, 혼다의 커넥티드카 데이터 수집 및 저장 플랫폼, 볼보의 커넥티드 서비스 운영, 아우디의 자동차 예약 및 구매 솔루션을 비롯해 BMW, 리프트, 아이신, 르노, 재규어 랜드로버 등과도 협력을 진행하고 있다.[29]

테슬라는 자체 클라우드를 운영하고 있으며, 현대자동차는 지역상황에 따라 CCSConnected Car Service 네트워크를 아마존 AWS를 기반으로 확장하고 있다.

피할 수 없는 해킹에 대비한 사이버 보안

이전에는 기계적 안전이 자동차 안전의 중요한 부분을 차지했다면 앞으로는 보안이 새로운 자동차 안전의 핵심이 될 것이다.

커넥티드카의 증가로 차량이 인터넷과 연결되기 시작하면서 차량 해킹이 늘어나고 있다. 해킹은 차량 고의 조작으로 조작 불능 상황, 충돌이나 추락 등을 유도해 운전자와 탑승자의 생명을 위험하게 할 수 있어, 사이버 보안은 차량 기술의 발전과 함께 소비자들이 가장 중요시하는 이슈 가운데 하나가 되었다. 완성차 업체 입장에서도 지속가능성과 최고의 가치를 위해선 사이버 보안 기술의 확보가 중요해졌다. 완성차 업체는 문제점 발견 시 시정조치 요구 등 리콜과 연계해 자동차 보안의 위험 수준을 관리하기 때문에 금전적 손해도 발생한다.

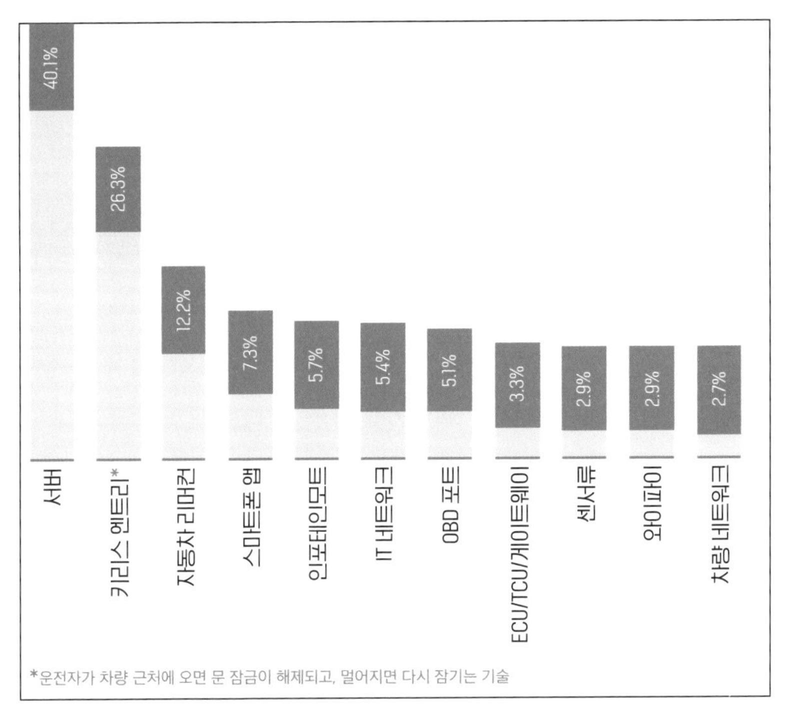

가장 빈번한 커넥티드카 사이버 공격 벡터(2010~2021)
출처: Global Automotive Cybersecurity Report, Upstream Security, 2022.

2010년에서 2021년까지 자동차 관련 사이버 보안 사고 900여 건을 분석해보면 데이터 및 프라이버시 정책 위반 39.9%, 차량절도 및 침입 27.9%, 차량 시스템 조작 24.2%, 서비스와 비즈니스 방해 18.2%, 사기 4.2%, 차량 조작 4%, 위치추적 2%, 정책 위반 1.5% 순으로 단순 정책 위반이 아니라 차량 제어를 위한 해킹도 등장했다.[30]

공격 벡터는 해커가 자동차의 사이버 보안을 손상시키는 데 사용할 수 있는 데이터 접근 포인트다. 이 중 서버 접근이 전체 사이버 공격의 40.1%를 차지하고, 2020년 32.1%와 비교하면 8%가 증가했다.

다음으로는 차량 절도를 위한 접근이 26.3%로 2021년보다 1% 높아졌고, 전자제어장치ECU와 텔레매틱스제어장치TCU의 접근은 2021년 4.3%에서 12.2%로 약 3배가 늘어난 점 역시 주시할 필요가 있다.

기존 분산형 아키텍처 차량들은 CANController Area Network을 통해 다양한 전용 전자제어장치로 연결되어 해커들의 접근이 어려웠다. 2022년 1월에는 독일에서 19세의 창업가 데이비드 콜롬보David Colombo가 테슬라 25대의 창문이나 도어를 여는 해킹 방법을 공개해 화제가 되었다. 2015년 지프 체로키를 해킹, 라디오와 와이퍼 등을 원격조정해 결국 140만 대를 리콜시킨 보안전문가 찰리 밀러Charlie Miller와 크리스 발라섹Chris Valasek이 해킹을 준비했던 기간은 4년이었다. 이후에 그들은 차량 가속페달과 브레이크도 해킹했는데 테슬라와 지프 체로키 해킹은 최고의 전문가 수준이라 가능했다고도 볼 수 있다.[31]

하지만 최근 표준 OBD 포트에 연결되는 애프터마켓용 텔레매틱스 제어장치를 통해 차량 시스템을 해킹해 다양한 기능을 원격제어할 수 있음이 입증됐다. 차량 운전자와 탑승자 안전뿐만 아니라 완성차 제조사 및 관련 협력업체에도 적지 않은 손해를 끼칠 수 있는 새로운 공격 벡터로, 자동차 역시 더 이상 랜섬웨어의 안전지대가 아니라는 사실을 보여준다.

자동차 산업의 사이버 공격으로 2024년까지 5050억 달러(약 621조 원)의 손실이 발생할 것으로 예상되며, 2021년 사이버 공격의 84.5%가 원격 수행으로 해킹이 점점 정교해지고 있다. 2021년 영국 전체의 차량절도 가운데 50%는 열쇠가 없는 상황에서 발생했고, 글로벌 전체의 82%는 원격으로 이루어져 절도 대상 차량에 물리적으로 접근할 필요가 없다는 점에서 관련 대책 마련이 시급하다.

이제 차량 소유자는 차량 제어권을 되찾거나 정상동작 상태로 복구하기 위해 해커가 원하는 비용을 지불해야 하는 상황이 발생할 수 있다. 특히 상업용 차량, 구급차, 소방차, 버스, 택시, 렌터카, 대형 트럭 등 긴급하거나 스케줄에 따라 이동하지 않으면 피해가 커지는 차량들이 타깃이 될 확률이 높다. 이처럼 자동차가 해커의 공격대상이 될 수 있는 이유는 차량 내 소프트웨어 중심 기능의 증가, 인터넷 연결, 추적이 어려운 암호화폐의 사용, 다양한 비즈니스 모델의 확산 때문이다.[32]

자율주행 관련 국제 규약을 담당하는 '자율주행 및 커넥티드카 워킹그룹'의 상위조직인 자동차국제기준조화포럼에서는 사이버 보안을 담당하는 사이버 보안 전문가 기술그룹이 운영되고 있다. 해당 조직에서는 자동차 사이버 보안에 대한 최초의 국제기준인 UNR No.155 '사이버 보안 및 사이버 보안 관리 시스템'을 2020년 6월 채택하고 2021년 1월 발효했다.[33] 여기에는 우리나라, 일본, 미국, 유럽연합 국가들과 세계자동차제작자협회OICA, 국제표준화기구ISO, 국제통신전기연합ITU, 국제자동차연맹FIA, 유럽자동차공급업체협회CELPA, 자동차애프터마켓공급자유럽연합FIGIEFA 등 관련 단체가 참여했다.

주요 내용은 (1) 차량의 사이버 위험 관리, (2) 가치사슬에 따른 위험 완화 설계를 통한 차량 보안, (3) 차량 전체에 대한 침입 탐지 및 보호, (4) 안전한 소프트웨어 업데이트 제공 및 무선업데이트에 대한 법적 근거 마련이다.[34]

향후 제작사들은 차량 사이버 보안 관리를 위한 체계를 갖추고, 차량 형식에 대한 위험평가와 관리를 수행해야 한다. 승용차, 밴, 트럭, 버스가 대상이며 서명한 국가들 가운데 일본은 발효 즉시 적용, 유럽

	2020년	2021년	2022년	2023년	2024년
국내 제도화	자동차 사이버 보안 가이드라인 (2020. 12)	자동차관리법 개정	하위법령 개정	자동차 사이버 보안 법규/안전기준 시행 추진	
자동차 보안 지원 및 대응체계	계획 수립	자동차 보안 전문기구 구성 및 운영			
		자동차 사이버 보안 센터 구축 및 실증			고도화
				자동차 보안 지식기반 구축	

우리나라 자동차 사이버 보안 지원 및 대응 체계 구축 사업 추진 방안
출처: 자동차 사이버 보안 가이드라인, 국토교통부, 한국교통안전공단, 2020. 12.

연합은 2022년 7월 이후 출시되는 모든 신차, 2024년 7월 이후에는 모든 차량에 적용한다. 우리나라는 2020년 12월 국토교통부가 자동차 사이버 보안 가이드라인을 먼저 공개했으며, 자동차관리법 개정과 함께 하위법령 재정을 통해 2020년 중으로 관련 법규 및 안전기준 시행을 추진한다는 계획이다.

국제표준인 ISO/SAE 21434를 인용하는 경우도 많지만 미국과 중국은 독자적인 가이드라인을 개발 중이어서 국가 간 조율은 향후 과제로 남아 있다.[35] 현재 UNR No.155에는 해당 기준을 미채택한 국가에 배타적 조항이 있어 우리나라는 향후 법제화 과정에서 국내 기준 반영 여부를 결정할 계획이다.

적용대상은 승용차, 승합차, 화물차, 전자제어장치가 장착된 트레일러, 자율주행 기능이 장착된 초소형차, 이와 관련된 자동차 제작사 등이며, 제작사들은 차량의 사이버 보안 관리 시스템Cyber Security Management System, CSMS을 갖추고 차량 형식에 대한 위험 평가와 관리를 수행해야 한다. 승인/시험기관은 제작사가 CSMS를 갖춘 경우 인증서 발급, 차량 위험 평가와 관리가 CSMS에 따라 적절히 시행된 경

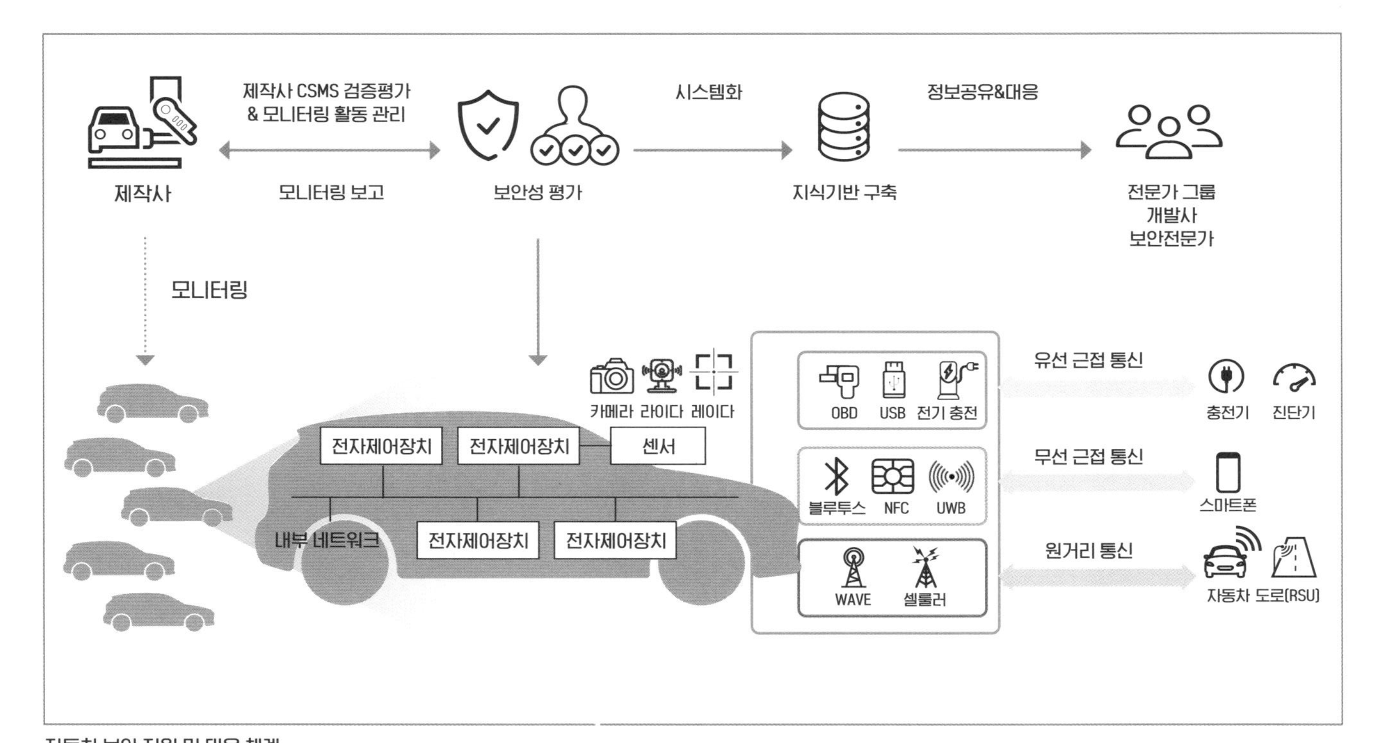

자동차 보안 지원 및 대응 체계

출처: 자동차 사이버보안 가이드라인, 국토교통부, 한국교통안전공단자동차안전연구원, 2020. 12.

우 인증을 받을 수 있다. 인증 요건으로 제작사는 CSMS 인증서를 보유하고 차량에 대한 위험 평가와 관리, 보안 조치 및 충분한 검증시험 등을 수행해야 한다. 특히 보안 조치에는 사이버 공격의 탐지 및 예방 조치, 제작사의 모니터링 기능 지원 조치, 사이버 공격에 대한 분석을 위한 데이터포렌식 지원 조치가 갖춰져야 한다. 뿐만 아니라 해당 차량의 부품, 애프터마켓 소프트웨어 등 제작사의 외부 공급업체 및 시스템에 대한 위험도 관리해야 하며, 제작사는 보안 모니터링 결과를 승인기관에 보고해야 한다.

마켓츠앤드마켓츠MarketsandMarkets는 자동차 사이버 보안 시장을 2021년 20억 달러(약 2조 4577억 원)에서 2026년 53억 달러(약 6조 5128억 원) 규모로 성장하는 연평균성장률 21.3%의 고성장 산업으로 분석했다. 완성차 및 부품사들의 커넥티드카와 자율주행 기술, 패신저 이코노미 패권을 잡기 위한 경쟁으로 인해 자동차 사이버 보안 시장이 급성장하고 있기 때문이다.[36]

7장

우리나라 모빌리티 산업의 현황과 주안점

우리나라 모빌리티 산업의 미스터리

중국의 절반, 폭스바겐의 33.4% 수준인 연구개발 투자

유럽연합 집행위원회는 매년 연구개발 투자 순위 2500대 기업을 분석한 유럽연합 연구개발 투자 스코어보드EU Industrial R&D Investment Scoreboard를 발표한다.[1] 2020년 기준 2500대 기업 가운데 자동차 및 부품Automobiles and Parts 분류에 속한 기업은 총 151개다. 가장 많은 연구개발 투자 기업은 전체 7위인 폭스바겐으로 138억 8500만 유로(약 18조 7395억 원), 전체 11위 토요타 86억 1880만 유로(약 11조 6321억원), 전체 12위 다임러(현 메르세데스-벤츠) 84억 4100만 유로(약 11조 3921억 원), 전체 19위 BMW 62억 7900만 유로(약 8조 7426억 원) 순이다. 부품업체

가운데서는 보쉬가 전체 21위로 60억 4400만 유로(약 8조 1571억 원), 전체 42위 덴소가 다음으로 38억 6910억 유로(약 5조 2218억 원)를 투자했다.

국내 기업은 7개가 포함되어 있다. 현대자동차는 전체 67위, 자동차 및 부품 업종 내 15위로 23억 1970만 유로(약 3조 1307억 원), 기아가 전체 140위, 업종 내 24위로 11억 1730만 유로(약 1조 5079억 원), 현대모비스는 전체 220위, 업종 내 31위로 7억 5810만 유로(약 1조 231억 원)를 투자했다. 이외에 전체 946위 한온 1억 3160만 유로(약 1776억 원), 전체 985위 만도 1억 2450만 유로(약 1680억 원), 전체 1064위 한국타이어 1억 1330만 유로(약 1529억 원), 전체 1596위 넥센타이어 6840만 유로(약 875억 원) 규모를 투자해 2500대 연구개발 투자 상위 기업에 포함되었다.

2020년에는 전반적으로 코로나19 확산에 따른 글로벌 차량 판매 감소로 중국을 제외한 모든 국가 기업들의 매출이 줄었다. 대부분 완성차와 티어1 기업들이 전기차와 자율주행차의 연구개발 투자 확대를 선언했지만 본격적인 투자가 진행되지 않았고, 2019년 대비 연구개발 투자도 감소해 자동차 업계의 현실을 확인할 수 있다.

국가별 기업들의 투자 규모는 유럽연합, 일본, 미국, 중국, 우리나라 순이지만 우리나라의 투자 규모는 중국의 46.8%, 미국의 31.2%, 일본의 14.5%, 유럽연합의 7.9% 수준에 불과하다. 특히 국내 최대 업체인 현대자동차는 연구개발 투자 1위 폭스바겐의 16.7%, 2위 토요타의 26.9%, 3위 다임러의 27.5% 수준이다. 현대자동차, 기아, 현대모비스 3개 기업 전체의 연구개발 투자 규모는 41억 9500만 달러(약 5조 1549억 원)로 부품업계 1위 연구개발 투자 기업인 보쉬의 69.4%이며, 2위

	연도	기업 현황		연구개발 투자 현황		매출 현황		전체 인력 규모 (명)
		기업 수 (개)	비중 (%)	투자 규모 (백만 유로)	비중 (%)	매출 규모 (백만 유로)	비중 (%)	
중국	2020	36	23.7	9,910	7.9	243,670	10.1	999,208
	2019	36	23.7	9,031	6.8	232,673	8.4	964,477
미국	2020	24	15.8	14,852	11.9	300,255	12.4	899,158
	2019	22	14.5	16,914	12.7	377,310	13.7	833,047
유럽 연합	2020	32	21.1	58,827	47.1	949,463	39.4	3,272,238
	2019	33	21.7	62,044	46.7	1,075,670	39.1	3,246,629
일본	2020	33	21.7	32,011	25.6	649,130	26.9	1,832,977
	2019	33	21.7	34,427	25.9	761,562	27.6	1,843,489
한국	2020	7	4.6	4,633	3.7	165,068	6.8	-
	2019	8	5.3	4,824	3.6	173,410	6.3	-
전체	2020	151	-	125,005	-	2,412,125	-	-
	2019	152	-	132,864	-	2,754,395	-	-

자동차 및 부품기업 분야의 주요국 기업 현황 분석

출처: The 2020/2021 EU Industrial R&D Investment Scoreboard/The 2021 EU Industrial R&D Investment Scoreboard, European Commission 보고서 정리

인 덴소보다 3억 2600만 유로(약 4400억 원) 적은 수준이다. 국내 기업 7개의 연구개발 투자 전체를 합쳐도 1위 완성차 제조사 폭스바겐의 33.4%에 불과하다.

2019년 대비 현대자동차는 2.5%, 현대모비스는 4.9% 연구개발 투자가 증가했지만, 기아는 5.5%, 한온은 8.4%, 만도는 8.1%, 한국타이어는 9.2%, 넥센타이어는 0.8% 감소했다.

기업의 혁신성을 상징하는 매출액 대비 연구개발 투자 비중인 연구개발 투자 집중도R&D Intensity를 살펴보면 폭스바겐 6.2%, 토요타는

4.0%, 다임러 5.5%, BMW 6.3%, 혼다 8.5%, 포드 5.6%, GM 5.1%, 닛산 6.4%, 스텔란티스 4.5% 순이지만, 국내는 현대자동차 3.0%, 기아 2.5%, 현대모비스 2.8% 순이다. 2019년 대비 현대자동차는 1% 높아져 3.0%대에 진입했고, 현대모비스는 2.5%에서 2.8%로 상승했지만, 기아는 2.7%에서 2.5%로 하락했다.

2020년 글로벌 상위 2500대 연구개발 투자 기업 자동차 및 부품 분야 명단에 포함된 국내 기업 7개사의 투자 46억 3310만 유로(약 6조 2529억 원) 가운데 90.5%인 41억 9520만 유로(약 5조 6619억 원)가 현대자동차, 기아, 현대모비스 3개사의 투자다. 이들의 투자 비율은 2016년 86.4%(40억 780만 유로 투자 중 34억 630억 유로), 2017년 89.3%(40억 3540억 유로 투자 중 36억 350만 유로), 2018년 88.8%(48억 2360억 유로 투자 중 42억 78만 유로), 2019년 88.7%(48억 2360억 유로 중 42억 78만 유로)로 약 90%가 현대자동차그룹에 집중되어 있다.[2]

경쟁국인 미국, 일본, 유럽연합, 중국과 비교해 포함된 기업수가 매우 적고 연구개발 집중도가 높다는 것은 비非현대자동차그룹 계열사의 개발 능력이 취약하다는 의미다. 계열사와 글로벌 부품사를 제외한 자국 내 협력업체들의 기술 경쟁력 저하는 최근 모든 산업 가운데 가장 빠르게 진화하는 자동차와 모빌리티 산업에서 신기술 개발, 생산 기반, 원가 등 핵심 경쟁력을 약화시키는 원인이다.

테슬라의 연구개발 집중도는 2019년 5.5%에서 2020년 4.7%로 낮아졌지만 투자 금액은 2019년 11억 9550만 유로(약 1조 6135억 원)로 23위에서, 2020년에는 11.1% 증가한 12억 1510만 유로(약 1조 6399억 원)로 21위를 차지했다. 주요 완성차 업체들 가운데 유일하게 10% 이상 연구개발 투자가 증가한 기업이다. 참고로 타타모터스는 3.8%, SAIC

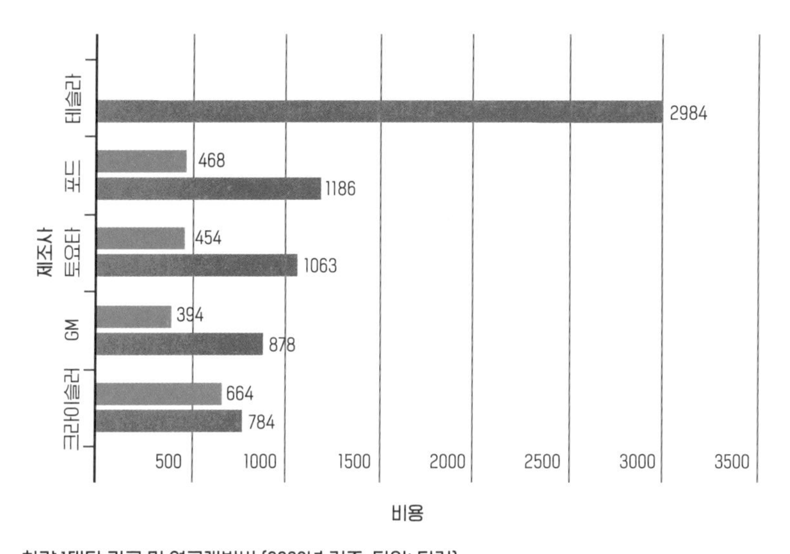

차량 1대당 광고 및 연구개발비 (2020년 기준, 단위: 달러)

출처: Edith, Tesla records the highest R&D spend per car sold at $2984, StockApps.com, 2022. 3. 23.

는 1.3% 증가했다.

스톡앱스닷컴Stockapps.com은 테슬라가 완성차 제조사들 가운데 유일하게 마케팅 비용을 전혀 지출하지 않지만 차량 1대당 연구개발비는 2020년 기준 2984달러(약 370만 원)로 가장 높다고 분석했다. 차량 1대당 광고비의 업계 평균은 485달러(약 60만 원), 연구개발비는 1000달러(약 123만 원)다.[3] 즉 테슬라는 광고비를 전혀 사용하지 않고 연구개발비는 업계 평균보다 3배 이상 투자하고 있는 것이다. 브랜드 일부와 같은 오너들, 일론 머스크의 영향력, 매장을 운영하지 않고 인터넷 판매만을 활용하는 영업전략이 복합적으로 작용해 성공한 케이스로 볼 수 있다.

반면 기존 완성차 제조사들은 현재 캐시카우 역할을 하고 있는 내연기관차와 궁극적으로 시장 경쟁 아이템인 전기차를 함께 연구개발,

생산, 판매 중이다. 또한 테슬라를 따라 잡기 위한 전기전자 아키텍처, OS 개발 등에 막대한 투자를 해야 하고, 내연기관에서 전기차 기업으로 전환을 위한 인력 재교육과 재배치, 생산설비 변경 등 전환비용도 필요하기 때문에 앞으로도 몇 년은 연구개발 투자가 분산될 수밖에 없다. 광고비 역시 테슬라를 이기겠다는 전략과 더욱 심해질 기존 완성차 제조사와의 경쟁, 인터넷 판매를 확대하고 있지만 기존 영업망과 딜러망을 일시에 전환할 수 없는 현실 때문에 향후에도 지속적인 지출이 필요하다.

아직은 미흡한 자율주행과 커넥티드카 특허

자동차가 움직이는 휴식처, 이동하는 사물인터넷 허브 등 다양한 공간으로 진화하면서 자동차는 더 이상 스타일링, 다이내믹스, 파워만을 내세우는 탈것이 아니다. 오히려 ICT 기술, 사용자 경험 혹은 패신저 경험 등 다양한 기술들이 복합된 공간이다. 하지만 우리나라 기술수준은 이동통신 기술을 제외하면, 자율주행, 인공지능, 사물인터넷, 클라우드 컴퓨팅, 빅데이터, 블록체인 모두 주요국과 비교해 뒤처지고 있다. 특히 자율주행은 이미 주요국과 비교해 매우 뒤처져 있다.

2021년 11월 우리나라 특허청이 전 세계 특허출원의 85%를 차지하는 미국, 일본, 유럽연합, 중국, 한국 5개국에 2006년부터 2020년까지 출원된 특허 건수를 분석한 결과를 발표했다. 전체 출원건수는 총 2만 4294건으로 완성차 업체가 1만 3280건 55%로 가장 높은 비율을 차지했고, IT 기업 5765건으로 24%, 부품업체가 21% 순이다.

가장 많이 특허가 출원된 것은 인지 분야로 완성차 업체는 5630건,

기술분야	연도	상대기술 수준 (100%)					격차 기간 (0년)				
국가		한국	미국	일본	중국	유럽	한국	미국	일본	중국	유럽
자율주행차	2018	**86.8**	100	89.0	94.5	98.2	1.2	0.0	1.1	0.5	0.2
	2019	**85.4**	100	87.6	91.0	99.1	1.4	0.0	1.2	0.6	0.1
	2020	**86.8**	100	89.0	94.5	98.2	1.2	0.0	1.1	0.5	0.2
인공지능(A)	2018	**81.6**	100	86.4	88.1	90.1	2.0	0.0	1.8	1.5	1.4
	2019	**87.4**	100	88.2	91.8	91.8	1.5	0.0	1.4	1.0	1.0
	2020	**87.8**	100	87.8	92.7	92.0	1.4	0.0	1.4	0.9	1.0
사물인터넷(I)	2018	**82.8**	100	87.1	84.4	93.8	1.2	0.0	0.9	1.0	0.5
	2019	**92.3**	100	86.1	88.7	94.8	0.7	0.0	1.3	1.0	0.5
	2020	**92.5**	100	88.7	91.1	95.3	0.7	0.0	1.1	0.9	0.5
클라우드	2018	**84.0**	100	84.2	85.0	89.3	1.8	0.0	1.7	1.6	0.9
컴퓨팅(C)	2019	**86.5**	100	85.8	87.4	89.8	1.5	0.0	1.5	1.3	1.0
	2020	**87.8**	100	86.1	88.8	89.7	1.3	0.0	1.5	1.2	1.0
빅데이터(B)	2018	**83.4**	100	84.8	87.7	92.7	1.9	0.0	1.4	1.1	0.8
	2019	**87.6**	100	80.4	94.6	86.0	1.2	0.0	2.6	0.5	1.3
	2020	**85.6**	100	85.9	89.7	91.3	1.6	0.0	1.5	1.3	1.1
이동통신(M)	2018	**96.8**	100	93.9	97.5	96.4	0.6	0.0	1.2	0.4	0.6
	2019	**97.8**	100	94.4	99.2	96.9	0.3	0.0	0.8	0.1	0.4
	2020	**97.8**	100	94.5	98.8	97.1	0.3	0.0	0.8	0.1	0.4
블록체인(B)	2018	**83.4**	100	84.8	87.7	92.7	1.9	0.0	1.4	1.1	0.8
	2019	**83.4**	100	85.7	89.0	91.1	1.9	0.0	1.6	1.4	1.1
	2020	**85.6**	100	85.9	89.7	91.3	1.6	0.0	1.5	1.3	1.1

모빌리티 기술의 주요국 수준 비교

출처: 2018년 ICT 기술수준조사 보고서, 2019/2020 ICT 기술수준조사 및 기술경쟁력분석보고서, 정보통신기획평가원.

부품업체 4663건, IT기업은 3704건을 출원해 기업 유형에 상관없이 기술독점 및 획득을 위한 중요 분야임을 알 수 있다. 특히 자율주행

구분		출원인＼연도	06	07	08	09	10	11	12	13	14	15	16	17	18	19	20	계
완성차 제조사		토요타	102	182	189	181	135	216	226	133	212	302	519	542	823	1080	397	5239
완성차 제조사		폭스바겐	5			4			7		32	18	66	76	137	154	90	589
완성차 제조사		르노연합	53	74	63	56	68	124	83	146	182	382	385	649	283	170	21	2739
완성차 제조사		GM	5	4	10	28	36	42	46	43	57	67	119	333	428	356	59	1633
완성차 제조사		현대 (소계)	15	16	13	9	30	70	102	224	225	272	277	383	472	757	215	3080
완성차 제조사		현대 (소계)						11~15년 소계 = 893건					16~20년 소계 = 2104건					
완성차 제조사		완성차 소계	180	276	275	278	269	452	464	546	708	1041	1366	1983	2143	2517	782	13280
IT 기업	국내	LG (소계)	12	6	11	6	41	21	37	22	17	155	328	451	337	472	103	2019
IT 기업	국내	LG (소계)						11~15년 소계 = 252건					16~20년 소계 = 1691건					
IT 기업	외국	테슬라												1	12	5	1	19
IT 기업	외국	웨이모 (구글)	2	2	6	1	9	35	70	160	147	132	174	306	384	184	115	1727
IT 기업	외국	애플		1	2	6	15	21	8	4	17	33	48	41	27	9	14	246
IT 기업	외국	바이두											90	218	346	475	163	1292
IT 기업	외국	우버								1		10	61	129	149	76	36	462
IT 기업	외국	외국소계	2	3	8	7	24	56	78	165	164	175	373	695	918	749	329	3746
IT 기업		IT 기업소계	14	9	19	13	65	77	115	187	181	330	701	1146	1255	1221	432	5765
부품업체		엔디비아						1	1					1	9	11	11	34
부품업체		벨로다인		3				4	5					27	36	25	16	116
부품업체		발레오		3	3	7	14	13	12	1	31	46	37	49	43	20	2	281
부품업체		모빌아이 (인텔)		1			1			1	18	32	44	67	49	76	47	336
부품업체		퀄컴	16	23	29	46	66	62	28	22	57	59	73	100	108	119	44	852
부품업체		소니	20	43	94	163	166	142	74	53	69	175	500	691	812	528	100	3630
부품업체		부품업체 소계	36	73	126	216	247	222	115	77	175	312	659	935	1057	779	220	5249
총합계			230	358	420	507	581	751	694	810	1064	1683	2726	4064	4455	4517	1434	24294

미국, 일본, 유럽연합, 중국, 한국의 완성차 제조사, IT기업, 부품업체별 특허 출원량

출처: 자율주행차 개발업계의 지각 변동 움직임, 특허청, 2021. 11. 11.

기술을 차량에 탑재해야 하는 완성차 업체는 인지 분야에 이어 제어 분야에 5423건을 출원해, 인지된 데이터 등을 활용할 차량 제어 분야 출원량도 높은 수준이다.

출원 건수 기준 순위는 토요타가 가장 많은 5239건, 다음으로는 소니(3630건), 현대자동차(3080건), 혼다(2844건), 포드(2069건), LG(2019건) 순으로 국내에서는 현대자동차와 LG가 상위권에 포진되어 있다.

특허 출원량은 최근 들어 완성차 업체들보다 IT와 부품 기업들에서 빠르게 증가하고 있다. 현대자동차의 예를 들면 최근 5년(2016~2020년) 출원 건수는 2104건으로 이전 5년(2011~2015년) 893건보다 2.4배 증가한 반면, LG는 같은 기간 252건에서 1691건으로 6.7배 증가했다.

특허청에서는 자율주행 시장의 급성장에 따라 3개 기업군이 특허 주도권 확보를 위해 경쟁 중이라고 분석했다. 2014년 테슬라가 오토파일럿을 발표하고, 같은 해 애플의 타이탄 프로젝트 정보가 알려지고, 자율주행에 막대한 투자를 진행한 구글이 2015년 자율주행차 파이어플라이를 공개하면서 완성차 업체들도 본격적으로 자율주행 기술개발에 뛰어들었다. 이때는 완성차 업체들이 부품 계열사 혹은 IT 업체를 활용해 새로운 자율주행 부품 기술 및 부품 공급망을 본격적으로 구축하기 시작한 시점으로, 기술 확보를 위한 스타트업 인수합병이 활발히 진행되고 신규 특허출원이 본격적으로 진행되던 때다. 물론 완성차와 티어1 부품업체들도 선행연구로 자율주행차를 개발하고 있었기 때문에 일부 특허들은 꾸준히 진행되고 있었다.

특허 출원에서 특히 주목할 기업은 중국업체들이다. 현재 중국의 대표 자율주행 기술개발 기업으로 오픈 플랫폼 아폴로를 운영하는 바이두는 2000년 설립되어 2014년부터 본격적으로 자율주행 기술

2021년 1월 순위 (2018년 7월 순위)	기업 (국가)	경쟁력 점수	현행 특허 보유개수
1(4)	포드 (미국)	6054	1195
2(2)	토요타 (일본)	5349	1705
3(1)	웨이모 (미국)	4895	582
4(3)	GM (미국)	3193	678
5(16)	SFMAI (미국)	1958	231
6(6)	보쉬 (독일)	1952	512
7(8)	덴소 (일본)	1872	509
8(9)	혼다 (일본)	1791	1006
9(5)	닛산 (일본)	1704	351
10(19)	모빌아이 (이스라엘)	1587	155

자율주행 특허 경쟁력 비교
출처: Nikkei & Patent Result

개발에 뛰어들었고, 2016년부터 2020년까지 1292건의 특허를 출원했다. 이는 정부 의지로 자율주행 관련 규제와 도시 설계를 추진할 수 있는 중국의 잠재 경쟁력을 보여주는 것이다. 2023년 혼다와 함께 소니모빌리티의 설립을 추진하고 있는 소니는 자율주행 기술 핵심 센서인 카메라 기술에 강점을 보이며, 2006년 이후 꾸준히 특허를 출원했음을 확인할 수 있다.

일본 언론사 니케이는 특허분석 전문기업 페이턴트리절트Patent Result에 의뢰해 2016년부터 주요 기업들을 대상으로 미국 특허청에 등록된 자율주행차의 특허를 분석, 발표하고 있다. 인용횟수, 다른 기업의 이의 제기횟수와 항소횟수로 특허 경쟁력을 분석했고, 출원자 권리화 의지, 경쟁사 주목도, 심사관 인지도 항목들을 정량화하는 방

식이다.[4]

2021년 1월까지 등록된 결과를 살펴보면 1위는 1195개의 특허를 보유한 포드, 2위는 1705개의 특허를 보유한 토요타, 4위는 678개의 특허를 보유한 GM으로 10위권에 보쉬, 덴소, 혼다, 닛산, 모빌아이가 포함되어 있다. 2018년 포드 484개, 토요타 682개, GM 331개의 특허를 보유했던 것과 비교하면 특허 수가 약 2.5배 증가했다. 2018년 1위를 차지했던 웨이모는 당시 경쟁력 점수 2815.13점 가운데 약 50%인 1385점을 인공지능 관련 항목에서 획득했으나 이번 발표에서는 3위로 밀려났다.

자율주행차 상용화 시점이 다가오면서 기존 완성차 업체들이 전문성을 발휘해 웨이모로 대표되는 IT 업체들을 위협하고 있다. 특히 기존 완성차 업체들은 보유하고 있던 자동차 관련 특허들이 자주 항소 대상이 되면서 특허 경쟁력이 높아졌다.

구동계 기술 경쟁력은 토요타가 3467점으로 1위, 포드가 3137점, 웨이모는 2486점으로 뒤처졌으며, 포드와 토요타는 특히 모터 출력 조정기술과 조향 시스템에서 경쟁력이 높다. 포드의 관련 점수는 1115점으로 토요타보다 3배, 웨이모보다 5배 높아 자율주행 기술 분야에서 경쟁자들을 월등히 앞서고 있다. 이러한 포드의 높은 경쟁력은 2019년 모바일 로봇 모델링 및 시뮬레이션 업체인 퀀텀시그널AIQuantum Signal AI를 인수하면서 기술력을 획득한 것이 주요 요인이다.

눈에 띄는 기업은 5위를 차지한 손해보험사 SFMAIState Farm Mutual Automobile Insurance다. 인터넷 기술을 활용해 자율주행차량 정보를 수집하고 상태를 평가하는 경쟁력 있는 센서 특허로 5위에 올랐다. 231건의 특허밖에는 등록되지 않았지만, 관련 특허 인용횟수가 2552회로 매우 질 높은 특허로 평가받고 있다.

중국 기업 가운데 바이두가 23위, 니오가 35위에 랭크되었으며, 우리나라 기업들은 50위 가운데 현대자동차를 포함한 5개 기업이 랭크되었다.

우리나라의 자율주행 정책 추진 현황

현재 미국과 중국의 레벨4 자율주행 서비스는 로보택시, 우리나라의 시범 서비스는 단거리 셔틀 형태다. 로보택시는 일반택시처럼 출발지와 목적지를 소비자가 선택할 수 있지만, 셔틀은 정해진 구간의 정해진 정류소에서 승하차해야 한다는 큰 차이가 있다. 2022년 2월 15일 기준 정부가 지정한 국내 자율주행 시범운행지구는 총 7개 지역으로, 광주 공공 서비스를 제외한 6개 지역은 모두 셔틀 형태로 운행 거리도 매우 짧아 미국과 중국보다 제한이 많다.

미국 전역에서 현재 약 1500대의 자율주행차가 운행되고 있는 것으로 파악된다. 웨이모는 자율주행 시험운행을 시작한 2009년 이후 4000만 km 이상을 주행했고,[5] 2022년 캘리포니아주 로보택시 서비스를 준비하기 위해 2021년 약 435만 km를 주행하며 자율주행 수준을 높이기 위한 데이터 수집 및 매핑 작업을 수행했다. 이렇게 수집된 데이터는 컴퓨터 시뮬레이터 정확도 향상, 폐쇄된 코스의 구조화 테스트, 실제도로 주행 방법 평가를 통해 다양한 환경에서 자율주행할 수 있도록 웨이모 드라이버 소프트웨어의 성능을 향상시켰다.[6] 중국의 대표기업인 바이두의 아폴로고는 2021년 5월 기준 주행거리 1000만 km를 기록했고, 향후 3년 내 30개 도시에서 레벨4 로보택시 3000

대를 운영할 계획을 추진 중이다. 최근에는 이처럼 중국이 자율주행 서비스 공간의 확대 측면에서 미국을 앞서고 있는 형세다.

우리나라는 2022년 5월 기준 자율주행차 약 210대가 국토교통부의 임시운행허가를 받았고, 자율주행 기술개발혁신사업단 자료에 따르면 2022년 3월 기준 국내 전체 자율주행 거리는 72만 km로 웨이모가 샌프란시스코 로보택시 운행을 위해 실시한 사전 주행거리 435만 km에도 미치지 못하는 수준이다.

자율주행은 정부에서 정한 빅3 산업으로 다른 산업보다 투자와 관리 우선순위가 높다. 2018~2020년 동안 정부의 자율주행 기술 투자는 총 3807억 원이며, 2018년 1101억 원에서 2020년 1405억 원으로 평균 13.0% 증가했다. 연구개발 3238억 원, 인력양성 211억 원, 인프라 182억 원으로 전체 28개 사업에 투자했다. 2017년부터 2019년 민간 연구개발비는 2017년 3조 7349억 원에서 2019년 4조 3341억 원으로 평균 7.7% 증가했다.[7]

현재 정부 목표는 2027년 로보택시 상용화로, 현대자동차는 자체 개발 레벨4 수준의 로보라이드 시범 서비스를 2022년 6월 서울 강남구, 서초구에서 시작했다. 하지만 웨이모와 바이두 등에 비해 데이터 확보를 위한 시험운행 주행거리에서 큰 차이를 보인다. 자율주행에서 시험운행과 서비스가 중요한 이유는 해당 과정을 통해 구축한 테스트베드와 경험을 기반으로 해외 진출을 할 수 있기 때문이다. 특히 자율주행은 정부와 지자체의 법, 제도, 인프라와 함께 발전하며, B2G 시장이 크기 때문에 공공의 역할이 매우 중요하다.

스타트업 육성에서도 공공의 역할은 중요하다. 자율주행을 포함한 대부분의 모빌리티 서비스 기업들이 국내 시장에서만 경쟁하고 있다.

이미 로보택시 분야에서는 웨이모 등 리더들이 등장했고 중국 기업들이 관심을 받으며 투자가 집중되자 국내 스타트업들은 항만, 공항, 목적기반차량 분야로 피벗하고 있다. 스타트업들의 직접 지원도 중요하지만 공공 수요 창출 확대와 레퍼런스 확보를 위한 정책에 보다 집중할 필요가 있다.

국내 자율주행차 관련 규제 및 법령 정비도 진행되고 있다. 정부는 2018년 11월에 이어 2021년 12월 자율주행차 규제혁신 로드맵 2.0을 발표했다. 규제혁신 로드맵은 정부가 신산업 성장 지원을 위해 미래에 예상되는 규제를 선제적으로 발굴, 개선하는 중장기 계획이다. 주요 내용은 2022년 레벨3 승용 자율주행차 출시, 2024년 레벨3 상용 자율주행차 출시, 2025년 레벨4 저속셔틀과 2027년 승용과 상용 자율주행차 출시를 기반으로 순조롭게 상용화하는 것이다.[8]

자율주행차 규제혁신 로드맵 2.0은 산학연 400여 기관의 설문조사를 기반으로 작성되었으며, 타임 프레임은 단기, 중기, 장기로, 분야는 차량, 기반, 서비스 3개로 구분했다. 단기적으로는 2022년까지 자동차 관리법 시행규칙 개정을 통한 소프트웨어 무선업데이트 허용, 현재 국회에 계류 중인 모빌리티 활성화법 제정을 통한 모빌리티 특화 규제샌드박스 신설로 다양한 여객 및 화물 수송 서비스의 실증 특례를 확대하는 것이다. 중기적으로는 레벨4 자율주행차와 레벨3 상용차(버스 및 트럭) 안전기준 마련, 자율주행 사이버 보안 체계 마련, 보험제도 마련, 목적기반차량 등 자율주행차량의 분류 규제를 완화하는 것이다. 장기적으로는 레벨4 자율주행차 검사 및 정비 제도 마련, 자율주행용 간소면허 신설 등의 내용을 담고 있다. 관심 있는 사람들은 반드시 체크할 필요가 있다.

지자체	지구 범위	대표 서비스
서울	서울 상암동 일원 6.2km^2 범위	DMC역↔상업·주거·공원지역 간 셔틀서비스
충북·세종 (공동신청)	오송역↔세종터미널 구간 BRT 약 22.4km 구간	오송역↔세종터미널 구간 셔틀(BRT) 서비스
세종	BRT 순환노선 22.9km 1~4생활권 약 25km^2 범위	수요응답형 정부세종청사 순환셔틀 서비스
광주	광산구 내 2개 구역 약 3.76km^2	노면청소차, 폐기물수거차
대구	수성알파시티 내 약 2.2km^2 구간	수성알파시티 내 셔틀 서비스 (삼성라이온즈파크↔대구미술관)
	테크노폴리스 및 대구국가산단 약 19.7km^2 범위	테크노폴리스, 국가산단 일원 수요응답형 택시 서비스
	산단연결도로 약 7.8km 구간	
제주	제주국제공항↔중문관광단지(38.7km) 구간 및 중문관광단지 내 3km^2 구간	공항 픽업 셔틀 서비스 (제주공항↔중문관광단지)
경기	경기도 판교 제로시티 일원 7.0km	제로셔틀(11인승) 운행

국내 자율주행차시범운행지구 지정 현황(2021년 9월 기준)

출처: 자율주행차 개발업계의 지각변동 움직임, 특허청, 2021. 11. 11.

한국교통안전공단 자동차안전연구원이 현재 진행 중인 자동차안전기준국제조화포럼에 제출 예정인 레벨4 표준화 작업에 따르면 맑은 날 주간에만 운행이 가능하고, 운행 가능 영역은 도심도로 일부로 한정한 것으로 알려졌다. 자율주행 시스템은 충돌이 임박한 상황에서 보행자, 자전거를 우선해 자동차와 충돌하는 판단을 내려야 하며, 다른 도로이용자 행위에 따른 충돌을 막기 위한 회피기동 허용, 무단횡단하는 보행자가 있는 경우에도 인지해 일시정지, 교통신호 준수를 위해 차량신호등과 보행신호등의 상태 확인을 돕는 비전센서, V2X 통신 등 최소 2개 이상 수단을 갖추고, 비전센서를 통해 경찰이나 공사 인원 등 도로교통 관련 통제자 수신호도 인지하고 대응해야 한다. 안전을 최우선으로 고려했으며, 레벨3와 같은 절차로 레벨4도 자동차

안전기준국제조화포럼에서 제정되나 구체적 시기는 정해져 있지는 않다.[9]

1. 단기(2022~2023) 주요 과제

- 자율주행차 기술개발 지원 및 자율주행 인프라 확충
- 다양한 규제특례 부여 등 자율주행 서비스 실증·고도화 지원

차량 자율주행 SW 무선 업데이트(OTA) 허용 신규
(국토부, 자동차관리법 시행규칙 개정, ~2022)

◇(현행) 자동차 정비는 원칙적으로 정비업체에서 실시하여야 하나, 임시 실증특례로 전자제어장치 등에 대한 무선 업데이트(OTA)를 일부 허용

* OTA(Over The Air): 자동차 등 소프트웨어를 무선으로 업데이트하는 방식을 의미

◇(개선) 정비업체 방문 없이 OTA를 통한 전자·제어장치 등에 대한 업데이트 또는 정비가 가능토록 개선

차량 자율주행 영상데이터 활용 촉진을 위한 가명처리 기준 마련 신규
(국토부·개인정보위원회, 자율주행차 분야 개인정보보호 가이드라인 신설, ~2022)

◇(현행) 개인정보를 가명처리하는 경우 정보주체 동의 없이도 연구 등에 활용 가능하나, 자율주행차 영상 분야에 대한 세부기준이 부족하여 실제 처리·활용에 애로

◇(개선) 영상데이터의 수집 절차 및 가명처리 등 안전한 보호조치에 대한 가이드라인 마련

기반 자율협력주행시스템 보안강화를 위한 인증관리체계 마련 신규
(국토부, 자율주행차법 시행령 · 시행규칙 개정, ~2022)

◇(현행) 차세대지능형교통체계(C-ITS)를 통한 차량과 차량, 차량과 도로 간 통신 시 해킹, 개인정보 유출 등의 우려 상존

* C-ITS(Cooperative-Intelligent Transport Systems): 차량이 주행 중 운전자에게 주변 교통상황과 사고위험 정보를 실시간으로 제공하는 시스템

◇(개선) 자율주행차법 개정('21.7.27)에 따라 인증서를 발급받은 차량, 인프라만이 통신할 수 있는 인증관리 체계에 대한 세부기준 마련·운영

서비스 자율주행 모빌리티 서비스 실증특례 확대 신규
(국토부, 모빌리티법 제정, ~2022)

◇(현행) 자율주행 모빌리티를 활용한 여객·화물 수송 등 다양한 서비스 사업화를 위한 실증특례 수요가 많으나, 이에 특화된 규제샌드박스 부재

◇(개선) 모빌리티활성화법 제정을 통해 모빌리티 분야에 특화된 규제샌드박스를 신설하여, 다양한 신규 비즈니스 실증·사업화 지원 강화

2. 중기(2024~2026) 주요 과제

- 레벨4 자율주행차(2027~) 및 레벨3 상용 차량 출시에 필요한 안전기준 마련
- 레벨4 자율주행차 운행을 위한 보험, 교통법규 위반 등에 대한 기준 마련

차량 레벨4 자율주행차 및 레벨3 상용차(버스, 트럭) 안전기준 마련 **보완**
(국토부, 자동차규칙 개정, ~2024)

◇(현행) 레벨3 승용차는 제작기준인 안전기준이 마련되어 출시가 가능하나, 레벨4 자율주행차 및 레벨3 상용차에 대한 안전기준은 부재

◇(개선) 레벨4 시스템(결함 시 대응 등), 주행(좌석배치별 충돌안전성 등), 운전자(윤리 등)에 대한 규정 마련 및 승합 및 화물차용 레벨3 안전기준 마련

차량 자율주행차 사이버 보안체계 마련 **계속**
(국토부, 자동차관리법 · 자동차규칙 개정, ~2024)

◇(현행) 자율주행차 및 자율주행시스템을 대상으로 하는 해킹 등 사이버 위협에 대한 보호 및 보안 대책 부재

◇(개선) 차량 개발단계부터 폐기까지 차량 자체의 보안안전성 및 제작사별 관리역량을 확보할 수 있도록 관리체계 마련

기반 교통법규 위반에 대한 행정제재 체계 정립 **신규**
(경찰청, 도로교통법 개정, ~2026)

◇(현행) 교통법규 위반 시 운전자의 운전면허에 대한 행정적 제재가 가해지나, 자율주행 중 발생한 위반에 대해서는 부과 대상이 불명확

◇(개선) 자율주행차가 교통법규 위반 시 운전자 또는 제조사 등에 대한 행정책임 원칙에 대해 사회적 합의를 거쳐 행정제재 체계 정립

기반 운전자 개념 개정 및 의무사항 규제 완화 **보완**
(경찰청, 도로교통법 개정, ~2025)

◇(현행) 레벨3 자율주행차는 비상시에 운전자(사람)가 운전하여야 하므로 현행 도로교통법상의 운전자 개념 ('사람')이 문제 되지 않으나, 사람의 개입이 필요 없는 레벨4 자율주행차의 경우 운전자의 개념 및 의무사항에 대해 개정 필요

◇(개선) 사람 대신 기계(시스템)가 주행하는 상황에 따라 운전자 개념 재정립 및 운전자 의무사항 완화 등 체계 개선

기반 레벨4 자율주행차 보험규정 정비 **보완**
(국토부·법무부·금융위, 자동차손배법 및 제조물책임법 필요 시 개정, ~2024)

◇(현행) 레벨3 자율주행차에 대한 보험제도*(책임원칙)는 규정되어 있으나, 운전자 개입이 없는 레벨4 자율주행에 대해서는 추가 제도 정비가 필요

* 운전자가 우선 배상하고, 필요 시 보험사가 제작사에 책임을 구상

◇(개선) 운전자 개입이 없는 레벨4 자율주행 상황의 사고에 대한 제조사 등의 책임원칙을 명확화하는 등 레벨4 자율주행 보험체계 마련

서비스 신모빌리티 대응을 위한 자율주행 차종 분류 규제 완화 신규
(국토부, 자동차관리법 시행규칙 개정, ~2026)

◇(현행) 기존의 차량 형태가 아닌 개발되고 있는 다양한 종류의 자율주행 모빌리티(소형 무인배송차, 목적기반차량(여객, 화물 병용))는 자동차관리법상 차종분류체계에 적합하지 않아, 양산 및 상용화가 불가능
◇(개선) 신모빌리티 등에 대한 차종 분류체계 마련 추진

3. 장기(2027~2030) 주요 과제

- 자율주행차 확산 및 자율주행 서비스의 대중화를 위한 제도 기반 구축

차량 레벨4 자율주행차 검사/정비제도 마련 계속
(국토부, 자동차관리법 및 관련 하위법령 개정, ~2027)

◇(현행) 현재 기술개발 중인 임시운행허가차량에 대해서만 주요 장치 및 기능변경사항, 운행기록 등에 대해 관리하고 있으며, 향후 상용화되는 자율주행차에 대한 체계적인 검사/정비체계 부재
◇(개선) 자율주행차의 하드웨어, 소프트웨어에 대한 정기적인 검사항목, 절차 등 검사 체계 마련
* 검사주기(승용차 4년, 트럭 1년 등), 제작사별 보증기간 등을 감안하여 조기 마련 추진 등 검토

기반 자율주행용 간소면허 신설 계속
(경찰청, 도로교통법 개정, ~2028)

◇(현행) 현재 운전자(사람)가 차량을 직접 운전하는 경우에 적합한 운전면허 제도 시행
◇(개선) 완전자율주행 기능이 적용된 차종을 운전할 수 있는 간소면허 또는 조건부면허 신설

서비스 신서비스 도입을 위한 여객운송사업 분류체계 규제 완화 신규
(국토부, 여객자동차법 개정, ~2027)

◇(현행) 여객운송사업은 시내 · 시외버스, 전세버스, 택시 등 특정 유형으로 분류되어 자율주행차를 활용한 새로운 형태의 모빌리티 서비스를 포괄하기 곤란
* 무인 자율주행차를 공유하는 경우, 차량 대여에 해당하는지 택시에 해당하는지 불분명
** 시내 · 시외버스, 마을버스 등에는 승합차를 사용하도록 되어 있어 목적기반차량(Purpose Built Vehicle, 여객, 물류, 상업, 의료 등 목적에 따라 제작되는 이동수단) 등 새로운 유형의 자율주행차는 이러한 여객운송사업에 활용되기 곤란
◇(개선) 자율주행차를 활용하여 구현이 가능한 다양한 모빌리티 서비스를 포함할 수 있도록 여객운송사업의 분류체계 및 운영관련 규정 개선

자율주행차 규제혁신 로드맵 2.0 주요 내용
출처: 선제적 규제 정비로 자율주행차 상용화 앞당긴다, 국토교통부 보도자료, 2021. 12. 23.

모빌리티 산업의 지형 변화와 민첩한 조직으로의 전환

끊임없이 진화하는 모빌리티 얼라이언스

맥킨지앤드컴퍼니에 따르면 제조사와 티어1들이 2030년에 오늘날과 같은 수의 개발 프로그램을 지원하려면 현재 사용 가능한 리소스의 2배 이상이 필요하다. 따라서 담당 직원수 늘리기, 파트너십 구축, 소프트웨어 개발업체 인수합병, 조인트벤처 설립 등과 같은 다양한 옵션을 통해 해당 격차를 좁혀야 한다.[10]

2010년대 이후 모빌리티 기업들의 이합집산, 합종연횡이 끊임없이 진행되는 것도 원활한 기술개발을 위한 노력의 일환이다. 모빌리티 기업들의 얼라이언스 과정은 3단계로 구분할 수 있다.

첫 번째는 2015년부터 2018년까지 완성차 제조사를 중심으로 자율주행 기술, 라이다, 차량호출 서비스 기업의 인수합병과 투자에 집중했던 시기다. 웨이모의 자율주행, 우버의 호출서비스에 위협을 느껴 관련 포트폴리오를 구성했고, 다양한 모빌리티 서비스를 테스트했던 시기로 정의할 수 있다.

대표적 기업은 GM과 포드다. GM은 2016년 3월 1만 달러(약 1230만 원)짜리 자율주행 툴킷을 개발하던 50명 규모의 크루즈오토메이션Cruise Automation을 5억 8100만 달러(약 7140억 원)에 인수해 GM 크루즈로 조직명을 변경한 뒤 현재 자율주행 전담 핵심조직으로 운영 중이다. 2016년 1월에는 차량 공유 및 호출서비스를 전담하는 자회사 메이븐Maven을 설립하고, 리프트에 5억 달러(약 6144억 원)를 투자해 자율주행차 호출서비스 개발을 시작했다. 2017년에는 라이다 개발업체 스트로브를 인수해 가격을 99% 낮추겠다는 목표를 내세우고, 호출서비스 원천 특허를 보유한 사이드카Sidecar를 인수합병하기도 했다.

포드는 2013년 설립한 머신러닝과 컴퓨터 비전 전문기업인 이스라엘의 사입스를 인수합병했고, 2016년 인간의 시각정보 처리 메커니즘을 연구하는 코넬 대학의 스타트업 니렌버그뉴로사이언스와 독점 제휴했다. 2016년 8월에는 벨로다인, 2016년 7월에는 실시간 3차원 정밀지도 구축 업체인 시빌맵스에 투자했다. 2018년 1월에는 자율주행차 소프트웨어 업체 오토노믹Autonomic, 운전경로 최적화 소프트웨어 개발업체 트랜스록TransLoc을 인수하는 등 인간의 두뇌가 이미지를 수신하고 처리하는 메커니즘을 모방해 자율주행차가 효과적으로 다양한 환경을 인식하고 상황을 판단, 반응하는 능력을 향상시키기 위한 노력을 했으나 자율주행 기술 분야에서 두각을 보이지는 못했다.

2016년 9월 버스 공유 스타트업인 채리엇Chariot을 인수해 온디맨드 서비스를 제공했으나 2019년 영업부진으로 서비스를 종료했다. 2018년 11월 1억 달러(약 1230억 원)에 인수한 전동킥보드 업체 스핀Spin은 라임Lime, 버드Bird 등 경쟁업체에 밀려 2020년 초부터 사업을 축소했고, 2022년 3월 유럽 최대 퍼스널모빌리티 기업 가운데 하나인 티어 모빌리티Tier Mobility에 매각했다.[11]

현재 포드의 자율주행 기술을 전담하는 조직은 아르고AI다. 포드는 2017년 2월 인공지능 분야의 기술력 강화를 위해 5년간 10억 달러(약 1조 2890억 원) 규모의 투자를 발표했다. 아르고AI는 구글에서 자율주행차 프로젝트를 맡았던 브라이언 세일스카이Bryan Salesky와 우버에서 자율주행차를 연구했던 피터 랜더Peter Rander가 2016년 피츠버그에서 창업했다. 포드는 최근 자율주행차의 두뇌 역할을 하는 머신러닝 소프트웨어인 가상운전자 시스템의 개발 연구진을 아르고AI로 이직시켜 역량을 모으고 있다.

두 번째는 2018년부터 2019년까지 완성차 업체들 간의 협력이 눈에 띄게 증가한 시기다.

100년이 넘는 라이벌 BMW와 다임러(현 메르세데스-벤츠)는 2019년 2월 모빌리티 서비스 통합을 위해 새롭게 설립한 공동법인에 10억 유로(약 1조 3500억 원)의 투자를 발표했는데, 장기적으로 플랫폼 개발과 공유, 아키텍처 설계를 통한 미래 자율주행차의 기술혁신 주기 단축이 핵심 목표였다. 카셰어링, 라이드헤일링, 전기차 충전소, 주차정보 서비스, 기타 모빌리티 서비스 분야를 통합한다고 2018년 11월에 유럽연합집행위원회의 승인을, 12월에는 미국방거래위원회의 승인을 받아 세계 최대 모빌리티 서비스 네트워크를 완성했다.

2019년 1월 포드와 폭스바겐은 전기차, 픽업트럭, 자율주행차, 모빌리티 서비스의 협력을 발표했다. 폭스바겐은 아르고AI에 현금 10억 달러(약 1조 2890억 원)를 포함해 총 26억 달러(약 3조 1950억 원)를 투자하고 폭스바겐그룹의 자율주행 기술개발 전담 조직 AID를 합병시켰다. 2018년 10월 GM 크루즈는 혼다로부터 27억 5000만 달러(약 3조 3800억 원), 2019년 5월에는 11억 5000만 달러(약 1조 4130억 원), 2018년 5월에는 소프트뱅크 비전펀드에서 22억 5000만 달러(약 2조 7650억 원)의 투자를 유치해 자율주행 목적기반차량 오리진을 개발했다. 일본에서는 토요타와 소프트뱅크의 조인트벤처 모네테크놀로지를 중심으로 완성차 업체들과 주요 협력업체들이 오토노마스Autono-MaaS 협력을 위한 연합전선을 구축했다.

이 시기는 라이드셰어링의 대표주자 우버와 자율주행 선두기업 웨이모의 위협을 극복하고 미래 시장을 지키려는 자동차 업계의 대응전략으로 풀이할 수 있다.

세 번째는 2019년부터 지금까지 또 다른 혼란기다. 전기차 대표 플레이어 테슬라를 잡고 전기차 기업으로의 전환을 위한 동종 혹은 이종업계 간 인수합병과 조인트벤처 설립이 활발하게 진행되고 있다.

코로나19의 유행 후 헤일링 서비스가 위축되고, 스타트업 투자가 줄어들면서 자율주행 트럭 기술개발 기업인 스타스키로보틱스가 폐업했다. 하지만 대표적인 이커머스 기업 아마존은 2020년 6월에 풀스택 자율주행 기술개발 기업 죽스를 12억 달러에 인수해 같은 해 12월 자율주행 레벨4 차량을 선보였다. 중국의 디디추싱은 비야디와 함께 공유용 전기차 D1을 개발해 공개했다. 2020년 12월 LG전자와 마그나인터내셔널Magna International의 전기차 파워트레인 조인트벤처 설립, 끊임없는 애플의 전기자율주행차 산업 진출설, 2022년 토요타의 전기차 본격 진출 발표, 소니와 혼다의 전기차 합작사 설립 등 새로운 플레이어들이 끊임없이 등장하고 있다. PSA그룹과 피아트크라이슬러는 스텔란티스로 합병해 몸집과 기술력을 키웠다.

이때는 무엇보다 테슬라의 약진이 돋보이는 시기다. 테슬라의 후예로 불리는 전기차 업체들이 등장했을 뿐만 아니라, 대부분의 완성차 제조사들은 테슬라를 넘어 전기차 시장에서 선도그룹에 들기 위해 차량 생산방식, 아키텍처 전체를 뒤집는 작업을 2025년을 목표로 추진하고 있다.

2개 이상의 기업이 자본금을 투입해 설립하는 조인트벤처의 장점은 참여 기업들의 부족한 역량을 서로 보완할 수 있고, 단순 협력보다 지속가능성이 높아 이익을 극대화할 수 있다는 것이다. 그래서인지 최근 모빌리티 산업에 조인트벤처가 눈에 띄게 늘어나고 있다. 2022년 3월 발표한 혼다와 소니의 배터리 전기차 개발과 판매, 모빌리티 서비스 제공을 위한 조인트벤처 설립이 대표적이다.[12]

LG와 마그나인터내셔널의 조인트벤처 LG마그나 이파워트레인LG Magna e-Powertrain은 2021년 7월 본격 출범했다. 마그나인터내셔널은 보디와 섀시, 파워트레인, 전기전자, 인테리어, 익스테리어, 시트, 비전, 클로저, 루프 시스템, 연료와 배터리 시스템 등 제품 및 모듈 생산과 관련된 차량 전반의 부품과 함께 완성차의 엔지니어링과 위탁생산으로 유명하다. 세계 3위 규모의 공급업체로 4개 생산라인에서 연간 25만 대의 생산 능력을 보유하고 있다. 구글의 자율주행 미래 파트너로 언급되기도 했으며, 애플도 이미 차량 생산에 관한 협상을 벌였다고 알려졌다.[13]

그 외에도 현대자동차와 앱티브Aptiv의 자율주행 기술개발을 위한 모셔널Motional, 포드와 SK이노베이션의 전기차 배터리 생산을 위한 조인트벤처 블루오벌SKBlue Oval SK, LG에너지솔루션과 GM의 얼티엄 셀즈Ultium Cells 등이 있다. 이처럼 미래 생태계 구축 혹은 새로운 시장 진입을 목적으로 한 조인트벤처는 점차 늘어날 것으로 예상된다.

더 이상 라이벌도 국적도 의미가 없는 상황에서 합종연횡은 앞으로도 예측할 수 없을 정도로 빠른 속도로 진행될 것이다. 기존 완성차 업체들은 역시 플랫폼 공유를 통한 시장 확대를 목표로 하기에, 운영체제와 아키텍처 공유 및 공개를 통한 연합전선은 더욱 확산될 수밖에 없다.

조심스럽게 이 다음 단계를 예상해본다.

최근 업계에서 가장 궁금한 것은 애플의 자동차 산업 진출이다. 아마도 애플은 테슬라를 제외한 거의 모든 전기차 플랫폼 개발 기업들과 티어1, 차량생산 전문 업체를 만난 듯하다. 애플은 2014년부터 1000명 이상의 엔지니어를 투입해 전기 자율주행차 개발을 위한 타이탄 프로젝트를 극비리에 추진했다. 이 프로젝트의 결과물은 당초 2019년 혹은 2021년 공개가 예정되어 있었다. 명확한 실체를 알 수 없었던 애플의 자율주행차 개발은 스티브 잡스와 함께 애플 신화를 주도했던 밥 맨스필드가 2016년 7월 타이탄 프로젝트의 총괄을 맡으면서 본격적으로 진행됐다. 당시 자동차 업계에서는 애플이 2024년 이후 자율주행차 생산 계획을 가지고 있을 것으로 예측했다. 하지만 반복되는 인력 해고와 재배치는 애플의 자율주행 기술개발 여부에 대한 관심과 의문만 증폭시켰다. 2019년 6월에 자율주행 기술개발 스타트업인 드라이브닷ai drive.ai도 인수했다. 드라이브닷ai는 5차례의 투자 유치를 통해 7700만 달러(약 946억 원)의 자금을 확보했던 기업으로, 애플은 자산과 일부 엔지니어, 디자인 인력을 넘겨받는 방식으로 인수 작업을 진행했다. 애플은 현대자동차, 포르쉐, BMW, 메르세데스-벤츠, 마그나 등과 자율주행차 개발을 위한 협상을 벌였지만, 데이터와 디자인 권한 요구를 완성차 업체들이 거부하면서 성사되지 못했다.[14] 현대자동차 외에도 애플은 GM, 피아트크라이슬러, 일본 6개 완성차 업체와 접촉했다고 한다. 로이터는 2024년, 불룸버그는 2025년, 애플 분석가 밍치궈Ming-Chi Kuo는 2025~2027년 사이 혹은 2028년 이후 등 애플의 자율주행차 생산 시작 시점에 대한 전망도 다양하다.[15]

그러나 웨이모가 자율주행차 파이어플라이의 50대 제작 후 완성차 제작을 포기했던 것처럼 애플도 시간과 비용이 막대하게 소비되는 생산라인 건설, 서비스 및 판매 네트워크 구축, 양산품질 확보를 위해 노력하기보다 기존 자동차 업체와의 협력으로 가닥을 잡을 것으로 보인다.[16] 특히 소니와 혼다의 조인트벤처처럼 애플은 그동안의 경험을 활용한 프로세서와 라이다, 인포테인먼트, 커넥티드 생태계 구축을 담당하고, 파트너는 양산품질을 담당할 것으로 예상된다.

토요타는 아린을 단순히 차량 운영체제가 아닌 우븐시티 개발을 기점으로 도시 운영체제City OS로 진화시키고 있다.[17] 교통, 주택, 환경, 의료, 행정, 에너지, 상하수도 등 다양한 인프라를 하나의 운영체제 위에서 다양한 소프트웨어로 연계시키고, 시민은 하나의 앱을 통해 정보를 얻고 활용하게 만드는 것이다. 일부 완성차 제조사들도 도시 운영체제로의 확장 과정 중에 있다. 내연기관차에서 전기차로 차량 에너지가 전환되고, 스마트시티의 확산이 도시 운영체제의 필요성을 높이고 있기 때문이다.

이러한 과정이 본격적으로 진행된다면 완성차 제조사들뿐만 아니라, 다양한 관련 플랫폼들을 보유하고 있는 구글, 바이두, 얀덱스와 같은 빅테크 기업, LG그룹처럼 스마트시티와 모빌리티 사업 추진 경험이 있는 시스템 통합 기업 등은 향후 모빌리티 산업을 포함한 도시 운영체제 기업으로 성장이 가능하다. 그 과정에서 지금보다 더 복잡한 기업들의 이합집산과 얼라이언스가 진행될 것으로 예상된다.

최근 혼다는 GM과의 전기차 협력, 소니와의 전기차 조인트벤처 설립, 독자적인 전기차 계획 발표 등 전기차 기업으로의 전환 전략을 발빠르게 펼치고 있다. 사실 혼다는 오랜시간 단독으로 전략을 펼쳤다. 하지만 CEO 토시히로 미베는 2021년 7월 〈블룸버그〉와의 인터뷰에서 그동안 펼쳐온 혼다의 단독 전략은 매우 위험하며, 지속가능성 확보를 위한 얼라이언스 구축과 대량생산, 비용절감이 필요하다고 강조했다. 또한 다양한 업종의 기업들과 논의하고 싶다며 오픈 이노베이션 추진 의지를 강하게 밝혔다.[18]

해외 기업들과 달리 국내 기업들의 완성차 제조사와 티어1들의 오픈 이노베이션은 일부 스타트업 투자 및 인수합병이 대부분이다. 따라서 본격적 경쟁력 확보를 위한 협력 방식을 새롭게 고민해야 한다.

전기차 조직 분할 압력을 받는 완성차 제조사들

완성차 제조사들의 테슬라를 누르고 전기차 시장 패권을 잡으려는 노력은 이미 전기전자 아키텍처 개발 등 차량 생산에서 판매 후 서비스까지 바꿨지만, 조직 측면의 변화에도 큰 영향을 끼쳤다. 2000년대 이후 자동차 산업을 흔들고 모빌리티 업계를 새롭게 형성한 데는 우버, 웨이모, 테슬라의 역할이 크다. 2012년 설립되어 전 세계 라이드셰어링 시장을 뒤흔들었던 우버는 2018년 기업가치가 미국 자동차 빅3(GM, 포드, 피아트크라이슬러)의 시가총액을 넘어서 화제가 되었고, 이어 등장한 미국의 리프트, 싱가포르의 그랩, 중국의 디디추싱, 러시아의 얀덱스, 인도의 올라, 아랍에미리트의 카림 등은 소프트뱅크 투자와 함께 급성장했다. 완성차 업계는 이들 공유경제 기업들의 공습에 따라 미래 변화에 대한 본격적인 고민을 시작했다.

최근에는 인수합병 조직의 독립 운영, 기존 조직의 스핀오프, 부족한 역량을 상호보완하기 위한 조인트벤처 설립 등 다양한 형태로 모빌리티 업계의 변화가 진행 중이다.

포드 CEO 짐 팔리Jim Farley가 2022년 2월 울페리서치오토콘퍼런스Wolfe Research Auto Conference에서 포드에 대해 언급한 비판적인 내용들이 의미심장하다.[19] 포드의 인력과 투자가 과도하고, 복잡도가 높으며, 자산 전환에 대한 전문지식이 너무 없고, 내연기관과 전기차 모델 모두에서 수익이 적으며, 내연기관 인재와 디지털 전기차 인재는 다르다는 것이다. 그래서 포드는 경쟁하고 승리할 수 있는 올바른 구조와 인재를 확보해야 한다는 것이 주요 골자다.

최근 포드의 움직임은 모델T 시대의 영광을 되찾으려는 듯하다. 2025년까지 자율주행차에 70억 달러(약 8조 6020억 원), 전기차에 220억 달러(약 27조 340억 원)를 투자하는 등 2016년 이후의 투자 70억 달러 포함 총 290억 달러(약 35조 6360억 원)를 투자하겠다는 계획을 세웠으며, 전기차 연구개발을 위해 100~200억 달러(12조 2880억~24조 5770억)를 추가 투자하겠다는 발표도 있었다.[20] 목표는 2030년 매출의 40%를 전기차로 달성하고, 전체 라인업의 전동화를 완성하는 것이다. 그 과정에서 2028년까지 3300만 대 커넥티드카 생산, 무선업데이트 개발과 더불어, 2022년 중반까지 소프트웨어 무선업데이트 차량을 테슬라보다 더 많이 출시하겠다는 전략도 포함하고 있다.[21]

2021년 5월 포드플러스Ford+를 발표하며 2025년을 목표로 전기차 계획을 추진 중인 포드는 전기차 사업을 분사한 스펙SPAC의 상장을 통해 연구개발비를 확보하고, 상업용 트럭 및 밴 시장의 43%를 차지하는 상용차 부문을 포드프로Ford Pro라는 조직으로 독립시키는 것을 검토했다. 미국에서 인기가 높은 머스탱 마하-E 생산량을 3배로, F-150 라이트닝 플러그인 픽업트럭 생산량을 2배로 늘렸으며, 2년 안에 60만 대의 전기차를 생산하고, 2030년까지 배터리 전기차가 매출의 절반이 되도록 만들면 충분히 테슬라와 대결이 가능하다는 것이다.[22]

2022년 3월에는 내연기관을 담당하는 포드블루와, 전기차와 소프트웨어를 담당하는 포드모델의 조직 분할을 발표했다.[23] 포드 엔지니어 출신으로 애플의 전기자율주행차 프로젝트 타이탄의 총괄을 역임하고 테슬라 모델3 개발을 감독한 더그 필드Doug Field를 전기차와 디지털 시스템 책임자로 영입했다. 그리고 그에게 내연기관 차량 공장의 전기차 공장 전환뿐만 아니라, 엔지니어 추가 확보를 포함한 조직 개편도 맡긴 것으로 알려졌다.[24]

결과적으로 포드는 전기차 사업부를 기존 내연기관 사업에서 분리하지만 분사하지는 않는 것으로 결론을 내렸다. 현금을 창출하고 포드의 상징적인 브랜드 서비스를 제공하려면 내연기관 사업이 있어야 하고, 내연기관과 전기차의 상호 강점 역시 필요하기 때문이다.

이렇듯 최근 완성차 제조사들은 전기차 사업부에 대한 분사 압력을 받고 있다. 실제로 많은 기업들이 자본시장에서 과거에는 우버와 웨이모, 현재는 테슬라와 비교했을 때 낮은 기업가치로 인해 적지 않은 스트레스를 받았다. 결국 이들에게 적합한 선택지는 비용을 줄이고 자본 접근성을 높여 기업가치를 키우기 위한 분사일 수 있다. 예를 들어 자율주행 분야에서 포드의 아르고AI, GM의 크루즈는 독립적으로 운영되어 적지 않은 기업가치를 인정받고 외부 투자에서도 상대적으로 자유롭다.

2018년 5월 크루즈는 소프트뱅크로부터 22억 5000만 달러(약 2조 7650억 원), 2018년 10월에는 혼다에서 27억 5000만 달러(약 3조 3800억 원), 2019년 5월에는 티로우프라이스 어소시에이트T. Rowe Price Associates와 혼다, 소프트뱅크, 모회사 GM으로부터 11억 5000만 달러(약 1조 4130억 원)의 투자를 유치했다. 목적기반차량인 오리진을 혼다, GM과 공동 개발했고, 2021년 4월 월마트에서 27억 5000만 달러(약 3조 3793억 원)의 투자를 유치해 배송 서비스를 테스트하고 있다.[25] 전체 투자 유치는 약 86억 달러(약 10조 5679억 원) 규모이며, 기업가치는 약 190억 달러(약 23조 3478억 원) 수준으로 모회사 GM의 시가총액 426억 달러(약 52조 3482억 원)의 절반 수준이다. 충분한 투자 유치로 분사 논의가 다수 진행되었으나, 크루즈 주식을 70% 보유하고 있다고 알려진 GM은 현재까지 적자 상태지만 지속적인 지원으로 기술개발을 이어갈 것이라 밝혔다.[26]

특히 테슬라와 같이 전기차로 시작한 기업들은 내연기관차에서 전기차로의 전환비용이 제로인 반면, 기존 완성차 제조사들은 인력과 설비 전환비용이 막대하게 들고 이 비용은 내연기관차와 전기차 부문 모두가 분담해야 한다. 때문에 비용과 관련된 전략적 선택이 더욱 중요하다.

폭스바겐이 프르쉐를 상장하겠다는 계획도 마찬가지다. 가장 수익성 높은 자산인 프르쉐의 상장을 통해 전력투구하고 있는 소프트웨어 분야와 전기차에 필요한 투자금을 마련하겠다는 목적이다. 포르쉐 오토모빌 홀딩스는 폭스바겐이 지분 53.2%를 보유한 최대주주로, 현재 폭스바겐은 포르쉐 지분 25%를 유동화하는 방식으로 230억에서 275억 유로(약 31조 410억에서 37조 1145억 원)를 조달할 계획이다. 전문가들에 따르면 포르쉐의 IPO 시 기업가치는 약 900억 유로(약 121조 4660억 원)에서 1100억 유로(약 148조 4600억 원)로 예상된다.[27] 특히 2015년 뉴욕증시에 상장한 페라리의 성공 사례로 그 필요성을 더욱 강조하고 있다. 실제로 페라리는 2015년 상장 후 3년 동안 시가총액이 2배인 350억 유로(약 47조 2367억 원)로 늘어났다.[28]

이렇듯 조직 변화를 추진하는 이유 가운데 하나는 짐 팔리가 말한 것처럼 경쟁에서 승리하기 위한 인재 확보에 유리하기 때문이다. 최근 전기차, 자율주행, 차량 소프트웨어 인력의 몸값은 기존 내연기관 인력과 비교할 수 없을 정도로 치솟고 있으며 구인마저 쉽지 않다. 더구나 하나의 조직에서 지나친 연봉 차이는 기업문화를 망가뜨리고 위화감을 조성할 수 있다. 기존 내연기관 중심의 거대 조직에서 의사결정 과정은 매우 느리기 때문에 경쟁이 심화되고 있는 모빌리티 시장에 도전하기 위해서는 빠르고 민첩한 의사결정이 가능한 새로운 문화를 가진 조직이 필요하다. 물론 이런 조직은 기업 간 얼라이언스 구축과 투자 유치에도 이롭다.

많은 완성차 제조사들이 기존의 내연기관 이미지에서 벗어나기 위해 사명도 바꾸고 있다. 독일 다임러그룹은 다임러트럭의 분사를 계기로 2022년 2월 1일 자로 메르세데스-벤츠그룹으로 사명을 변경해,

고급 브랜드로 전기 파워트레인과 차량 소프트웨어에서 주도적 지위 확보를 목표로 하고 있다. 토요타도 우븐시티와 소프트웨어 개발을 담당하는 자회사 명칭을 우븐플래닛으로, 2021년 1월 15일 기아차도 기아로 사명을 바꿨다. 전기차, 모빌리티 서비스, 스마트시티, 로봇, 항공산업 등 기존 내연기관 차량 제조사 이미지를 벗어나 다양한 산업으로의 진출을 위한 포석이지만, 사명 변경만이 아닌 조직의 변화가 필요하다.

전략적 파트너, 티어0.5의 등장

티어0.5의 등장도 주목해야 한다. 과거 부품업체가 완성차 부품 설계에 관여하던 비율이 1989년 50%에서 2011년 최대 70%까지 증가해 완성차 제조사와 협력업체들과의 상호작용과 역할이 크게 확대됐다.

과거에는 일론 머스크가 '카탈로그 엔지니어링'이라고 표현한 것처럼 공급업체 목록을 통해 완성차 제조사가 부품을 조달할 수 있었다. 하지만 커넥티드카, 전기차, 자율주행차, 모빌리티 서비스의 등장에 따라 완성차 제조사와 협력업체들과의 상호작용 생태계가 변하고 있다. 그 결과 티어1 협력업체들이 모빌리티와 관련된 전동화 능력을 갖춘 티어0.5로 진화했다.

특히 전기차 시장이 성장함에 따라 배터리, 충전 서비스 산업이 활성화되고, 자율주행차 기술개발이 진전됨에 따라 라이다, 인공지능 관련 서비스 기업들의 얼라이언스가 새롭게 구축 중이다. 구매 물량과 품질 중심의 수직적인 관계에서 수평적으로 협력을 통한 전략적 파트너로 변화하고 있다는 점이 티어0.5의 특징이다.[29]

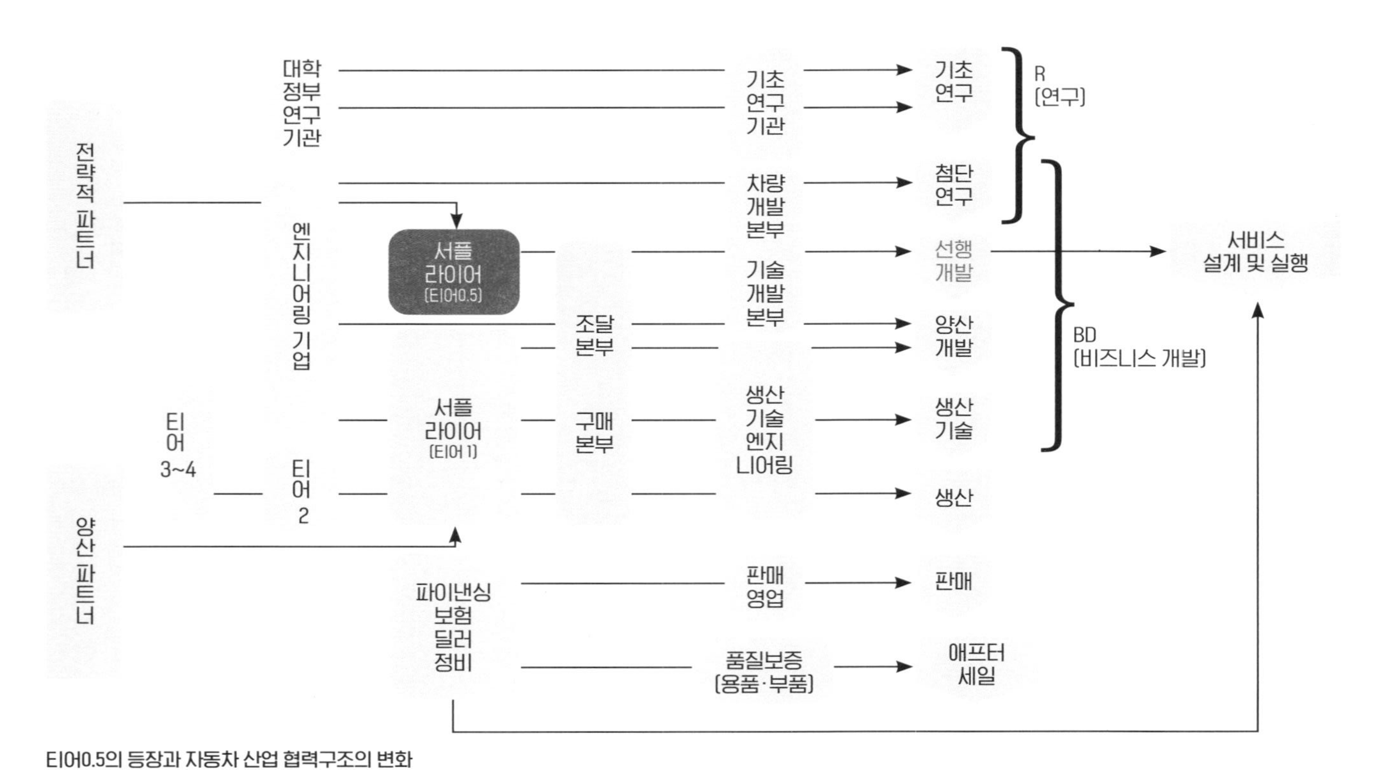

티어0.5의 등장과 자동차 산업 협력구조의 변화

출처: Nakanishi Automotive Research Institute 자료 수정 보완

소비자와 비용 모두를 잡아라

소비자 편의와 비용절감 모두를 잡기 위한 구독경제

모빌리티 기업들은 생산단계부터 비용절감을 통한 노력과 함께, 유통과 서비스 모델 변화를 통한 비용절감도 진행하고 있다. 일반적으로 구독경제는 소비자 편의 중심의 모델로 여겨지지만 완성차 제조사들의 구독경제 도입에는 비용절감이란 큰 목표가 포함되어 있다.

구독경제는 다양한 제품과 서비스를 통해 소유보다 저렴한 제품과 서비스 활용을 경험한 세대가 정기적인 서비스로의 전환을 시도한 것으로 풀이할 수 있다. 일회성 소비 중심으로 기업들의 과도한 시장경쟁이 문제가 되었던 공유경제와 달리 구독경제는 상대적으로 고정 고객 확보가 용이해 안정적인 매출과 수익 측면에서도 유리하다. 기존의 공유경제가 공급자와 소비자의 중개구조로 수수료가 발생했다면, 구독경제는 공급자와 소비자가 직거래하는 구조로 기득권과의 충돌이 없다는 점도 비즈니스 측면에서 보다 수월하게 시장에 진입할 수 있게 만든다. 소비자 입장에서는 개인 맞춤형 서비스를 강조하는 큐레이션이라는 소유와 공유보다 차별화된 사용자 경험, 소유를 위한 구매보다 저렴한 가격이 매력적이다. 기존의 소유Ownership에서 일회성 소비인 공유Sharing, 소유와 공유의 중간 모델인 임시소유 혹은 멤버십Temperory Ownership or Membership으로 소비 형태를 구분할 수 있다.

2010년대에는 공유경제가 대세였다면, 2010년대 중반 이후에 구독경제가 대세로 떠올랐다. 특히 모빌리티 산업에서의 확산이 돋보이며, 완성차 업체들의 미래를 좌우하는 비즈니스 모델로 자리 잡았다고 해도 과언이 아니다. 그만큼 모빌리티 산업의 서비타이제이션 Servitization(제조업의 서비스화) 경쟁 역시 빠르게 진행되고 있다.

아우디의 셀렉트Select, BMW의 액세스Access, 캐딜락의 북Book, 볼보의 케어Care, 메르세데스-벤츠의 컬렉션Collection, 포르쉐의 포르쉐 드라이브Porsche Drive 등이 대표적인 모빌리티 구독 서비스다.[30] 이들은 대부분 프리미엄카를 서비스한다는 공통점이 있으며, 제한된 지역에서만 서비스를 제공해 확장속도가 매우 더딘 것이 특징이다. 현재 BMW는 미국 내쉬빌, 캐딜락은 뉴욕, 메르세데스-벤츠는 애틀랜타, 내쉬빌, 필라델피아, 재규어 랜드로버는 영국에서만 제한적으로 서비스한다. 볼보는 서비스 초기 모든 판매 모델들을 대상으로 했으나, 현재는 XC40 차종만 남는 등 확산에 한계가 있었다.

하지만 코로나19의 유행은 이러한 모빌리티 구독 서비스를 일반차량으로까지 확대시켰다. 코로나19가 대유행하기 시작하자 단시간 공유 서비스를 사용하던 소비자들이 이전 소비자와의 간접접촉도 꺼리게 되면서 모빌리티 구독 서비스가 확산된 것으로 추측할 수 있다. 또한 공유경제에 익숙하고 차량 소유를 기피했던 밀레니얼 세대가 경제적 여건 악화로 신차 구매를 부담스러워하고, 코로나19 감염 우려로 대중교통 사용을 꺼리면서 이미 익숙한 구독경제의 대상을 확대한 것으로도 해석할 수 있다. 구독경제는 특히 차량 관리, 차량 교체 등 다양한 서비스를 받을 수 있기 때문에 인기가 점차 높아지고 있다.

2020년 인도 최대의 자동차 제조업체인 마루티스즈키Maruti Suzuki는 모빌리티 솔루션 업체 오릭스ORIX 함께 신차를 대상으로 구독모델 파일럿 서비스를 시작했다.[31] 닛산은 일본 전역에서 클릭모비ClickMobi 서비스를 하고,[32] 토요타는 2019년 일본에서 시작한 긴토원Kinto One 서비스를 유럽, 아프리카, 동남아시아, 북미로 확대했다.[33] 재규어 랜드로버는 구독 서비스 피보탈Pivotal이 미국과 유럽 구독 시장의 10%를 차지할 것으로 예상하는 등 완성차 업체의 구독모델 확대 전략은 한동안 지속될 것으로 보인다.

구독경제에 적극적인 완성차 제조사는 폭스바겐, 볼보, GM이다. 모빌리티 구독 서비스의 빠른 확장세에 따라 폭스바겐은 완성차 생산업체에서 모빌리티 서비스 기업으로의 전환을 꾀하고 있다. 폭스바겐그룹은 2021년 9월 완성차 제조사에서 모빌리티 서비스 기업으로의 전환을 선언하며 비즈니스 모델 2.0을 발표했다. 주요 내용은 2030년까지 수익의 약 20%를 구독경제와 단기 모빌리티 서비스를 통해 창출하며, 기존 딜러들을 디지털 판매채널 및 구독경제에 포함시킨다는 내용이다. 신형 전기차 ID.3의 월구독 모델은 499유로(약 67

만 원)이며, 2000대 이상의 신차급 중고차를 사용해 최소 3개월, 6개월 단위로 구독할 수 있다. 오토아보AutoAbo라는 이름의 이 구독 서비스는 독일에서 시작했다.[34]

볼보도 2025년까지 매출의 50%가 케어바이볼보Care by Volvo 구독을 통해 발생하기를 희망하는 등 커넥티드 및 기타 서비스를 통해 지속적인 수입을 창출할 수 있는 500만 명의 고객 창출을 목표로 하고 있다.[35]

GM은 북미의 1600만 대 GM 차량 소유자 가운데 4분의 1인 420만 명이 구독 서비스 비용을 지불할 의사가 있다고 밝혔다. GM은 구독 서비스를 통해 20억 달러(약 2조 4577억 원) 규모의 수익을 창출하고 있으며, 2020년대 말까지 약 250억 달러(약 30조 7207억 원) 규모로 성장시켜 넷플릭스나 스포티파이 수준으로 키우는 것이 목표다. 특히 2023년 얼티파이 소프트웨어 플랫폼이 출시되면 새로운 구독 플랫폼과 소프트웨어 무선업데이트가 가능해져 구독 비즈니스에 보다 유리할 것으로 판단한다.[36]

국내의 모빌리티 구독경제 시장도 성장하고 있다. 국내에는 현대자동차 셀렉션Selection, 기아 플렉스Flex 등이 있다. 2022년 3월 기준 현대셀렉션의 전체 서비스 차종은 17종으로 차량 종류 및 부가서비스 등에 따라 최소 49만 원부터 최대 99만 원까지 월단위 구독 상품이 있다. 2019년 1월부터 2020년 2월까지 14개월간 평균 이용 기간 3.2개월, 실제 서비스 이용자수는 225명이었으나, 2022년 3월 기준 가입자수가 1만 8000명을 넘어설 정도로 인기가 높아졌다.

물론 완성차 제조사들만의 리그는 아니다. 페어Fair, 클루노Cluno, 플렉스클럽FlexClub, 인비고Invygo, 비피Bipi, 온토Onto, 드로버Drover, LMP서브스크립션즈LMP Subscriptions 등은 올해 컨설팅업체 트랙슨Tracxn이 지목한 자동차 구독 유망 스타트업들이다.[37] 국내에도 제네시스 스펙트럼Genesis Spectrum과 함께 수입차 구독 서비스를 제공하는 롯데렌터카 오토체인지Auto Change, 중고 수입차 구독 서비스를 제공하는 트라이브, 플랫폼 운송 서비스와 구독형 렌털 서비스를 결합한 레인포LANE4 서비스를 제공하는 레인포컴퍼니가 대표적이다.

2018년 프로스트앤드설리번Frost & Sullivan은 유연한 구독모델이 앞으로 자동차 구매의 대세로 떠오를 것이라 예측하기도 했다. 이미 미국과 유럽 가정의 다양한 구독 서비스 활용은 소득의 10%를 넘어섰고, 2025~2026년까지 미국과 유럽 신차의 10%는 자동차 구독 프로그램이 차지할 것으로 예상했다. 또 2025년까지 신차 5대 가운데 1대는 구독형 모델로, 완성차 업체의 딜러, 유지보수 회사, 보험사, 스타트업 등 다양한 관련 업계에도 영향을 미칠 것이라 전망했다.[38]

공유와 소유 형태 사이의 '임시소유'를 표방한 구독경제가 과연 자동차를 대상으로 성공할 수 있을까? 구독경제는 기존 산업계의 거부도 없고, 규제 등의 걸림돌도 없는 분야이기에 유망하다고 볼 수 있다. 특히 차량 자체의 구독뿐만 아니라 니오 등의 배터리 스왑, 테슬라의 FSD, 메르세데스-벤츠 EQS 후륜조향기능 등 하드웨어 혹은 서비스 구독모델인 FoDFeatures on Demand도 확산되고 있다. 소프트웨어 무선업데이트가 가능해지고, 차량 반도체와 부품조달 등의 이슈가 발생하면서 확산되는 현상으로 구독을 하지 않으면 정상적 기능 수행에 문제가 생길 것이란 우려도 존재한다. 하지만 차량의 소프트웨어화와 커넥티드 기능의 증가로 서비타이제이션 개념이 진화하고, 완성차 제조사의 수익 증가 전략이 변화함에 따라 모빌리티 구독 서비스는 시

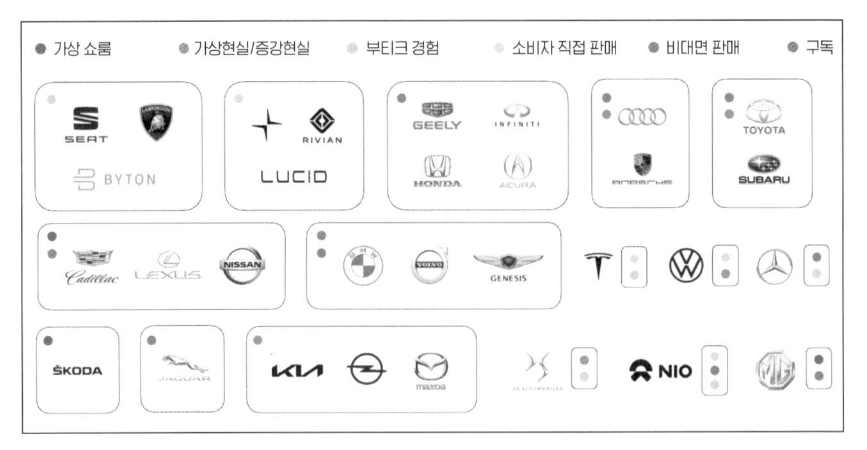

주요 완성차 제조사의 영업 전략
출처: Vehicle Buying 2.0-The state of automotive retail and the trends that will shape its future, Star, 2020. 9.

행착오를 거쳐 점차 증가할 것으로 예상된다.

유통비용을 줄이는 것도 구독경제 확대의 목적 가운데 하나다. 영업망과 딜러 없이 직접 인터넷으로 판매하는 테슬라가 대당 1만 달러(1200만 원)의 수익을 창출하고 있으며, 완성차 제조사들은 테슬라와의 격차를 줄이기 위해 많은 노력을 하고 있다. 오프라인 유통망과 딜러를 활용하면 3000~4000달러(약 369만~492만 원) 수준의 유통비용을 줄일 수 있어 구독모델은 수익 향상수단으로 활용할 수 있다.[39] 이러한 이유로 최근 많은 완성차 제조사들이 일반 오프라인 매장을 줄이고 플래그십 매장을 늘리는 대신, 가상현실 등을 이용해 차량 시승 방식을 바꾸고 있다.

전기차를 설계, 생산하는 테슬라와 달리 내연기관 기반 자동차 제조사들은 높은 전환 비용이 필요하다. 알릭스파트너스에 의하면 기존 완성차 제조사의 전동화에는 2023년까지 2250억 달러(약 276조 원), 자율주행차에는 2025년까지 850억 달러(약 104조 원)가 추가로 요구될 것으로 분석했다.[40] 그만큼 다양한 비용절감 노력이 필요하다. 특히 국내 완성차 제조사는 인력 조정 없이 전기차와 자율주행차 산업에 뛰어드는 등 해외 기업들과의 격차가 있어 보다 현명한 비용관리 전략의 구축이 요구된다.

규제보다 힘든 사회적 수용성을 확보해야

2020년 2월 27일부터 3월 5일까지 실시한 미국 자율주행차교육파트너스Partners for Automated Vehicle Education의 설문조사 결과가 흥미롭다. 응답자 678명에는 현재 첨단 운전자지원 시스템ADAS 사용자, 200명의 신체 장애가 있는 이동약자가 포함되어 있다.[41]

결과를 요약하면 응답자 4명 중 3명은 자율주행 기술의 황금기가 아직 오지 않았으며, 48%는 로보택시나 공유 자율주행차를 절대 타지 않을 것이고, 58%는 안전한 자율주행차가 10년 안에 실현되지만 그 가운데 20%는 결코 안전하지 않을 것이라는 부정적 응답 비율이 높았다. 34%는 장점이 잠재적 단점보다 크다고 생각하며, 18%는 사용 대기자 명단을 위한 웹사이트가 있다면 본인의 이름을 적어 올리겠다고 답했다.

2018년 애리조나주 템페의 우버 충돌 사망사고를 기점으로 사회적 수용성 설문조사를 실시했을 때, 테슬라 오토파일럿 사고와 수용성과의 연관성을 고민하지만 50%가 크게 영향을 끼치지 않는다고 답했다. 구체적으로 살펴보면 자율주행 기술을 보다 더 잘 이해하거나(60%) 실제로 체험을 하면(58%) 신뢰도 높아질 것으로 답해, 수용성 향상을 위한 지식과 체험의 중요성을 확인할 수 있다. 운행 관련해서는 25%는 자율주행차 상용화 초기 40km/h 미만 주행 시, 51%는 사람이 아닌 화물운송으로 서비스 시작 시 신뢰도가 높아질 것으로 응납했다. 즉 안선을 확보하기 위해 저속셔틀처럼 속도를 낮춘다고 신뢰성이 높아지는 것은 아니었다.

운전자지원 시스템이 탑재된 차량을 보유한 사용자들의 시스템 이해도와 긍정적인 응답 비율은 매우 높았다. 사용자의 34%는 자율주행차 장점이 단점보다 더 크며, 58%는 주차지원 시스템, 51%는 차선유지 시스템이 효과가 있고, 82%는 자신의 차량에 장착된 운전자지원 시스템이 어떻게 작동하는지 잘 알고 있다고 답했다. 75%는 다음 차량에 어떤 기능이 장착될지 기대되고, 관련 기능을 탑재하면 도로에서 더 안전하다고 느낀다는 데 동의했다.

운전자 역할이 전혀 필요 없는 완전자율주행차보다는 운전자가 차량 기능 전체를 조종하거나 운전자지원 시스템을 활용하는 것에 대한 선호도가 49%로 높아 인간의 운전에 대한 욕망을 엿볼 수 있다.

이외에 39%는 다양한 안전지원 시스템 이름 때문에 혼란이 있다고 답해 오토파일럿에서 비롯된 명칭에 대한 문제점이 드러났다. 최근 레벨3 상용화가 본격적으로 진행되면서 업체들의 명칭 선정도 더욱 중요해졌다.

이동약자 집단의 자율주행차 인식은 보다 긍정적이다.

자율주행차 도입 시 장점이 잠재적 단점보다 크다는 비율이 43%(비장애인 34%), 운전자지원 시스템이 있지만 항상 인간 운전자가 제어하는 차량에 대한 선호도는 58%(비장애인 49%), 시각장애인 운전 허용 찬성 비율 56%(비장애인 50%)과 함께 자율주행차 지식 수준 역시 비장애인보다 높아 이동성 향상에 대한 관심을 알 수 있다.

규제와 비용 관련해서는 54%의 응답자가 운전면허증과 같이 정부 승인을 받는 경우 신뢰성이 향상되고, 36%는 자율주행차 산업 스스로 규제할 수 있다고 응답했고, 29%는 자동차 보험료를 낮추고, 33%는 제품 가격을 낮출 수 있을 것이라 답했다.

또한 45%는 기존 고속도로 확장이나 새로운 고속도로 건설의 필요성이 줄지는 않을 것으로 예상하며, 37%는 이동시간 감소, 44%는 도시교통 흐름을 보다 원활하게 만들 것으로 봤다. 도로 안전 향상 36%, 생명을 구할 수 있다는 의견도 45%로 긍정적 기대가 높았다.

문제는 고용이다. 53%는 택시기사와 공유차량, 42%는 트럭 운전사의 일자리를 빼앗을 것이라 답해 관련 대책도 준비해야 할 것으로 보인다. 국내에서도 쏘카가 투자한 자율주행 스타트업 라이드플럭스가 2021년 11월부터 제주공항에서 중문관광단지까지 편도 38km의 유상 운송 서비스를 시작하기 위해 제주도에 한정운수사업 면허를 신청했으나 개인택시업계의 반대에 부딪혔다. 특히 라이드플럭스가 운송요금을 기존 택시비의 절반 수준(1대당 1만 8000원)으로 책정하면서 반발이 더욱 커졌다. 결국 라이드플럭스는 차량대수를 5대에서 1대로 바꾸고, 이용요금도 1만 8000원 정액제에서 탑승인원에 비례해 받는 방식으로 바꿨는데 이는 시장 진입이 초기부터 쉽지 않음을 보여준다.[42]

도심항공모빌리티도 사회적 수용성은 매우 중요하다. 유럽항공안전청이 맥킨지앤드컴퍼니에 의뢰해 논문, 보고서 등 최근 발간된 관련 문건 76건을 조사한 결과 도심항공모빌리티와 관련된 가장 큰 이슈는 인프라, 안전, 소음으로 분석되었다. 버티포트의 적합한 위치와 건물 선정, 상업용 항공기와 유사하거나 동등한 안전 수준, 보다 높은 사회적 수용성을 위한 저소음이 필요하다는 지적이다.[43] 소음뿐만 아니라 내 머리 위 혹은 내 집 위를 낯선 디바이스가 날아다니는 시각적 소음도 이슈가 될 수 있다.

모빌리티 산업에서 사회적 수용성 확보는 서비스 출시를 좌지우지할 정도로 큰 영향을 미친다. 사회적 수용성 확보가 기술과 제도적 측면 이상으로 중요한 이슈라는 점을 반드시 인식해야 한다.[44]

실제로 미국 샌프란시스코 도로에서는 죽스, 크루즈 등 다양한 자율주행차들을 쉽게 볼 수 있어 자율주행에 대한 거부감은 없다. 하지만 2016년 이후 170여 대만 국토교통부에서 자율주행 임시운행허가를 받은 국내에서는 일부 특별운행지구를 제외하면 자율주행차를 접할 기회가 거의 없다. 자율주행차가 늘어날수록 수용성 역시 향상될 수 있어, 무엇보다 먼저 자율주행차의 확산에 노력을 기울여야 할 것이다.

소비자도 반드시 이해해야 하는 자동화와 미래 모빌리티

MIT 에이지랩Agelab 연구진은 테슬라 모델S와 모델X 소유자 19명을 대상으로 1년 이상 일상운전 습관을 추적해 발표했다. 운전자 시선의 이동 패턴을 분석한 결과, 오토파일럿이 작동되었을 경우 수동운전을 할 때와 비교해 전방도로에 대한 시각적 주의가 더 낮아진다는 결론을 내렸다. 대부분 시선이 아래쪽과 디스플레이에 고정되어 안전 확보를 위한 운전자 관리 시스템의 필요성을 제기하고 있다.[45] 물론 전방주시를 하지 않는 것이 주의산만과 부주의함을 의미하지는 않지만, 긴급한 상황 발생 시 대응이 지연될 수는 있다.

테슬라의 대표적인 사고는 2016년 5월 플로리다주에서 테슬라 모델S가 오토파일럿 모드로 주행하다 하얀색으로 도색된 대형 트레일러를 하늘로 인식하고 충돌해 운전자가 사망한 사건이다. 타이완에서도 유사한 사고가 발생했다. 우버 사고는 2018년 3월 애리조나주 템페에서 시험운행 중인 우버 자율주행 자동차가 자전거를 끌고 도로를 무단횡단하던 사람을 치어 사망시킨 사건으로, 자율주행 사고를 이야기할 때 빠지지 않고 언급된다.

2017년 9월, 2019년 11월 미연방교통안전위원회가 각각의 사고 원인을 발표했는데 두 사고 모두 '인간의 오류Human Error'였다. 테슬라 모델S 운전자는 오토파일럿 모드로 주행한 37분 가운데 25초만 운전대에 손을 올려놓았다. 사고 발생 직전에도 7번이나 운전대로 손을 복귀시키라는 경고를 운전자가 무시해 미처 충돌에 대응하지 못한 것이다. 오토파일럿이 트럭을 발견하지 못했고, 운전자도 대응하지 못한 상황으로 운전자 주의 소홀이 사고 원인이라는 것이다.

우버 자율주행차의 보행자 사망사고 원인도 마찬가지다. 미연방교통안전위원회는 사고 조사 결과 "운전자가 주행 중에 개인 휴대전화를 보느라고 주의가 산만해졌다. 이 탓에 도로와 자동화된 운전 시스템의 작동을 면밀히 감시하지 못한 게 충돌의 직접적인 원인"이라고 밝혔다.

테슬라 오너가 운전석을 비운 채 뒷자리에 앉아 주행하다가 사고가 발생하기도 했다. 하지만 테슬라의 운전자 매뉴얼을 보면 운전자가 조작해야 하는 방법 및 금지사항을 상세히 나열하고 있어 대부분 사고 원인은 운전자 과실로 판결 난다.

웨이모는 안전운전자 선발을 위해 수동운전 재학습에서 자율주행까지 2주 기간의 안전운전자 교육프로그램을 운영하고 있다. 일정한 점수를 취득하지 못하면 안전운전자로 채용되지 않는다. 현재 혼다, 다임러, 포드, GM, 토요타, 폭스바겐, 리프트, 오로라, 모셔널, 미국사동차공학회 등이 참여하고 있는 자율주행차안전컨소시엄Automated Vehicle Safety Consortium, 미국인간공학회, 유럽연합위원회European Commision, 영국 정부 산하 커넥티드자율주행연구센터Centre for Connected & Automated Vehicles, 국제인간공학회Human Factors and Ergonomics Society, 일본 국토교통성 등에서는 자율주행차 제조사, 서비스 공급자, 테스트 담당기관, 딜러 등 모든 이해관계자가 안전을 위해 실제도로, 가상현실, 시뮬레이터를 통해 자율주행 기술과 기능에 대한 교육을 받아야 한다는 내용의 보고서를 발간했다.[46]

액시오Axio가 분석한 2018년 캘리포니아주 자율주행 관련 사고 분석 데이터에 따르면, 2018년 발생한 54건 사고 가운데 자율주행모드에서 발생한 사고는 38건이며, 그 가운데 1건만이 자율주행 결함이었고 나머지는 모두 인간에 의한 사고였다. 도로상의 모든 모빌리티 디바이스들이 자율주행으로 바뀌지 않는 한 운전자, 탑승자, 보행자, 자전거 라이더 등 도로를 공유하는 모든 사람들이 함께 상호작용을 하며 이동한다. 따라서 자율주행이 인간의 기능을 100% 대체하지 못하는 한 조종, 경계, 운영, 비상상황 대응 등 인간의 역할은 계속 필요할 수밖에 없다.

NASA의 스테판 카즈너Stephen Casner 박사와 캘리포니아 주립대학 에드윈 허친스Edwin Hutchins 교수는 논문에서 운전자 학습의 필요성을 지적했다.[47] 운전자는 자신의 자동차에서 일부 자동화된 기능의 20%도 사용하지 못하고 있고, 운전자의 52%는 신차를 구입할 때 딜러에게

차량 사용에 대한 교육을 받기를 원하지만 딜러마다 교육 품질에 차이가 있어 표준화된 교육이 필요하다는 것이다. 운전자는 경고에 지나치게 의존 혹은 무시하거나, 자동화 메커니즘에 대한 낮은 이해로 자율주행차의 기능과 운전자가 자율주행 모드에서 자유롭게 할 수 있는 행동에 대해 각기 다르게 생각했다. 논문에 따르면 현재의 자율주행차는 항공기에 자동화 시스템이 등장하면서 상세한 매뉴얼이 나타난 1980년대와 비슷한 상황이다.

1960년대 항공기 추락의 감소에는 레이다와 제트엔진 도입이 큰 기여를 했다. 하지만 항공기에 자동화 시스템을 도입했음에도 시스템과 인간 파일럿 사이에 누가 더 신뢰성이 높은지에 대해 확신하지 못해 사고가 계속 발생했다. 그래서 매뉴얼 개발을 통해 파일럿 교육을 위한 표준화의 첫 단계를 밟기 시작한 시점이 바로 1980년대다. 예를 들면 1970년대 보잉 727-200 운영 매뉴얼은 342페이지, 1983년 보잉 757은 1500페이지, 에어버스 A-320은 2700페이지로 점차 세분화되었다. 하지만 방대한 매뉴얼을 숙지하기에는 인간의 능력에 한계가 있다.

결국 자동화 시스템과 운전자의 효율적 역할 분담을 위한 인간공학 연구를 통해, 파일럿이 높은 수준의 자동화 시스템에 대한 감시자 역할을 수행할 수 있도록 인간과 자동화 시스템의 통합으로 상호작용을 설계했다. 그 결과 1996년까지 약 50%로 동일하게 유지되었던 충돌 사고율이 감소하기 시작했다. 항공사들은 승무원 자원 관리, 위협 및 오류 관리와 같은 교육 프로그램과 인간 자동화 연구결과를 통합해 항공기 추락 사고를 줄일 수 있었다.

실제로 유럽의 자동차 안전평가그룹인 유럽신차평가프로그램The

European New Car Assessment Programme이 2018년 7개국 1500명을 대상으로 조사한 결과에 따르면 응답자의 70%가 자율주행차를 구입할 수 있다고 답하는 등 소비자들이 과대광고를 믿고 있다는 우려를 표명했다. 실제로 응답자 가운데 40%는 테슬라 모델S의 오토파일럿은 완전 자율주행이 가능하다고 생각하기도 했다.[48]

자동화 수준이 올라가면서 인간 기능의 대체 비율이 높아질수록 인간도 그만큼 시스템을 이해하고 예상치 못한 상황에 대처할 수 있는 능력을 보유해야 한다. 특히 모든 새로운 기능을 파악하기 힘든 자율주행차와 같은 시스템의 사용자일수록 더욱 시스템 이해 수준이 높아야 한다. 자율주행 기술이 발전해도 운전자가 탑승자로 전환되어 완전히 신경을 끄고 운전할 수준이 아니면 운전자 혹은 탑승자는 시스템에 대해 충분히 학습하고 사고에 대처할 수 있어야 한다.

여기에는 개인의 노력도 중요하지만, 해당 시스템 생산자, 판매자 등 관련 이해관계자들의 역할도 중요하다. '자동화의 안주Automation Complacency'라는 용어가 있다.[49] 자동화 기능을 믿고 인간이 안전에 대해 등안시하는 경우를 뜻하는 말이다. 운전자보조 시스템이 등장하자 일부 운전자들은 마치 완전자율주행차로 오해 혹은 취급하면서 스마트폰을 사용하는 등 운전에 주의를 기울이지 않는다. 매우 드물지만 국내에서도 오토파일럿을 사용하면서 잠을 자는 케이스도 발생했다.

바퀴 달린 스마트폰은 차량 아키텍처와 에코 시스템이 마치 스마트폰과 유사하게 진화되고 있다는 뜻이지 차량 사용을 스마트폰과 같이 해야 한다는 이야기가 아니다. 자율주행기업들은 사용자들에게 이런 사실을 분명히 인식시켜야 하고, 사용자들도 자동화 수준이 높아짐에 따라 보다 정확한 지식 습득을 위해 노력해야 한다.

모빌리티 혁명은 하루아침에 이뤄지지 않는다

모빌리티 산업의 혁신은 하루아침에 완성되지 않습니다. 모빌리티 산업은 끊임없이 진화하고 혁신하며 사회와의 합의를 통해 상용화 단계로 진입합니다. 모빌리티 산업의 흐름을 읽어야 정책과 비즈니스, 시장과 투자를 판단할 수 있습니다.

혁신은 새로운 아이디어, 방법, 디바이스 등의 등장을 뜻하고, 혁명은 갑작스럽고 급진적이지만 필요한 모든 것이 갖춰진 완전하고 근본적인 변화fundamental change로 정의할 수 있습니다.

1910년 미국과 영국에서 흥행한 전동킥보드 원형인 오토패드Autoped, 1910년대 토머스 에디슨이 시판한 전기차, 1917년 라이트형제와 함께 일했던 글랜 커티스Glenn Curtiss가 제작한 플라잉카 프로토타입, 1939년 GM이 뉴욕세계박람회 퓨처라마Futurama에서 공개했던 자율주행 콘셉트들은 이제야 세상에 등장하고 있습니다.

이러한 모빌리티 산업의 진화와 혁신은 새로운 이동을 위한 기술 변화뿐만 아니라, 미래의 생활 패턴과 직업, 자본시장과 투자 방향까지 모두 바꾸고 있습니다.

치열하게 경쟁이 진행되고 있는 모빌리티 산업은 이제 막 초기의 무한경쟁에서 벗어나 서서히 양산과 상용화를 통한 실제 시장경쟁에 들어선 단계로, 앞으로의 향방을 살피기 위해선 과거와 현재를 명확히 알아야 합니다.

특히 테슬라는 자동차 업계의 파괴적 혁신과 함께 혁명을 달성했습니다. 기존 내연기관 개발과 양산 경험이 없는 백지상태에서 효율적 생산, 반도체 설계, 소프트웨어정의차량과 소프트웨어 무선업데이트 기술, 구독과 공유, 보험을 포함한 서비스 생태계까지 단독으로 구축했습니다. 내연기관에서 전기차 생산과 판매를 위한 전환에 많은 비용이 필요한 기존의 완성차 제조사에 성과로 존재감을 증명했고, 기존 완성차 제조사들은 테슬라 카피어 소리까지 듣고 있습니다. 짐 팔리 포드 CEO는 공식석상에서 전기차 생산을 위해서 가장 중요한 것은 '수직적 통합'으로, 일론 머스크가 언급한 '카탈로그 엔지니어링' 모델에서 탈피해야 한다고 강조하며, 포드가 전기차 배터리용 광물을 채굴하는 광산까지 공급망에 대한 통제권을 소유하길 원한다고 말하기도 했습니다.

특히 배터리로 구동되는 소프트웨어정의차량의 개발을 위해서 기존 완성차 제조사들은 오랜 시간 축적해온 저임금 국가의 거대한 제조 네트워크와 소프트웨어 공급망을 재구성해야 하는 '축적의 딜레마'에 빠져 있습니다. 전환비용이 적지 않게 필요하지만 기존 완성차 제조사들은 모든 것을 수직계열화한 테슬라의 승리를 인정하고 그들의 시스템을 벤치마킹하고 있는 상황입니다.

전기차는 테슬라로 게임이 끝났을까요?

내연기관 기반의 완성차 제조사들도 막대한 투자와 인원을 앞세워 혁신에 도전하고 있습니다. 하지만 막대한 투자에 이어 각종 비용절감을 추진하고 전기차 사업분야까지 독립시켜도 투자자들의 요구는 끝이 없습니다.

코닥은 100년 넘게 필름 시장 1위를 지켰고 디지털 카메라의 초기 모델을 발명했지만 파산했고, 한때 휴대전화 1위를 차지했던 노키아는 역사 속으로 사라졌으며, 에릭슨과 LG, 지멘스도 휴대전화 시장에서 실패했습니다. 거대한 모빌리티 산업의 핵심인 자율주행과 전기차는 테슬라와 나머지 기존 완성차 제조사의 양분된 구도로 분할되고 있습니다.

모빌리티 산업의 혁신은 점차 바뀌는 점진적 혁신들이 대부분이지만, 테슬라와 같이 획기적으로 기술과 비용 측면에서 기존의 시장과 산업을 통째로 흔들어버린 파괴적 혁신도 있습니다. 파괴적 혁신은 어느 날 갑자기 이루어진 것이 아니라 오랜 시간 연구개발을 통해 성공하고, 이후 안정적 경쟁 위치와 기술, 시장에서의 주도자 위치를 확보했을 때 가능합니다.

그러나 거대한 혁신의 흐름에서 테슬라가 영원할지 기존 완성차 제조사들이 다시 시장을 주도할지 혹은 또 다른 기업이 선두를 달릴지는 아무도 알 수 없습니다. 때론 긴 호흡으로 기술 혁신과 혁명을 냉정하게 바라보고 산업의 흐름을 인지할 필요가 있습니다.

1970년대에 비해 2010년대 완성차 제조사가 차량에서 소유한 특허는 90%에서 50%로 줄어들었습니다. 최소 테슬라의 등장 전까지 사내 엔지니어들을 확보하지 못했음을 방증하는 수치입니다.[1]

이제 모든 완성차 제조사들의 목표는 소프트웨어 업체로의 트랜스포메이션입니다. 하지만 차량 인공지능 소프트웨어 연구개발 주체도 결국은 사람입니다. 소프트웨어정의차량과 자율주행 기술개발의 인력 부족은 반도체 쇼티지, 배터리 핵심소재와 광물자원 가격 인상 이상으로 해결하기 힘든 난제일 수 있습니다. 전 세계적으로 소프트웨어 인력이 부족한 상황에서 차량 소프트웨어라는 특정 분야는 특히 인력 품귀 현상이 심합니다. 특히 현재 국내 완성차와 차량 소프트웨어 업계의 전체 인력은 약 1000명으로 추정됩니다.[2] 해외 완성차 제조사 1개보다 적은 수준으로, 정부의 역할도 중요하지만 대학과 기업들이 적극적으로 인력 양성에 힘을 보태야 합니다. 특히 완성차 제조사가 주도하지 않으면 정부의 투자 효율성과 성과는 한계에 직면할 수밖에 없습니다.

2030년 전기차 2000만 대를 판매한다는 목표를 추진하고 있는 테슬라에 대응해 폭스바겐은 뉴오토New Auto(2021. 7. 3)를 발표했습니다. 폭스바겐은 테슬라를 추월해 2025년까지 세계 1위 전기차 제조기업으로의 비전을 제시하며 2022년 80만 대, 2023년 130만 대, 2025년 150만 대를 판매할 계획이라 밝혔습니다. 영업수익률은 8~9%를 목

업체명	개발조직	자체보유 인원	투자	핵심분야	자체 개발 목표
폭스바겐 그룹	Cariad (자회사)	4000명 (최종 1만 명 규모 목표)	270억 유로 (한화 약 36조 4397억 원) (~2025)	커넥티드카와 디바이스 플랫폼, 지능형 보디와 콕핏, 자율주행, 차량 모션과 에너지, 디지털 비즈니스와 모빌리티 서비스	현재 10% → 최종 60%
메르세데스-벤츠	MBition (자회사)	400명	-	인포테인먼트 운영체제, 운전자지원 시스템, 차량 클라우드와 스마트폰 앱, MBUX 앱 통합	-
	MB Electric Software Hub	3000명 (1000명 추가 구인 예정)	-	전기, 전자구동 및 디지털화 개발 기능 통합	최종 60%
토요타	Woven Planet Holdings, TOYOTA Connected	3000명 규모 글로벌 조직 (그룹 전체 1만 8000명 참여)	-	자율주행 기술, HD맵, 운영체제 등	-
스텔란티스	Software & Data, Electric Academy	4500명 확보 (2024년까지)	300억 유로 (한화 약 44조 3730억 원) (소프트웨어와 전동화 대상)	STLA 브레인, STLA 스마트콕핏 STLA 오토드라이브	2030년까지 200억 유로 소프트웨어 기반 수익 창출 (전체 수익의 7%)

주요 완성차 업체의 소프트웨어 개발 조직 계획
출처: 관련 보도자료 및 언론자료 취합

표로 자동차 판매에서 85%, 소프트웨어에서 15%를 달성할 계획으로 2025년까지 730억 유로를 연구개발에 투자하고 자체 배터리 개발로 50% 비용절감을 추진 중입니다. 토요타는 소프트웨어와 커넥티드 이니셔티브Software and Connected Initiatives(2021. 8. 25)와 배터리 전기차 전략Battery EV Strategy(2021. 12. 8.)을 통해 전기차 제조사가 아닌 탄소중립 기업으로 전환을 목표로 하고 있습니다. 이외에도 포드의 포드플러스(2021. 5. 26)와 포드플러스 가속화 계획(2022. 3. 2), 스텔란티스의 장기 전략 계획(2022. 3. 1)과 2030년 계획, GM의 3개 제로비전 구체화(2021. 1. 11)와 연구개발 투자 확대 발표(2021. 6. 26), 현대자동차 수정 2025 전략(2020. 12. 10)과 중장기 전동화 전략(2022. 3. 2), 기아 플랜 S(2020. 1. 14)와 2030 로드맵 등 많은 완성차 제조사가 미래 우위 확보를 위한 계획을 지속적으로 발표하고 업데이트하고 있습니다. 해당 계획들의 공통점은 소프트웨어 역량 강화, 배터리 중심의 비용 감축, 무엇보다 영업이익을 높이고 경쟁력을 강화하겠다는 것입니다. 왜 계획 목표연도가 대부분 2030년일까요? 곰곰이 생각해볼 문제입니다.

새로운 기술과 서비스가 성공하기 위해선 많은 어려움을 넘어야 합니다. 초기 상용화까지의 어려움을 이야기하는 죽음의 계곡, 신제품이 출시되어 잘 팔리다 대중화 단계에서 실패하는 캐즘 Chasm**, 양산의 어려움을 극복하고 시장에 출시해도 팔리지 않아 실패하는 다윈의 바다**Dawin's Sea **등등. 하지만 모빌리티에는 하나 더 넘어야 할 어려움이 있습니다.**

바로 사회적 장벽Social Barrier의 극복입니다. 전기차 생산을 위해선 내연기관 생산인력의 30%가 불필요해지고, 연구인력의 전환도 요구됩니다. 이미 헤일링 서비스는 우버를 시작으로 국내에서도 규제와 일자리에 대한 사회적 저항 때문에 합의가 필요했죠. 앞으로 완전자율주행차는 택시기사와 트럭기사, 자율비행이 가능한 항공기는 파일럿의 일자리를 위협합니다. 관련 기술을 개발하거나 서비스하고자 하는 기업들은 인간 일자리 비용을 기술로 대체해 요금을 낮춰 대중화를 이끌겠다는 전략이죠. 그만큼 기술 발전과 상용화에 대한 대비, 무엇보다 중재를 위한 정부의 역할이 매우 중요합니다. 그 과정에서 고소득층뿐만 아니라 일반인들과 교통약자들의 자유로운 이동을 위한 이동의 민주화는 ESG(환경, 사회, 지배구조) 이슈를 넘어 기업가치에 영향을 미칠 중요한 요소입니다.

기술혁신에 대한 신뢰도 매우 중요합니다. 새로운 기술개발을 위해 정부와 기업들은 현재의 기술과 목표와의 갭을 메워나가는 짧지 않은 시간과 많은 비용의 터널을 지나야 합니다. 특히 사회적 장벽을 넘고 이동을 위해 기존 인프라를 변경해야 하는, 파괴적 디바이스 상용화를 위한 시간과 비용의 터널은 상당히 긴 게 특징입니다. 그 과정에서 현재의 캐시카우와 미래의 파괴적 혁신을 위한 적절한 투자 포트폴리오, 정책과 전략 추진은 타이밍이 매우 중요합니다. 또한 새로운 기술과 전 시대 규제가 보조를 맞춰나가는 과정, 혹은 새로운 규제와 규칙을 만들어가는 과정의 타이밍도 기술의 사회적 수용성을 위해선 중요하죠. 이렇듯 차근차근 타이밍에 맞춰 진행되는 기술개발이 혁신의 확산에는 필수적입니다.

하지만 혁신적 기술이 상용화되어도 낮은 기술장벽, 빠른 추격자들의 접근, 현재의 수준을 뛰어넘는 또 다른 기술의 등장, 최고의 기술력을 가진 시장 지배자의 기술 공개 등으로 인해 혁신의 가치를 잃을 수 있습니다. 그렇기 때문에 혁신이 그만큼 어렵다는 것입니다. 특히 진입장벽이 낮은 모빌리티 서비스에서는 무엇보다 시장지배력이 중요합니다. 인수합병을 통해 가입자수를 늘리거나 지역별 사용자 경험 전략을 변경해 시장지배자들이 바뀌는 상황이 쉽게 벌어질 수 있기 때문에 비즈니스 아이템 전환(피벗)을 끊임없이 고민해야 합니다. 유사한 서비스가 없는 신선한 서비스가 아니면 잠재고객의 스마트폰에 앱을 설치하도록 유도하는 게 얼마나 힘든지 경험하신 분들이 적지 않을 겁니다. 그만큼 모빌리티 산업이 쉽지 않은 분야입니다.

현재 모빌리티 산업에선 기술개발과 상용화를 위한 생태계 구축 경쟁, 무엇보다 원가와 비용, 판매가 측면에서 경쟁우위를 확보하기 위한 가격 경쟁이 본격적으로 벌어지고 있습니다. 기술개발 속도도 빨라져 얼마 전까지 모빌리티의 미래라고 이야기하던 기술들이 이미 우리의 생활 속에 정착하고 있습니다.

미국의 사회학자 윌리엄 필딩 오그번William Fielding Ogburn은 1922년 발간한 책 《사회변동론》에서 문화지체현상Cultural Lag을 정의했습니다. 문화지체현상은 제도, 정치, 규제 등이 기술발전 속도에 보조를 맞추지 못하고 뒤처져 발생하는 부조화를 의미합니다. 모빌리티 산업에서도 문화지체현상이 일어날 수 있습니다.

사회적 장벽 극복과 함께 공간 혁명이 동시에 진행되어야 모빌리티 산업이 비로소 빛을 발할 수 있습니다. 모빌리티는 단순한 산업과 기술이 아니고, 인간의 경제활동뿐만 아니라 여가와 연결을 위한 기본 조건입니다. 우리가 살고 있는 지금, 이 책을 읽으며 모빌리티 산업의 현재와 미래를 함께 고민하셨길 바랍니다.

모든 모빌리티 기업들에게 인력, 반도체, 배터리의 쓰리 쇼티지는 예상하지 못했던 블랙스완이 아니라 뉴노멀로 자리 잡았습니다. 거기에

코로나19 등장으로 회복탄성력 관리 역시 중요해졌습니다.

코로나19뿐만 아니라 중국의 수출과 내수 중심의 경제 플랜 이중순환Dual Circulation 전략 발표, 러시아의 우크라이나 침공 등 미처 예상하지 못했던 상황이 전개되면서 기업들은 많은 어려움을 겪고 있습니다. 이러한 상황에서 벗어나기 위한 회복탄성력 관리는 더 늦기 전에 고민해야 할 이슈입니다. 많은 기업들이 다시 마른 수건을 짜는 시기에 돌입할 수도 있기 때문입니다.

〈MIT 테크놀로지 리뷰〉에 따르면 이미 토요타가 주도했던 JIT 공급망 모델은 취약점을 노출했습니다. JIT 모델이 원활하게 작동하기 위해서는 원자재 품질과 공급, 생산, 고객 수요가 일치해야 합니다. 만약 공급망 연결지점 하나가 단절되거나 동기화되지 않으면 전체 공급망이 영향을 받습니다. 공급망 모델의 변화는 생산 현장의 로봇과 데이터 활용, 판매시스템의 변화 등 전체적인 부품 조달에서 판매까지 프로세스의 변화로 이어지고, 새로운 기술 개발을 위한 투자로 비용 절감 요구에 부응합니다.

기존의 기업들뿐만 아니라 스타트업도 마찬가지입니다. 2000년대 들어 수많은 모빌리티 스타트업이 생겼고, 대기업에 인수합병되거나 거대기업으로 성장하기도 했습니다. 하지만 지속적인 투자가 없으면 성장할 수 없는 숙명을 가지고 있어 또 다른 블랙스완이 닥칠 경우 존폐의 위기에 처할 가능성이 높습니다. 완성차 제조사들이 수직계열화를 강화하고 있다는 점, 티어0.5가 눈에 띄게 증가하고 있다는 점은 위협이자 기회 요인이 될 수도 있습니다. 자율주행 기술을 개발하는 스타트업들의 예를 들면 공항, 항만, 로봇, 물류, 목적기반차량 등은 이미 버티컬마켓Vertical Market으로 진입하고 있습니다. 웨이모, 테슬라가 있는데 왜 자율주행 기술을 개발하느냐는 질문은 많은 대표님들이 받는 가장 곤혹스러운 질문 가운데 하나입니다.

마지막으로 얼라이언스의 가치에 주목해야 합니다. 앞으로도 모빌리티 산업에는 적지 않은 투자가 필요하고, 쓰리 쇼티지에 대응하기 위해선 국내외 얼라이언스 전략을 활용해야 합니다. 물론 얼라이언스 구축이 쉽지 않고 언제 깨질지 몰라 불안하지만, 시장을 확대하고 조기 상용화를 위해선 가장 유용한 전략이라는 점을 인식해야 합니다.

모빌리티 산업은 더 이상 미래산업이 아니라 이미 국가와 기업들 사이에서 첨예한 경쟁이 벌어지고 규제가 합의되고 있는, 거의 모든 첨단기술을 포함한 성장산업입니다. 우리나라의 연구개발 투자 규모가 적다고 해서 결코 포기할 수 없습니다.

2021년 우리나라의 자동차 생산량은 346만 2299대로 세계 5위이며, 2020년 제조업 고용의 11.5%, 생산의 12.7%, 총수출의 12.1%를 차지하는 국가 핵심 기간산업이자 지역경제를 뒷받침하는 중요 산업입니다. 따라서 국가 차원에서도 결코 포기할 수 없는 분야입니다.

사실 아직까지 합의된 모빌리티의 정의는 없습니다. 케임브리지 사전 에는 모빌리티를 '자유롭게 혹은 편안하게 이동할 수 있는 능력'으로 소개하고 있습니다. 하지만 모빌리티를 표방하는 기업들은 서비스 관점에서 '디바이스 다양성, 사용자들의 손쉬운 접근성, 새로운 사용자 경험을 제공하며 안전한 이동을 위한 모든 서비스'로 정의하고 있습니다. 또한 전략과 비즈니스 포트폴리오를 분석하면 '인간과 사물의 물리적 이동을 가능하게 하는 모든 수단들의 제품과 서비스 연구개발, 사용자 경험과 상호작용 설계, 시장 출시, 운영 및 유지보수와 폐기까지의 전 과정'으로도 설명할 수 있습니다.

주요 글로벌 완성차 제조사들은 향후 전략을 계속 수정하고 투자를 늘려나가는 걸까요? 전통의 자동차 산업이 모빌리티 산업으로 확장되면서 어렵지만 새로운 기회를 만들 수 있다는 것은 확실합니다. 이미 자율주행 기술개발은 레벨4 개발을 목표로 2027년까지 총 1조 974억 원을 투입하는 정부과제가 2020년부터 진행 중에 있으며, 도심항공모빌리티도 1조 6000억 원 규모로 국가연구개발사업 타당성 검토를 위한 예비타당성 조사를 진행할 예정입니다. 하이퍼루프도 정부의 도전혁신 프로젝트의 일환으로 2021년부터 투자를 시작해 많은 모빌리티 기업들이 함께 노력하고 있습니다. 하지만 최근 자율주행 기술, 도심항공모빌리티, 배송로봇 등 해외 제품들이 국내에 유입되면서 스타트업계의 불만도 생기고 있습니다. 앞으로 모빌리티 산업의 강자가 되기 위해선 국내 시장도 중요하지만 글로벌 시장으로 진출해 해외 시스템과 경쟁해야 한다는 점을 잊어선 안 됩니다. 모빌리티 산업의 도전에는 쉽지 않은 과정이 기다리겠지만, 많은 기업과 종사자분들이 '새로운 싱규래리티Singularity'를 만드는 데 성공하기를 기원합니다.

이 책의 출간을 위해 시간과 노력을 아낌없이 투자한 위즈덤하우스와 류혜정 팀장님께 감사드립니다. 또한 많은 조언과 인사이트를 나눠주신 한국공학한림원 자율주행위원회 위원님들과 업계 관계자분들, 바쁜 와중에 프리리뷰에 참여해 많은 조언을 해주신 김우진 현대자동차 책임연구원님, 키프레임 문현욱 대표님, 포스코경영연구원 박형근 수석연구원님, 오토노머스에이투지 유민상 상무님, 기아 이동현 책임매니저님, LG경영연구원 천서형 연구위원님께 깊은 감사를 드립니다. 마지막으로 집필과 업무로 바쁘다는 핑계로 많은 시간을 함께하지 못한 가장 든든한 후원자인 가족들에게 사랑한다는 말을 전하고 싶습니다.

주 석

프롤로그

1 자율주행차 안전성 높인다…레벨3 안전기준 개정 추진, 국토교통부 보도자료, 2022. 5. 25.

2 Christian Seabaugh, Waymo Adds 20,000 Autonomous Jaguar I-Pace SUVs to Test Fleet, MOTORTREND, 2018. 3. 27.

1장

1 김주혜, 슝안신구의 스마트시티 조성 정책과 추진 현황, 대외경제정책연구원, 2018. 9.

2 박금화, 미리 가본 中 미래도시 '슝안신구', 신화망한국어판, 2021. 4. 18.

3 Shunske Tabeta, China intends for self-driving cars to propel smart megacity, Nikkei Asia, 2018. 5. 20.

4 资讯, 雄安新区加速绽放① | 地下、地上、云中“三座”雄安同生共长, 人民网人民科技官方帐号, 2022. 3. 31.

5 CGTN transcript, City of the future: Xiong'an: Building a digital city, CGTN, 2020. 11. 7.

6 곽노필, 중국, 자율주행차 전용 고속도로 건설, 한겨레, 2019. 4. 21.

7 Roberto Baldwin, Michigan envisions autonomous-car lane from Detroit to Ann Arbor, Car and Driver, 2020. 8. 14.

8 Mike Williams, 40 miles of highway turned into a testing ground for self-driving cars In Michigan, UNILAD, 2020. 8. 17.

9 Connected & Automated Vehicle Corridor Concept, Sidewalk Infrastructure Partners.

10 Jordyn Grzelewski, Daniel Howes, Detroit-to-Ann Arbor self-driving vehicle corridor aims for national leadership, The Detroit News, 2020. 8. 13.

11 Senator Ken Horn, Senate Bill 706 (Substitute S-1 as reported), Bill Analysis, 2022. 3. 21.

12 Fred Lambert, Elon Musk's Boring Company raises $675 million to accelerate its tunnel-digging under cities, electrek, 2022. 4. 21.

13 John Irwin, Virgin Hyperloop to move cargo, not people, as tube transport hits snags, Automotive News, 2022. 2. 25.

14 Yoonji Han, Virgin Hyperloop lays off half of its employees as it pivots away from passenger travel, pwc, 2022. 2. 22.

15 Nikolaus Lang, Michael Rußmann, Thomas Dauner, Satoshi Komiya, Xavier Mosquet, Xanthi Doubara, Antonella Mei-Pochtler, Self-Driving Vehicles, robo-taxis, and the urban mobility revolution, BCG, 2016. 7. 21.

16 Paul Barter, "Cars are parked 95% of the time" Let's check!, Reinventing Parking, 2013. 2. 22.

17 Regina R. Clewlow, Gouri Shankar Mishra, Disruptive transportation : The adaptation, utilization, and impacts of ride-hailing in the United States, Institute of Transportation Studies, University of California, Davis, 2017. 10.

18 자동차 등록대수 2500만 대 돌파… 2명당 1대 보유, 국토교통부 보도자료, 2022. 4. 13.

19 변완희, 기호영, 신도겸, 박지은, 자율주행자동차 시대의 주차장 및 도로 변화에 관한 연구, 한국토지주택공사 토지주택연구원, 2020.

20 Nourinejad, M., Bahrami, S., & Roorda, M. J., Designing parking facilities for Autonomous Vehicles. Transportation Research Part B: Methodological, 109, pp. 110~127, 2018.

21 Reshaping urban mobility with autonomous vehicles, World Economic Forum, BCG, 2018. 6

22 Wilfred Nkhwazi, Here's everything you should know about the Tesla smart

summon feature, Hotcars, 2021. 8. 22.
23 Beverly Braga, What is Tesla smart summon? J.D.Power, 2020. 9. 28.
24 Tesla Model Y Owner's Manual, Autopilot- Smart Summon, Tesla Website.
25 Daniel Zlatev, Tesla's reverse summon self-parking feature nears release with three options to choose from, Notebook Check, 2022. 2. 19.
26 자율주행위원회 정책 제안 보고서, 한국공학한림원 자율주행위원회, 2022. 3.
27 Transit forward RI 2040, Transit Strategies: Mobility Hubs, Rhode Island Public Transit Authority, 2020. 12. 10.
28 MobilithHubs, Urbanism Next, The Nexus, https://www.urbanismnext.org/what-to-do/mobility-hubs.
29 Transit Forward RI 2040, Transit Strategies: Mobility Hubs, Rhode Island Public Transit Authority, 2020. 12. 20.
30 Mobility Plan 2035, Los Angeles Department of City Planning, 2016. 9. 7.
31 Mobility hubs: A reader's guide, Los Angeles Department of City Planning, 2016.
32 Miriam McNabb, What is a Vertiport? NUAIR brings industry players together to develop advanced air mobility strategies, Drone Life, 2021. 3. 28.
33 eVTOL, Rome and other airports launch Urban Blue to build eVTOL vertiports, eVTOL, 2021. 10. 26.
34 Chris Stonor, Urban Blue to develop "UAM vertiports across Europe", Urban Air Mobility News, 2021. 11. 2.
35 Reef Technology Website, https://reeftechnology.com
36 Aria Alamalhodaei, Joby Aviation targets parking garages for its aerial ridesharing network, TechCrunch, 2021. 6. 2.
37 Chris Stonor, South Florida: First air taxi hub reaches planning stage, Urban Air Mobility News, 2021. 10. 25.
38 Andrew Lofholm, PBIA approved for 'vertiport' for electric jet service to connect Florida cities, CBS12 News, 2021. 10. 25.
39 김광호, 오성호, 윤서연, 박종일, 김수현, 공유모빌리티를 활용한 광역 대도시권의 접근성 개선방안 연구, 국토연구원, 2017. 12. 31.
40 서울시, 서울비전 2030, 2021. 9.
41 한우진, 서울교통의 미래모습은·하늘길·물길·땅속길 새롭게 열린다!, 내 손안에 서울, 2021. 9. 28.
42 내 손안에 서울, '보행일상권'부터 '미래교통 인프라'까지… 2040서울도시기본계

획, 2022. 3. 3.
43 현대자동차그룹, 현대자동차가 그리는 미래 모빌리티 라이프의 핵심, Hub와 PBV, 2020. 1. 16.
44 현대자동차그룹, 기아자동차의 미래를 라이브로 만나다. 5년 뒤 기아는 어떤 모습일까요? 2020. 7. 22.
45 GS칼텍스, GS칼텍스, 미래형 주유소 에너지플러스 허브로 CES 2021에 출사표를 던지다! CES의 과거부터 현재까지, GS칼텍스 미디어허브, 2021. 1. 13.
46 Eugene Kim, Katherine Long, Amazon has been secretly testing its drone-delivery program and plans to drop packages from the sky to 1,300 customers this year, documents show, Insider, 2022. 3. 30.
47 Karin von Adbrams, Global Ecommerce Forecast 2021, Insider Intelligence eMarketer, 2021.7. 7.
48 NYC Department of Transportation, Urban Freight Initiatives, 2015. 9.
49 NYC Department of Transportation, Commercial cargo bicycle pilot evaluation report, 2021. 5.
50 After 17 cyclists die, New York City makes $58.4 Million plan, Koniono. News, 2019. 7. 25.
51 김소희, [단독]이베이코리아 '스마일박스' 도입 5년 만에 철수, 신아일보, 2021. 9. 29.
52 김보연 ,GS25, 신선 식품 택배 보관함 '박스25' 선보여, 이뉴스투데이, 2020. 3. 30.
53 박상철, GS25, 대박난 냉장 택배함 '박스25' 확대운영, 인포스탁 데일리, 2020. 11. 25.
54 Un nouveau plan velo pour une ville 100 % cyclable (A new bike plan for a 100% cycling city), Paris, 2021. 10. 21.
55 Feargus O'Sullivan, Inside the new plan to make Paris '100% Cyclable', Bloomberg CityLab, 2021. 10. 22.
56 Carlton Reid, Every city's cycleway network should be as dense as road network, says American academic, Forbes, 2022.03.31
57 Natasha Lomas, Romain Dillet, How four European cities are embracing micromobility to drive out cars, TechCrunch, 2020. 11. 20.
58 San Jose Better Bike Plan 2025, 2020. 10.
59 Dave Colon, Justice Delivered: E-Bikes legalized statewide in budget Bill, STREETS BLOG NYC, 2020. 4. 1.
60 차두원, 코로나19가 촉발한 모빌리티 산업 혁신 전망, Future Horizon Focus,

Vol. 48, 2020. 6.

61 Daniel C. Vock, Redesigning roads: Taking a look at the 'Complete Streets' movement, Government Technology, 2015. 10. 26.

62 What are complete streets?, Smart Growth America Website. https://smartgrowthamerica.org.

63 Natalia Collarte, The Woonerf concept "Rethinking a Residential Street in Somerville", NACTO, 2012. 12. 7.

64 MD, Complete Streets Design Guide,Montgomery County, Last updated 2021. 7. 26.

65 City of Los Angeles Complete Streets Design Guide, Bureau of Engineering (BOE) Street Design Manual and Standard Plans, City of Los Angeles, CA, 2020. 5. 20.

66 Mobility Plan 2035, City of Los Angeles, CA, 2014. 1.

67 上海市规划和国土资源管理局, 上海市街道设计导则, 能源基金会, 2017. 7. 14.

68 Kristian Villadsen, Street design guidelines for shanghai, Gehl, 2018. 11. 20.

69 陈小鸿, 新阶段下完整街道设计的重点和方法有哪些? 交通综合治理又应该如何进行?, 智慧交通网, 2019. 4. 2.

70 Valentina Lunardi, A 15-minute city is better than a smart city, maize, 2021. 3. 10.

71 Moreno,C.;Allam,Z.; Chabaud, D.; Gall, C.; Pratlong, F. Introducing the "15-Minute City": Sustainability, Resilience and Place Identity in Future Post-Pandemic Cities. Smart Cities 2021, 4, 93~111. https://doi.org/10.3390/smartcities4010006.

72 SCAG, Active Transportation-What is Active Transportation?, Southern California Association of Governance, Accessed from https://scag.ca.gov/active-transportation.

73 Laura Bliss, Utah's walkable '15-minute city' could still leave lots of rooms for cars, Bloomberg CityLab, 2022. 3. 21.

74 Point of the Mountain State Land Authority, SOM, Framework Plan, 2021. 8.

75 Christina Giardinelli, Salt Lake City intersection gets makeover sponsored by e-scooter company, DeseretNews, 2019. 9. 4.

76 부산시 도시계획과, 부산시, 「15분도시 부산 비전 선포식」 개최: 참고자료1.hwp, 부산시, 2021. 5. 25.

77 김정한, 부산시, 15분도시 부산의 비전과 전략은… 시범구역 3~5개 지정 도시모델, 서울신문, 2022. 3.23.
78 표소진, 15분도시, 대전 시민이 함께 만듭니다, 오마이뉴스, 2021. 10. 22.
79 내 손안에 서울, '보행일상권'부터 '미래교통 인프라'까지… 2040 서울도시기본계획, 내 손안에 서울, 2022. 3. 3.
80 Deakin, Mark; Al Waer, Husam. From intelligent to smart cities. Journal of Intelligent Buildings International: From Intelligent Cities to Smart Cities, 3 (3), 2011.
81 Stefan M. Knupfer, Vadim Pokotilo, Jonathan Woetzel, Elements of success: Urban transportation systems of 24 global cities, McKinsey&Company, 2018. 6.
82 Center for Liveable Cities, Urban systems studies, Center for Liveable Cities Singapore, 2018.
83 Smartcity, The open city of Paris welcomes the innovative strategies, Smartcity Press, 2017.11. 6.
84 Copenhagen Solutions Lab, Street lab - Copenhagen's testarea for smart city solutions
85 제3차 스마트도시 종합계획, 2019~2023, 국토교통부, 2019.
86 과학기술정보통신부, 4차산업혁명위, 스마트시티 특별위원회 본격 가동, 대한민국 정책브리핑, 2017.11. 16.
87 Chin Kian Keong, Grace Ong, Smart mobility 2030-ITS strategic plan for Singapore, Land Transport Authority (LTA) Singapore, 2015. 11.
88 Chin Kian Keong, Grace Ong, Smart mobility 2030-ITS strategic plan for Singapore, Land Transport Authority (LTA) Singapore, 2015. 11.
89 Smart Mobility Living Lab London, https://smartmobility.london.
90 Parking Network, Easypark: The smart city mobility index, Parking Network, 2022. 2. 9.
91 SmartCitiesWorld news team, Vienna ranked top for smart city strategy, SmartCitiesWorld, 2019. 3. 14.
92 행정중심복합도시건설청, 민간참여의 세종스마트서비스 스마트교통·에너지 서비스편, 대한민국 정책브리핑, 2021. 11. 25.
93 KDI 경제정보센터 여론분석팀, 시민참여형 스마트시티 모델 정립을 위한 국민의견 조사, KDI 경제정보센터, 2020. 2호.

2장

1 대한민국 정책브리핑, 2023년까지 드론 택시택배 상용화 기반 마련한다, 2019. 8. 13.

2 국토교통부, 산업통상 자원부, 과학기술 정보통신부, 도시의 하늘을 여는 한국형 도심항공교통(K-UAM) 로드맵, 2020. 5.

3 전 세계 도심항공교통(UAM) 전문가, 대한민국에 모인다 'UAM 그랜드 챌린지 코리아'참여 설명회 등 실증사업 본격 추진, 국토교통부 보도자료, 2022. 2. 15.

4 UAV Forge: Crowdsourcing for UAV Innovation, http://www.uavforge.net.

5 선한결, [단독] 한국형 UAM 사업에 51곳 도전장…中 이항도 신청, 한국일보, 2022. 6. 2.

6 박경일, '플라잉 카' 시대 선도할 K-UAM 드림팀 결성, 로봇신문, 2021. 1. 28.

7 현대자동차그룹, 미국 UAM법인 새 이름 '슈퍼널(SUPERNAL)' 공개, 현대자동차그룹 뉴스룸, 2021. 11. 9.

8 박찬규, 카카오도 UAM 시장에 뛰어든다… "플랫폼에 제조기술 더할 것", 머니S, 2021. 11. 24.

9 Rachel Cormarck, Watch: Volocopter's all-electric flying taxi just completed its maiden flight, Robb REPORT, 2022. 4. 14.

10 자율주행 자동차와 UAM 산업화 전략, 제16차 산업혁신정책 좌담회, OSP Magazine PERSPECTIVE, 2021. 11.

11 Why we're focusing on Regional Air Mobility, Lilium Website, 2020. 7. 24.

12 2020 Hyperloop Feasibility Studio, MID-OHIO Regional MORPC Planning Commission, 2020.

13 2021 Lilium Year in Review.

14 Regional Air Mobility, NASA, 2021. 4.

15 Advanced Air Mobility Project, NASA, 2021. 7. 9.

16 What is scalable traffic management for emergency response operations?, NASA, 2021. 3. 20.

17 자율주행 자동차와 UAM 산업화 전략, 제16차 산업혁신정책 좌담회, OSP Magazine PERSPECTIVE, 2021. 11.

18 UAM Vision Concept of Operations (ConOps) UAM Maturity Level (UML) 4 Version 1.0, nasa

19 Frost & Sullivan presents the evolving Urban Air Mobility landscape pp to 2040, Frost & Sullivan, 2019. 12. 12.

20 Urban Air Mobility and Advanced Air Mobility, Federal Aviation

Administration.
21 한국형 도심항공교통(K-UAM) 로드맵, 관계부처 합동, 2020. 5.
22 Shreya Mundhra, 'Flying Cars': Boeing, Airbus Propel production Of eVTOLs as air taxis get ready for takeoff, The EurAsian Times, 2022. 3. 19.
23 차두원, 당신은 도심 하늘을 나는 에어택시를 타시겠습니까, 차두원의 미래를 묻다, 중앙일보, 2021. 3. 8.
24 Joby receives greenlight to test air taxi services using conventional fixed-wing aircraft, eVTOL, 2022. 5. 26.
25 Charter-Type Services (Part 135), Federal Aviation Administration Website.
26 Charles Alcock, Lilium submits eVOLT type certification means of compliance plan to EASA, FutureFlight, 2022. 4. 12.
27 Jo Borrás, Lilium Jet EVTOL project inches towards EASA certification, Clean Technica, 2022. 4. 18.
28 Air air taxis ready for prime time? A data driven report on the state of air taxis in 2021, Lufthansa Innovation Hub, Lufthansa Techlink, 2021.
29 The Advanced Air Mobility Investment Dashboard, TNMT, 2021. 12. 3.
30 Air air taxis ready for prime time? A data driven report on the state of air taxis in 2021, Lufthansa Innovation Hub, Lufthansa Techlink, 2021.
31 CAAC Formally Adopts Special Conditions for EH216-S AAV Type Certification, eHang, 2022. 2. 23.
32 Isaiah Richard, Elon Musk Tesla: Supersonic eVTOL Jet is a Concept the CEO Wants, But It May Not Be Coming, Tech Times, 2021. 10. 7.
33 Adam Jonas, et al, Tesla aviation: Not 'If' but 'When'?, Morgan Stanley Research, 2021. 7. 15.
34 Adam Jonas, et al, Tesla aviation: Not 'If' but 'When'?, Morgan Stanley Research, 2021. 7. 15.
35 Global autonomous/driverless car market projections, 2020-2025 : world market anticipating a CAGR of ~18%, Research and Markets, 2020. 3. 18.
36 Sam Shead, Elon Musk says it's more important for Tesla to make a robot than new car models this year, CNBC, 2022. 1. 27.
37 Sarah Jackson, Elon Musk says people might download their personalities onto a humanoid robot Tesla is making, which he says could be in 'moderate volume production' next year, Business Insider, 2022. 3. 26.
38 Sam Shead, Elon Musk says it's more important for Tesla to make a robot than new car models this year, CNBC, 2022. 1. 27.

39 Ron Amadeo, Boston Dynamics sells to Hyundai Motor Group in $1.1 billion deal , ars TECHNICA, 2020. 12. 12.
40 Meet Fluffy and Spot: Ford's New Four-Legged Robots, Assembly, 2020. 8. 12.
41 進藤 智則, ソニーが4脚ロボット、独自開発の新アクチュエータで20kg可搬, 経クロステック, 2021. 11. 10.
42 Boston Dynamics' Stretch robot now available for commercial purchase, Boston Dynamics Website, 2022. 3. 28.
43 Evan Ackerman, "Boston Dynamics will continue to be Boston Dynamics," company says while shifting to become a commercial operation, Boston Dynamics wants to keep "doing cool stuff with robots", IEEE Spectrum, 2020. 12. 17.
44 Jay Bennett, Boston Dynamics Atlas robot does a backflip in absolutely incredible demo, Popular Mechanics, 2017. 11. 16.
45 Dani Deahl, Honda retires its famed Asimo robot, The Verge, 2018. 6. 28.
46 Lewin Day, Honda's Cute Autonomous Vehicle Is Now Working in Construction, The Drive, 2021. 11. 15.
47 Mansaaki Kuko, SoftBank stops making Pepper robot but says it isn't dead, Nikkei Asia, 2021. 6. 29.
48 Tesla's mission is to accelerate the world's transition to sustainable energy, Tesla website, https://www.tesla.com/ABOUT.
49 Tesla Motors-Patent Portfolio Overview, Insights by Greyb, 2022. 4.
50 현대자동차그룹, '하이드로젠 웨이브'에서 수소비전 2040 발표, 현대자동차그룹, 2021. 9. 7.
51 Joe D'Allegro, Elon Musk says the tech is 'mind-bogglingly sutpid', but hydrogen cars may yet threaten Tesla, CNBC, 2019. 2. 23.
52 The Insight Partners, Fuel cell vehicles market size worth $6.05bn, globally, by 2028 at 40.1% CAGR - Exclusive Report by The Insight Partners, Cision PR Newswire, 2022. 2. 7.
53 The Goldman Sachs Group, Inc. Carbonomics - The clean hydrogen revolution, Goldman Sachs, 2022. 2. 4.
54 Leigh Collins, 'Hydrogen car sales almost doubled last year - after drivers were offered 50-65% discounts, Recharge, 2022. 2. 14.
55 조용탁, [주요 선진국의 수소경제 시대 전략은] 2030년까지 수소차·수소충전소 확 늘려, 월간중앙, 2018. 4. 30.

56 Bradley Berman, Daimler ends hydrogen car development because it's too costly, Electrek, 2020. 4. 22.
57 Joshua Hill, VW joins ranks of car makers rejecting hydrogen fuel cells, The Driven, 2021. 5. 16.
58 Wang Tianyu, Zhao Junzhu, Under China's carbon peak and neutrality goals, will hydrogen energy control its car future?, CGTN, 2021. 11. 15.
59 Hans Greimel, Honda shrugs off a power concept of Toyota's future, Automotive News, 2022. 1. 17.
60 Wang Tianyu, Zhao Junzhu, Under China's carbon peak and neutrality goals, will hydrogen energy control its car future?, CGTN, 2021. 11. 15.
61 Daniele Gatti, The hydrogen economy, fuel cells and hydrogen production methods, IDTechEx, 2020.
62 Clare Goldsberry, Hydrogen-powered cars could be more competitive in the future, Plastics Today, 2021. 5. 7.
63 류지영, 탄소 제로 선언한 '기후 악당'…시진핑은 다 계획이 있을까, 서울신문, 2020. 9. 28.
64 国汽车工程学会, 氢燃料电池汽车技术路线图, 中国汽车工程学会, 2016. 10.
65 에너지경제연구원, 세계 에너지시장 인사이트 제 21-18호, 에너지경제연구원, 2021. 9. 13.
66 김남희, [중국 수소 야심] 10년 후 수소차 100만 대 굴러간다…시장을 선점하라, 조선비즈, 2021. 9. 20.
67 김남희, [중국 수소 야심] 현대자동차, 내년 中서 수소연료전지시스템 생산…"중국이 기술 따라잡는 건 당연", 조선비즈, 2021. 9. 21.
68 최원석, 중국·토요타 수소차 연합 결성되나, 조선일보, 2020. 9. 22.
69 채영석, 토요타, 중국에서 연료전지 시스템 생산한다, 글로벌오토뉴스, 2021. 3. 30.
70 Jane Nakano, China's hydrogen industrial strategy, CSIS, 2022. 2. 3.
71 Nik Martin, Germany and hydrogen - €9 billion to spend as strategy is revealed, DW, 2020. 10. 6.
72 Nick Carey, German auto giants place their bets on hydrogen cars, Reuters, 2021. 9. 22.
73 Jennifer A Dlouhy, David R Baker, Biden eyes long-term hydrogen breakthrough in plan to send gas to EU, Bloomberg Green, 2022. 3. 25.
74 Joint Statement between the European Commission and the United States on European Energy Security, European Commision, 2022. 3. 25.

75 Sean, Toyota Mirai launched with over 600km range, India's first hydrogen fuel cell vehicle, Gizmochina, 2022. 3. 21.

76 Mick Chan, Toyota hydrogen 5.0L V8 engine developed by Yamaha with power, torque figures comparable to petrol engine, paultan.org, 2022. 2. 18 .

77 Greg Fink, GM working on hydrogen-powered generators to make EV charging portable, Car and Driver, 2022. 1. 20.

78 현대자동차그룹 뉴스룸, 현대자동차그룹 '하이드로젠 웨이브' 개최 "2040년 수소에너지의 대중화" 선언, 현대자동차그룹, 2021. 9. 7.

79 김명현, [그날 그후] 정의선, 수소경제 '퍼스트무버' 선언 2년…현대자동차 '수소차' 글로벌 리더십 과제는, 녹색경제신문, 2020. 12. 8.

80 배준희, [Issue Inside] 수소경제 '퍼스트무버' 선언한 현대자동차그룹-2030년까지 7.6조 투자… 年 50만 대 생산, 매일경제, 2018. 12. 17.

81 권순우, [단독] 현대자동차-두산 수소산업 손 잡는다… 세계 최초 듀얼 발전용 연료전지 개발, 머니투데이, 2019. 9. 20.

82 노철중, 현대자동차, '엑시언트 수소전기트럭' 10대 스위스로 첫 수출, Insight Korea, 2020. 7. 6.

83 Heavy Duty Trucking Staff, Hyundai to deploy hydrogen-fuel-cell trucks in California, Heavy Duty Trucking, 2021. 7. 26 .

84 Soren Amelang, German retailer switches battery electric logistics fleet to green hydrogen fuel cell, The Driven, 2022. 4. 2.

85 박진형, [수소모빌리티+쇼]현대모비스 '수소연료전지 파워팩', 非 차량 분야 공략, 전자신문, 2021. 9. 9.

86 Joanna Bailey, Airbus Seeks To Turn Paris Into A Hydrogen Hub, Simple Flying, 2021. 2. 11.

87 HyPoint is pioneering zero-emission hydrogen aviation, aeronautics, and urban air mobility, Hi View.

88 HyPoint working with BASF New Business to develop high-performance hydrogen fuel cell membranes for aviation; >3,000 W/kg, Green Car Congress, 2021. 10. 11.

89 HyPoint partners with Piasecki Aircraft to deliver next-generation hydrogen fuel cell system.s for eVTOLs, Piasecki Aircraft, 2021. 8. 24.

90 ZeroAvia and ZEV Station sign MoU to develop hydrogen refueling ecosystem at California airports, Green Car Congress, 2022. 4. 5

91 Mark Harris, Hydrogen startup ZeroAvia has a zero-emission vision, but its

next plane is a hybrid, Tech Crunch, 2022. 5. 29.
92 현대자동차 그룹, 수소에너지에도 종류가 있다. 그레이수소, 블루수소, 그린수소란?, 현대자동차 그룹, 2021. 8. 18
93 Bart Kolodziejczyk, Wee-Liat Ong, Hydrogen power is safe and here to stay, World Economic Forum, 2019. 4. 25.

3장

1 Cha Doo Won, Nobuyuki Uchida, Tsuyoshi Katayama, Park Peom, Effect of a hands-free cellular phone use on driver's mental workload and performance in an urban area, Journal of Korean Society of Transportation, Vol. 18, No. 4, pp.31-39, 2000. 8.
2 Mitchell Clark, Tesla will stop letting people play games in cars that are moving, The Verge, 2021. 12. 23.
3 Chris Paulert, Why the 2019 Audi A8 won't get Level 3 partial automation in the US, Road Show, 2018. 5. 14.
4 Working Party on Automated/Autonomous and Connected Vehicles, UNECE Website.
5 Proposal for the 01 series of amendments to UN Regulation No. 157, Informal Document GRVA-12-52 12th GRVA, 24-28 January 2022 Agenda Item 4(d).
6 GRVA Working Party on Automated and Connected Vehicles Reports to WP.29, 2022. 1. 28.
7 Angus MacKenzie, Mercedes-Benz Drive Pilot First Drive: It actually drives itself, MOTORTREND, 2022. 1. 21.
8 Christiaan Hetzner, Audi quits bid to give A8 Level 3 autonomy, Automotive News, 2020. 4. 28.
9 Paul Myles, Honda Takes Step Toward Level 3 Autonomous Driving, WARDS AUTO, 2021. 8. 6.
10 Chihaya Inagaki, Honda rolls out world's first level 3 automated car for the public, The Aaahi Shimbun, 2021. 3. 5.
11 Honda SENSING Eliteを搭載した 特別なタイプ。Honda Legnd Website.
12 First internationally valid system approval for conditionally automated

driving, Mercedes-Benz Group Website, 2021. 12. 9.

13 Angus MacKenzie, Mercedes-Benz Drive Pilot First Drive: It actually drives itself, MOTORTREND, 2022. 1. 21.

14 Stefan Nicola, Mercedes drivers go hands-free on jammed German autobahns, Bloomberg, 2022. 5. 12.

15 Angus MacKenzie, Mercedes-Benz Drive Pilot first drive: It actually drives itself, MOTORTREND, 2022. 1. 21 .

16 Mercedes-Benz deploys HERE HD Live Map for DRIVE PILOT system, Global Newswire, 2021. 9. 6.

17 In a world-first, Valeo's second-generation LiDAR will equip the new Mercedes-Benz S-Class, allowing it to reach level 3 automation, Valeo Website, 2021. 12. 9.

18 Luminar partners With Mercedes-Benz to add lidar to production L3 self-driving cars, Robotics 24/7, 2022. 1. 20.

19 Nico DeMattia, 2022 BMW 7 series will get level 3 aAutonomous driving next year, BMW Blog, 2022. 11. 5.

20 Anthony Lemonde, BMW wants to be the first company to offer Level 3 autonomous driving in North America, MOTOR ILLUSTRATED, 2021. 11. 8

21 Michael Taylor, Carly Schaffner, BMW 7 Series to reach Level 3 autonomy next year, Fobes, 2021. 11. 4.

22 Innoviz gears up for Level 3 driver assistance, Design News, 2022. 4. 4.

23 Adrian Smith, BMW Group, Qualcomm & Arriver form strategic cooperation to develop automated driving software solutions, Auto Futures, 2022. 3. 10.

24 Dan Robinson, Qualcomm closes $4.5bn deal, will acquire autonomous driving assets, The Register, 2022. 3. 24.

25 Volvo Cars CEO urges governments and car industry to share safety-related traffic data, Volvo Global Newsroom, 2017. 4. 3.

26 Andrew J. Hawkins, Volvo confident it can get its 'unsupervised' highway driving mode approved in California, THE VERGE, 2022. 1. 5.

27 Dave LaChance, Volvo's new EV to use lidar for unsupervised autonomous driving, RDN Repairer Driven News, , 2022. 1. 19.

28 Adrian Padeanu, BMW and Stellantis join forces for Level 3 autonomous driving system, BMW BLOG, 2021. 12. 7.

29 Autonomous driving, Stellantis Website.

30 Nick Gibbs, Stellantis will roll out Level 3 self-driving in 2024, Automotive News, 2021. 12. 9.
31 박영국, 현대자동차가 내년 양산하는 레벨3 자율주행차, 어떻게 달라지나, 데일리안, 2021. 1. 6 .
32 Chris Paukert, 2023 Nissan Ariya First Drive Review: Silent Lucidity, ROAD SHOW, 2022. 3. 22.
33 Mike Monticello, Cadillac's Super Cruise outperforms other Driving Assistance Systems, Consumer Report, 2020. 10. 28.
34 Mike Monticello, Cadillac's Super Cruise outperforms other Driving Assistance Systems, Consumer Report, 2020. 10. 28.
35 GM at CES 2022: Experience the Ultium effect across an expanding portfolio of electric vehicles, GM Corporate Newsroom, 2022. 1. 5.
36 GM Introduces new Super Cruise features to 6 model year 2022 vehicles, GM Corporate Newsroom, 2021. 7. 23.
37 Designated to take your hands and breath away, Cadillac Website.
38 Jessica Shea Choksey, What is GM Ultra Cruise?, J.D. Power, 2021. 10. 11.
39 Public Road and Street Mileage in the United States by Type of Surface, Bureau of Transportation Statistics, 2020. 12. 7.
40 GM, 모든 주행 상황의 95% 대처 가능한 울트라크루즈 발표, GM Corporate Newsroom, 2021. 10. 11.
41 James Billington, GM Super Cruise: How the hands-off driving technology works, Autonomous Vehicle International, 2018. 9. 14.
42 Bengt Halvorson, GM claims Ultra Cruise will go hands-free in 95% of scenarios, due in 2023, 2021. 10. 6.
43 Designated to take your hands and breath away, Cadillac Website.
44 What is Ford BlueCruise (formerly Active Drive Assist)?, Ford Website.
45 Carl Anthony, Ford to launch Bluecruise: How it works and how it compares to similar systems, AutoVision News, 2021. 4. 16.
46 What is Ford BlueCruise (formerly Active Drive Assist)?, Ford Website.
47 Sean Szymkowski, Ford delays BlueCruise hands-free driving system OTA update to early 2022, Road Shows, 2021. 10. 28.
48 Gary Witzenburg, Ford Blue Cruise: Call it Level 2.5, WARDS AUTO, 2021. 8. 11.
49 転レベル3解禁, Nekkei Automotive, pp. 42-61, 2020. 6.
50 환형아, 독일무인자율주행차법의 주요 내용 및 시사점, KIRI 보험법 리뷰 포커스,

2021. 6. 14.
51 4차 산업혁명 기술의 발전에 따른 자율주행차 전용 보험상품 도입, 금융위원회 보도자료, 2020. 9. 11.
52 Jack Quick, Mercedes accepts legal liability for Level 3 drive pilot system, Car Expert, 2022.03.23.
53 Hans Greimel, Honda's Level 3 system for automated driving has limits, Automotive News, 2022. 1. 24.
54 Honda launches next generation Honda SENSING Elite safety system with Level 3 automated driving features, Honda European Media Newsroom, 2021. 3. 4.
55 Sean O'Kane, Tesla starts using in-car camera for Autopilot driver monitoring, THE VERGE, 2021. 5. 27.
56 Keith Barry, Tesla's camera-based driver monitoring fails to keep driver attention on the rRoad, CR tests show, Consumer Report, 2021. 12. 22.
57 Angus MacKenzie, Mercedes-Benz drive pilot first drive: It actually drives itself, MOTOR TREND, 2022. 1. 21.
58 Ford's 'Mother of All Road Trips' tests blueruise hands-free driving ahead of over-the-air push to F-150, Mustang Mach-E, Ford Media Center, 2021. 4. 14.
59 NHTSA orders crash reporting for vehicles equipped with Advanced Driver Assistance Systems and Automated Driving Systems, NHTSA, 2021. 6. 29.
60 문병준, 자율주행자동차 기능안전 및 성능안전 법규 추진 동향, 〈오토저널〉 2020년 12월호.

4장

1 Over-the-Air Software Updates-Reaping Benefits for the Automotive Industry, FutureBridge Analysis, 2020. 1. 22.
2 Stuart Birch, Volvo sees 360c concept as alternative to flying, autonomous-standards avatar, SAE International, 2018. 9. 6.
3 'LG 옴니팟' 실물 첫 전시, LiVE LG, 2022. 1. 24.
4 Brittany Chang, Toyota has created a car that uses AI to sense a driver's state, and can even wake them up using inflatable cushions or cold air if

they're nodding off, Insider, 2019. 10. 15.

5 Toyota, Toyota's new "LQ" wants to build an emotional bond with its driver, Toyota, 2019. 10. 11.

6 Jess Weatherbed, The Tesla infotainment system could soon support your entire Steam library, techradar, 2022. 2. 23.

7 Emma Notarfrancesco, Tesla launches in-car karaoke system with built-in microphone, DRIVE, 2022. 2. 6.

8 Bob Hull, BMW i7 review: How the latest BMW electric car brings the big screen to the back seat, Motoring, 2022. 5. 6.

9 차두원, 이동의 미래, 한스미디어, 2018. 12.

10 holoride: Virtual Reality meets the real world, Audi Press & Media Center, 2019. 1. 7.

11 Immersive Virtual Display, United Stated Patent Publication Number US 2018 / 0089901 A1, 2019. 3. 29.

12 Jeremy Horwitz, Apple Seeks VR Patent to Bring Zombie Attacks and Talk Shows into Self-Driving Car, Venture Beat, 2018. 3. 30.

13 Invisible-to-Visible visualizes real and virtual world information through augmented reality to create the ultimate connected-car experience for drivers and passengers, Nissan Invisible-to-Visible (I2V) Website, 2019.

14 Michael Wayland, GM discontinues once-promising Marketplace app that allowed you to shop while driving, CNBC, 2022. 2. 18.

15 ConnectedTravel Website, https://www.connectedtravel.com.

16 Dean Takahashi, Honda Dream Drive? hands-on with a prototype for car infotainment, Venture Beat, 2019 2. 10.

17 Digital Drive Report 2019, P97, 2019. 1.

18 Joe White, Cruise to deploy robotaxis in Dubai from 2023, Automotive News, 2021. 4. 12.

19 Kirsten Korosec, Cruise unveils Origin, an electric driverless vehicle designed for sharing Kirsten Korosec, Tech Church, 2020. 1. 22.

20 Toyota launches e-Palette autonomous electric concept and mobility system, Green Car Congress, 2018. 1. 9.

21 Hyundai and Kia make strategic investment in Arrival to co-develop electric commercial vehicles, Hyundai Newsroom, 2020. 1. 6.

22 자율주행위원회 정책 제안 보고서, 한국공학한림원 자율주행위원회, 2022. 3.

23 Neolix Website, https://www.neolix.cn.

24 Miguel Cordon, SoftBank co-leads Chinese self-driving vehicle firm's series B round, Tech in Asia, 2021. 8. 18.
25 Iris Ouyang, Masayoshi Son's SoftBank invests in Chinese driverless delivery van start-up Neolix, South China Morning Post, 2021. 8. 18.
26 Edward Niedermeyer, Navya Pivots Away From "Experimental" Autonomous Shuttle Business, The Drive, 2019. 7. 29.
27 Exclusive - Sudden end of course for Bestmile, the great Swiss hope for mobility, archyde, 2021. 6. 21.
28 Rebecca Bellan, Local Motors, the startup behind the Olli autonomous shuttle, has shut down, TechCrunch, 2022. 1. 14.
29 Brianna Wessling, Autonomous vehicle startup Optimus Ride acquired by Magna, The Robot Report, 2022. 1. 11.
30 James Sillars, Uber signs deal with UK's Arrival to develop 'purpose-built' electric car, sky news, 2021. 5. 4.
31 Mark Kane, DiDi Introduces BYD D1 Purpose-Built, Ride-Hailing EV, INSIDE EVs, 2020. 11. 24.
32 Putting Zoox to the Test: Rain Mitigation, Zoox Youtube Channel, 2022. 4. 20.
33 기아 '2022 CEO 인베스터데이', 전동화 전환 가속-PBV 사업 본격화, 현대자동차그룹, 2022. 3. 3.
34 기아, 쿠팡과 PBV 사업 협력 MOU 체결, 기아 보도자료, 2022. 4. 15.
35 장길수, 자율주행 배송로봇 기업 '뉴로', 6억 달러 투자 유치 '대박', 로봇신문, 2021. 11. 3.
36 2022: Car announcement - Nuro R3 (unmanned vehicle), TADVISER, 2022. 1. 12.
37 Levi Sumagaysay, 'It's truly contactless': In a new world, Nuro's delivery pods gain new virtue, protocol, 2020. 4. 3.
38 Andrew J. Hawkins, Two ex-Google engineers built an entirely different kind of self-driving car, THE VERGE, 2018. 1. 30.
39 Alibaba's self-driving delivery robots deliver over one million orders in China, iXtenso, 2021. 10. 14.
40 Self-Guided Vehicles Impacts in Supply Chain, Self-Guided Vehicles Impacts in Supply Chain, NOVA School of Business & Economics, 2019. 1.
41 Ed O'Brien, Options for deploying last-mile delivery robotics systems, Robotics Business Review, 2019. 11. 29.

42 Jenifer McKevitt, Last-mile delivery could make or break retail sales this year, Supply Chain DIVE, 2017. 11. 21.
43 Global autonomous last mile delivery market expected to grow with a CAGR of 23.7% during the forecast period, 2021-2030, Businesswire, 2020. 3. 4.
44 Cinnamon Janzer, Are Robots Coming to a Sidewalk Near You?, NEXT CITY, 2021. 9. 10.
45 드론·로봇을 생활물류서비스에 활용하도록 한걸음 모델 합의 도출, 기획재정부 보도자료, 2021. 11. 10.
46 Mark Lane, NomNom robot enhances contactless F&B service at LAX, The Moodie Davitt Report, 2021. 9. 2.
47 様な交通主体の交通ルール等の 在り方に関する有識者検討会, 警察庁, 2021. 12. .
48 David Edwards, Starship Technologies raises $100 million in 30 days as demand for delivery robots skyrocke, Robotics & Automation, 2022. 3. 3.
49 Maija Palmer, Europe's 6-wheeled delivery robots begin invasion of US campuses, SIFTED, 2019. 9. 4.
50 Eurostat, Freight transport statistics - modal split, Data extracted in Feb 2021.
51 U.S Department of Transportation, Bureau of Transportation Statistics and Federal Highway Administration, Freight Analysis Framework, version 4.5, 2019.
52 Eric Weisbrot, 40+ must-know trucking industry statistics in 2021, JW Surety Bonds, 2021. 1. 29.
53 American Trucking Trend, American Trucking Association.
54 U.S. Bureau of Labor Statistics, Data Tools: Truck Transportation subsector workforce statistics, 2022. 3. 1.
55 Bob Costello, Alan Karickhoff, Truck driver shortage analysis 2019, American Trucking Associations, 2019. 7.
56 Driver shortage update 2021, Economic Department, American Trucking Associations, 2021. 10. 25.
57 ?ine Cain and Grace Kay, Walmart is offering truckers a starting salary between $95,000 to $110,000 a year as retailers scramble to shore up supply-chain capabilities, Insider, 2022. 4. 7.
58 Andy J. Semotiuk, Could U.S. immigration help solve need to recruit 1

million new truck drivers over next decade?, Forbes, 2021.11.16
59 Jeff Hecht, Autonomous vehicle technology shifts to a more realistic gear, LaserFocusWorld, 2021. 3. 24.
60 Ashley, Truckers ask DOT for $1 Billion investment in safe truck parking, CDL Life, 2021.11.30
61 Jeff Della Rosa, Truck parking shortage worsens: new study notes systems issues, TB&P, 2021.6. 21.
62 TuSimple Holdings Inc., First look at telematics study reveals significant safety advantages of TuSimple's autonomous driving technology, Cision PR Newswire, 2021. 9. 23.
63 Christoph Rauwald, Jan-Patrick Barnert, Daimler Truck gains in debut after historic split from mercedes, Bloomberg, 2021. 12. 9.
64 Anthony Ha, Daimler Trucks buys a majority stake in self-driving tech company Torc Robotics, Tech Crunch, 2019. 3. 28.
65 Matt Burns, Daimler Trucks partners with Waymo to build self-driving semi trucksTech Tech Crunch, 2020. 10. 27.
66 Kirsten Korosec, Daimler invests in lidar company Luminar in push to bring autonomous trucks to highways, Tech Crunch, 2020. 10. 31.
67 Jeff Hecht, Autonomous vehicle technology shifts to a more realistic gear, LaserFocusWorld, 2021. 3. 24.
68 Lora Kolodny, TuSimple says its self-driving trucks shaved 10 hours off a 24-hour run, CNBC, 2021. 5. 19.
69 Let's talk autonomous driving (ITAD), Autonomous truck driving: Is it a solution to the truck driver shortage and supply chain issues? 2022. 1. 31.
70 John Gallagher, FMCSA sees potential for human-autonomous team driver regulations, Freight Waves, 2021. 7. 7.
71 Rebecca Bellan, TuSimple completes its first driverless autonomous truck run on public roads, TechCrunch, 2021. 12. 29.
72 Tina Bellon, Self-driving truck company TuSimple to use Nvidia chips for autonomous computing, Yahoo Finance, 2022. 1. 4.
73 Kristen Korosec, Aurora acquires a second lidar company in push to bring self-driving trucks to the road, TechCrunch, 2021. 2. 26.
74 FMCW Lidar : The self-driving game-changer, Aurora, 2020. 4. 9.
75 Alan Adler, Aurora closes in on production version of self-driving truck technology, Freight Waves, 2021. 8. 27.

76 Alan Adler, Volvo group reports lower 2020 sales but strong profit margins, Freight Waves, 2021. 2. 3.
77 Mathilde Carlier, Volvo group's truck deliveries from FY 2008 to FY 2021, Statista, 2022. 3. 2.
78 Waste 360 Staff, Volvo unveils self driving hub-to-hub truck, Waste 360, 2017. 11. 16.
79 Alan Adler, Volvo partners with Aurora for hub-to-hub autonomous trucking, Freight Waves, 2021. 3. 30.
80 Aurora Team, Volvo's first commercial autonomous truck for the U.S. highway market, Volvo, 2021. 9. 13.
81 PACCAR, PACCAR and Aurora form strategic partnership to develop.
82 Matt Wolfe, Peterbilt, Aurora reveal SAE Level 4 autonomous truck, SAE International, 2022. 1. 6.
83 Pete Bigelow, Aurora affirms autonomous truck launch in 2023, robotaxi service in first earnings report since IPO, Automotive News, 2022. 2. 18.
84 Alan Adler, Aurora applying robot truck lessons to robotaxis that once led driverless parade, Freight Waves, 2022. 1. 19.
85 Aurora, Aurora's safety case framework version 1, Aurora, 2021. 8. 17.
86 Alan Ohnsman, Aurora plots robotaxi service with high-tech Toyota minivans, Forbes, 2021. 9. 20.
87 Morgan Forde, Embark to open freight transfer hubs in Los Angeles, Phoenix, Supplychain Dive, 2019. 9. 26.
88 Business Wire, Embark partners with Ryder to launch nationwide network of up to 100 freight transfer points for autonomous fleets, Business Wire, 2021. 9. 16.
89 Alan Adler, Embark Trucks hauling HP printers as it grows autonomous partner network, Freight Waves, 2021. 3. 15.
90 Tyson Fisher, Knight-Swift to equip trucks with Embark's autonomous truck tech, Land Line, 2022. 2. 23.
91 Embark Trucks, Embark Universal Interface accelerates integration of self-driving technology across major truck oem platforms, Cision PR Newswire, 2021. 3. 31.
92 Adam Frost, Ford and AVL demonstrate truck platooning in Turkey, Traffic Technology Today, 2019. 11. 25.
93 FordBlog, Meet with "Level 4 Highway Pilot" in autonomous transport!,

Ford Otosan Resmi Blogu, 2020. 12. 14.

94 Fred Lambert, Tesla Semi electric truck is finally nearing production, Electrek, 2021. 7. 20.

95 Fred Lambert, Tesla Semi production line at new Nevada building is coming up with a goal of 5 electric trucks per week, Electrek, 2021. 3. 30.

96 Mike Brown, Tesla Semi: Price, release date, and rivals for all-electric truck, 2022. 1. 5

97 Tesla, Tesla Semi, Tesla, https://www.tesla.com/semi.

98 Otilia Drăgan, WeRide introduces Robovan, the first level 4 autonomous cargo van to operate in China, Autoevolution, 2021. 9. 18.

99 Otilia Drăgan, Baidu unveils electric robot truck with smart cabin and advanced self-driving tech, Autoevolution, 2021. 9. 20.

100 Cupertino, SF Express selects self-driving truck company Plus for China's first commercial freight pilot using supervised autonomous trucks, Plus Newsroom, 2021. 3. 25.

101 Lulu Yilun Chen, Gillian Tan, Amazon snaps up option to buy stake in AI truck-driving startup, Bloomberg, 2021. 6. 21.

102 Alex Davies, Amazon dives into self-driving cars with a bet on Aurora, Wired, 2019. 2. 7.

103 Lora Kolodny, Amazon is hauling cargo in self-driving trucks developed by Embark, CNBC, 2019. 1. 30.

104 하선영, 박사 하나 없이 일냈다… '100만 원 장비'로 가는 자율트럭, 중앙일보, 2020. 12. 17.

105 Aver, ACEA wants 50,000 charging points for electric trucks by 2030, AVER, 2021. 5. 26.

106 김형주, 임경일, 김재환, 손웅비, 도시부 자율주행셔틀 실증을 위한 운행설계영역 분석: 안양시를 중심으로, 한국ITS학회논문지, 제19권, 2호, pp. 135~148, 2020. 4.

107 Alon Podhurst, Teleoperation: The "Picks And Shovels" Of The Autonomous Vehicle Gold Rush, Fobes, 2021. 8. 3.

108 차두원, [모빌리티 NOW]자율주행도 겨울 올까?, 차두원의 위클리 모빌리티 산업 리뷰 #3 , 디지털투데이, 2020. 3. 25.

109 Alon Podhurst, Why sidewalk delivery robots are here to stay, Driveu. AUTO, 2022. 3. 9.

110 Ronald D. White, Who's driving that food delivery bot? It might be an army

of humans behind the scenes, Los Angeles Times, 2022. 3. 17.
111 Coco, Coco bolsters leadership team with top executives amid rapid nationwide expansion, PR Newswire, 2022. 3. 30.
112 Egil Juliussen, Why autonomous vehicles will need teleoperation, EE Times Asia, 2021. 5. 6.
113 Egil Juliussen, Why autonomous vehicles will need teleoperation, EE Times Asia, 2021. 5. 6.
114 Alexei Oreskovic, Waymo and Cruise self-driving cars took over San Francisco streets at record levels in 2021-so did collisions with other cars, scooters, and bikes, insiders, 2022. 1. 28.
115 Pete Bigelow, Waymo: Versatility key to autonomous vehicle strategy, Automotive News, 2022. 2. 21.
116 Ryan Duffy, In a patch of Arizona, everyone knows Waymo. But few use it, Emerging Tech Brew, 2021. 8. 23.
117 Ray Stern, , Angry Residents, Abrupt Stops: Waymo Vehicles Are Still Causing Problems in Arizona Phoenix New Times, 2021. 3. 31.
118 JJRicks Studio Youtube Channel, https://www.youtube.com/watch?v=zdKCQKBvH-A.
119 Timothy B. Lee, Why hasn't Waymo expanded its driverless service? Here's my theory, ars technica, 2021. 7. 5.
120 Angus MacKenzie, Mercedes-Benz Drive Pilot First Drive: It Actually Drives Itself, MOTORTREND, 2022. 1. 21.
121 Rebecca Bellan, Kirsten Korosec, Musk says Tesla aspires to mass produce robotaxis by 2024, Tech Crunch, 2022. 4. 21.
122 Amir Efrati, Money Pit: Self-Driving Cars' $16 Billion Cash Burn, The Information, 2020. 2. 5.
123 End of Starsky Robotics, Starsky Robotics 10-4 Labs Medium, 2020. 3. 20.
124 Rebecca Bellan, Kirsten Korosec, Musk says Tesla aspires to mass produce robotaxis by 2024, Tech Crunch, 2022. 4. 21.
125 NHTSA Finalizes First Occupant Protection Safety Standards for Vehicles Without Driving Controls, National Highway Traffic Safety Administration, 2022. 3. 10.
126 Courtney Rozen, Self-driving robot start-up Nuro Self-Driving Car Scores First Federal Regulator Approval, Bloomberg Government, 2020. 2. 6.

127 차두원, [모빌리티 NOW]코로나19의 나비효과?… 공공도로에 등장한 자율주행 로봇, 디지털투데이, 2020. 3. 17.
128 It Began with a race…16 years of velodyne LiDAR, Velodyne Lidar blog, 2017. 1. 2.
129 U.S. Self-Driving Car Survey, Boston Group Consulting, 2014.
130 Naoki Watanabe, Hidenaki Ryugen, Cheaper lidar sensors brighten the future of autonomous cars, Nikkei Asia, 2021. 5. 30.
131 Alan Ohnsman, Luminar Surges on plan to supply laser sensors for Nvidia's self-driving car platform, Forbes, 2021. 11. 9.
132 Naomi Watanabe, Hideaki Ryugen, Cheaper lidar sensors brighten the future of autonomous cars, Nikkei Asia, 2021. 5. 30.
133 Luminar acquiring Freedom Photonics, Leader in high-performance laser chips, businesswire, 2022. 3. 21.
134 Fred LLambert, Tesla Autopilot is being investigated by NHTSA over 11 crashes involving first responder vehicles, electrek, 2021. 8. 16.
135 Brad Templeton, Teslas Are Crashing Into Emergency Vehicles Too Much, So NHTSA Asks Other Car Companies About It, Fobes, 2021. 9. 20.
136 Continuation of Research on Traffic Safety During the COVID-19 Public Health Emergency: January-June 2021, U.S. Department of Transportation, National Highway Traffic Safety Administration, Traffic Safety Fact, 2021. 10.
137 Continuation of Research on Traffic Safety During the COVID-19 Public Health Emergency: January-June 2021, U.S. Department of Transportation, National Highway Traffic Safety Administration, Traffic Safety Fact, 2021. 10.
138 Tesla Vehicle Safety Report, https://www.tesla.com/VehicleSafetReport.
139 Fred Lambert, Tesla with Autopilot engaged approaches 10x lower chance of accident than average car: here's the data, electrek, 2021. 4. 17.
140 Naoki Watanabe, Hidenaki Ryugen, Cheaper lidar sensors brighten the future of autonomous cars, Nikkei Asia, 2021. 5. 30.
141 Luminar Transaction Upsized and Closed at $625 Million; Stock Buyback Plan Increased to Over $300 Million, LUMINAR Website, 2021. 12. 23.
142 Peter Brown, Nvidia selects Luminar lidar for its Drive sensor suite, Electronics 360, 2021. 11. 12.
143 Sabbir Rangwala, Valeo leads deployment and industrialization of

automotive lidar, 2022. 1. 18.
144 Sabbir Rangwala, Has LiDAR Arrived?, Forbes, 2022. 1. 31.
145 Andrew J. Hawkins, Volvo bucks the industry, will sell LIDAR-equipped self-driving cars to customers by 2020, THE VERGE, 2020. 5. 6.
146 Sam Abuelsamid, General Motors selects cepton to supply lidar for 2023 production, Fobes, 2021. 9. 9.
147 이나리, 삼성전자, 자율주행 라이다 개발 착수…5년 뒤 상용화 목표, THEELEC, 2021. 7. 21.
148 Ben Gilbert, Elon Musk reportedly demanded cameras over radar in self-driving cars because human eyes don't rely on radar, Business Insider, 2021. 12. 7.
149 Fred Lambert, Tesla admits its approach to self-driving is harder but might be only way to scale, electrek, 2020. 6. 18.
150 Joanne Wu, LiDAR Revenue Expected to Reach US$2.9 Billion in 2025, with ADAS/Autonomous Vehicles as Primary Applications, TrendForce, 2021. 1.
151 Steven Loveday, Elon Musk Says Tesla's FSD Now Has Over 100,000 Beta Testers, INSIDEEVs, 2022. 4. 18.
152 Helm.ai Pioneers Breakthrough… "Deep Teaching" of neural networks, helm.ai, Medium, 2020. 6. 16.
153 Fred Lambert, Tesla looks to hire data labelers to feed Autopilot neural nets with images at Gigafactory New York, 2021. 2. 8.
154 Honda Invests in U.S.-based Helm.ai to strengthen its software technology Development, Honda News Release, 2022. 1. 20.
155 AutoTech Breakthrough Awards 웹사이트, https://autotechbreakthrough.com.
156 John Koetsier, The 'Android Of Self-Driving Cars' built a 100,000X cheaper way to train AI for multiple trillion-dollar markets, Forbes, 2020. 7. 16.
157 Sabbir Rangwala, Has lidar arrived? Fobles, 2022. 1. 31.
158 NODAR secures $12 million in funding from NEA, Self Drive News, 2022. 4. 13.
159 Hyunjoo Jin, Like Tesla, Toyota develops self-driving tech with low-cost cameras, Reuter, 2022. 4. 8.
160 Woven Planet Starts Using Data From Low-Cost Cameras for Self-Driving Vehicles Just Like Tesla, If Autonomous We Care, 2022. 4. 8.

161 홍승혜, 포티투닷, 자율주행 플랫폼 리더로 질주, FORTUNE KOREA, 2022. 1. 21.
162 UMOS Day 2021 영상 , 포티투닷, 2021. 7.
163 Liz Gannes, Tiny startup Cruise beats Google to offer self-driving car tech to consumers, Vox, 2014. 6. 23.
164 Lex Fridman Website, https://lexfridman.com/tesla-autopilot-miles-and-vehicles.
165 Timothy B. Lee, , Tesla's main self-driving rival isn't Google?it's Intel's Mobileye, ars TECHNICA, 2021. 1. 14.
166 Mobileye REM Website, https://www.mobileye.com/our-technology/rem.
167 With Intel Mobileye's newest chip, automakers can bring automated driving to cars, Digest Wire, 2022. 1. 4.
168 NoCamesl, Mobileye teams up with US firm for autonomous delivery service by 2023, KrASIA, 2021. 4. 13.
169 Mobileye RSS Website, https://www.mobileye.com/responsibility-sensitive-safety.
170 Mobileye True Redundancy Website, https://www.mobileye.com/true-redundancy.
171 Mobileye Super Vision Website, https://www.mobileye.com/super-vision.
172 Mobileye Super Vision Website, https://www.mobileye.com/super-vision.
173 Timothy Lee, Intel's Mobileye has a plan to dominate self-driving-and it might work, ars technica, 2020. 1. 11.
174 With Intel Mobileye's newest chip, automakers can bring automated driving to cars, Digest Wire, 2022. 1. 4.
175 Timothy B. Lee, Intel's Mobileye has a plan to dominate self-driving?and it might work, 2020. 1. 11.
176 Mobileye and Udelv Ink deal for autonomous delivery, Intel Newsroom, 2021. 4. 12.
177 Mobileye, Transdev ATS and Lohr Group to Develop AV Shuttles, Intel Newsroom, 2021. 2. 25.
178 Mobileye and SIXT Plan New Robotaxi Service, Intel Newsroom, 2021. 9. 7.
179 With Intel Mobileye's newest chip, automakers can bring automated driving to cars, Digest Wire, 2022. 1. 4.
180 한중과학기술협력센터, 중국의 커넥티드카 정책 및 발전 동향, 2020. 1.
181 2018年中国智能网联汽车行业趋势：将迎来加速发展期, 观研报告网, 2018.

8. 1.
182 Gabriella, Fully unmanned Baidu Apollo Moon starts operation in Beijing, Gasgoo, 2021. 10. 28.
183 Phate Zhang, Baidu unveils Apollo Moon Robotaxi based on GAC Aion model, CHEVPOST, 2021. 10. 27 .
184 Disengagement Report, California DMV. 2022. 2.
185 Hyunjoo Jin, Brenda Goh, California halts Pony.ai's driverless testing permit after accident, Reuters, 2021. 12. 13.
186 Phate Zhang, Pony.ai becomes first self-driving firm to get taxi license in China, CNEVPOST, 2022. 4. 24.
187 Weride Website, https://www.weride.ai.
188 Arjun Kharpal, Chinese driverless car start-up WeRide makes first acquisition as competition ramps up, CNBC, 2021. 7. 21.
189 Arjun Kharpal, Chinese driverless car start-up WeRide raises $310 million in funding as competition heats up, CNBC, 2021. 1. 14.
190 China's WeRide Raises $310M At $3.3B valuation from Nissan, others, PYMNTS, 2021. 6. 23.
191 Fan Feifei, Autonomous taxi market set to rev up, China Daily, 2021. 11. 11
192 2018년 ICT 기술수준조사 보고서, 2019/2020 ICT 기술수준조사 및 기술경쟁력분석보고서, 정보통신기획평가원.

5장

1 Jonathon Poskitt, Global light vehicle sales in 2022: Reasons to be cheerful?, JUST AUTO, 2022. 2. 3.
2 Leonardo Paoli, Timur Gul, Electric cars fend off supply challenges to more than double global sales, International Energy Agency, 2022. 1. 30.
3 Keith Naughton, David Welch, This is what Peak Car looks like, Bloomberg Businessweek, 2019. 2. 28.
4 Sarah O'Brien, New and used car prices keep climbing. Don't expect relief anytime soon, CNBC, 2022. 1. 8.
5 Sebastian Blanco, New car price keeps climbing, with average now at

almost $47,100, Car and Driver, 2022. 1. 12.
6 Robert Ferris, Cars on American roads keep getting older, CNBC, 2021. 9. 28.
7 수입차 구입가 20% 오를 때 국산차는 30% 올랐다, 컨슈머 인사이트, 2021. 1. 5.
8 이건혁, 신차 평균가격 4000만 원 첫 돌파, 동아일보, 2022. 4. 7.
9 2021년도 평균 폐차 주기, 한국자동차해체재활용업협회, 2022. 2. 5.
10 Natalie Middleton, Drivers more likely to switch to EVs in wake of Covid-19 lockdown, fleetworld, 2020. 4. 8.
11 Transport sector CO2 emissions by mode in the Sustainable Development Scenario, 2000-2030, International Energy Agency, 2020. 1. 5
12 China releases white paper on climate change response, CGTN, 2021. 10. 27.
13 Energy-saving and New Energy Vehicle Technology Roadmap 2.0 officially released, China Society of Automotive Engineers, 2020. 10. 27.
14 COP26: Together for our planet, United Nations, Climate Action.
15 COP26 declaration on accelerating the transition to 100% zero emission cars and vans, GOV.UK, 2021. 12. 6.
16 Eisenstein, Bill Howard, With dealer lots bare, car shoppers turn to build-to-order, Forbes, 2022. 2. 24.
17 최은서, 전기차는 정말 친환경차일까?, 그린피스, 2020. 6. 16.
18 Eoin Bannon, Latest data shows lifetime emissions of EVs lower than petrol, diesel, energypost.eu, 2020. 5. 12.
19 [탄소중립 용어사전] RE100이란?, 2050 탄소중립위원회, 2022. 3. 2.
20 CDP Website, https://www.there100.org.
21 에너지관리공단 한국형 RE100 참여현황, https://nr.energy.or.kr.
22 Leonardo Paoli, Timur Gul, Electric cars fend off supply challenges to more than double global sales, International Energy Agency, 2022. 1. 30.
23 David Leggett, 2022 and the global sales picture, JUST AUTO, 2021. 12. 13.
24 Prachi Mehta, Electric vehicle race heats up, PV Magazine, 2021. 8. 17.
25 Laura Cozzi, Apostolos Petropoulos, Global SUV sales set another record in 2021, setting back efforts to reduce emissions, International Energy Agency, 2021. 12. 21.
26 Volkswagen doubles deliveries of all-electric vehicles in 2021, Volkswagen

Aktiengesellschaft, 2022. 1. 12.
27 Luke Wilkinson, Volkswagen 'New Auto' strategy predicts near 100 percent EV sales by 2040, Auto Express, 2021. 7. 15.
28 Jay Ramey, VW Speeds up EV Goal of 1.5 Million Cars by 2025, Autoweek, 2020. 1. 3.
29 Volkswagen vows to build 1 million EVs per year in China from 2023, CGTN, 2022. 2. 7.
30 Akio Toyoda Shares Toyota's Strategy for Achieving Carbon Neutrality Through Battery Electric Vehicles, Toyota News Room, 2021. 12. 14.
31 川明, ソニーとホンダ、EVで提携　新会社で25年に発売, 日本経済新聞, 2022. 3. 4.
32 GM and Honda Will Codevelop Affordable EVs Targeting the World's Most Popular Vehicle Segments, GM Corporate Newsroom, 2022. 4. 5.
33 Honda and GM to share EV platform for lower-cost North American models, Nikkei Asia, 2021. 9. 6.
34 Summary of Honda briefing on automobile electrification business, Honda Media Newsroom, 2022. 4. 12.
35 Chris Bruce, Toyota Investing In ICE By Spending $383 Million On Four-Cylinder Engine, motor1, 2022. 4. 20.
36 Gabriel Nica, BMW Development Chief: "We're not giving up on ICE models yet", BMW Blog, 2021. 9. 27.
37 Grace Dean, Elon Musk says Tesla will 'probably' make 20 million electric vehicles a year by 2030-more than 50 times what it produced last year, 2020. 9. 28.
38 Andrei Nedelea, Elon Musk: Tesla Aims To Sell 20-Million EVs Annually By The Early 2030s, INSIDEEVs, 2022. 3. 26.
39 Tesla earnings surge on record Q4 deliveries, Automotive News Europe, 2022. 1. 26.
40 Austin-based Tesla posts record $3.32 billion profit in first three months of 2022, Austin American Statesman, 2022. 4. 20.
41 박형근, 테슬라 버티컬(상): 혁신의 상징 '테슬라 플랫폼', PSORI 이슈리포트, 2021. 8. 11.
42 Gustavo Henrique Ruffo, NIO and XPeng may use massive casting parts from common supplier, 2022. 1. 24.
43 LK Machinery 9000 Ton press - which acquired IDRA in 2008, Cybertruck

Owers Club, 2021. 11. 3.
44 IDRA Group unveils the Tesla Cybertruck's 9,000ton Giga Press in Italy, Drive Tesla, 2022. 6. 8
45 Austin-based Tesla posts record $3.32 billion profit in first three months of 2022, Austin American Statesman, 2022. 4. 20.
46 Simon Alvare, Tesla's partner IDRA shares insights on the Cybertruck Giga Press' potential, TESLARATI, 2021. 4. 1.
47 Simon Alvare, Tesla worked with LK Tech for over a year to design and build the Giga Press, TESLARATI, 2021. 11. 30.
48 Steve Hanly, NIO & XPeng Order Die-Casting Machines, NIO Confirms European Plans, CleanTechnica, 2022. 1. 24.
49 Gustavo Henrique Ruffo, NIO and XPeng may use massive casting parts from common supplier, 2022. 1. 24.
50 Scooter Doll, Volvo Cars to invest over $1 billion to upgrade Swedish plant with tech-like mega casting for its next generation of BEVs, electrek, 2022. 2. 8.
51 박형근, 테슬라 버티컬(상): 혁신의 상징 테슬라 플랫폼, POSRI 이슈리포트, 2021. 8. 11.
52 박형근, 테슬라 버티컬(상): 혁신의 상징 테슬라 플랫폼, POSRI 이슈리포트, 2021. 8. 11.
53 James Dyson, The inside story of Dyson's $700 million quest to design an electric car, Fast Company, 2021. 8. 30.
54 Mark Gurman, Musk says Apple CEO refused talks for Tesla at $60 Billion, Bloomberg, 2020. 12. 23.
55 Lucid cuts 2022 production goal, misses delivery target, Automotive News, 2022. 2. 28.
56 Monica, NIO hits 100,000-unit production milestone, Gasgoo, 2021. 4. 7.
57 NIO Inc. reports unaudited fourth quarter and full year 2018 financial fesults, Nio News Release, 2019. 3. 5.
58 EV startup NIO abandons plan to make its own cars.
59 Rivian, Chrunchbase.
60 Nissan appoints new VP to Mississippi plant, Official Nissan U.S. Newsroom, 2020. 9. 11.
61 Rivian Ready for Big Things, Automotive News, 2022. 4.
62 Lucid cuts 2022 production goal, misses delivery target, Automotive

News, 2022. 2. 28.
63 Nick Carey, Ben Klayman, EV startups hunt for low-cost roads to mass production, Reuter, 2021. 8. 17.
64 Bengt Halvorson, Cost remains the biggest barrier against EV adoption, study finds Bengt Halvorson, Green Car Report, 2020. 1. 13.
65 Battery pack prices fall to an average of $132/kWh, but rising commodity prices start to bite, BloombergNEF, 2021. 11. 30.
66 David Wagman, DOE offers an energy storage strategy, publishes detailed technology cost estimates, pv magazine, 2020. 12. 22.
67 Todd Gillespie, EV battery costs fell to new lows in 2021, but could climb in 2022: report, 2021. 12. 5.
68 Matthew Guy, Nissan unveils EV concepts, promises 23 new electrified models by 2030, Driving, 2021.12. 2.
69 Kaushik Viswanath, What everyone got wrong about Elon Musk's battery day, Medium, 2020. 9. 25.
70 Stephen Edelstein, Report: $60/kWh battery pack price will make EVs cheaper than combustion, Green Car Reports, 2021. 4. 28.
71 Connor Hoffman, BMW and Ford invest in solid-state battery startup for future EVs, Car and Driver, 2021. 5. 3.
72 Sebastian Blanco, VW details unified cell battery tech, Wards Auto, 2021. 4. 15.
73 Michael Martinez, Ford boosts electrification spending, expects 40% of global sales to be EVs by 2030, Automotive News, 2021. 5. 26.
74 Stephen Edelstein, Report: EV battery costs hit another low in 2021, but they might rise in 2022, Green Car Report, 2021. 12. 1.
75 KIMOS 한국자원정보시스템, https://www.kores.net/komis/main/userMain/main.do#none.
76 Stephen Edelstein, Study: EVs will still cost more to make, even after batteries get much cheaper, Green Car Reports, 2020. 9. 2.
77 Alisa Priddle, What happened with the semiconductor chip shortage?and how and when the auto industry will emerge, MOTORTREND, 2021. 12. 27.
78 Samuel K. Moore, The chip shortage, giant chips, and the future of Moore's Law, IEEE Spectrum, 2021. 12. 28.
79 Vikram Chaudhary, Semiconductors: Your car is a computer on wheels,

Express Drivers, 2022. 3. 12.

80 Ondrej Burkacky, Stephanie Lingemann, Klaus Pototzky, Coping with the auto-semiconductor shortage: Strategies for success, McKinsey & Company, 2021. 5. 27.

81 Global total semiconductor equipment sales on track to top $100 billion in 2021 for first time, SEMI reports, SEMI, 2021. 12. 13.

82 Intel to invest $20B for Ohio chip hub; project 'critical' to automakers, Automotive News, 2022. 1. 21.

83 Michael Wayland, Chip shortage forces Ford to cut production of F-150, Bronco and other important vehicles, CNBC, 2022. 2. 4.

84 Eamon Barrett, 토요타, 반도체 부족사태를 극복하다, FORTUNE KOREA, 2021. 9. 14.

85 Automakers get inventive as global chip crisis bites, Automotive News Europe, 2021. 11. 27.

86 Dana Hull, Jennifer JacobsTesla, Who? Biden can't bring himself to say It ? and Musk has noticed, Bloomberg, 2022. 2. 3.

87 Hyunjoo Jin, How Tesla weathered global supply chain issues that knocked rivals, Reuter, 2022. 1. 4.

88 Hyunjoo Jin, Automakers, chip firms differ on when semiconductor shortage will abate, Reuter, 2022. 2. 4.

89 IEA, Global EV Outlook 2001, International Energy Agency, April 2021.

90 권녕찬, EV 트렌드 설문 응답자 95% "전기차 구매 의사" 64% "3년 내", 산업경제신문, 2020. 8. 25.

91 환경부 대기미래전략과, 전기·수소차 보급 및 충전인프라 구축 현황-무공해차 주요통계 '21.12.31, 2022. 1. 20.

92 오재학, 미래차 기반 교통체제 지원사업 2019년도 성과요약-2세대 전기승용차 충전패턴과 정책적 시사점, 한국교통연구원, 2020. 3. 27.

93 전기?수소차 보급 및 충전인프라 구축 현황-무공해차 주요통계 '21.12.31, 환경부 대기미래전략과, 2022. 1. 20.

94 오성훈, 박경은, 2021 글로벌 자동차 소비자 조사, 딜로이트 인사이트, 2021. 2. 9.

95 서용덕, [국외소식] 내연기관 이륜차 도심 진입 제한하는 유럽 주요 도시들, M Story, 2021. 6. 16.

96 Scott Hardman, Gil Tal, Understanding discontinuance among California's electric vehicle owners, Nature Energy 6, pp.538~545, 2021. 4.

97 Bengt Halvorson, Survey : EV drivers are sticking to home charging, while public networks expand, Green Car Reports, 2020. 9. 14.
98 Carolyn F, Tesla shuts down battery swap program in favor of Superchargers, for now, Teslarati, 2016. 11. 6.
99 Batter swap, Tesla Owner, https://teslaowner.wordpress.com/2015/07/01/battery-swap, 2015. 7. 1.
100 Max Chakfin, A broken place : The spectacular failure of the startup that was going to change the world, Fast Company, 2014. 4. 17.
101 Jeremy Strickland, Why did better place fail and Tesla succeed?, Medium, 2019. 8. 29.
102 Lora Kolodny, Ample is trying to make battery swapping for EVs a reality, starting with Uber drivers in the Bay Area, CNBC, 2021. 3. 3.
103 Establishment of Gachaco, Inc. Gachaco will provide sharing service of standardized swappable batteries for electric motorcycle, Honda News Release, 2022. 3. 30.
104 K R Balasubramanyam, Honda to kick off EV battery swapping in Bengaluru by June, first in 3-wheeler space, The Economic Times, 2022. 1. 14.
105 Aparna Alluri, Vikas Pandey, The bumpy road to India's electric car dreams, BBC News, 2021. 10. 25.
106 Sweta Goswami, Budget 2022: Special mobility zones, EV battery-swapping policy soon, Hindustan Times, 2022. 2. 22.
107 India's proposed battery swap scheme, India Brand Equity Foundation, 2022. 3. 16.
108 Shubham Kumar , NITI Aayog To Soon Introduce EV Battery Swapping Policy To Push EV In India, 2022. 2. 26.
109 인도 2021년 인도 자동차 판매 300만 대 돌파, KOTRA 해외시장정보, 2022. 1. 14.
110 XEV Website, https://www.xevcars.it.
111 Gustavo Henrique Ruffo, Nio presents new 100 kWh battery pack and battery upgrade plans, Inside EVs, 2020. 11. 6.
112 Monika, NIO completes building of 600 battery swap stations in China, Gasgoo, 2021. 11. 3.
113 Yang, EV battery swapping was left for dead. Now, it's being revived in China, protocol, 2022. 3. 21.
114 Lawrence Allan, NIO and Shell sign agreement for battery swap stations,

Auto Express, 2021. 11. 26.
115 NIO's newest generation Power Swap Station 2.0, NIO Newsroom, 2021. 10. 26.
116 2022年2月全国电动汽车充换电基础设施运行情况, 中国充电联盟, 2022. 3. 11.
117 Zeyi Yang, EV battery swapping was left for dead. Now, it's being revived in China, protocol, 2022. 3. 21.
118 业和信息化部, 关于启动新能源汽车换电模式应用试点工作的通知, 2021. 21.
119 业和信息化部, 关于启动新能源汽车换电模式应用试点工作的通知, 2021.
120 Zeyi Yang, EV battery swapping was left for dead. Now, it's being revived in China, protocol, 2022.
121 Cho, Yingying, Oil giant teams up with Aulton to build battery swap stations, China Daily, 2022. 4. 9.
122 计划巨变中石化宣布: 在5000座加油站建换电站所有电动汽车都能用未来, 已来?, 央视财经, 2021. 4. 15.
123 CATL launches battery swap Ssolution EVOGO featuring modular battery swapping, CATL, 2022. 1. 18.
124 电动汽车"充电难": 建充电桩就够了吗?, 新京报, 2021. 10. 20.
125 Claudio Afonso, Battery swap station are here to stay? Chinese EVs plan to have +26,000 within 4 years, 2022. 2. 6.
126 电动汽车换电安全要求(Safety requirements of battery swap for electric vehicles), 全国汽车标准化技术委员会电动车辆分会, 2021. 11.
127 Claudio Afonso, Battery swap station are here to stay? Chinese EVs plan to have +26,000 within 4 years, 2022. 2. 6.
128 Battery swapping for EVs Is big in China. Here's how it works, Bloomberg Hyperdrive, 2022. 1. 24.
129 Zeyi Yang, EV battery swapping was left for dead. Now, it's being revived in China, protocol, 2022.
130 换电试点启动 北京有望领跑, 新能源汽车新闻, 2021. 11. 8.
131 Fit for 55, European Council, Council of European Union.
132 Regulation(EU) 2019/631 of the European Parliament and of the Council, legislation.gov.uk.
133 Trans-European Transport Network(TEN-T), European Commission.
134 Alternative fuels infrastructure regulation, FuelsEurope, 2021. 11. 18.
135 Scaling EV infrastructure to meet net-zero targets, Global Infrastructure

Initiative, Mckinsey & Company, 2021. 10.
136 Wireless charging technology for EVs, Power Electronics News, 2021. 5. 27.
137 Bengt Halvorson, Volvo plans to test wireless fast-charging with XC40 Recharge taxis, Green Car Report, 2022. 3. 8.
138 홍승혜, '주차만 하면 충전 끝' 제네시스, 전기차 무선충전소 연다, Fortune Korea, 2022. 4. 6.
139 전기차무선충전서비스, 규제정보포털, https://better.go.kr.
140 Mark Kane, Genesis GV60 gets factory-installed wireless charging option, Inside EVs, 2021. 10. 6.
141 WiTricity Acquires Qualcomm Halo, WiTricity Website, 2019. 2. 11.
142 85KHz 활용 전기버스 무선충전 서비스, 규제정보포털, https://better.go.kr.
143 America's motor city travels electric road to resurrection, MOVINON, 2022. 2.
144 Electreon reports fourth quarter financial results, businesswire, 2022. 3. 31.
145 Chris Davies, Elon Musk says Tesla robo-snake charger is still on The roadmap read more, Slash Gear, 2020. 10. 9.
146 Volkswagens Mobile Charging Robot, Volkswagens News, 2020. 12. 28.
147 Evar Website, https://ko.evar.co.kr/evar-robot.

6장

1 Jerry Hirsch, Elon Musk: Model S not a car but a 'sophisticated computer on wheels', Los Angeles Times, 2015. 3. 19.
2 The future of automotive-A survey of auto manufacturing decision maker, molex, 2021. 1.
3 보쉬, SW와 전자 통합한 신사업부 설립, AEM, 2020. 9월호
4 Bosch pools its software and electronics expertise in one division with 17,000 associates, BOSCH, 2029. 6. 9.
5 선연수, 자동차를 더 효율적으로 굴린다, ECU의 등장, TECH WORLD, 2020. 3. 6.
6 Robert N. Charette, How software is eating the car, IEEE Spectrum, 2021. 6.

7.
7 Sam Abuelsamid, Bosch consolidates all automotive software and electronics into new division, Fobes, 2020. 7. 21.
8 이권, 도승선, 윤종호, 자동차용 이더넷 기술, 정보와 통신, 한국통신학회지, 제 33권 제 1호, pp. 54-62, 2015.
9 ソフトで 勝ち抜く, ビークルOS時代の自動車戦略, Nikkei Automotive, 2020. 7.
10 ソフトで 勝ち抜く, ビークルOS時代の自動車戦略, Nikkei Automotive, 2020. 7.
11 Tina Bellon, Hyunjoo Jin, David Shepardson, Analysis: Tesla software updates allow quick fixes - and taking risks, Reuters, 2022. 2. 19.
12 Tom Krisher, US regulators seek answers from Tesla over lack of recall, abc News, 2021. 10. 13.
13 J. Fingas, VW expects EVs to represent half of its vehicle sales by 2030, engadget, 2021. 7. 13.
14 ソフトで 勝ち抜く, ビークルOS時代の自動車戦略, Nikkei Automotive, 2020. 7.
15 Woven Planet Holdings, a subsidiary of Toyota, acquires vehicle operating system developer Renovo Motors, Toyota News Release, 2021. 9. 28.
16 Viknesh Vijayenthiran, Mercedes-Benz developing own operating system for 2024 launch, Motor Authority, 2021. 6. 25.
17 Bogdan Popa, Here's the full list of cars powered by android automotive, autorevolution, 2021. 9. 12.
18 Jonathon Ramsey, autoblog, 2021. 9. 30. How GM's Ultifi software will change the buying and ownership experience
19 Stellantis Software Day 2021-Stellantis presents lits software strategy, Stellantis website, 2021. 12. 7.
20 Stefan Ogbac, VolvoCars.OS is Volvo's new in-house operating system umbrella, EV PULSE, 2021. 6. 30.
21 Sean O'Kane, Ford is making an electric Explorer, boosts EV investment by $8 billion, THE VERGE, 2021. 5. 26.
22 Less than 6% of New Vehicles Shipped with Android Automotive OS will feature Google Automotive Services in 2025, ABI Research, 2021. 11. 16.
23 Ford and Google to accelerate auto innovation, reinvent connected vehicle experience Ford Media Center, 2021. 2. 1.
24 Ben Dickson, Why Microsoft's self-driving car strategy will work, Venture

Beat, 2021. 1. 22.

25 Development of the Volkswagen Automotive Cloud, VW Newsroom, 2019. 12. 11.

26 Volkswagen Group teams up with Microsoft to accelerate the development of automated driving, Microsoft, 2021. 2. 10.

27 Sanjay Ravi, Microsoft expands its automotive partner ecosystem to power the future of mobility, Official Microsoft Blog, 2019. 9. 8

28 Sebastian Moss, Cruise to use Azure as Microsoft invests $2bn in autonomous vehicle company, Data Centre Dynamics 2021. 1. 20.

29 Automotive Industry Case Studies, AWS Website, https://aws.amazon.com/ko/automotive/case-studies.

30 Global Automotive Cybersecurity Report, Upstream Security, 2022.

31 Alex Drozhzhin, Black Hat USA 2015: The full story of how that Jeep was hacked, kaspersky daily, 2015. 8. 6.

32 윤범진, 자동차, 더 이상 랜섬웨어 안전지대 아니다, AEM, 2018 3월호.

33 UN Regulation No 155 Cyber security and cyber security management system, United Nations, 2021. 3. 4.

34 UN Regulations on Cybersecurity and Software Updates to pave the way for mass roll out of connected vehicles, UNECE Press Release, 2020. 6. 24.

35 セキュリティー 22 年義務化に備える, Nikkei Automotive, 2021. 8

36 Automotive cybersecurity market worth $5.3 billion by 2026, Marketsand-Markets Report, 2022. 1. 21.

7장

1 2021 EU Industrial R&D Investment Scoreboard remains robust in ICT, health and green sectors, European Commission, 2021. 12. 17.

2 https://ec.europa.eu/commission/presscorner/detail/en/IP_21_6599.

3 Edith, Tesla records the highest R&D spend per car sold at $2984, StockApps.com, 2022. 3. 23.

4 Rho Asayama, Ford and Toyota top self-driving technology league table, Nikkei Asia, 2021. 5. 22.

5 Eric Walz, A look at how Waymo's self-driving test fleet safely traveled 2.7

million miles in San Francisco last year, Future Car, 2022. 1. 26.

6 How we ensure the Waymo Driver operates safely in San Francisco, Waymo Team, 2022. 1. 26.

7 김진용 외, 성장동력 현황 분석 및 정책 제언 - D.N.A와 BIG3, KISTEP Issue Paper 2021-15(통권 315호), 한국과학기술기획평가원, 2021. 11.

8 장정아, 최기주, 윤일수, 최정윤, 차두원, 자율주행차 선제적 규제혁신 로드맵 개정 연구, 아주대학교 산업협력단, 2021. 11. 30.

9 박진형, "레벨4 자율주행차도 비오면 못 타" 안전규제 강화, 전자신문, 2022. 4. 19.

10 Silviu Apostu, Ondrej Burkacky, Johannes Deichmann, Georg Doll, Automotive software and electrical/electronic architecture: Implications for OEMs, McKinsey & Company, 2019. 4. 25.

11 Andrew J Hawkins, Ford sells electric scooter unit Spin to Berlin's Tier The Verge, 2022. 3. 2.

12 Sony and Honda sign memorandum of understanding for strategic alliance in mobility field, Honda Newsroom, 2022. 3. 4.

13 Stephen Nellis, Norihiko Shirouzu, Paul Lienert, Exclusive: Apple targets car production by 2024 and eyes 'next level' battery technology - sources, Reuters, 2020.12. 22.

14 차두원, 2021년 글로벌 자율주행 레이스 본격 시동, 디지털 투데이, 2021. 1. 1.

15 Apple Car, MacRumors, 2022. 3. 18.

16 차두원, [차두원 칼럼] '애플카'는 서막일 뿐, 韓기업 '모빌리티 경쟁'서 앞설 방법은?, 피렌체의식탁, 2021. 2. 17.

17 박정규, 토요타 자동차의 미래 자동차 산업 전략, (재)한일산업기술협력재단, 2021. 10.

18 Shiho Takezawa, Masatsugu Horie, Honda scraps go-it-alone strategy for safer shift toward EVs, Bloomberg Hyperdrive, 2021. 7. 20.

19 Keith Naughton, Ford CEO says automaker is 'under-earning' on EVs and gas models, BNN Bloomberg, 2022. 2. 23.

20 Andrew J. Hawkins, Ford is more than doubling its investment in electric and autonomous vehicles to $29 billion, The Verge, 2021. 2. 4.

21 Sean O'Kane, Ford is making an electric Explorer, boosts EV investment by $8 billion, The Verge, 2021. 5. 26.

22 Stephen Edelstein, Could spinning off EV business allow Ford to go electric quicker?, Green Car Report, 2022. 2. 21.

23 Richard Lawler, Ford splits electric cars from gas to operate at 'startup

speed', The Verge, 2022. 3. 2.
24 Doug Field, Chief EV & Digital Systems Officer, Ford Model e, Ford Media Center.
25 Michael Wayland, Walmart investing in GM's Cruise self-driving car company, CNBC, 2021. 4. 15.
26 Keith Naughton, David Welch, GM's cruise CTO Is leery of spinning off from car-making parent, Bloomberg, 2019. 1. 8.
27 Dominick Reuter, Porsche could be worth almost as much as its parent company Volkswagen, even though it sells just 3% of VW Group's cars, Insider, 2022. 2. 24.
28 Christoph Rauwald, Monica Raymunt, Volkswagen plans IPO of Porsche to ignite EV shift momentum, Bloomberg , 2022. 2. 22.
29 Shefali Kapadia, How the auto industry gave rise to the 'Tier 0.5' supplier, SUPPLYCHAINDIVE, 2018. 2. 20.
30 Kyle Hyatt, Sean Szymkowski, Your guide to vehicle subscriptions, the alternative to leases and loans, Road Show, 2021. 12. 5.
31 Maruti Suzuki Subscribe Website, https://www.marutisuzuki.com/subscribe#.
32 Nissan ClickMobi Website, https://ws.nissan.co.jp.
33 Kinto Global Website, https://www.kinto-mobility.com.
34 Volkswagen is picking up the pace of its Business Model 2.0 and offering car subscriptions from today, Volkswagen Newsroom, 2021. 1. 9.
35 Volvo going all-electric by 2030, will only sell C40, other EVs online alongside 'Care by Volvo', RDN Repairer Driven News, 2021. 3. 3.
36 Rebecca Bellan, GM aims to build Netflix-sized subscription business by 2030, Tech Crunch, 2021. 10. 7.
37 Top car subscription service startups, Tracxn, 2020. 4. 8.
38 Sarwant Singh, Your next car could be A flexible subscription model, Forest & Sullivan, 2018. 6. 4.
39 Ford CEO says automaker is 'Under-Earning' on EVs and gas models, Bloomberg Hyperdrive, 2022. 2. 24.
40 Auto industry entering 'profit desert', finds AlixPartners research, AlixPartners, 2019. 7. 8.
41 Pave Poll: Fact sheet, Americans wary of AVS but say education and experience with technology can build trust, Partners for Automated

Vehicle Education, 2020.

42 윤지혜, 자율주행 스타트업의 '한숨'…1대 운행하는데 택시업계는 "안 된다", 머니투데이, 2021. 11. 12.

43 Study on the Societal Acceptance of Urban Air Mobility in Europe, European Union Aviation Safety Agency, 2021. 5. 19.

44 차두원, 당신은 도심 하늘을 나는 에어택시를 타시겠습니까, Opinion: 차두원의 미래를 묻다, 중앙일보, 2021. 3. 8.

45 Alberto Morando, Pnina Gershon, Bruce Mehler, Bryan Reimer, A model for naturalistic glance behavior around Tesla Autopilot disengagements, Accident Analysis & Prevention, Volume 161, 2021. 10.

46 차두원, 이혜숙, 자율주행 기술발전과 젠더이슈의 공진화-기술영향평가에 성별특성 반영 필요성 중심으로, 한국과학기술젠더혁신센터, 2021. 1월호, 2021. 12.

47 Stephen M. Casner, Edwin L. Hutchins, What do we tell the drivers? Toward minimum driver training standards for partially automated cars, Journal of Cognitive Engineering and Decision Making, Vol 13, Issue 2, 2019. 8.

48 Jack Stewart, Drivers wildly overestimate what 'semi autonomous' cars can do, WIRED, 2018. 10. 18.

49 Brad Templeton, Teslas are crashing into emergency vehicles too much, so NHTSA asks other car companies about it, Fobes, 2021. 9. 20.

에필로그

1 https://www.news18.com/news/auto/automakers-chasing-tesla-to-become-ev-primes-are-rethinking-dependence-on-suppliers-4931018.html.

2 한기석, "미래차 소프트웨어 인력 7000명 부족… 이대론 車산업 사라질 수도" [청론직설], 서울경제, 2021. 7. 21.

포스트모빌리티

초판 1쇄 발행 2022년 6월 30일
초판 2쇄 발행 2022년 12월 29일

지은이 차두원, 이슬아
펴낸이 이승현

출판2 본부장 박태근
W&G 팀장 류혜정
표지 디자인 윤정아 **본문 디자인** mmato

펴낸곳 ㈜위즈덤하우스 **출판등록** 2000년 5월 23일 제13-1071호
주소 서울특별시 마포구 양화로 19 합정오피스빌딩 17층
전화 02) 2179-5600 **홈페이지** www.wisdomhouse.co.kr

ISBN 979-11-6812-354-0 03500